大型岩体工程微震监测与稳定性分析

马 克 唐春安 编著

科学出版社

北 京

内 容 简 介

本书以作者负责实施的几个典型岩体工程为主要研究对象，以微震监测技术和数值模拟为研究手段，对水利水电高陡边坡、地下水封石油洞库、混凝土高拱坝、煤矿深部开采及抽水蓄能电站等来自不同行业的大型岩体工程进行研究。

本书可供从事岩体工程研究的科研机构、设计单位以及施工单位的科研人员和工程技术人员参考，也可作为相关专业教师和高年级本科生、研究生的参考用书。

图书在版编目(CIP)数据

大型岩体工程微震监测与稳定性分析 / 马克，唐春安编著. —北京：科学出版社，2023.9

ISBN 978-7-03-067438-8

Ⅰ. ①大… Ⅱ. ①马… ②唐… Ⅲ. ①岩土工程-小地震-地震监测-研究 ②岩土工程-小地震-稳定分析-研究 Ⅳ. ①TU435

中国版本图书馆 CIP 数据核字（2020）第 256224 号

责任编辑：杨慎欣 韩海童 / 责任校对：邹慧卿
责任印制：徐晓晨 / 封面设计：无极书装

科学出版社 出版
北京东黄城根北街 16 号
邮政编码：100717
http://www.sciencep.com
北京中石油彩色印刷有限责任公司印刷
科学出版社发行 各地新华书店经销
*
2023 年 9 月第 一 版 开本：720×1000 1/16
2023 年 9 月第一次印刷 印张：21
字数：423 000

定价：188.00 元

（如有印装质量问题，我社负责调换）

本书由
大连市人民政府资助出版
The published book is sponsored by the Dalian Municipal Government

前　言

随着我国国民经济和科技的快速发展，人们生活水平有了显著提高，普通老百姓对能源的需求也不断增长。国家从“十五”期间提出并逐步实施了“西电东送”“西气东输”“向地球深部进军”“国家石油储备”等一系列重大项目，将西部省份的资源优势转化为经济发展优势，对传统的能源领域进行优化调整，引入新能源储备方式等，与此同时一系列大型岩体工程也如雨后春笋不断涌现。这些大型岩体工程施工和运行期间的安全性一直是人们关注的热点问题。作为一种三维“体”监测方法，微震监测在岩体工程安全预警方面得到了越来越多的应用。

第 1 章紧紧围绕复杂地质环境下高陡边坡开挖变形效应与稳定性演化机制这个关键科学问题，以我国西南地区具有独特坡体结构的大岗山水电站右岸边坡为研究对象，根据开挖过程中反映的变形迹象，采用微震监测和数值模拟分析结合的手段，建立可以表征坡体结构卸荷的地质力学模型，对边坡稳定性进行系统评价；解释了开挖期间边坡局部出现破坏的成因，揭示了边坡开挖作用下变形破坏的演化机制；同时，建立了边坡抗剪洞防治结构数值模型，分析边坡破坏过程中滑坡与抗剪洞的相互作用机理及变形协调分担机制；验证了抗剪洞滑坡防治结构的适宜性和正确性，为确保边坡长期安全稳定提供了参考依据。

第 2 章介绍现阶段我国实施建设的大型地下水封石油洞库，这种具有高边墙、不衬砌和大跨度的特殊岩体结构，其开挖扰动作用下和后期运营过程中的稳定性问题日益突出。本章以辽宁省锦州大型地下水封石油洞库为研究背景，基于“岩石微震效应与岩体损伤具有一致性”的物理力学基础，通过理论分析、微震监测及数值模拟等手段，研究开挖卸荷作用下地下水封石油洞库岩体微破裂的发展规律；根据微破裂点的空间位置、震源尺寸、能量、应力降等丰富的震源信息，将微震监测区域的地质模型和三维数值力学模型相结合，提出一套适用于评价地下水封石油洞库密闭性的方法。

第 3 章以位于特高震区的大岗山水电站双曲拱坝为研究对象，成功构建了大岗山水电站双曲拱坝坝踵及廊道微震监测系统，实现了对坝体微破裂事件全天候实时监测，成功采集到大岗山水电站双曲拱坝坝体在蓄水期所萌生的微震事件。通过现场微震监测数据、数值模拟及理论分析等手段，研究了拱坝在施工和大坝蓄水作用下坝体混凝土内部微破裂萌生、发育、扩展、贯通与相互作用诱致拱坝宏观的失稳破坏模式与机理，揭示了拱坝微破裂点的空间位置、震源尺寸、能量、应力降等丰富的震源信息，探究了坝踵变形与微震活动性的关系。同时，根据拱坝廊道微震活动性与廊道顶拱裂缝分布的时空对应关系，确定了大岗山水电站双曲拱坝廊道顶拱开裂的微震阈值。通过微震监测和三维数值模拟相互对比分析，研究了拱坝廊道顶拱开裂的内在原因，圈定了大岗山水电站双曲拱坝在蓄水运营过程中的潜在危险区域，揭示了微震事件与坝体应力之间的内在关联，解释了大岗山水电站双曲拱坝微震事件萌生的原因，并提出一套适用于我国水电工程大型混凝土双曲拱坝稳定性分析与评价的方法，对于我国西南地区大型水电站混凝土双曲拱坝的设计、建设和安全提供了参考依据。

第 4 章以煤矿典型工作面承压水上开采为研究背景，构建陕西陕煤澄合矿业有限公司董家河煤矿 22517 工作面微震监测系统，对底板岩体损伤破裂进行实时监测，获取大量煤岩体渐进破裂到失稳、弥散微破裂到串级贯通的大量数据，研究了初次来压期间和过断层前后底板岩体内部微破裂萌生演化规律。将现场微震监测结果和岩石真实破裂过程分析（realistic failare process analysis，RFPA）系统 $RFPA^{2D}$ 相结合，再现了煤矿底板导水裂隙带萌生、扩展及发育的全过程，分析了底板突水通道孕育过程中煤岩体损伤场、应力场和渗流场的演化规律，重点关注采掘条件下煤岩体微破裂和损伤在突水灾害发生前的响应特征。同时，从具体工程实际情况中简化出力学模型，运用弹性力学、结构力学理论求解了初次来压期间和过断层前后底板煤岩体应力分布特征，研究了初次来压时沿煤层走向底板受采动应力、原岩应力及水压力联合作用下的应力分量，解释了过断层前后断层应力分布及其变化规律，以及底板结构变形方式对断层破坏及其破坏性质的影响。综合运用理论分析、数值模拟和微震监测研究了不同类型的底板突水灾害孕育过程中煤岩体微破裂和损伤的演化规律，探究了突水通道的形成机理。

第 5 章以开挖过程大跨度地下厂房围岩损伤演化规律与破坏机制这一关键科学问题为核心，构建黑龙江荒沟抽水蓄能电站微震监测系统，对施工期的地下厂房围岩微破裂进行监测，实时获取黑龙江荒沟抽水蓄能电站开挖过程微震事件。研究了地下厂房微震活动性的时空演化规律及施工动态、地质构造与微震活动性的关系。同时，从微破裂演化的角度，利用模拟岩石真实渐进破坏过程的 $RFPA^{2D}$-SRM（强度折减法，strength reduction method），再现了与微震监测结果一致的地下厂房围岩损伤演化过程，得到围岩潜在失稳破坏模式与安全储备系数，揭示了开挖扰动过程断层、地应力等因素作用下的地下厂房围岩损伤演化规律及损伤机制。选取实际工程中不同剖面建立数值模型，研究了断层位置对厂房围岩稳定性的影响，圈定了断层对地下厂房围岩稳定性的影响距离。从侧压力系数角度研究了不同偏应力作用下地下厂房洞室群围岩损伤演化规律及破坏模式，得到了安全储备系数与侧压力系数的关系。研究结果可为抽水蓄能电站地下厂房开挖过程围岩稳定性的监测和评价提供参考。

本书的相关工作得到了国家能源集团 2030 项目办公室李全生主任，国能大渡河流域生产指挥中心杨忠伟主任，国能大渡河老鹰岩水电站筹备处吕鹏飞书记，国家能源集团西藏电力公司林丹董事长，国家能源集团金沙江奔子栏水电有限公司李方平总经理，西安科技大学王苏健教授（曾任陕西煤业化工技术研究院副院长），陕西煤业沣京新型能源科技有限公司陈通总经理，中国科学院力学研究所李世海研究员、冯春高工、唐德泓博士、王理想博士等的支持与肯定，在此对他们表示诚挚的谢意。此外，书中参考了部分文献资料，分别列于每章章末，在此向文献作者表示感谢。

大型岩体工程地质条件复杂多变，具有随机性、不确定性，而微震监测技术仅仅是从一个方面甚至单个具体工程实例开展研究工作，因此书中不足之处在所难免，敬请专家读者批评指正。

作　者

2023年3月

目　录

第1章　高陡岩质边坡微震监测与稳定性分析

1.1　研究背景与意义

我国水能资源极其丰富，理论蕴藏量达6.94亿kW，技术可开发量达5.42亿kW，均居世界首位。其中，西南地区的云南、四川、西藏三省（区）的水能资源总量就占全国水能资源总量的2/3，其主要分布在雅砻江、大渡河、澜沧江、金沙江、怒江等流域[1]。近些年，随着国家经济建设的飞速发展和人们生活水平的不断提高，对水电等清洁能源的依赖性也越来越强。西部大开发战略更是将水能资源作为重点发展领域，西南地区一大批已建、在建和拟建的大型（巨型）水电资源开发项目正在如火如荼地进行着，如小湾、龙羊峡、白鹤滩、漫湾、溪洛渡、隔河岩、向家坝、五强溪、紫坪铺、三峡、锦屏一级、小浪底、乌东德、瀑布沟、天生桥、长河坝、糯扎渡、二滩、拉西瓦、大岗山等大型水电枢纽工程。在这些水能资源丰富、地质条件复杂的高山峡谷地区大型水电工程建设项目中，通常岩石类工程边坡的规模巨大，其本身的高度远远超过大坝建筑物的高度。例如，乌东德水电站坝肩边坡最大高度为1036m，开挖高度为430m；锦屏一级水电站左岸自然边坡高度超过1000m，开挖高度为530m；白鹤滩水电站坝肩边坡最大高度为600m，开挖高度为200～300m；糯扎渡水电站坝肩边坡自然坡高为800m，开挖高度为300～400m；小湾水电站边坡高度为700～800m，开挖高度为670m；天生桥水电站高陡边坡为400m，开挖高度为350m；紫坪铺水电站坝肩边坡高度为350m，开挖高度为280m（表1.1）。这些高陡工程边坡不仅构成了水电工程坝肩建筑物的重要区域环境，更是库坝乃至整个水电建设工程成败的关键[2-4]。例如，我国的梅山连拱坝和意大利的瓦依昂（Vajoint）水坝事故[5-7]，正是由于当时建设过程中对库区山体未给予高度重视，岩体浸水后膨胀变形引起山体失稳下滑导致的。同时，超大规模的开挖施工更是对水工建筑物造成了巨大的潜在威胁。资料显示，我国水利水电工程在开挖施工中频频发生边坡失稳问题，如安康水电站坝区两岸高边坡、漫湾水电站左岸坝肩高边坡、天生桥二级水电站厂区高边坡、龙羊峡水电站下游虎山坡边坡等。为治理这些滑坡不但耗去了大量的资金，还拖延了工期。这些经验教训使人们清醒地意识到确保水电能源开发工程顺利进行的首要前提是两岸坝肩边坡开挖施工的安全有序进行，而在地质环境条件独特而复杂的西南地区，这种研究将更为迫切，难度也更大。

表 1.1　我国西南地区部分已建、在建或拟建的大型（巨型）水电高陡边坡

序号	工程名称	自然边坡		主要地质构造	开挖高度/m
		边坡高度/m	坡度/（°）		
1	小湾	700～800	47	1 条大断层和 10 余条一般性断层	670
2	龙羊峡	—	—	贯穿拉裂缝和缓倾角裂隙	>200
3	白鹤滩	300～600	>40	多条层间、层内错动带和规模较大断层	200～300
4	漫湾	120～160	>40	顺坡向断层和节理发育	180
5	溪洛渡	300～350	>60	多条缓倾层间、层内构造错动带	300～350
6	隔河岩	190	—	—	190
7	向家坝	350	>50	多条小断层和层间错动带	200
8	五强溪	170	—	层状结构、蠕变及顺岩层滑移	170
9	紫坪铺	350	>40	1 条规模较大断层及多条层间剪切带	280
10	三峡	150～200	25～35	百余条小断层	170
11	锦屏一级	>1000	>55	发育多条断层及层间错动带	530
12	小浪底	150～200	30～40	断层和泥化夹层	120
13	乌东德	830～1036	>43	—	430
14	瀑布沟	>500	35～45	次级小断层比较发育	240
15	天生桥	400	50	层状和裂隙岩体	350
16	长河坝	700	45～55	发育小断层、挤压破碎带和节理裂隙	300
17	糯扎渡	800	>43	4 条大断层和 40 多条一般性断层	300～400
18	二滩	300～400	25～45	16 条断层和多条小构造破碎带	200～300
19	拉西瓦	680～700	50～70	以断层构造为主	700
20	大岗山	>600	>40	大型卸荷裂隙带、断层	380～410

受河谷演化进程中的地质作用，河谷高陡边坡岩体具有强烈的卸荷问题，以锦屏一级水电站左岸岩体深部裂隙为典型代表。所以，目前针对卸荷裂缝边坡的稳定性研究也大多集中在锦屏一级水电站。这使得这种类型的边坡在勘察设计阶段过多地采用统一规范，缺少对其他工程因地制宜的判定和研究，易造成对其稳定性评判不足，导致灾难性的后果。例如，本章所依托的大岗山水电站右岸边坡，正是对边坡深部卸荷裂隙、断层等地质条件的勘察不足，致使边坡在大规模开挖期间相继出现若干宏观裂缝和变形加剧征兆，导致边坡开挖被迫停工半年，延误整个工期约 2 年，造成几亿元的经济损失[8-10]。

1.2 国内外研究现状及分析

1.2.1 岩质边坡开挖扰动研究

随着大量工程建设的迅速发展，高陡边坡开挖工程稳定性问题关系到水利水电、露天矿山、交通运输等领域。由开挖扰动引起的边坡失稳事故更是屡见不鲜。例如，1987 年隔河岩水电站左岸导流洞出口高边坡开挖时，近 20 万 m^3 岩体发生解体[11,12]。三峡工程永久船闸高边坡在开挖卸荷过程中的应力重分布致使中隔墩岩体的力学性状恶化，导致坡表岩体中原生裂隙张开形成了新的张裂隙，严重影响边坡的稳定[13-16]。五强溪水电站左岸船闸边坡开挖过程中产生的卸荷回弹诱发边坡两次发生倾倒变形破坏，迫使开挖施工中止[17]。天生桥二级水电站闸首边坡进水口明渠开挖时，发生边坡失稳坍滑，导致正在基坑内施工的 48 人丧生[18]。漫湾水电站左坝肩边坡在开挖过程中突发大型滑坡，滑坡体高 100m，总体积达 10.8 万 m^3，导致工期延误 1 年多，直接经济损失达 1.2 亿元[19,20]。在成昆铁路建设过程中，含红层软岩的边坡塌滑共有 120 处，占全线滑坡总数的 65%[21]。云南元磨高速公路在建设过程中产生了大量开挖边坡灾害[22]。

有关开挖边坡致灾机理，国内较早的研究主要集中在三峡工程船闸高边坡岩体开挖卸荷工程项目中[23]。夏熙伦等[16]对三峡工程船闸高边坡开挖松动区及性状做出了较为详细的阐述。邓建辉等[24]利用滑动变形计对三峡工程船闸边坡开挖松动区进行监测，探讨了开挖松动区的概念，得出边坡岩体的变形具有明显的分区性，并定义主要变形区为边坡岩体松动区。盛谦[25]结合三峡工程船闸高边坡开挖扰动区与工程岩体力学性状进行了系统的研究。肖世国等[26]通过数值分析得出边坡开挖松弛区是坡体开挖后应力重分布和位移变化导致的有限范围内坡体的局部破坏。王兰生等[27]基于地质力学模式，结合一些大型水电工程边坡，指出了表生改造对岩体结构特征力学机制的影响因素。

1.2.2 岩质边坡数值模拟研究

岩质边坡破坏包含小变形、损伤演化、断裂裂纹形成、裂纹扩展贯通以至于发生散体运动等阶段，是一个连续到破坏的演化过程。随着计算技术水平的发展，采用数值方法模拟岩质边坡在复杂荷载作用下的力学行为，是研究其破坏机理的一个有效手段。由于边坡岩体内部存在大量的宏微观裂隙及节理等非连续结构面，岩质边坡的变形和破坏主要是由其内部结构控制，整个灾变过程历经孕育、萌生、演化和发展 4 个阶段，无法应用理论解析方法研究其破坏过程和规律。加之实际边坡大多处于复杂的地质环境中，其尺度效应、受力条件等都是室内试验无法解决的。因此，利用数值模拟方法研究开挖岩质边坡的力学行为是分析其稳定性的有效途径。

郑颖人等[28]根据塑性力学破坏原理，采用有限元强度折减法对岩质边坡的破坏机制进行了数值模拟分析，结果表明贯通破坏过程是在结构面和岩桥之间发生的一个从局部破坏逐步扩展到整体破坏的渐进破坏过程。周桂云等[29]以塑性区贯通时刻特征点的位移突变作为极限状态，提出了基于静动力有限元的边坡抗震稳定分析方法，进而确定边坡在地震荷载作用下是发生局部失稳还是整体失稳。周翠英等[30]用弹塑性大变形有限元分析边坡失稳破坏的过程，推导大变形弹塑性有限元方程，分析边坡破坏过程。曹平等[31]通过 $FLAC^{3D}$ 强度折减法，分析多层岩体边坡在不同强度、坡比和层厚的情况下所得安全系数与滑动面位置的变化规律，揭示多层边坡的破坏机制。寇晓东等[32]将 $FLAC^{3D}$ 应用于三峡工程船闸高边坡开挖过程的应力变形和稳定分析。殷跃平[33]以重庆武隆鸡尾山滑坡为例，运用 $FLAC^{3D}$ 模拟研究在重力、岩溶和底部采矿活动等因素下山体的变形破坏特征。Hart 等[34]采用 3DEC 程序在个人计算机（personal computer，PC）上模拟简单岩体边坡的渐进破坏过程。Bhasin 等[35]采用 UDEC 软件，对挪威西部一个 700m 高的岩质边坡进行了静力和动力稳定性分析，评估静力和动力作用下潜在的可能滑动的岩体体积，进而用于评定海湾内海啸高度。程谦恭等[36]基于高速岩质滑坡动力学模型，通过离散元法数值模拟，再现了高陡边坡岩体破坏失稳后大变形阶段的运动过程和状态。毛彦龙等[37]采用离散元法探讨地震动诱发滑坡体启程剧动机理，并以骆驼岭滑坡为例，对斜坡在地震作用下的变形失稳全过程进行数值模拟。曹琰波等[38]以汶川地震触发的唐家山滑坡为例，采用离散元数值模拟技术，对滑坡由变形累积到破坏滑动的全过程进行模拟，研究了地震作用下顺层岩质滑坡的变形破坏过程。Sitar 等[39]采用 2D 不连续变形分析（discontinuous deformation analysis，DDA）分析了含有节理面边坡的非连续变形特征以及运动破坏的规律。Chen 等[40]应用 DDA 分析了位于日本北海道和新潟的两个边坡的稳定性，模拟了边坡的崩塌和倾倒破坏。Hatzor 等[41]采用 DDA 分析了地震作用下具有高度非连续特征的岩体边坡的稳定性。邬爱清等[42]验证了 DDA 方法应用于岩质边坡稳定性分析的适用性，模拟了千将坪滑坡启动与滑坡全过程。孙东亚等[43]运用了 DDA 方法对倾倒破坏的失稳变形机理进行分析研究，指出了采用 G-B 法（Goodman 和 Bray 提出的基于极限平衡原理的分析方法）可能出现的问题。ELFEN 为一个常用的有限元-离散元耦合方法软件包，通过网格的局部剖分可以模拟脆性岩石中的裂缝扩展过程，同时 ELFEN 包含丰富的断裂、损伤以及软化模型，可以表征不同的岩石特征[44]。张国新等[45]采用数值流形方法模拟边坡的倾倒破坏过程，并与室内离心机试验进行比对分析，加入多裂隙扩展的跟踪模拟功能，使其既可以模拟块体系统的离散特性，又可以模拟完整岩体的拉裂与剪断。对边坡进行稳定性分析，实际上是获得了整个坡体的安全储备变形特征和应力状态，这对边坡失稳破坏的研究十分重要。

1.2.3　微震监测及其应用研究

工程实践表明，复杂地质条件下边坡稳定性分析需构建精确的物理-力学模型并运用先进监测技术，将两者结合起来互相补充对比分析才能准确评估出边坡的整体稳定性[46]。国内外边坡变形主要采用的监测方法是：坡表测量（测距仪、全站仪、水准仪、经纬仪等）、坡体内部测量（水压监测仪、钻孔倾斜仪和锚索测力计等）、位移计、全球定位系统（global positioning system，GPS）测量技术、红外遥感监测方法、激光微小位移监测技术、合成孔径雷达干涉测量、光纤位移测量、时间域反射测试技术、闭合法和声发射技术等。在岩土工程边坡监测方面，国内外学者做了大量的研究探索，取得了一系列重要的成果[47-50]，特别是对诸如链子崖[51]、新滩、黄蜡石等滑坡的成功预警。张金龙等[52]和孟永东等[53]在锦屏一级水电站高边坡监测和预警机制方面做了大量研究工作。邬凯等[54]针对山区公路路基边坡地质灾害开发研制了远程监测预报系统。赵明华等[55]通过表观变形、测斜仪、多点位移及锚索荷载等监测数据的研究对小湾水电站高边坡的稳定性进行了评估。现有的边坡监测技术能够对已经发生破坏的部分进行精确监测，但对于岩质边坡，由于宏观破坏前的变形小，表面位移不明显，当监测到岩质边坡表面发生变形时其内部可能早已发生破坏，就难以对边坡失稳的前兆信息进行有效监测。传统的监测方法因难以捕捉到岩质边坡失稳破坏的信息而无法进行预警。

近年来，作为一种时空动态的三维“体”监测方法，微震监测技术能捕捉到岩体内部微破裂信息，再现岩体裂缝萌生、发育、扩展、演化、贯通直至宏观滑面的产生，可作为评价岩体稳定性的重要监测工具。微震监测技术主要应用于矿山、石油等领域，该技术目前已经作为一种先进且行之有效的地压监测手段，在国内外高地应力矿山中得到广泛应用，已成为深部矿山地压研究和管理的一个基本手段[56]。自 1908 年德国鲁尔区波鸿市建立第一个地震观测站以来，目前南非、德国、波兰、美国、英国、加拿大、日本和澳大利亚等国家在矿山[57-59]、隧道[60]、地下油气料储存洞室[61]和热干岩发电[62]等方面均取得了显著的研究成果。一些学者围绕加拿大地下核废料实验室开展了大量微震监测方面的研究工作，得到了许多很有价值的成果[63,64]。Kaiser 等[65]结合三维虚拟技术系统研究了矿山微震活动性，并绘出了矿山微震活动风险等级图，为矿山资源开采和支护开辟了新的研究领域。近年来，随着我国深部矿产资源开采诱发的冲击地压瓦斯问题、石油领域的水压致裂问题、核废料储存的安全问题以及水电行业高埋深隧洞岩爆、地下洞室和高边坡失稳等岩体灾害问题的不断涌现，国内学者结合微震监测技术，在各领域也进行了大量卓有成效的研究工作。李庶林等[66]运用工程地震集团（Engineering Seismology Group，ESG）微震监测系统在凡口铅锌矿建立了监测冲击地压的微震监测系统。姜福兴等[67]研制成功北京科技大学矿山微地震研究中心（University of Science and Technology Beijing，Mine Micro Seismic Research Center，BMS）微震监测系统，并在峰峰、兖州、双鸭山等矿区开展了顶板破裂高度、异常压力、动压规律监测预警。潘一山等[68]研制了一套国内首台具有自主知识产权的矿区千米尺度破坏性矿震监测定位系统，并在北京木城涧煤矿的冲击矿压预测预报中得到了应用。陆菜平等[69]在十几个具有冲击地压现象的矿井安装微震监测系统（seismological observation system，SOS），多次预测了矿震和冲击矿压事件，大大降低了矿井可能造成的灾害。唐礼忠等[70]运用南非 ISS（Integrated Seismic System）国际公司微震设备在冬瓜山铜矿安装用于监测岩爆灾害的微震监测系统。陈炳瑞等[71]结合声发射和微震监测技术对锦屏二级水电站深埋隧洞岩体损伤及岩爆问题进行研究。徐奴文等[72]采用加拿大 ESG 微震监测系统，在锦屏一级水电站左岸边坡上构建了首个岩质边坡微震监测系统，初步圈定边坡可能存在的潜在岩体破坏区域和滑移面。马克[73]基于微破裂是潜在滑坡前兆特征的学术思想，通过微震监测技术来“捕捉”边坡岩体开挖过程中的微小破裂，研究了开挖扰动作用下的微震活动性分布规律，从而揭示了开挖扰动条件下边坡失稳模式。

1.2.4 岩质边坡加固效应研究

岩质边坡的抗滑加固是一项复杂的系统工程，当边坡安全系数不能满足其稳定性要求时，要综合各方面的影响因素制订一套具有针对性的治理方案，以保证工程安全。尤其是在大型水利水电工程建设中，边坡加固方法的研究甚至关系到整个库坝的安全运行[74-76]。目前岩质边坡的加固方法主要为主动加固法和被动加固法两大类。主动加固法是通过人为改变岩体的原结构构造形式或者改变边坡体荷载的大小和分布方式，从而减小边坡的下滑力，以达到有效地改变岩体强度和提高边坡稳定性的方法。被动加固法是在边坡体与抗滑结构紧密接触且产生一定变形时，才发挥出抗滑潜力的，即其结构抗力是被动发挥出来的[77-83]。

20 世纪 80 年代以后，我国越来越多地应用预应力锚固技术对边坡进行加固，预应力锚固技术也是大型水利水电高陡边坡工程应用最为广泛的加固措施[84]。例如，云南小湾水电站使用的大吨位预应力锚索数量超过万根[85]；锦屏一级水电站仅左岸边坡加固工程所用的锚索就达 4000 余根[86]；龙滩水电站通过设置预应力锚索和超前锚杆等综合处理措施对左岸由进水口和倾倒蠕变体组成的 425m 高边坡进行治理[87]；小湾水电站采用自进式锚杆等支护措施对开挖高度达 700m 左岸边坡进行综合加固[88]。因此，高边坡岩体的预应力锚杆（索）加固力学机理、锚索与抗剪洞、锚固洞等其他加固措施的协同作用机制以及预应力锚固体系的长期耐久性等问题越来越受到国内外学者的高度关注[89-95]。王俊石[96]在 1979 年就确定了锚固角为优化主导因素，并提出了预应力锚索最优化锚固角及其应用方法。朱维申等[97]通过预加初始应变方式分析了三峡工程船闸高边坡中主动锚和被动锚的应用。李宁等[98]利用数值模拟分析了预应力群锚的加固机理，指出群锚下岩体强度提高幅值远远大于单锚提高值的简单叠加。赵赤云[99]应用弹性问题中经典的 Boussinesq 解、Cerruti 解和 Mindlin 解叠加问题，得到了预应力锚杆（索）在线弹性的无限介质中三维附加应力场的分布规律。张发明等[100]根据现场试验锚索实测资料研究了主动锚和被动锚的优缺点，认为最佳锚固方式是向两类锚联合作用的方向发展。侯朝炯等[101]通过室内模型试验，研究巷道锚杆对锚固范围内的岩体力学参数改善作用。陈安敏等[102]通过分析锚索长度、锚索间距、预应力大小及垫墩尺寸等影响锚固效果的主要影响因素，探讨了预应力锚索对块状岩体的加固效应，得出了不同因素的影响范围及特征。李德芳等[103]针对锚喷、锚桩、锚墙、锚梁等防护结构联合应用进行了研究，分析了相关结构的各自优势，以更有效地加固边坡。曹文贵等[104]利用数值流形方法，将岩体加固的锚杆（索）视为连接岩石块体单元的有机结构体，考虑了锚杆（索）在岩体的协同变形作用。张季如等[105]推导了锚杆（索）荷载传递的非线性函数理论模型，并得到了沿锚杆轴向剪切位移分布规律及摩擦阻力。丁秀丽等[106]应用 $FLAC^{3D}$ 对预应力锚索作用机理进行数值模拟研究，指出岩石锚固墙的形态与锚索自身布置方式和预应力大小有关。朱杰兵等[107]对三峡永久船闸高边坡锚固岩体的力学性状进行了研究，认为预应力锚固后一定区域内的岩体主要呈现压应力状态。徐年丰等[108]提出了一套预应力锚索内锚固段长度计算的剪应力指数分布计算思路，并在此基础上确定锚固段长度。邹金锋等[109]结合工程实例，根据预应力锚索的加固机理分别讨论了锚固段和自由段的最优方位角和最优锚固长度的确定方法。吴德海等[110]通过布锚方式对碎裂结构岩体强度的影响分析，指出布置角度与布置高度对试件强度及变形都有较大影响。刘祚秋等[111]指出了边坡预应力锚索加固设计中影响锚索设计参数的关键因素，并提出该边坡的预应力锚索加固优化设计方案和最优设计参数。尤春安[112]基于岩土体-锚固体共同变形原理，针对锚固段界面力学特性进行试验研究，获得多种类型的预应力锚索锚固段应力分布的解析解。何思明等[113]基于数学-力学原理分析建立了锚固段材料张拉条件下的损伤演化模型，研究了锚固段的侧阻分布模式和荷载变位等特性。熊文林等[114]根据结构要求、运用目的和实际施工条件，分析了最优锚索方向角的取值范围，得到了考虑滑面与坡面倾角影响的预应力锚索方向角计算的新方法。曹兴松等[115]在总结前人研究的基础上结合现场试验分析，对压力分散型锚索受力特性进行研究，提出了一种适合破碎岩体边坡加固的新型锚索设计方法。张发明等[116]应用优化与决策理论，对影响岩锚设计参数的因素进行分析，提出了岩锚设计参数的确定方法，为岩锚设计决策提供了一种新方法。朱玉等[117]通过锚固段锚杆轴力分布的复合幂函数模型，推导出预应力锚索锚固段剪应力分布函数。黄静美等[118]以边坡危岩体为研究对象，建立了压力分散型锚索三维非线性有限元计算模型，揭示了预应力锚索和边坡结构体相互作用效应。李新平等[119]通过复合材料力学分析，建立了岩体-锚杆支护系统宏观力学性质与材料性能之间的定量关系。许有飞[120]通过数值分析建立了压力（分散）型锚索内锚固段长度计算解析表达式，为锚索锚固段和群锚锚索之间距离的合理确定提供了依据。刘士虎[121]依托实际工程地质条件，通过对理论和试验结果的对比分析，对压力分散型锚索的性能和围岩加固区应力应变的分布情况进行了研究。葛修润等[90]通过室内试验和理论分析，探讨了锚杆对节理面的抗剪性能以及“销钉”作用机制，揭示了锚杆倾角对加锚节理面抗剪强度有着较大影响。杨延毅等[122]基于加锚节理断裂扩展过程的损伤演化方程，计算出加锚岩体的本构关系。叶金汉[123]通过锚固节理岩体三轴压缩等效试验与有限元数值分析结合来综合研究锚固节理的强度、应力-应变曲线和破坏性状。杨松林等[124]推导了加锚层状岩体的本构方程，对节理岩体中锚杆的加固作用做出合理的定量评价。王成[125]将层状岩体的弱面等效为等间距共线多节理的力学模型，提出了锚固效应公式，较好地解决了边坡锚固的增效问题。

1.3 存在的问题

高陡岩质边坡滑移模式的研究大多仅限于建立在均质体或构造面控制的地质力学模型上，破坏模式大多只是概化为顺结构面破坏或旋转滑动等几种简单的浅层破坏类型，而忽视了边坡深层的破坏，使其研究具有很大的经验性。开挖作用下边坡稳定性的研究更是鲜见报端。实际上边坡破坏是一个复杂的动态过程，破坏类型在一定的条件下还可以相互转换，造成破坏模式的模糊判断导致滑坡屡治屡失效。

本章所依托的大渡河大岗山水电站右岸边坡经历了长期的浅表生改造作用，使坡内岩体穿插着大量的辉绿岩脉，这些辉绿岩脉脉体破碎，抗变形强度和抗剪强度等物理力学性质较差。此外，边坡岩体中缓倾角结构面最为发育，破坏了岩体的完整性，造成边坡工程岩体的各向异性，使其具有“坡体高陡、地质边界复杂、施工条件艰难”的典型地质条件，特别是右岸坝顶以上边坡岩体松弛拉裂明显，形成了以倾向坡外的卸荷裂隙密集带和断层等不利结构面为代表的坡体结构，对边坡稳定构成较大威胁，在以往大型水电工程建设中并不常见（图 1.1）[126-132]。

（a）边坡开挖前地貌　（b）边坡开挖后概况

图 1.1　坝址右岸边坡工程地质图[132]

地质勘察显示：右岸拱肩槽边坡 β62、β85、β4 等辉绿岩脉陡倾向坡内，构成后缘边界；β219、β223、βj622 等陡倾角辉绿岩脉与边坡大角度相交，可构成上游侧缘边界；断层 f_{231} 中倾坡外，构成底滑面，形成若干个潜在不稳定块体。边坡岩体较深的区域亦存在卸荷密集带和其他一些地质构造，由于坡体结构面复杂及其不利组合的相互切割作用，使得边坡在开挖过程中陆续产生 8 处比较明显的局部变形破坏现象（图 1.2）。自 2007 年 8 月边坡大规模开挖施工以来，边坡整体尚属稳定。2008 年 11 月 28 日，右岸边坡下游侧 1180～1195m 高程一带发生崩塌，随后在 1150m 高程一带产生了小型崩塌。2009 年 1 月开挖至 1135m 高程，开挖边坡尚且稳定。右岸坝顶以下于 2009 年 2 月开始爆破开挖，右岸拱肩槽上游边坡 3 月 12 日开挖至 1120m 高程，3 月 26 日开挖至 1110m 高程，倾向坡外的中等倾角断层 f_{231} 出露，在 LPⅤ～LPⅦ剖面局部地段，边坡混凝土喷层沿部分岩脉开裂剥离，PD314 平洞内断层 f_{231} 局部松弛，洞底水泥结石轻微裂缝错台等变形迹象。进入 1135m 以下高程以来，右岸拱肩槽上游边坡出现了 3 次较大变形。2009 年 5 月 3 日，右岸 1124～1127m 高程（坝纵 0+95～0+113m）在已挂网喷护封闭的边坡上出现裂缝，裂缝呈断续延伸，表现为 3 段裂缝区。探窗揭示坝纵 0+115m 的 1#探窗裂缝张开 4～7cm。5 月 27 日开挖至 1090m 高程，7 月 2 日开挖至 1080m 高程，7 月 23 日开挖至 1070m 高程。2009 年 8 月 16 日，右岸 1075～1092m 高程（坝纵 0+69～0+88m）边坡出现裂缝，共四条：L2-1#、L2-2#张开水平裂缝

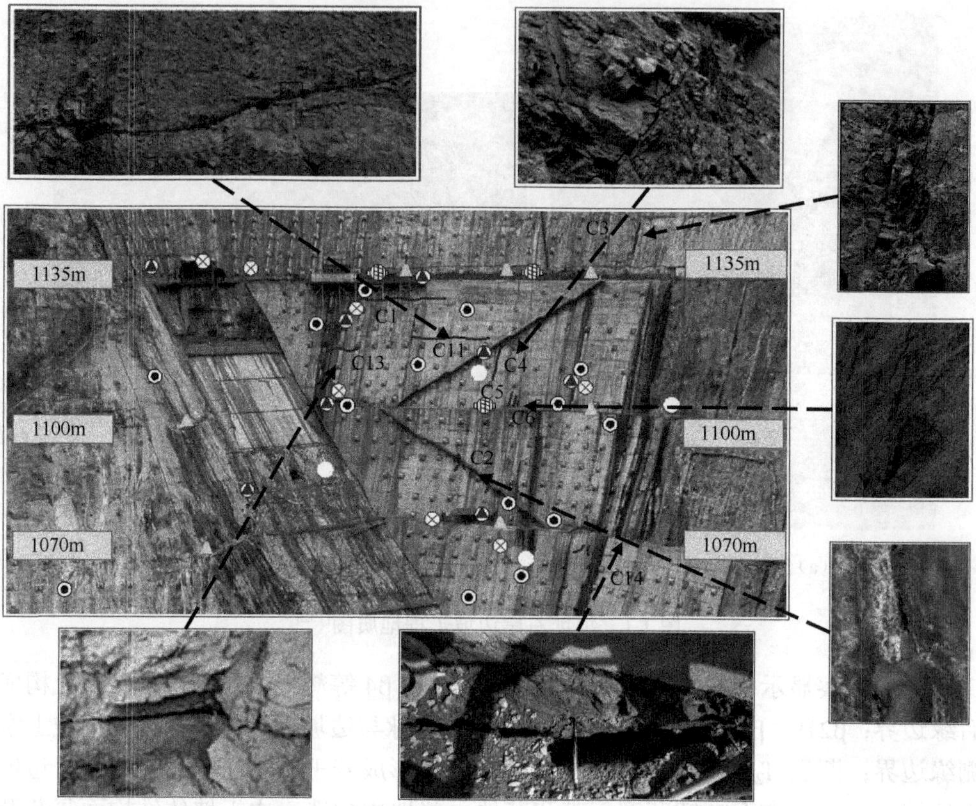

▲多点位移计　⊗锚杆应力计　▲外部观测柱　⊕测斜仪　⊙锚索应力计　C1～C14裂缝位置

图 1.2　坡表的宏观裂缝和常规监测仪器布置图

0.1～0.2cm，延伸长 4～6m；L2-3#张开裂缝 1.5～2cm，延伸长约 10m；L2-4#张开裂缝 0.1～0.3cm，延伸长约 6.3m。2009 年 8 月 23 日，在布设监测仪器时，在 PD314 平洞（EL1107m，坝纵 0+75m）混凝土底板出现 9 条裂缝。2009 年 9 月 1 日下午 2:10 左右，右岸 1135～1146m 高程（坝纵 0+40～0+50m）边坡出现劈裂-剥落型裂缝。在 1100～1135m 高程边坡也出现裂缝。截至 2009 年 9 月，当右岸边坡开挖至 1070m 高程时，边坡坡面产生多条裂缝，并有逐渐向边坡底部扩展的趋势（图 1.2）。显然，随着边坡表层阻滑岩体挖出，倾向坡外的中等倾角断层 f_{231} 出露，卸荷裂隙带 XL-316 易与浅层顺坡向断层 f_{231} 组合，形成上下游 100～200m 范围内、高度 200～300m、方量 200 万～500 万 m^3 的一系列不稳定块体。边坡坡表陆续产生的变形破坏导致喷混凝土坡表出现裂缝。特别在 LPⅤ～LPⅦ剖面局部地段，边坡混凝土喷层沿部分岩脉开裂剥离，PD314 平洞内断层 f_{231} 局部松弛，洞底水泥结石轻微裂缝错台等变形迹象，在剪出口附近更是多次出现沿卸荷裂隙带

XL-316 和断层 f_{231} 的变形错动，这使边坡施工期的稳定问题十分突出。经地质调查分析，边坡变形主要系边坡内部潜在的不稳定块体变形所致，如若任关键块体持续变形，则可能导致大块体组合破坏危及边坡整体稳定性，遂开挖至 1070m 高程后即停止下挖，边坡坡表开挖工作暂停。

如图 1.3 所示，外部变形监测点 TP31R 和 TP32R 在右岸边坡开挖施工期间 *X* 方向（边坡开挖面的临空方向）产生了较明显的持续变形。这两个监测点均位于右岸坝肩边坡 1070m 高程马道，临近施工开挖面，且对应地质构造软弱带。说明边坡开挖后岩体持续缓慢变形与坡体结构面位置有关。

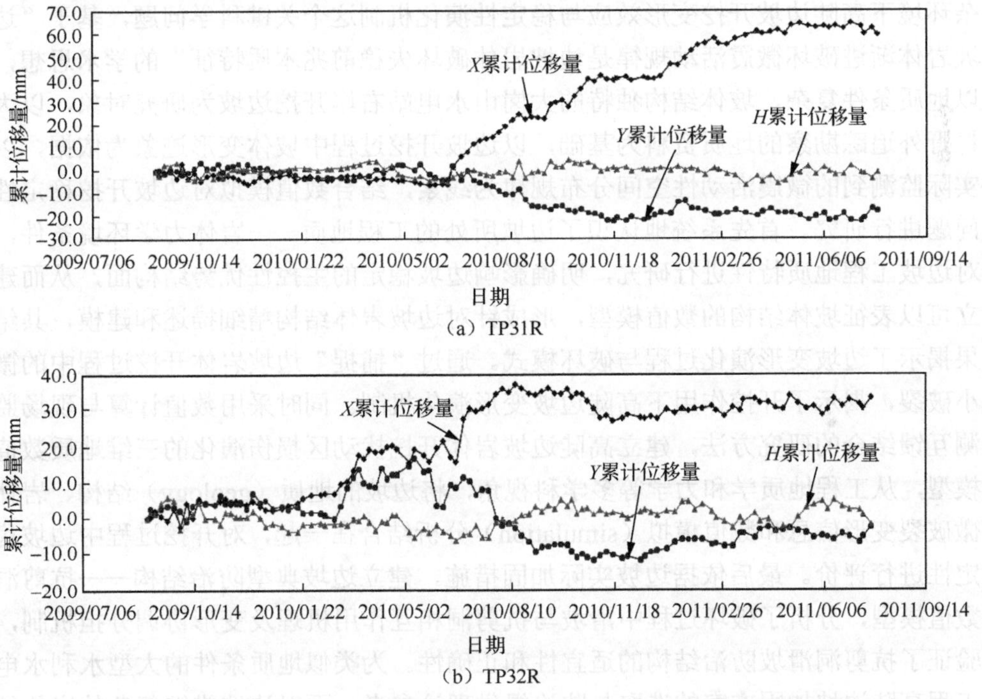

图 1.3　1070m 高程外部变形监测点 TP31R 和 TP32R 累计位移变化曲线[133]

目前大岗山水电站右岸边坡稳定性监测方面已采用位移和形变监测技术（如多点位移计、测斜管、渗压计、测缝计、钢筋计和 GPS 等），这些常规监测技术对右岸边坡在不同工况阶段扰动下的外观变形进行了有效的监测，并给出了边坡各测点部位的位移和变形量值，分析了右岸边坡在开挖扰动下的变形趋势。由于岩质边坡属于类脆性材料，其在宏观破坏之前变形较小，表面位移不够明显。边坡开挖后沿卸荷裂隙带有一定的松弛变形，断层、卸荷裂隙等复杂的地质条件，应力的释放与转移也具有随机性，造成了部分岩体变形不收敛而施工洞室内又无明显异常变形的现象。常规监测手段只能对已经产生显著变形的“点”式变形进行监测，难以对岩体内部微破裂进行有效捕捉，这样给工程人员的生命安全带来了巨大隐患，迫切需要一种新的监测手段对标识岩质边坡失稳前兆的岩体微破裂过程信息进行有效监测[134-138]。

1.4 研究内容

大岗山水电站右岸边坡地质结构各异，边坡潜在的变形失稳模式复杂多样，在此基础上的大规模开挖便成了影响工程建设成败的关键技术难题。本节围绕复杂环境下高陡边坡开挖变形效应与稳定性演化机制这个关键科学问题，基于“边坡岩体渐进破坏微震活动规律是边坡岩体破坏失稳前兆本质特征”的学术思想，以地质条件复杂、坡体结构独特的大岗山水电站右岸开挖边坡为研究对象，以大量野外追踪勘察的地质资料为基础，以边坡开挖过程中坡体变形迹象为依据，以实际监测到的微震活动性空间分布规律为线索，结合数值模拟对边坡开挖稳定性问题进行研究。首先系统地认识了边坡所处的工程地质——岩体力学环境条件，对边坡工程地质特性进行研究，明确影响边坡稳定的主控性优势结构面，从而建立可以表征坡体结构的数值模型，形成针对边坡岩体结构精细描述和建模，其结果揭示了边坡变形演化过程与破坏模式。通过“捕捉”边坡岩体开挖过程中的微小破裂，揭示了开挖作用下高陡边坡变形演化机制。同时采用数值计算与现场监测互馈结合的研究方法，建立高陡边坡岩体开挖扰动区损伤演化的三维地质数值模型，从工程地质学和力学等多学科视角，将边坡的地质（geology）结构、岩体微破裂变形信息和数值模拟（simulation）分析结合在一起，对开挖过程中边坡稳定性进行评价。最后依据边坡实际加固措施，建立边坡典型防治结构——抗剪洞数值模型，分析了破坏过程中滑坡与抗剪洞相互作用机理及变形协调分担机制，验证了抗剪洞滑坡防治结构的适宜性和正确性。为类似地质条件的大型水利水电工程高陡边坡加固方案的选取与防治提供理论参考。面对边坡错综复杂的岩体结构特征，采用有效的新方法去解决实际工程建设中所面临的问题，不仅为大岗山水电站右岸边坡本身的地质勘察、开挖卸荷和加固施工等工作提供参考依据，同时对复杂工程地质条件下岩质边坡动态稳定性研究提供了新的思路。

1.5 大岗山水电站右岸边坡工程地质及稳定性分析

岩体结构控制论认为[139,140]：岩体变形和破坏是由其结构所控制的。岩体变形破坏首先是结构失稳，其次才是材料破坏。岩体结构影响和控制着整个岩石工程的破坏方式，所以任何一项岩体工程的研究首先必须对地质环境中结构面的成因类型、产状和形态进行详细的调查，以便明确岩体中结构面的方位、迹长、间距、起伏度、填充物、张开度和粗糙度等特征[141]。岩体的破坏往往表现为由结构面所围限的结构体的破坏。在水利水电工程边坡中，结构面及其组合关系不仅控制岩质边坡稳定性，还控制滑体的形状、规模和趋势。岩质边坡基本都是沿主要结构面发生失稳破坏[142-144]，确定边坡主要结构面对分析边坡破坏的类型、破坏机制及稳定性评价都具有十分重要的意义[145]。大岗山水电站坝址区两岸谷坡陡峻，河道顺直而狭窄，为典型的深切“Ω”形谷，单从地貌角度看，是很好的拱坝坝址。但是建坝址右岸边坡内部发育深部裂缝，这些裂缝在分布深度上大大超出工程经验中边坡岩体卸荷带的分布范围，因此这一问题实际上成为制约大岗山水电站建设顺利进行的关键工程地质问题。准确建立坡体结构地质力学数值模型是分析高陡岩质边坡稳定性的前提。按照地质特征建立坡体结构模型，赋予其真实的岩体强度参数来研究其破坏模式及稳定性。本章考虑高陡岩质边坡坡体结构的特殊复杂性，以工程地质勘察资料为基础，概化出适于稳定性分析的数值模型[146]。

1.5.1　工程地质环境条件

大岗山水电站坝址控制流域面积 62727km^2，占大渡河总流域面积 81%。坝址处多年平均流量 1010m^3/s，水库正常蓄水位为 1130.00m，总库容 7.42 亿 m^3，电站总装机容量 2600MW，年发电量 114.3 亿 kW·h。工程的任务主要为发电，电站枢纽主要由混凝土双曲拱坝、右岸泄洪洞和左岸引水发电建筑物等组成，坝顶高程 1135m，最大坝高 210.00m（图 1.4）[132]。

图 1.4　大岗山水电站效果图

大岗山水电站坝址区和库首段处于黄草山断块上。该断块被磨西断裂、大渡河断裂和金坪断裂所切割，总体处于川滇南北向构造带北部，为南北向与“北西”“北东”等各向多组构造的交汇复合区域。其构造单元位属于扬子准地台西部二级构造部康滇地轴内，西邻雅江冒地槽褶皱带，东连上扬子台褶带，东北面是龙门山台缘褶断带。锦屏山-小金河断裂和磨西断裂是其西侧边界，而东侧和东北方向是金坪断裂和二郎山断裂。枢纽区两岸山体雄厚，谷坡陡峻，基岩裸露，左岸海流沟、右岸铜槽沟为较大的支沟。右岸自然坡度一般为 35°～40°，谷坡陡峻，基岩裸露，相对高差一般在 600m 以上。山坡坡面仅有小沟发育，且切割较浅，地形较为完整。河谷呈“Ω”形嵌入河曲形态，枯水期河水位 952.6m，水面宽 40～70m，水深 7～11m，正常蓄水位 1130m 时谷宽 380m。右岸以 1220m 高程为界，该界线以上的斜坡地形较缓，地表大部覆盖着崩坡积层，垂直厚度为 8～20m，水平厚度为 8～22m，界线以下为裸露花岗岩构成的陡峭崖壁（图 1.5）。

图 1.5　开挖前坝址右岸边坡地貌

右岸边坡 1200～1300m 高程为灰黄色块碎石夹土（$col+dlQ_4$），据勘探揭示：右岸发育 138 条辉绿岩脉，9 条花岗细晶岩脉。右岸边坡 1250m 高程以上主要有 β_4、β_{97}（f_{93}）、β_{146}、β_{168}（f_{154}）、β_{170}、β_{202}（f_{191}）、β_{203}（f_{194}）等岩脉破碎带，岩脉破碎带多呈块裂-碎裂结构。1300m 高程一带发育γ_{L5}花岗细晶岩脉，岩脉走向多近 SN，

倾向坡里（NW 或 SW），倾角陡。其中前期已有的 γ_{L5}、β_{169} 等岩脉在坡面出露；β_{202}、β_{203} 等为开挖和补充勘探揭露，新揭露了 26 条规模较大或性状较差的岩脉。岩体以澄江期花岗岩为主，岩质坚硬，卸荷带以内岩芯饼化及片帮现象集中。地应力测试成果表明大岗山枢纽区应力场是以构造应力为主、自重应力为辅的叠加应力场。地应力测试表明大致在谷底基岩面至以下 50～80m 的构造应力是地应力主要组成部分，应力场作用方向表现为 NWW-SEE 向挤压。实测岩体水平应力值相对较低，说明河谷浅表部岩体有卸荷，地应力有不同程度的释放。据谷底河床部位地应力测试资料分析，区域构造应力场作用方向表现为 NWW-SEE 向挤压，在 142m 深处初始地应力高达 26.51MPa，表明大岗山地区初始地应力较高。边坡区断层带多沿辉绿岩脉发育，以陡倾角、倾向坡里的为主，属岩块岩屑型、岩屑夹泥型或泥夹岩屑型。据勘探揭示：右岸边坡发育断层 84 条，以 F_1、f_{191}、f_{174} 规模相对较大，其中前期勘探揭示有Ⅱ级断层 1 条，Ⅲ级断层 5 条，Ⅳ级断层 23 条，破碎带宽为 $0.1m \leqslant b < 0.3m$ 的Ⅳ级断层有 3 条；施工开挖和补充勘探新揭露的 55 条断层中有 26 条属Ⅲ级结构面的断层，29 条属Ⅳ级结构面的断层，其中有 22 条Ⅳ级断层破碎带宽为 $0.1m \leqslant b < 0.3m$。辉绿岩等岩脉虽岩石坚硬致密，总体属细粒、微粒结构，但隐微裂隙发育，属“硬、脆、碎”岩体，且沿岩脉往往发育有断层，伴随较强的风化。此外，该处岩体风化蚀变现象亦有存在，从而岩体质量进一步降低。其中，黑云母风化蚀变为绿泥石、蛭石等，而长石类矿物蚀变后常呈高岭土化、绢云母化。右岸岩体风化特征呈明显的水平、垂直分带性，其变化规律为总体随高程增加而逐渐增强，且具有一定程度的不均一性特点，这是受微地形、岩性及构造等因素影响的结果。

（1）全风化带：岩体呈碎裂-散体结构，完整性极差，岩石完全失去光泽，岩石矿物除了石英颗粒全部风化蚀变为次生矿物，锤击有松软感，出现凹坑，对应的纵波波速 V_P<2000m/s。右岸边坡多分布于 1290m 以上高程。

（2）强风化段：岩体呈碎裂结构，完整性差，岩石大部分失去光泽，岩石矿物除了石英颗粒大部分风化蚀变为次生矿物，锤击哑声，岩石大部分变酥，易碎。对应的 V_P=2000～2500m/s。右岸边坡多发育于 1150m 以上高程，深度一般小于 20m。

（3）弱风化上段：岩体以镶嵌-块裂结构为主，少部分为次块状结构，完整性较差，岩石表面大部分有变色现象，断口呈颗粒状，锤击声较哑，裂隙微张。对应的 V_P=2500～3500m/s，水平深度随高程的变化较大。

（4）弱风化下段：岩体以次块状-镶嵌结构为主，完整性较好，岩石仅在表面部分和裂隙面上有风化现象，断口上仍保持新鲜和原有的光泽，锤击声较清脆。对应的 V_P=3500～4500m/s，水平深度随高程的变化较大。

（5）微风化至新鲜岩体：以块状-次块状结构为主，部分镶嵌结构，岩体完整性好，结合紧密。岩体除极个别裂面有风化蚀变外，基本保持新鲜光泽，锤击声清脆，对应的V_P>4500m/s。

工程区河谷深，谷坡陡，应力高，卸荷发育强。卸荷方向为岸坡岩体向河面上空。据勘探平洞得到的信息，岩体卸荷带主要沿已有结构面发育，据卸荷发育程度不同，可划分出强、弱卸荷带。从表1.2可见，右岸岩体卸荷在河谷垂直空间上，卸荷深度总体随高程的增高而明显加深，且该处微地形、岩性及构造多变，使卸荷分布具有一定程度的不均一性。

表1.2 右岸边坡岩体卸荷深度表[132]

高程分带	洞号（高程/m）	强卸荷/m	弱卸荷/m
1255m以上	PD316（1300.38）	0.0～103.5	103.5～156.7（未揭穿）
	PD321（1303.7）	0.0～138	138.0～148.0
	PD321-1	0.0～97.5	—
	PD322（1266.9）	0.0～152.0	—
	PD322-1	0.0～127.0	—
	PD10（1300.58）	22.2～79.0	79.0～103.0（未揭穿）
1070～1255m	PD323（1220.34）	18.0～108.3	108.3～149.5（未揭穿）
	PD09（1225.11）	0.0～121.4	121.4～149.0
	PD325（1166.73）	—	0.0～43.0
	PD308（1137.55）	0.0～4.0	4.0～54.0
	PD306（1100.37）	0.0～27.8	27.8～48.1
	PD314（1107.11）	0.0～44.0	44.0～50.5
	PD303（1107.13）	0.0～7.4	7.4～52.3
	PD304（1103.53）	0.0～36.0	36.0～51.0

注：PD10平洞0～22.2m段、PD323平洞0～18m段为覆盖层，PD325洞口距原始地面38m

右岸1135m高程以上为坝顶以上边坡，1135m高程以下为拱肩槽边坡。边坡在1300m高程以上分布崩坡积物，1220～1300m高程之间上下游局部分布有数米厚的崩坡积层。边坡出露有10余条岩脉和断层，岩脉及断层的走向以NNW向及NE向为主。右岸边坡岩体主要由黑云二长花岗岩组成。右岸边坡表层有覆盖层分布，岩体风化卸荷强烈，上部边坡位于全风化岩体，对岩体质量类别影响较大的仍为岩体风化程度。微新无卸荷裂密镶嵌结构花岗岩岩体和微新无卸荷块状结构辉绿岩脉为Ⅱ类；微新无卸荷镶嵌结构花岗岩岩体、弱风化下段无卸荷次块状-镶嵌结构花岗岩岩体、微新无卸荷-镶嵌结构辉绿岩脉、微新无卸荷块状-次块状结构钠黝帘石化蚀变花岗岩岩体为$Ⅲ_1$类；微新无卸荷块裂结构花岗岩岩体、弱风化下段-微新无卸荷镶嵌结构辉绿岩脉为$Ⅲ_2$类；微新无卸荷块裂-碎裂结构花岗岩岩体、弱风化上段卸荷块裂-碎裂结构花岗岩岩体、弱风化-微新块裂结构的辉绿岩脉为Ⅳ类；强风化、强卸荷碎裂-散体结构岩体及断层破碎带为V_1类；全风化散体-碎裂结构花岗岩岩体为V_2类。根据右岸边坡开挖与测试揭示情况，全风化岩体呈散体-碎裂，易于开挖，坡面成形较好，波速值小于2000m/s；强风化岩体呈碎裂结构，较易开挖，开挖坡面局部受结构面控制，波速值2000～2500m/s；弱风化上段岩体呈块裂结构，开挖需爆破，开挖坡面受结构面控制，波速值2500～3500m/s。边坡岩体中的各种结构面按填充物情况划分成刚性结构面和软弱结构面两类。刚性结构面按隙壁接触紧密程度与蚀变特征细分为胶结结构面、蚀变结构面和张开结构面三类；软弱结构面按其成因类型、充填物厚度、物质组成等细分为岩块岩屑型、岩屑夹泥型、泥夹岩屑型三类。以往经验说明边坡卸荷带深度及范围与其应力场和坡体形态密切相关[147]，即应力场强度越高，边坡卸荷深度越大，边坡越高、坡度越陡，卸荷带范围就越大。右岸边坡岩体中发育有多条张裂缝，这是因为挽近期以来，坝址所在的贡嘎山地区快速隆升，形成了山高谷深的地形地貌，河谷的快速下切必然导致边坡岩体高地应力的强烈释放，驱动坡体产生向临空面方向的卸荷回弹，由于回弹不均匀，从而在坡体内部一些相对弱面部位（如小断层、长大裂隙或裂隙密集带）形成残余的拉应力环境，导致原有结构面的拉张，这是产生深部张裂的基础之一。特别是形成于中更新世末的第⑤组裂隙（产状N0°～35°E/SE∠35°～50°）在坡体向临空面方向卸荷回弹的过程中产生拉张，在重力作用下又使边坡岩体顺延裂隙组产生拉裂。右岸卸荷裂隙密集带是在应力调整和重力卸荷等综合因素作用下，追踪第⑤组中倾坡外的裂隙而形成的。其分布及发育特征主要可归纳为XL-316和XL-915两条中等倾角卸荷裂隙密集带。边坡岩性条件、结构面及其与坡面的组合不仅控制边坡的卸荷范围，同时影响边坡的破坏模式[148,149]。因此，只有从地质条件、数值方法等多方面对构成边坡的深部裂缝空间发育特点和变形规律进行综合分析，才能合理地判定此类边坡稳定性问题。

从地质情况分析，右岸边坡上部为覆盖层和全风化岩体、强风化岩体，中部为弱风化岩体，下部为弱风化微新岩体（1135m高程以下）。这样以若干组陡倾结构面构成的边坡就可能存在不确定的破坏模式。例如，地质勘察揭示的破坏模式有弯曲-拉裂变形、滑移-拉裂变形和蠕滑-拉裂变形三种模式。

（1）弯曲-拉裂变形：陡倾坡里的辉绿岩脉破碎带和第②组裂隙的发育，使坡体具陡倾内层状体斜坡特征，形成深度一般为5～15m发育于边坡表层的弯曲-拉裂变形。在PD304上游β4辉绿岩脉出露处，可见弯曲-拉裂变形［图1.6（a）］。

（2）滑移-拉裂变形：浅表部岩体沿第⑤组裂隙卸荷强烈，以陡倾角的岩脉破碎带为后缘拉裂面，以倾坡外第⑤组裂隙为底滑面，可能产生滑移-拉裂变形破坏。

如右岸Ⅱ～Ⅲ线一带 1000～1100m 高程分布的崩坡积物可能为早期以 β4 为后缘拉裂面、以中倾坡外的结构面为滑移面在 PD303 平洞附近产生的滑移-拉裂变形破坏的残留堆积体，厚度 2～5m［图 1.6（b)、图 1.6（c)］。

（3）蠕滑-拉裂变形：分布于右岸 1220m 高程以上的崩坡积物，水平厚度为 10～20m，铅直厚度为 10～15m。天然状态下未见变形迹象，坡体稳定，但在便道、平洞勘探施工中，因未进行有效支护，局部产生了蠕滑-拉裂变形，PD10 平洞洞口塌滑［图 1.6（d)］。

（a）弯曲-拉裂变形（PD304平洞）　（b）滑移-拉裂变形崩塌（PD303平洞）

（c）滑移-拉裂变形破坏（PD303平洞）　（d）覆盖层边坡局部塌滑（PD10洞口）

图 1.6　右岸边坡潜在破坏形式

1.5.2　边坡二维数值模拟及稳定性分析

通常情况下边坡岩体由于风化、雨水入渗、应变软化等作用使抗剪强度逐渐降低，导致边坡渐进破坏。将有限元强度折减法的基本原理引入岩石破裂过程分析 RFPA^{2D} 中（图 1.7），通过降低材料抗剪强度使边坡达到临界破坏状态而计算出安全系数，建立边坡强度折减法——RFPA^{2D}-SRM，采用该方法对边坡进行稳定分析时无须预先假定潜在滑动面，以细观最大破坏基元数作为失稳判据，再现坡体结构随岩体结构强度劣化而产生渐进破坏的演化过程[150]。通过 RFPA^{2D}-SRM 针对大岗山水电站右岸边坡Ⅵ-Ⅵ典型剖面进行分析，通过数值模拟得到边坡破坏模式及安全系数，对理解自然状态下边坡破坏形成机制具有重要意义，利于从源头入手指导加固边坡。

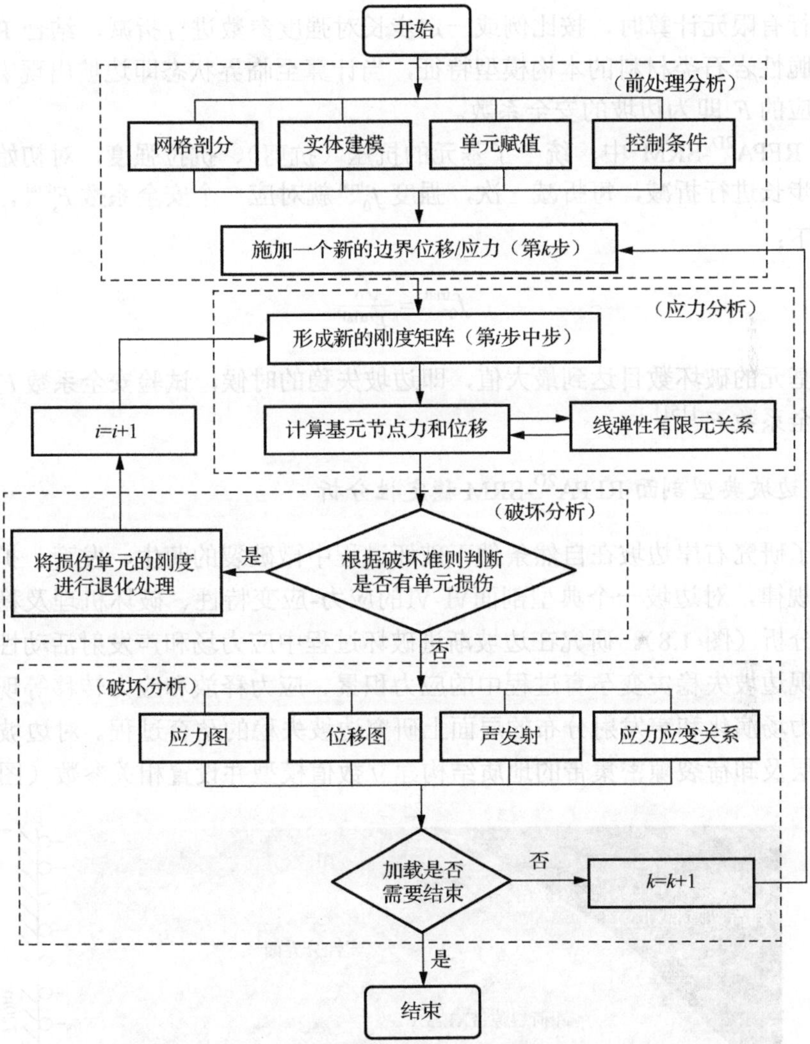

图 1.7　RFPA^{2D} 程序流程图[151]

1. RFPA^{2D}-SRM 安全系数的确定

安全系数 F_s 是边坡稳定性研究中的一个重要概念，基于强度储备概念的安全系数。F_s 的定义为：实际抗剪强度与折减临界破坏时抗剪强度的比值，即岩体抗剪强度能进行折减的程度。当材料的抗剪强度参数 c 和 φ 分别用其临界强度参数

c'和φ'所代替后，边坡将处于临界平衡状态[151]，其中，

$$c' = c / F_s$$
$$\tan\varphi' = \tan\varphi / F_s \tag{1.1}$$

进行有限元计算时，按比例或一定步长对强度参数进行折减，结合 RFPA 特有的准脆性岩石类材料的本构模型特征，当计算至临界状态即边坡出现宏观破坏时，对应的F_s即为边坡的安全系数。

在 RFPA^{2D}-SRM 中，统一了基元的抗压（抗剪）、抗拉强度，对初始强度f_0按一定步长进行折减，每折减一次，强度f_0^{trial}就对应一个安全系数F_s^{trial}，其折减准则如下：

$$f_0^{\text{trial}} = \frac{f_0}{F_s^{\text{trial}}} \tag{1.2}$$

当基元的破坏数目达到最大值，即边坡失稳的时候，试验安全系数F_s^{trial}为最终的安全系数F_s[151]。

2. 边坡典型剖面 RFPA^{2D}-SRM 稳定性分析

为了研究右岸边坡在自然条件下破坏过程中微破裂的萌生、发育、扩展和贯通演化规律，对边坡一个典型剖面Ⅵ-Ⅵ的应力-应变特性、破坏机理及稳定性进行计算分析（图 1.8）。研究在边坡渐进破坏过程中应力场和声发射活动性分布规律，再现边坡失稳灾变孕育过程中的应力积累、应力释放和应力转移等现象。试图从应力场演化和声发射分布的层面上研究边坡失稳的孕育过程。对边坡主要断层、岩层及卸荷裂隙密集带的地质结构建立数值模型并设置相关参数（图 1.8）。

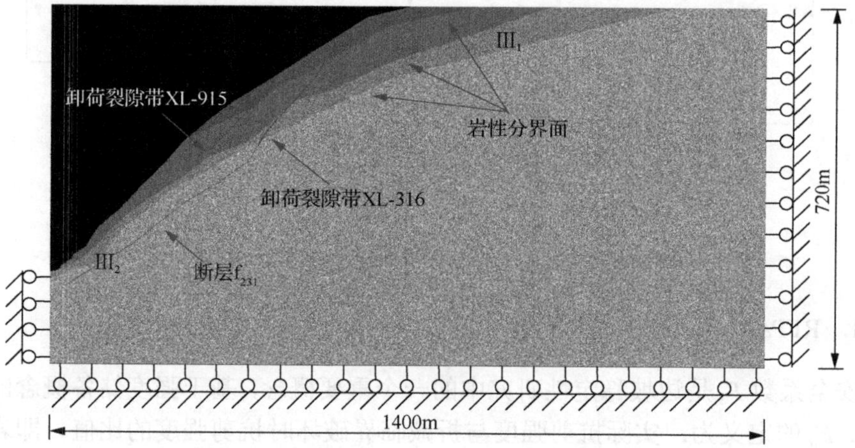

图 1.8　右岸边坡Ⅵ-Ⅵ横剖面数值模型

剖面各层岩体的物理力学参数见表 1.3，卸荷裂隙带 XL-316、XL-915 和断层 f_{231} 等主控结构面（体）参数统一取表 1.3 中Ⅴ$_2$类型。

表 1.3　岩体物理力学参数值表[152]

材料编号	密度/（g/cm^3）	抗压强度/MPa	变形模量/GPa	泊松比	摩擦因数	黏聚力/MPa
Ⅱ	2.65	70～80	18.00～25.00	0.25	1.30	2.000
Ⅲ$_1$	2.62	40～60	9.00～11.00	0.27	1.20	1.500
Ⅲ$_2$	2.62	40～60	6.00～9.00	0.30	1.00	1.000
Ⅳ	2.58	20～40	2.50～3.50	0.35	0.80	0.700
Ⅴ$_1$	2.45	<15	0.25～0.50	>0.35	0.50	0.200
Ⅴ$_2$	2.10	<10	0.20	>0.35	0.40	0.175

按平面应变考虑问题，通过 RFPA^{2D}-SRM 计算得到右岸边坡Ⅵ-Ⅵ剖面的弹模图、位移矢量图、剪应力图、声发射图以及破坏模式来评估其稳定性［图 1.9（a）～（d）］。RFPA^{2D}-SRM 中记录下折减计算过程中基元破坏次数，当折减到第 25 步时（折减系数为 0.01），基元破坏次数最多，边坡产生整体失稳破坏，此时安全系数为 1.33。其结果与石豫川等[148]和刘耀儒等[153]针对大岗山水电站右岸边坡的典型剖面的二维计算结果一致。

通过 RFPA^{2D}-SRM 模拟确定边坡的稳定性最差部位。如图 1.9 所示，步骤 25-1 时，在坡脚（断层 f_{231} 区域）产生明显的剪切破坏，岩体微破裂由此处开始萌生，到步骤 25-17 时，边坡岩体破坏继续沿着断层 f_{231} 向坡顶进行演化扩展。步骤 25-18 时，在卸荷裂隙带 XL-316 和断层 f_{231} 交界处发生大量的基元破坏，交界处“岩桥”贯通。破裂沿着卸荷裂隙带 XL-316 和断层 f_{231} 构成的主控结构面进行扩展，自下而上形成一条明显的滑移面贯通到坡顶。步骤 25-19 时，卸荷裂隙带 XL-316 和断层 f_{231} 构成的“滑动体”下滑破坏。从声发射图可以看出，卸荷裂隙带 XL-316 处产生大量的张拉破坏，断层 f_{231} 处则变现为剪切破坏［图 1.9（d）中，黑色圆圈代表张拉破坏，白色圆圈代表剪切破坏］，卸荷裂隙带 XL-915 处也产生明显的破坏，说明了边坡内部卸荷裂隙密集带 XL-316、XL-915 及断层 f_{231} 等主要软弱结构体在折减过程中易产生变形破坏。步骤 25-20 时，边坡沿着贯通的滑移带及挤压破碎带形成了以卸荷裂隙带 XL-316 和 XL-915 为上盘、断层 f_{231} 为下盘的巨大滑动体，造成整个边坡发生滑移破坏。从边坡起裂到滑移过程可看出，宏观失稳正是由于其内部岩石微破裂沿着控制边坡软弱结构面进行发育和演化的。当破裂带贯通后，坡体才会出现明显的位移，当发生整体滑移破坏时，变形破坏急剧增大。从声发射图可以看出，破坏过程中的声发射分布规律再现了边坡破坏过程中基元不断损伤累积的过程，折减过程中基元的不断损伤造成了边坡的局部破坏，累积的局部破坏贯通形成滑移条带，模拟过程中产生的声发射主要分布于卸荷裂隙密集带 XL-316、XL-915 及断层 f_{231} 等主控结构体上。这印证了软弱结构面是控制岩质边坡破坏模式的主要因素之一[154-158]。

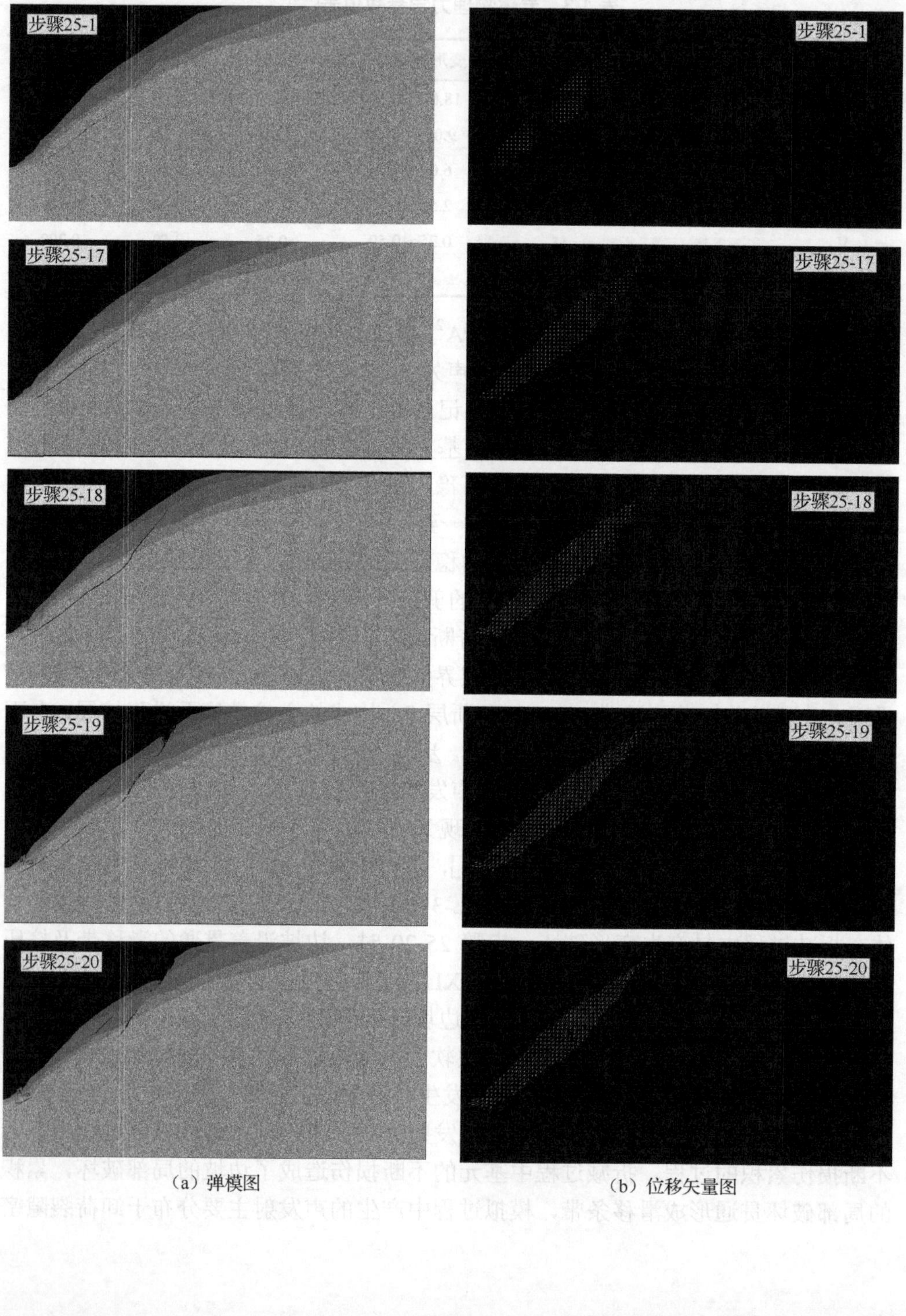

(a) 弹模图　　(b) 位移矢量图

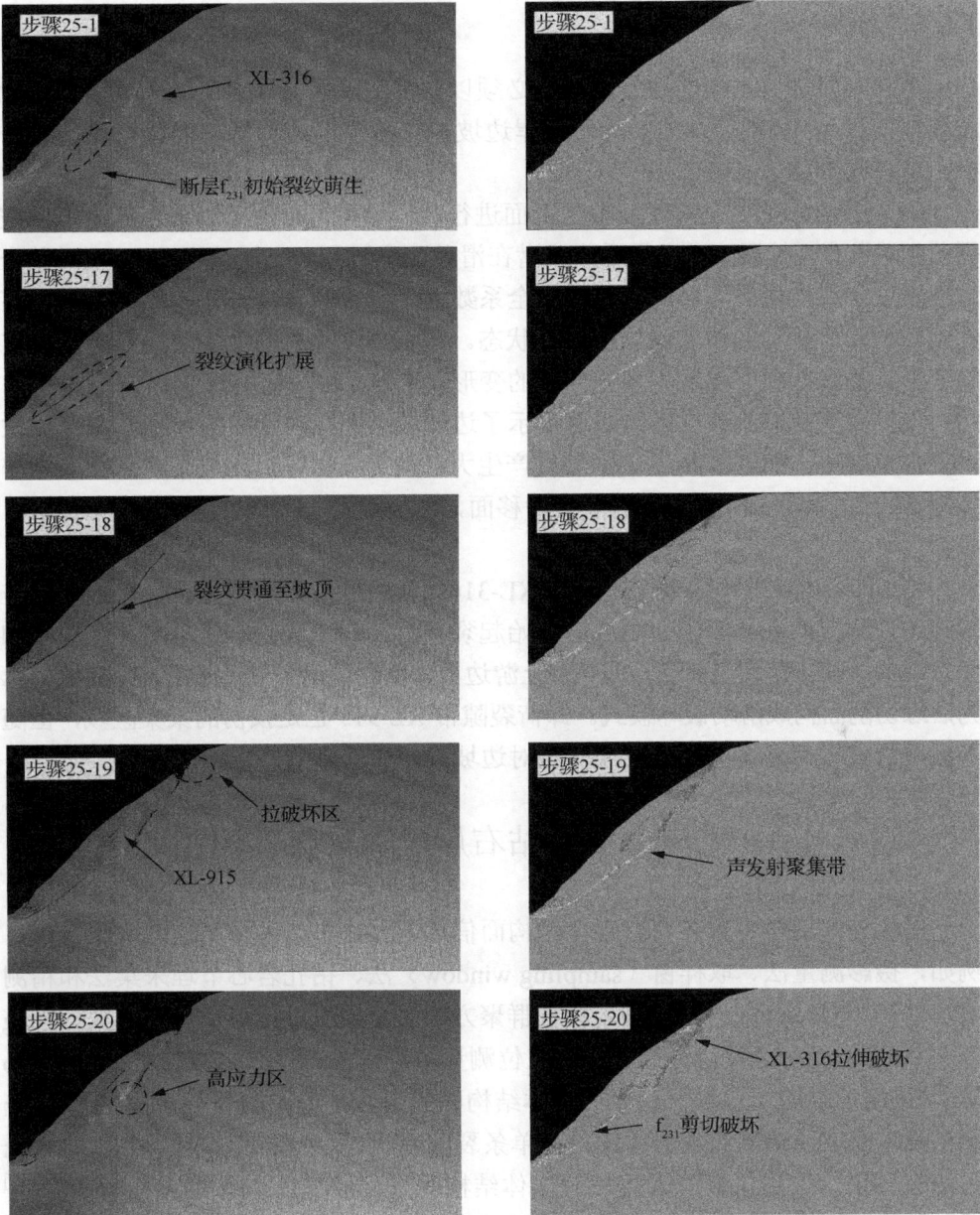

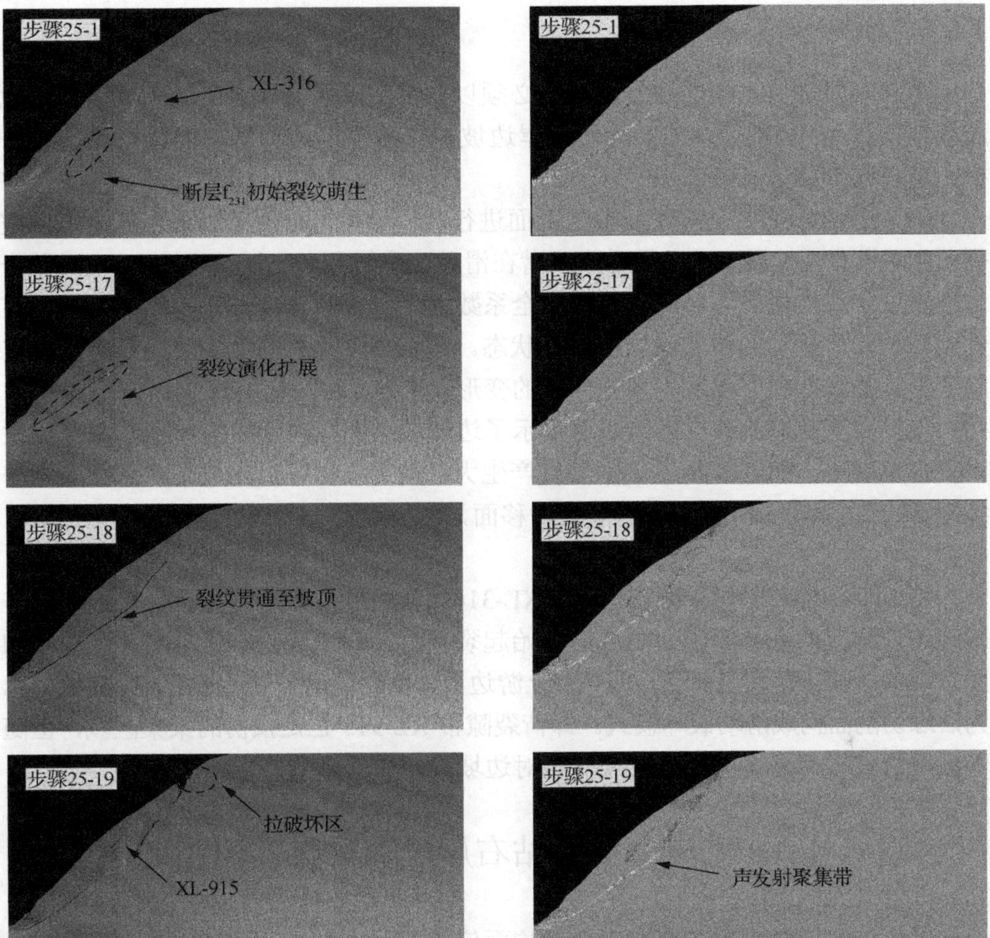

（c）剪应力图（亮度表示剪应力大小）　　（d）声发射图

图 1.9　RFPA^{2D}-SRM 对右岸边坡稳定性分析结果

1.5.3　小结

高陡岩质边坡工程的稳定性评价必须以定性的地质结构为基础。结合工程地质资料，采用 RFPA^{2D}-SRM 针对右岸边坡自然条件下的典型剖面进行稳定性分析。可以得到如下结论。

（1）通过 RFPA^{2D}-SRM 对典型剖面进行数值模拟，再现了边坡内部岩石微破裂萌生、发育、扩展，以及贯通形成潜在滑移面全过程。当折减到第 25 步时整个边坡发生宏观失稳破坏，此时边坡安全系数为 1.33。总体上，在自然情况下没有受到开挖卸荷扰动的边坡尚处于稳定状态。边坡在水平方向上表现为指向河谷方向变形，竖直方向上表现为垂直向下的变形。

（2）数值模拟的声发射结果也揭示了边坡坡顶卸荷裂隙密集带 XL-316 处发生了张拉破坏，而坡脚断层 f_{231} 处则产生大量的剪切破坏，构成了以卸荷裂隙密集带 XL-316 和断层 f_{231} 为主的潜在滑移面，这为后期边坡加固方案的制订提供了参考。

（3）右岸边坡的卸荷裂隙密集带 XL-316 和断层 f_{231} 组成的主控优势结构面是影响边坡稳定的主要因素，边坡的初始起裂、滑动和塌落基本是沿着该主控结构面发展的。以卸荷裂隙带 XL-316 为上游边界，以断层 f_{231} 为底滑面，以辉绿岩脉为后缘切割面构成滑动破坏模式。卸荷裂隙带 XL-915 也是损伤的聚集区域，但随着后期边坡卸荷开挖工作的陆续开展对边坡稳定性的影响有限。

1.6　大岗山水电站右岸边坡的微震监测

国内外许多学者曾在获取岩体结构面信息方面提出了多种多样的采集方法。例如，摄影测量法、取样窗（sampling window）法、钻孔岩芯节理采集法和精测线法[159-166]。Hammah 等[167]利用模糊群聚方法对结构面进行自动辨识研究。Feng 等[168]应用非反射全站仪进行非连续点位测量，进而求得裸露岩体的产状。Siekfo 等[169]采用三维激光扫描仪获取了岩体结构面的信息。董秀军等[170]利用三维激光测量技术获取了高陡边坡岩体结构的单条裂隙产状。洪子恩等[171]基于近距离激光扫描仪结果，采用模糊群聚方法对岩体结构面进行了统计和分类。王凤艳等[172]通过数字摄影测量手段，实现对岩体结构面几何信息的有效获取。刘昌军等[173]利用激光点云数据快速获取了结构面的间距和迹长等几何信息，为岩体结构面优势产状统计和几何信息的获取开辟了新途径。但以上诸多方法要么受地形环境因素的影响测量精度差，要么野外工作量大给人为操作带来很大不便，难以获得全面准确的岩体结构面信息。因此如何快速高效地获取边坡坡体结构中结构面的信息就成为评价边坡稳定性的瓶颈[174,175]。特别是我国西南地区位于印度板块和欧亚板块的交错地带，受到青藏高原长期抬升、河流急剧下切等地质构造运动的作用，使得边坡岩体深卸荷发育，工程地质构造不均一，河谷岸坡及山体稳定性极差[176,177]。在这样自然环境和地质背景极为复杂的条件下，西南地区大渡河、雅砻江、金沙江和澜沧江等主要干流各梯级水电资源开发工程项目都在不同程度地进行着，所遇到的各种工程地质问题也越来越多，越来越复杂。

岩质边坡的变形主要表现为沿破裂面的滑移破坏，这种岩石类准脆性材料一旦发生破坏，传统既定的应力-应变本构关系就无法表征其变形规律。而岩体内任一点的位移变化都会影响到其材料本身的力学性质，所以近年来诸多学者尝试用应力-位移关系来描述其变形破坏规律。早在 1970 年，日本学者斋藤采用位移作为预报参数，建立加速蠕滑的微分方程对日本的高汤山滑坡进行了成功的预报[178]。中铁西北科学研究院有限公司（原铁道部科学研究院西北分院）也成功预报过宝成铁路须家河滑坡[179]。贺可强等[180]对大型堆积层滑坡分别建立了剪出口曲面和平面滑移两种实际受力条件下的力学判据。李天斌等[181]根据滑坡累计位移-时间曲线与 Verhulst 曲线相反的特性，建立了 Verhulst 反函数模型。黄润秋等[182]针对复杂问题提出了协同预报模型的非线性理论来研究滑坡的预报问题。Romeo[183]采用 Newmark 稳定计算模型预测地震引起的滑坡位移，计算出了预测滑坡发生的位移判据。李彦荣[184]集成开发了基于地理信息系统（geographic information system，GIS）的滑坡预测预报系统。彭继兵[185]采用信息融合技术对滑坡的监测数据进行了处理。廖小平[186]利用弹塑性力学原理提出了滑坡预报的物理功率模型。王尚庆[187]以滑坡各种变形破坏迹象及诱发因素为基础分别对长江三峡的新滩滑坡、鸡扒子滑坡、黄蜡石滑坡等进行了预报，总结出一套滑坡综合预报方法和判据。李秀珍等[188]将斜坡的宏观变形破坏迹象和前兆信息等有机地结合起来对滑坡灾害的时间预测预报进行了全面研究。许强等[189-191]依托大量滑坡变形监测数据，从时空演化规律角度对滑坡进行了综合预测预报，强调了滑坡预警中时空特征结合的重要性，获得改进切线角预警判据。金海元等[192]在总结大量的边坡预测预报成果的基础上，设计出适合锦屏一级水电站边坡的综合预测预报模型。Herrera 等[193]采用多种监测技术观测了 Portalet 边坡位移与降雨的关系，对边坡长期位移进行了预测。

尽管人们在边坡位移监测预报研究方面取得了诸多有益的成果，但由于地质条件复杂，边坡变形演化行为具有复杂性、随机性和不确定性，因此大多数方法主要致力于预报方法和模型的研究或仅针对某一既定宏观变形的验证性预报，缺乏对边坡施工扰动过程中内部岩体损伤的前兆信息进行系统监测。大多数开挖岩质边坡的稳定性是一个动态演化的过程，其失稳破坏的产生并不是一蹴而就的，而是其内部局部弹性能积聚到某一临界值后引起的微裂隙渐进累积扩张到突变的结果。只有对其内部岩体微破裂萌生、发育、扩展、贯通与相互作用等前兆规律进行有效监测才有可能精准地判断开挖边坡的稳定性和失稳破坏模式。当右岸边坡在开挖过程中产生若干条宏观裂缝后，引入微震监测技术根据微破裂信号来确定开挖边坡岩体微破裂所发生的时刻和位置，判定其微破裂的大小、集中程度，推断岩石宏观变形的趋势，达到预测边坡失稳的效果。

1.6.1 微震监测系统的构建

大岗山水电站右岸边坡采用加拿大 ESG 微震监测系统，主要由 Paladin 信号采集系统、Hyperion 数据处理系统、高精度加速度传感器，并结合力软科技（大连）股份有限公司开发的基于远程网络传输的 MMS-View 三维可视化软件构成(图 1.10)。在位于右岸边坡 11 个高程的洞室中，以坝肩为中心，沿河流方向上下游 300m、高程 800～1400m 和向坡表岩体内 400m 的范围（600m×600m×400m）阵列布设 22 个传感器，对右岸开挖边坡进行 24h 全天候的监测，实现三维事件的精确定位，精度在 10m 以内（图 1.11、图 1.12）。有关传感器具体安装步骤和实施过程参见文献[194]，在此不再赘述。

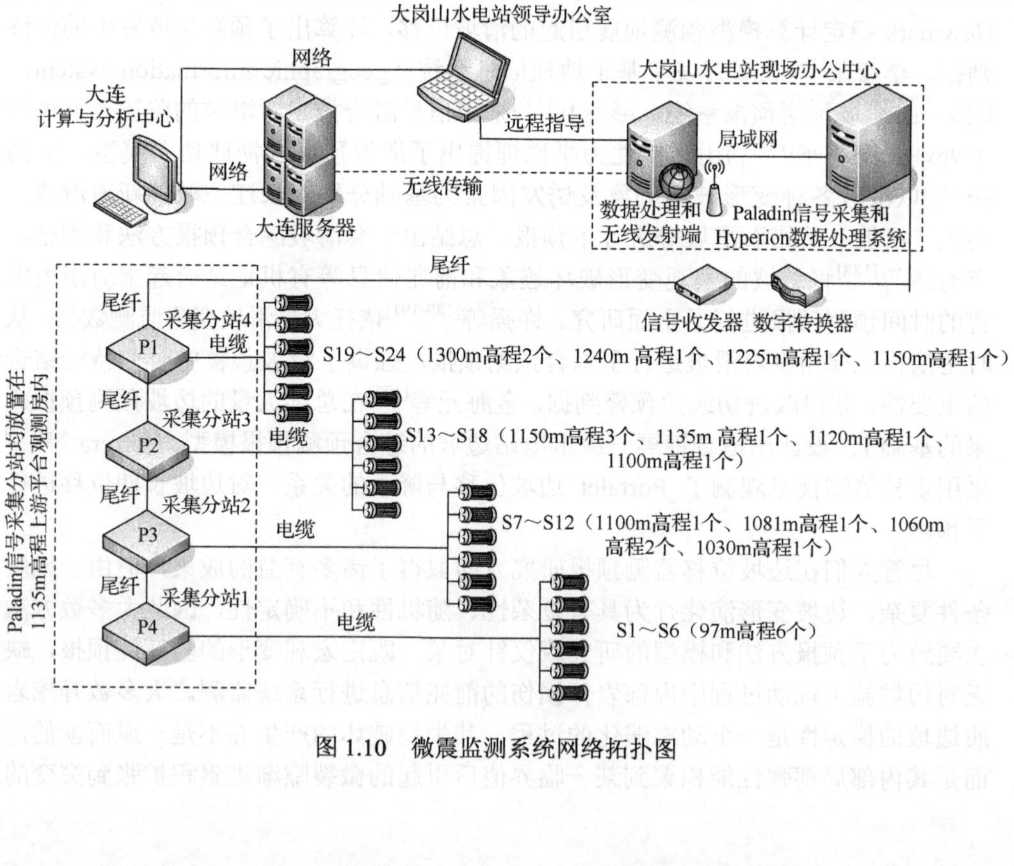

图 1.10 微震监测系统网络拓扑图

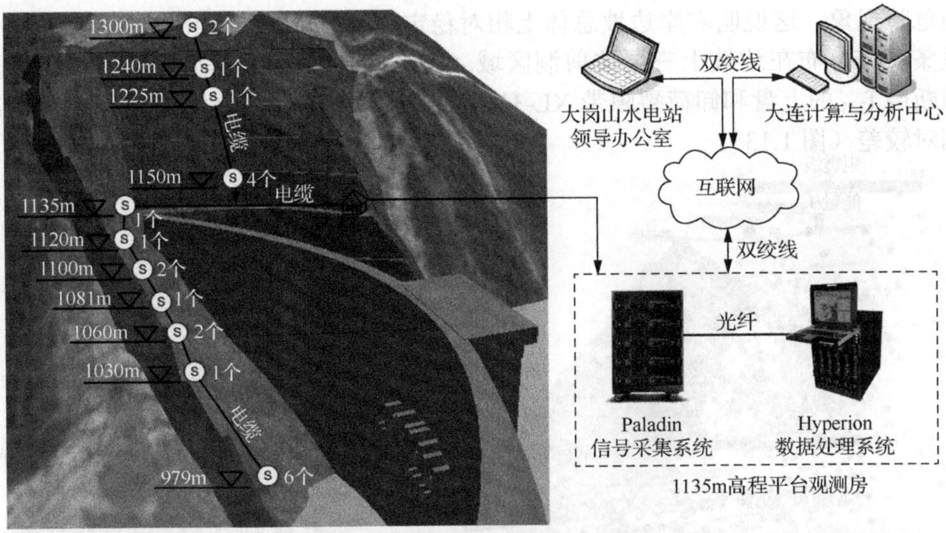

图 1.11　微震监测系统组成[195]

ⓢ1 个表示该高程边坡内有 1 个传感器

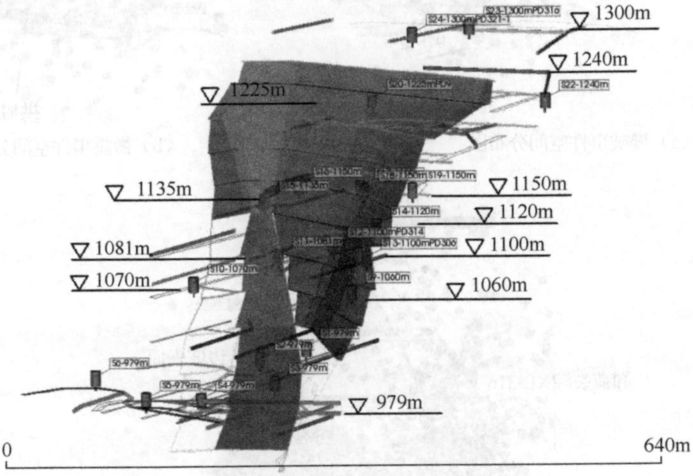

图 1.12　微震监测系统传感器空间布置图[73]

1.6.2　开挖扰动与微震活动时空分布规律

针对边坡大规模开挖施工过程岩体微破裂分布规律进行分析（2010 年 5 月微震监测系统进场至 2011 年 9 月边坡大规模主体开挖施工结束）。截至 2011 年 9 月 30 日边坡主体开挖结束，共采集到 1506 件微震事件，经过噪声识别、筛选、剔除，研究有效区域内得到微震事件 1337 件，爆破事件 1217 件，微震事件大小和颜色分别表示微震的能量大小和矩震级[194]。由微震事件产生频率结合现场施工情况可知，微震事件数分布总体比较平稳，没有出现某一区域短时间内事件数突增的危险现象，这说明右岸边坡总体上相对稳定。边坡开挖过程中产生的微震事件呈条状带分布在边坡上三层抗剪洞区域（1135～1240m 高程）和拱肩槽附近，即断层 f_{231} 的上盘和卸荷裂隙带 XL-316 的下部区域，微震事件聚集部位地质情况相对较差（图 1.13）。

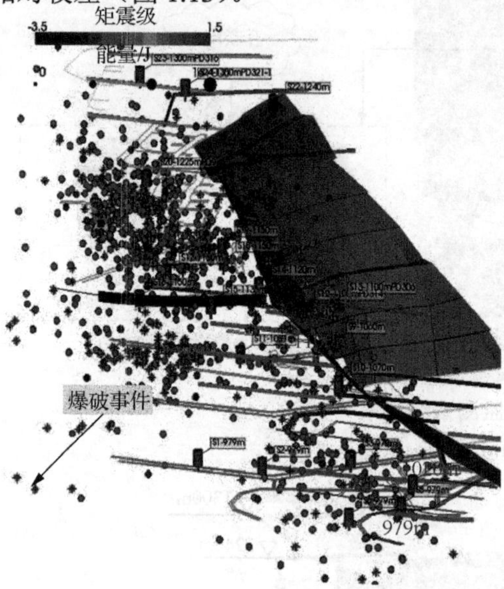

（a）爆破事件空间分布图

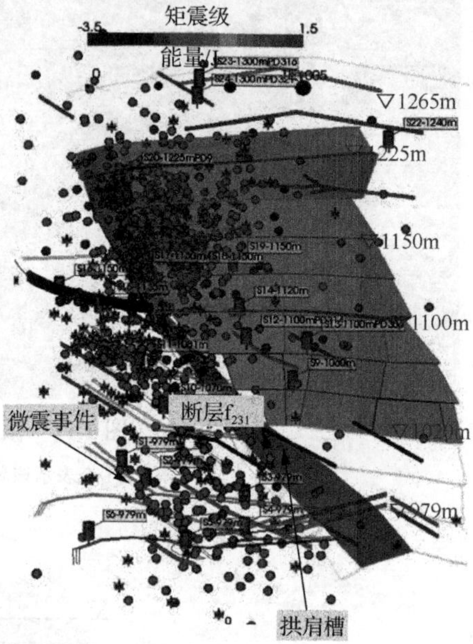

（b）微震事件空间分布图

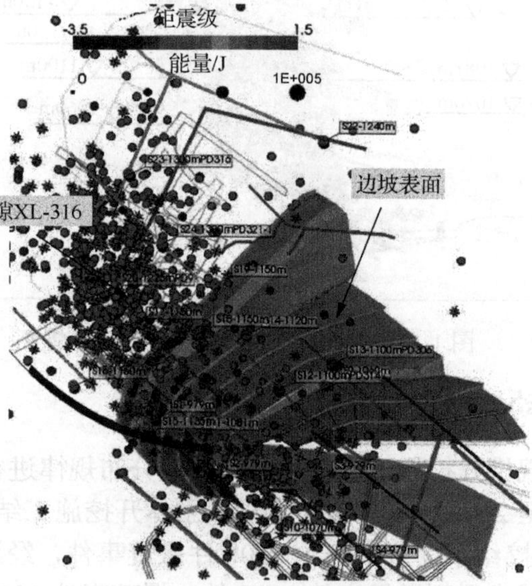

（c）微震事件空间分布俯视图

图 1.13　爆破事件、微震事件空间分布图以及微震事件空间分布俯视图

通过图 1.14 微震事件累积密度云图可以看出，边坡开挖过程中微震事件能量密度不断地进行积累、释放和转移，由此也造成了局部的应力调整。微震事件能量密度较大区域主要集中在 1225m 高程以下，沿主控结构体卸荷裂隙带 XL-316 和断层 f_{231} 贯通边坡上下。开挖引起的微震能量损失也在不断地进行释放、转移、调整，能量损失区域不断增大，微破裂累积不断延伸，当弹性区受到释放能量叠加的应力小于岩体材料的弹性强度，破坏区域不再扩展，破坏面也就不再扩大。破坏过程中能量损失主要集中在 1135～1240m 高程卸荷裂隙带 XL-316 和 979～1100m 高程断层 f_{231} 附近，且发生在距坡表 80～150m 深处，这与地勘资料所揭示的地质条件相吻合（图 1.15）。结合施工情况综合分析，开挖施工扰动作用下，

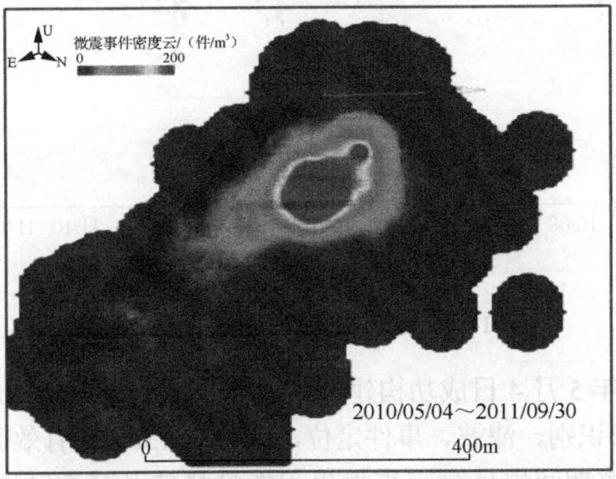

图 1.14　开挖期间微震事件累积密度云图

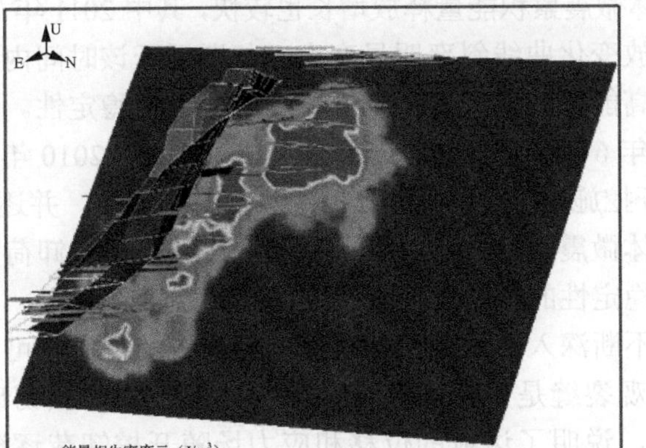

图 1.15　开挖期间微震事件能量损失密度空间分布规律

卸荷裂隙带或断层活化诱发边坡卸荷松弛导致下部岩体压剪破坏，所以致使微破裂事件大部分聚集于主控优势结构体上。说明微震监测可以有效地识别和圈定由施工扰动诱发的边坡深部岩体损伤区域，这为边坡施工和加固处理提供参考依据。微震事件的矩震级分布范围在-2.5～0 且在-1.0 上下波动，分布近似以-1.0 为中心的正态分布，起伏没有明显变化，但整体上的矩震级还是以小于-1.0 为主（图 1.16）。

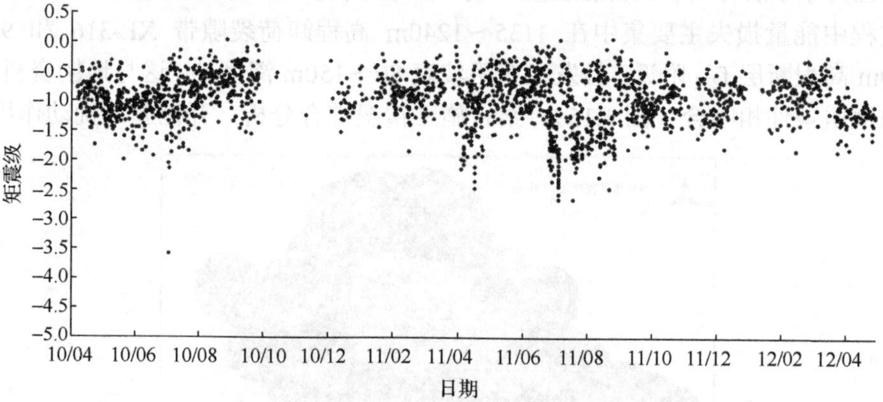

图 1.16　微震事件矩震级随时间分布规律

系统自 2010 年 5 月 4 日成功构建运行以来，截至 2011 年 9 月边坡主体开挖工作结束，经过波形识别、滤波、事件定位，共获取 1337 件有效微震事件。图 1.17 表示右岸边坡开挖期间岩体微震事件累积能量释放及其活动率随时间的分布关系。2010 年 8 月和 2011 年 4～7 月的微震活动性较强，事件频率最大为 10 次/d。这期间的边坡岩体微震累积能量释放增长也较快，其中 2011 年 7 月与 2010 年 8 月微震累积能量释放变化曲线斜率明显变大，却滞后于该时间内的高微震活动性，说明边坡中出现高能量（高震级）事件，影响边坡的稳定性。结合现场开挖施工情况分析，2010 年 6 月以后，边坡开挖施工进度加快。2010 年 10 月底至 2011 年 2 月中旬，边坡开挖施工暂停，并在 3 月初恢复开挖施工，并逐步加快。分析发现开挖期间边坡整体微震活动性与开挖施工密切相关，开挖卸荷是控制边坡微破裂演化及影响边坡稳定性的主要外界作用力[73]。

随着开挖的不断深入，边坡岩体损伤范围也逐渐扩大。可以推断，边坡坡表产生的若干条宏观裂缝是开挖卸荷造成深部岩体产生的损伤破坏。开挖过程中常规监测点变化，说明了边坡的位移和应力场随开挖卸荷逐渐变化。因为开挖卸荷改变了边坡天然形态及结构面的边界条件，所以产生应力调整导致边坡局部缓慢松动，这种松动是岩体颗粒之间的微小错动逐渐扩展而导致变形破坏的。（图 1.18）。

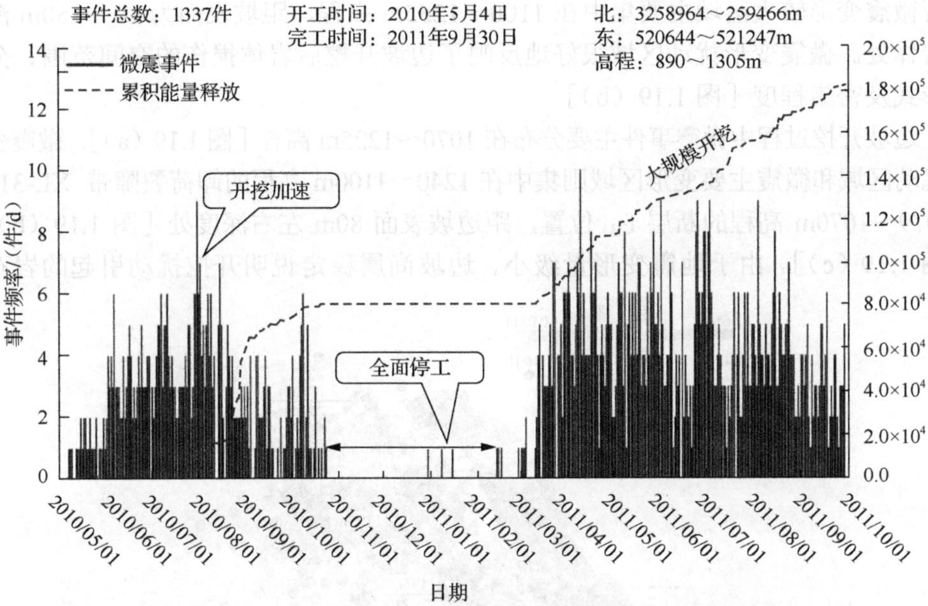

图 1.17　微震事件累积能量释放、事件频率与时间关系分布图

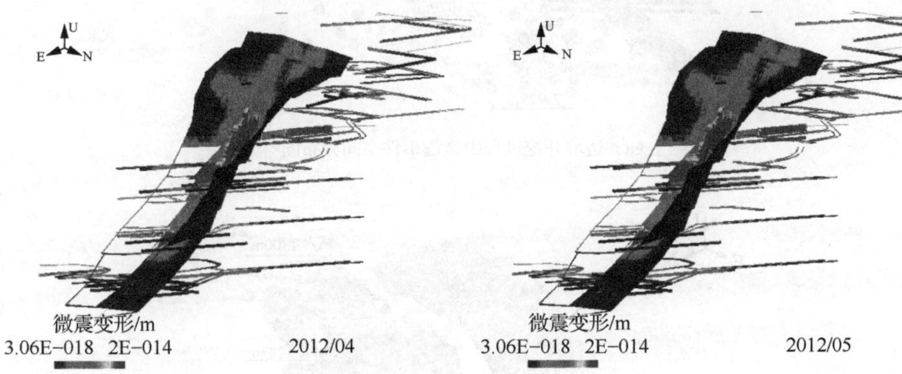

图 1.18　开挖扰动诱发坡表岩体变形区域

1.6.3　边坡主控结构面的识别与圈定

通过边坡主体卸荷开挖期间岩体微破裂的分布规律可知，深部岩体产生的微破裂大量聚集于边坡潜在滑移面周围。用微震事件的空间聚集规律来认知边坡内未知大型软弱结构面的走向和展布形式。开挖过程中产生的微震事件空间分布主要是在卸荷裂隙带 XL-316 与断层 f_{231} 组成的控制性结构体处进行萌生和演化［图 1.19（a）］。开挖过程中微震能量释放区域主要集中在 1080～1240m 高程，且

发现微震变形较大区域主要集中在 1100～1255m 高程，距坡表面为 80～150m 深部岩体处。微震变形扰动区域很好地反映了边坡开挖后岩体损伤的空间范围、分布形式及密集程度［图 1.19（b）］。

边坡开挖过程中微震事件主要分布在 1070～1225m 高程［图 1.19（a）］，微震变形扰动区域和微震主要变形区域则集中在 1240～1100m 高程的卸荷裂隙带 XL-316 和 979～1070m 高程的断层 f_{231} 位置，距边坡表面 80m 左右深度处［图 1.19（b）和图 1.19（c）］。由于地震变形量级小，边坡尚属稳定说明开挖扰动引起的岩石

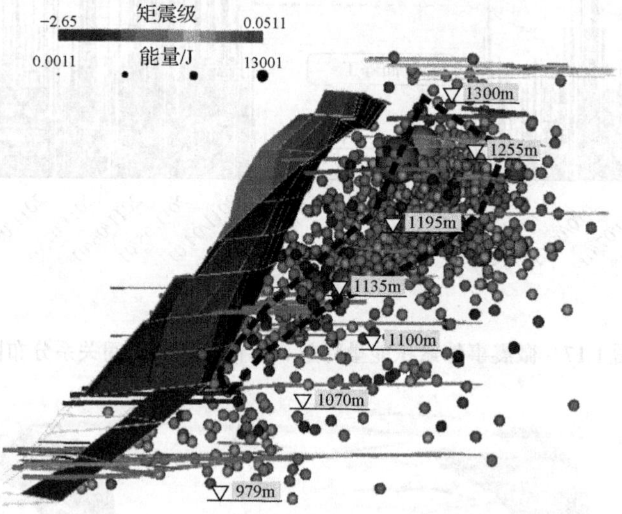

（a）边坡开挖过程中微震事件空间分布图

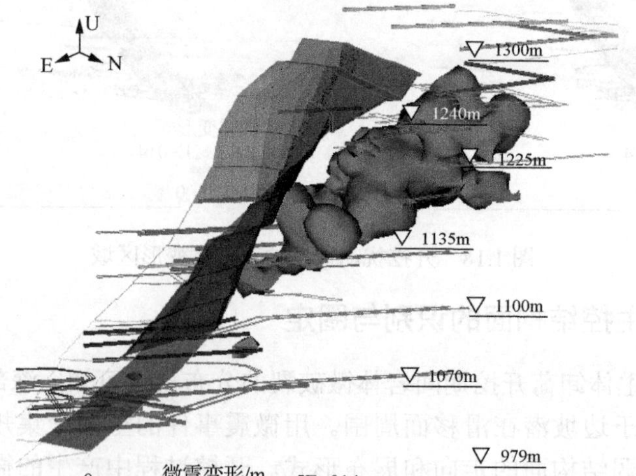

（b）微震变形扰动区

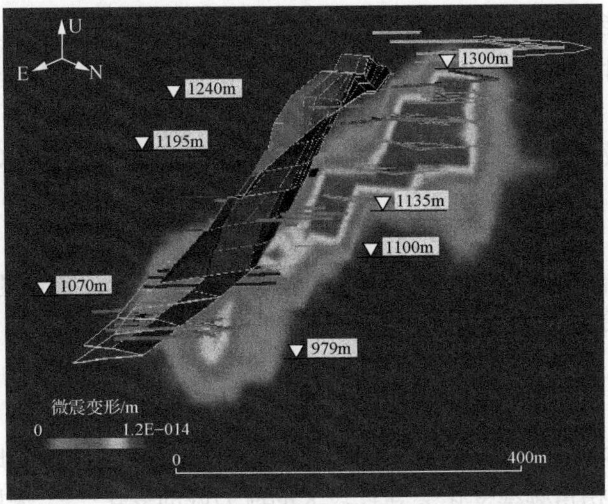

（c）微震变形云图

图 1.19　边坡开挖过程中微震事件参数表征[152]

微破裂能量损失在合理范围之内。滑移面的形成过程本身就是边坡内部岩体微破裂的聚集与演化发展过程，微震监测结果揭示出空间全局范围内边坡内部可能存在的潜在失稳面和破坏区域。微震事件能量损失密度和微震变形扰动区恰恰与卸荷裂隙带 XL-316、XL-915 和断层 f_{231} 的位置相吻合［图 1.15、图 1.19（b）和图 1.19（c）］。说明微震监测信息可以实时地从时空角度反映右岸边坡现场施工扰动诱致的岩石微破裂萌生、发育、聚集、迁移和演化扩展等规律，有效地识别和圈定边坡中未知断层或裂隙带活化程度，从而准确快速地标识边坡内部岩体的损伤区域，定性地分析评价边坡的整体稳定性。地质工程师可以根据微震监测信息对深部岩体损伤情况进行精细描述，岩土工程师也可以采取相应的治理设计措施，为开挖边坡施工和加固提供参考依据。

1.6.4　微震能量密度演化特征

岩体在发生破裂和滑移过程中会发生弹性应变能向非弹性应变能转化，除去破裂和地震波传播过程中耗散的能量，剩下的即为被传感器接收到的微震辐射能量。其作为微破裂事件强度的一种度量，广泛应用于矿山微震活动性研究当中[196, 197]。根据 Boatwright 等[198]的研究工作，震源体微震能量可以通过监测获取的体波［纵波（P 波）和横波（S 波）］计算：

$$E = 4\pi\rho c R^2 \frac{J_c}{F_c^2} \tag{1.3}$$

式中，E 为微震能量；ρ 为岩体密度；c 为震源体体波波速；R 为震源到传感器的距离；J_c 为能通量，可以通过质点速度谱在频域积分获得；F_c 为地震波辐射类型经验系数，对于 P 波和 S 波分别取 0.52 和 0.63[199]，两种体波计算的能量总和就是微震能量。

根据定量微震学原理，微震震源非弹性变形区岩体的体积可以用式（1.4）来估计[200]：

$$V = M_0 / \Delta\sigma \tag{1.4}$$

式中，M_0 为微震事件的地震矩，其与 P 波或 S 波的远场位移谱的低频幅值 Ω_0 有如下关系[201]，是小地震事件（矿山地震）地震矩的可靠测定[202]：

$$M_0 = \frac{4\pi\rho c^3 R\Omega_0}{F_c} \tag{1.5}$$

由于震源体应力降 $\Delta\sigma$ 依赖于计算模型，模型的不同会影响地震波形的拐角频率，且较小的拐角频率变化会导致较大的应力降的变化[203]，采用不依赖计算模型的视体积 V_A 和视应力 σ_A 分别代替震源体积与应力降，用来表示震源非弹性变形的岩体体积及其应力水平[203]。

$$\sigma_A = \mu E / M_0 \tag{1.6}$$

$$V_A = M_0 / 2\sigma_A \tag{1.7}$$

式中，μ 为岩体刚度。由于通常情况下，$\Delta\sigma \geqslant 2\sigma_A$，Mendecki[204]给出式（1.7）的定义。虽然地震矩是对微震总体强度最适当的描述，但与其相比，微震能量可以更好地描述工程岩体微震的潜在影响范围及影响程度。定义微震能量密度如下：

$$E_d = E / V_A \tag{1.8}$$

将式（1.8）代入式（1.6）和式（1.7），并假设震源体视应变 ε_A 与应变改变量 $\Delta\varepsilon$ 相等，可得

$$E_d = 2\sigma_A \cdot \varepsilon_A \approx \Delta\sigma \cdot \Delta\varepsilon \tag{1.9}$$

微震能量密度作为单位体积岩体发生微破裂时释放的能量，不仅反映岩体微破裂的位置和强度，还表征震源区岩体应变能的储存及释放进程，以及外界扰动作用下工程岩体状态。边坡岩体中高能量密度分布的区域是岩体应力和能量集中释放区，也是边坡微破裂集中和岩体损伤区域。边坡岩体微震事件沿着深部卸荷裂隙带 XL-316 和断层 f_{231} 分布［图 1.20（a）］，微震事件大小和颜色亮度分别表示微震的能量大小和矩震级[152]。在 1225～1135m 高程，距坡面 80～150m 的深部岩体处，此处是微震高能量释放区域，其分布形态与深部卸荷裂隙带 XL-316 展布趋于一致［图 1.20（b）］。在 1135m 以下高程，距离边坡面 30～50m，微震能量释放较高，并延伸至 1070m 高程断层 f_{231} 剪出口附近。对比图 1.20（b）和图 1.20（c）可以发现，开挖期间 1135m 高程以下区域的微震平均能量释放高于 1135m 高程以上区域，说明开挖期间深部卸荷裂隙带 XL-316 附近微破裂多为高活动率的低能量事件，而断层 f_{231} 至剪出口附近微破裂多为低活动率的高能量事件，微破裂的演化

进程朝着不利于边坡稳定性方向发展，存在着沿断层 f_{231} 在剪出口处失稳的危险，通过微震事件数据计算的地震变形分布也印证了危险存在的可能［图 1.20（d）］。另外，拱肩槽 1030m 和 940m 高程区域能量释放也较高，分析发现该区域发育 β_{43}、β_{68}、β_{110} 等多条辉绿岩脉，其在开挖爆破和卸荷作用下发生微破裂。该区域是蓄水期边坡可能的渗流通道，成为灌浆加固的重要位置。

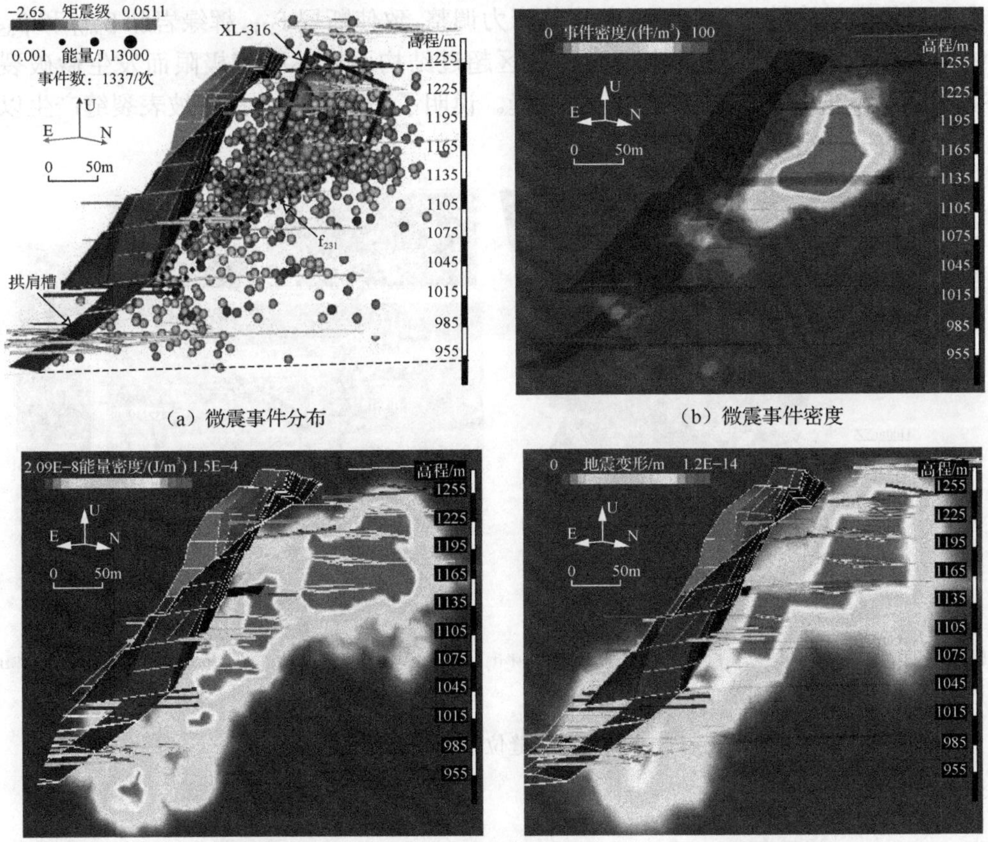

（a）微震事件分布　（b）微震事件密度

（c）微震能量密度　（d）地震变形分布

图 1.20　边坡开挖过程中微震事件参数空间分布特征

1.6.5　开挖卸荷期间裂缝成因

右岸边坡在开挖过程中陆续产生多处宏观裂缝，边坡岩体局部变形，造成边坡稳定性的恶化，迫使边坡施工暂停。边坡微震监测获得的开挖期间坡表微震能量密度分布图，高能量释放区主要集中在 1135～1100m 高程，坝纵 1+10～0+80m 区域［图 1.21（a）中方框标定灰色区域］。边坡主体开挖期间其表面产生的宏观裂缝分布位置与微破裂高能量释放区分布位置基本一致［图 1.21（b）］。说明边坡在开挖以后，C1、C11 和 C13 裂缝区域发生岩体微破裂萌生聚集，造成裂缝区岩体进一步损伤，最终导致宏观裂缝的产生。根据边坡地质勘察及现场揭露情况[132]，右岸边坡 1135～1100m 高程，坝纵 1+15～0+35m 范围内发育辉绿岩脉 β_{62}、β_{85}、β_{219}、β_{j601} 和断层 f_{231}。由图 1.21（a）可以看出，上述的高能量释放区位置分别与断层 f_{231} 在 1130～1115m 高程出露处和 β_{85} 辉绿岩脉出露位置较一致。由于坡体中断层、岩脉等结构面岩体强度较低，易产生微破裂损伤。可以推断：坡表裂缝产生主要是由于边坡开挖扰动引起岩体应力调整，致使断层 f_{231}、辉绿岩脉 β_{j601} 和 β_{85} 结构体应力集中，形成的高能量释放区超过结构面岩体强度极限而发生微破裂损伤，最终在坡表出现若干条宏观裂缝。说明了断层 f_{231} 是控制坡表裂缝产生以及影响边坡稳定性的主要结构面[154]。

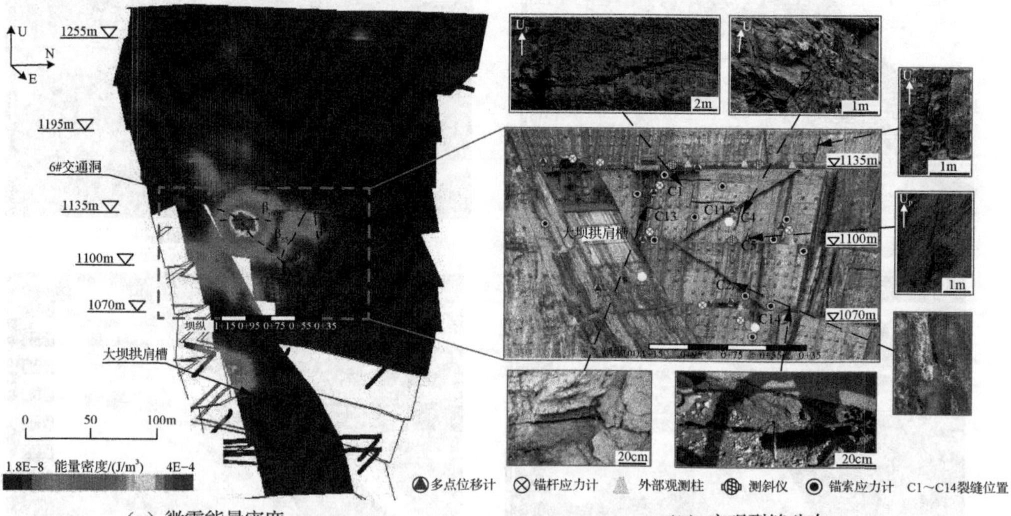

（a）微震能量密度 （b）宏观裂缝分布

图 1.21 坡表宏观裂缝位置及微震能量密度分布

1.6.6 小结

本节通过微震监测结果解释了坡表裂缝形成现象，得到开挖期间边坡岩体微破裂损伤的时空分布规律。分析得出开挖期间坡表处曾出现若干次变形裂缝的真正原因是微震事件能量损失不断积累、释放和转移的结果，并由此造成局部的应力调整使得坡内岩体微破裂累积不断延伸，最终引起边坡坡表产生裂缝，得出以下结论。

（1）天然状况下，控制右岸边坡岩体稳定的中倾坡外卸荷裂隙密集带并未在坡体前缘出露，但也未深埋于坡体之中，边坡开挖后，中倾坡外结构面出露于坡面，边坡先后多次发生表层开裂，主要原因是爆破开挖造成岩体应力调整，使外观监测点 TP31R、TP32R 在指向坡面临空方向上产生了较大变形，这与断层 f_{231} 在其下方边坡出露且未能及时加固有关。

（2）通过微震活动性时空分布规律，圈定和认知了右岸边坡深部岩体由于开挖扰动诱发的损伤区域，即边坡深部卸荷裂隙密集带 XL-316 和断层 f_{231} 岩体在开挖扰动作用下发生损伤累积，诱发大量的微破裂萌生和聚集形成边坡损伤区。损伤影响范围距坡内约 150m，并以 1180m 和 1150m 两个高程损伤面积最大。微震事件在 1240m 高程以下主要沿卸荷裂隙带 XL-316 和断层 f_{231} 组成的控制性软岩结构体部位聚集、演化和发展，并逐渐在拱肩槽方向呈条带状分布。说明边坡深部岩体的微小破裂与结构面分布的位置息息相关，也印证了大型的软弱结构面是控制边坡稳定性的主要因素之一。

（3）1210m 高程及以下高程微震事件数几乎占到整个研究区域边坡深部岩石微破裂数的 63.5%，显然，随着大坝浇筑及后期开始蓄水，由于库水骤升、骤降过程引起的边坡应力迁移而产生的岩体微破裂必然增多，特别是大型卸荷裂隙带 XL-316、XL-915 及断层 f_{231} 等软弱结构体附近岩体遇水弱化等现象将会加剧边坡应力的调整。

（4）边坡微震活动性与开挖扰动密切相关，开挖扰动使边坡卸荷裂隙带 XL-316 附近岩体产生大量低能量微震事件，而断层 f_{231} 附近岩体则产生少量高能量事件。微震高能量损失发生在距坡表 80～150m 处，从 1225m 高程开始沿主要控制性结构面向坡底扩展，反映了开挖后边坡内部岩体损伤的空间范围。微震变形区域也主要集中于卸荷裂隙带 XL-316 和断层 f_{231} 处。

总体上，开挖期间坡表产生的若干条宏观裂缝主要是由于开挖扰动造成岩体的应力集中，导致结构面岩体损伤加聚产生大量的微破裂事件，预示着边坡在开挖期间有沿着卸荷裂隙带 XL-316 和断层 f_{231} 为主控结构体失稳破坏的发展趋势。可以推测：如果后期施工中外界荷载的扰动力较大，会导致边坡深部岩体能量损失和变形增大，易造成整体失稳破坏。建议：结合常规监测手段，密切关注微震能量密度聚集区、微震高能量损伤区、卸荷裂隙带 XL-316 和断层 f_{231} 交界处的收敛和变形情况，并合理安排施工节奏，应严格控制开挖过程中的爆破药量，尽量避免因边坡开挖过快造成岩体损伤变形大而引起整体失稳。

1.7　开挖边坡的数值模拟

数值模拟本身是对地质体原型的抽取和概化，使其能较好地概括地质体的基本特征，将地质模型概化到数值模型的高度，使数值模型具有客观依据，使实际监测具有力学基础[155]。开挖作用边坡主要控制性结构面岩体发生大量的微破裂损伤造成施工中坡表产生宏观变形裂缝。边坡特殊的地质结构：断层 f_{231}、XL-316、XL-915 等中等倾角卸荷裂隙集中发育带位于边坡开挖线以里，与边坡近平行，导致边坡破坏模式的多样性和不确定性。经地质勘察和开挖监测变形迹象表明：由于大渡河下切引起岸坡应力调整，右岸边坡浅表部曾产生变形破坏，主要表现为弯曲-拉裂变形、滑移-拉裂变形、蠕滑-拉裂变形，局部产生了崩塌破坏[132]。大岗山水电站右岸边坡开挖卸荷期间的变形稳定和破坏模式问题就成为工程建设中备受关注的关键性技术难题之一。本章以地质资料为前提，将右岸边坡概化为 9 个典型地质剖面（图 1.22），分别采用 $RFPA^{2D}$ 法、$RFPA^{3D}$ 法建立数值模型，计算了边坡开挖和滑移面形成过程。通过实际微震监测与数值模拟结果对比分析确定了边坡最终失稳破坏的模式，其结果为判定边坡整体稳定性奠定基础。同时以获取实际现场的微震监测数据为反馈信息，通过 $RFPA^{3D}$ 法将实际监测得到的微震活动性信息放到三维计算模型整体应力场的背景中去考察（作为滑动面初始损伤），对概化模型进行实时修正和调整，得到对应的损伤弹性模量，计算出考虑微震损伤效应的边坡安全系数。

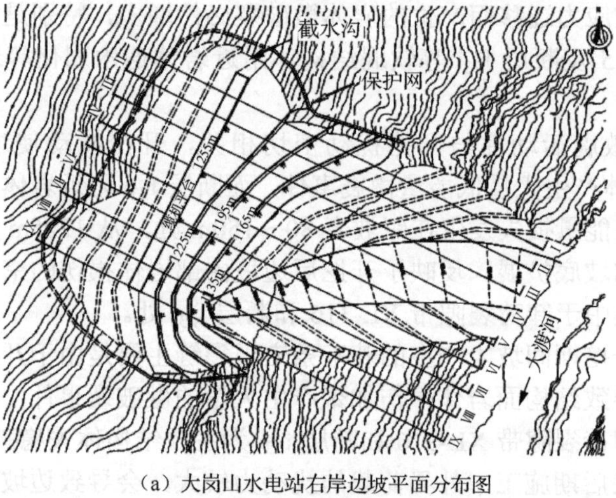

（a）大岗山水电站右岸边坡平面分布图

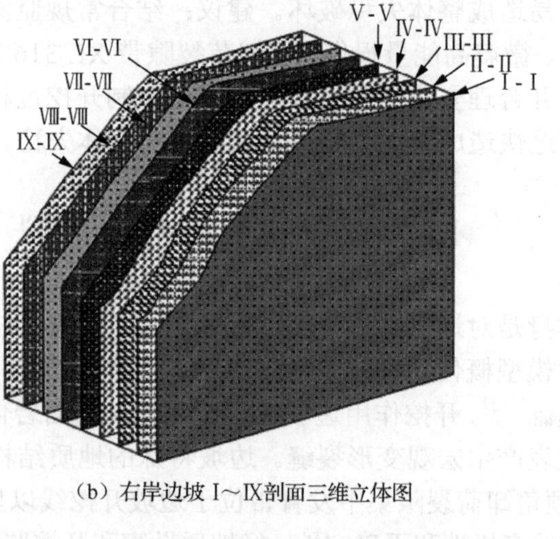

（b）右岸边坡 I～IX剖面三维立体图

图 1.22　大岗山水电站右岸边坡地形图

1.7.1　二维数值模拟

根据地质调查及勘探情况，右岸卸荷裂隙密集带分布及发育特征，将数值模型主要概化为 XL-316 和 XL-915 两条中等倾角卸荷裂隙密集带和缓倾角断层 f_{231} 共同构成块体结构。从地质资料上来看卸荷裂隙密集带 XL-316 和缓倾角断层 f_{231} 组合成巨大的切割块体对边坡的稳定性影响显著。选取右岸边坡 I 典型地质剖面（图 1.23），进行 RFPA^{2D}-SRM 的数值计算。

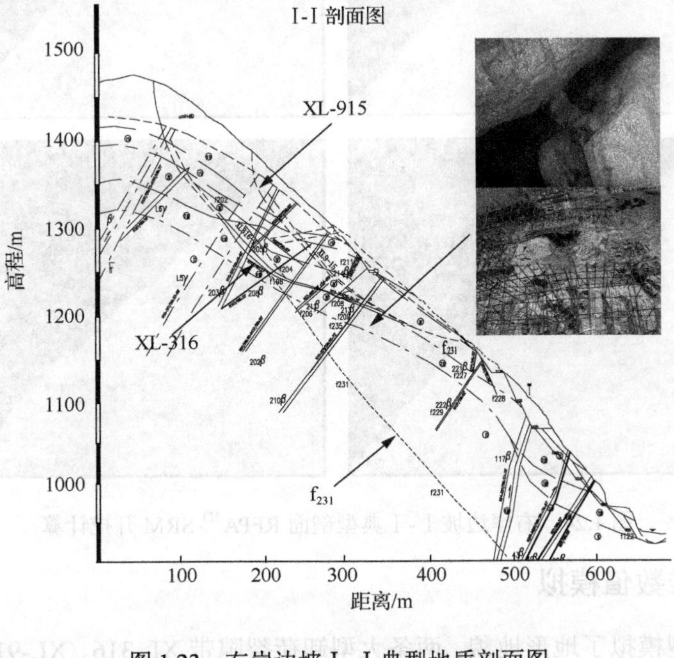

图 1.23　右岸边坡 I - I 典型地质剖面图

通过 RFPA^{2D}-SRM 对右岸边坡 I - I 剖面进行计算：折减系数为 0.01，步骤 0，边坡未开挖；步骤 1，按照开挖区域进行开挖；在步骤 2 中，随着强度折减的进行，在卸荷裂隙带 XL-316、断层 f_{231} 和卸荷裂隙带 XL-915 上聚集了大量的声发射现象。由剪力图可知，形成了沿着卸荷裂隙带 XL-316 和断层 f_{231} 构成的贯通滑移面，边坡的安全系数为 1.03（图 1.24）。随着折减步数的增加，边坡卸荷裂隙带 XL-316 和断层 f_{231} 组成的控制性结构面的展布形式决定着各个剖面破坏的模式。随着边坡开挖和折减的增加坡内岩体微破裂大量聚集于卸荷裂隙带 XL-316 和断层 f_{231} 组成的软弱结构面上，且以卸荷裂隙带 XL-316 上盘的张拉破坏和断层 f_{231} 为下盘的剪切破坏为主（黑色圆圈表示张拉破坏，白色圆圈表示剪切破坏）。边坡内部的应力场变化是连续和均匀的，没有突变现象，因此可以判定坡体内部的破坏是渐进累积的。开挖后的边坡应力首先聚集于坡脚断层 f_{231} 处，而后沿着卸荷裂隙带 XL-316 向坡顶贯通发展。

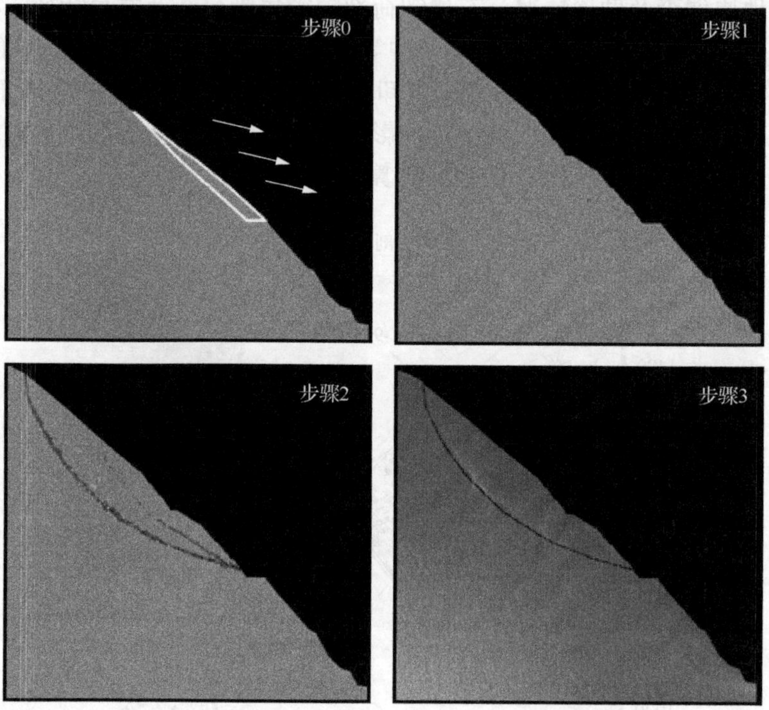

图 1.24　右岸边坡 Ⅰ-Ⅰ 典型剖面 RFPA^{2D}-SRM 开挖计算

1.7.2　三维数值模拟

三维模型模拟了地形地貌、两条大型卸荷裂隙带 XL-316、XL-915 及断层 f_{231} 等主控结构体，其计算范围为顺横河向 690m、沿河向 400m、垂直向 1060m，从上游向下游依次包括缆机平台Ⅰ～Ⅸ剖面［图 1.22（a）和图 1.22（b）］。模型中不同颜色代表着不同的岩体［图 1.25（a）］，其宏观力学计算参数取值见表 1.4。模型构建遵循从“点→线→面→体”自下而上的建模技术，在商用软件 ANSYS 中进行建模，共剖分六面体单元 1118264 个，节点 1153843 个，对浅层边坡部分进行加密处理，浅层单元数达总数的 93%左右，建立有限元实体模型及网格剖分［图 1.26（b）］。计算域四周法向约束，底部采用固定铰支座，地表自由。计算过程离心加载系数取 0.005。运用 C 语言编制数据转化接口程序 AtoR，将 ANSYS 模型中节点、单元等数据提取读入 RFPA^{3D} 程序中。

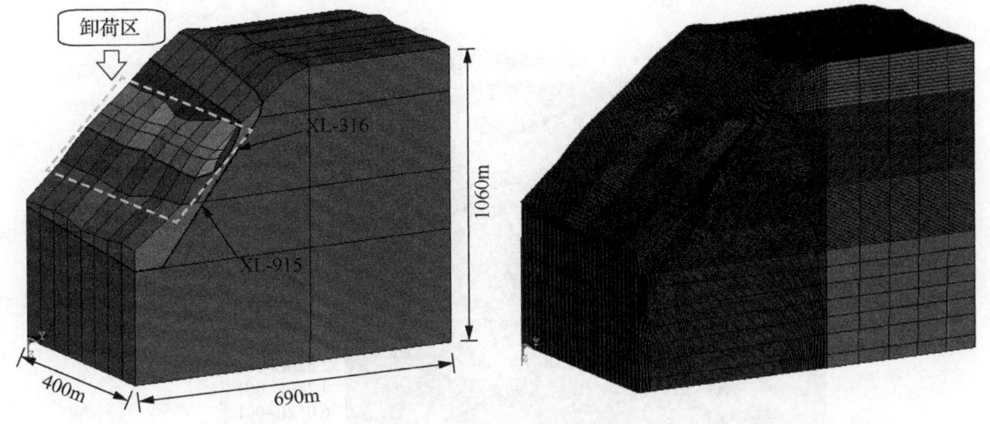

（a）三维实体模型　（b）三维有限元实体模型

图 1.25　右岸边坡三维计算模型

表 1.4　岩体物理力学参数值表[152]

材料编号	密度 /（g/cm^3）	抗压强度 /MPa	变形模量 /GPa	泊松比	抗剪断强度	黏聚力 /MPa
Ⅱ	2.65	70～80	18.00～25.00	0.25	1.30	2.000
$Ⅲ_1$	2.62	40～60	9.00～11.00	0.27	1.20	1.500
$Ⅲ_2$	2.62	40～60	6.00～9.00	0.30	1.00	1.000
Ⅳ	2.58	20～40	2.50～3.50	0.35	0.80	0.700
V_1	2.45	<15	0.25～0.50	>0.35	0.50	0.200
V_2	2.10	<10	0.20	>0.35	0.40	0.175

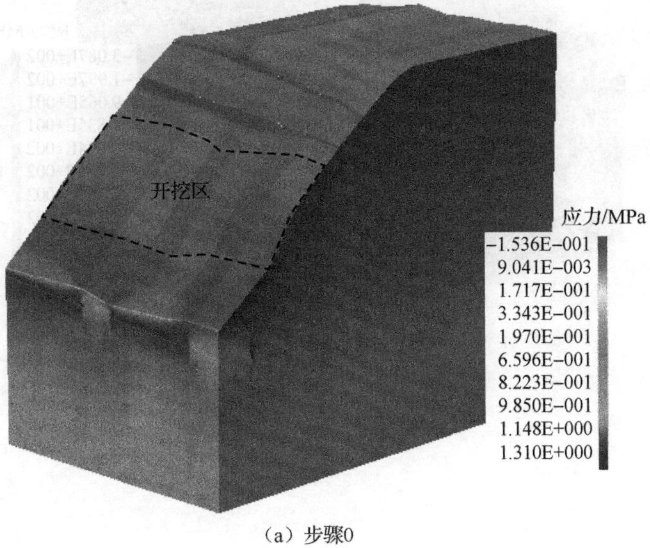

（a）步骤0

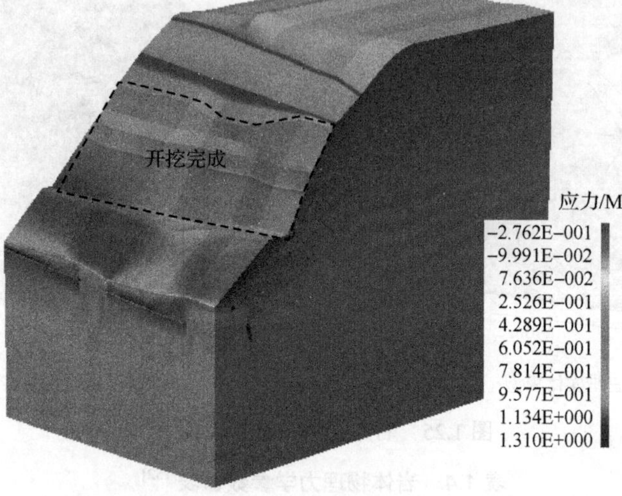
开挖完成
应力/MPa
−2.762E−001
−9.991E−002
7.636E−002
2.526E−001
4.289E−001
6.052E−001
7.814E−001
9.577E−001
1.134E+000
1.310E+000

（b）步骤2

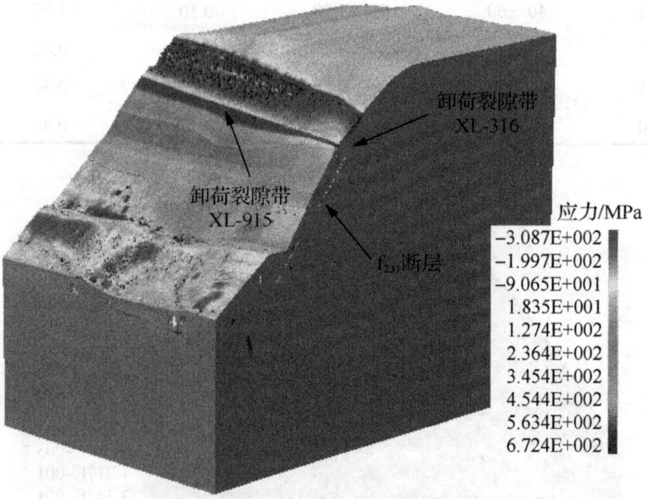
卸荷裂隙带
XL-316
卸荷裂隙带
XL-915
f231断层
应力/MPa
−3.087E+002
−1.997E+002
−9.065E+001
1.835E+001
1.274E+002
2.364E+002
3.454E+002
4.544E+002
5.634E+002
6.724E+002

（c）步骤36

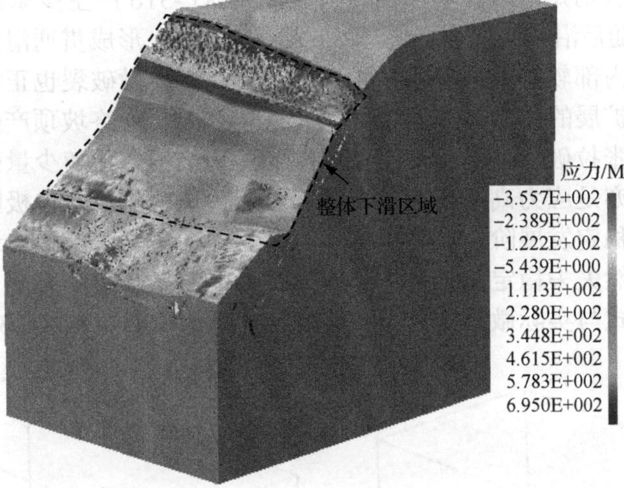

（d）步骤41

图 1.26　边坡破坏过程最小主应力图

采用 RFPA^{3D}-Centrifuge 离心加载法进行有限元计算分析，离心加载系数取 0.005[205]。计算时无须事先假定滑动面的具体位置，以离心场代替重力场将细观基元的自重逐步增加，每增加一步有限元程序就自动计算一次，寻找受力状态的平衡，当单元受力状况超过单元强度时即发生破坏，破坏的单元个数累积形成宏观破坏滑移面。安全系数 K 定义为模型失稳时单元自重与初始单元自重的比值，即

$$K = \frac{\gamma + \gamma(S_{\text{tep}} - 1)\varDelta_g}{\gamma} = 1 + (S_{\text{tep}} - 1)\varDelta_g \tag{1.10}$$

式中，S_{tep} 为基元破坏数最大时的加载步数；$\varDelta_g$ 为离心加载系数；γ 为材料密度。

在加载及开挖联合作用下，边坡沿控制性结构体发生向开挖临空面方向的倾倒变形。由图 1.26 可知，随着边坡开挖施工的完成［图 1.26（b）］，边坡潜在滑移面首先沿卸荷裂隙带 XL-316 在边坡中上部区域产生损伤；到步骤 36 时，卸荷裂隙带 XL-316 损伤已经贯通，断层 f_{231} 内部也产生大量损伤区域，卸荷裂隙带 XL-316 和断层 f_{231} 内部微破裂已贯通成条带，在两者交叉处产生大量剪切破坏，产生下沉趋势［图 1.26（c）］；计算到步骤 41 时，卸荷裂隙带 XL-316 和断层 f_{231} 内部完全破坏，失去承载力，形成了以卸荷裂隙带 XL-316 为上盘面、断层 f_{231} 为下盘面的滑动块体［图 1.26（d）］，说明由两者岩体构成的控制性结构体从边坡顶部开始逐渐向下损伤弱化，直至边坡出现宏观失稳塌落。这是由于软弱结构面发生变形，为其坚硬岩体的变形提供了更为有利的空间，使软弱结构面上的辉绿结构岩体更易发生向临空面方向的弯曲倾倒变形。此时边坡安全系数为 1.21，

表明边坡尚且处于安全稳定状态。破坏过程中微震现象也沿潜在滑移面呈一定规律状分布。加载初始阶段，坡顶沿卸荷裂隙带 XL-316 产生少量的声发射现象［图 1.27（a）］。随后沿着断层 f_{231} 自上而下发育、扩展，形成贯通滑裂面，说明边坡开挖卸荷后，内部软弱介质首先发生错动变形，岩体微破裂也正是沿着软弱结构体进行演化和扩展的［图 1.27（b）～图 1.27（c）］。最终坡顶产生以倾倒变形拉张裂缝为主的张拉破坏，坡脚则主要表现为剪切破坏并伴随少量张拉破坏。声发射聚集的部位亦是应力高度集中的部位，当应力集中超过岩体极限强度时，边坡的变形进入不稳定发展阶段。随着岩体微破裂的渐进发展，最终边坡沿着生成的潜在滑移面突然失去稳定整体下滑［图 1.27（d）］。数值分析范围内，声发射聚集区域的分布形式与实际微震监测系统监测到的沿卸荷裂隙带 XL-316 及断层 f_{231}

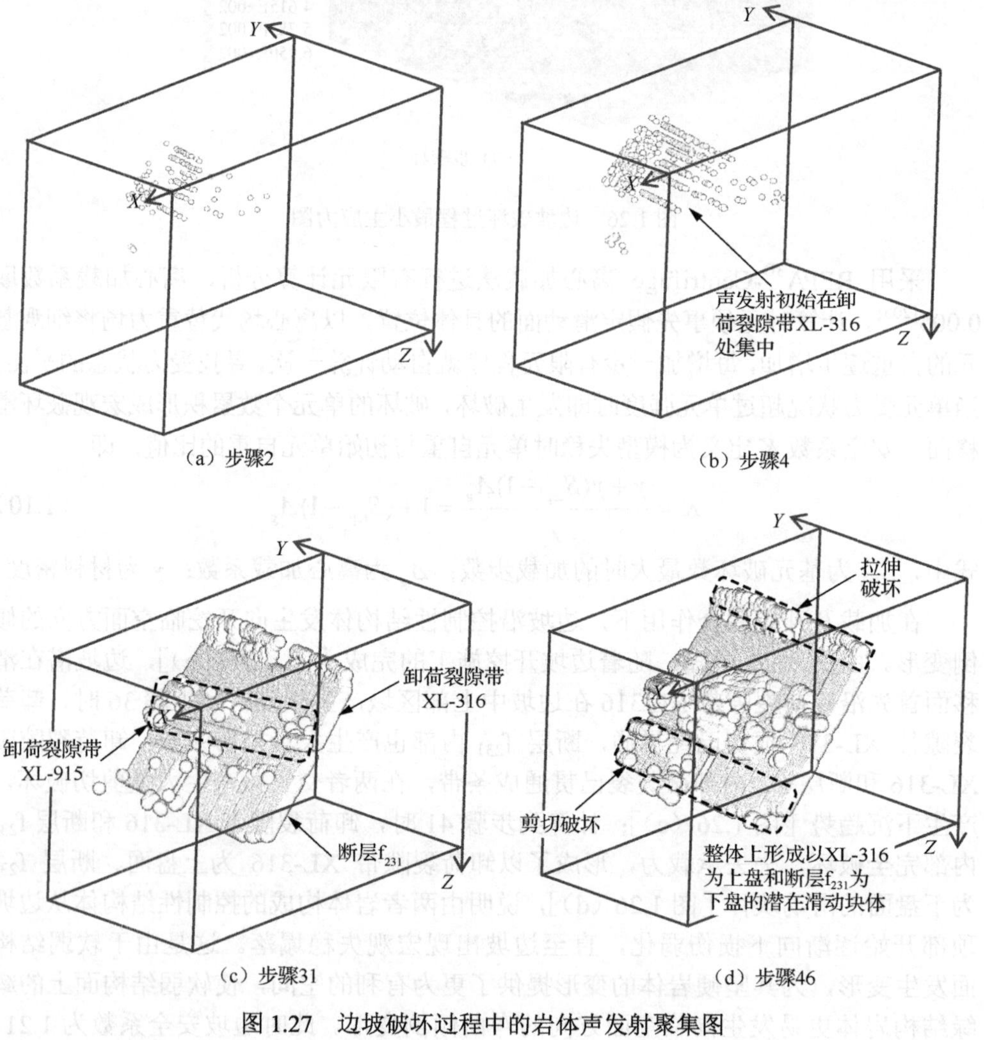

图 1.27　边坡破坏过程中的岩体声发射聚集图

的微震事件在空间分布规律上具有一致性［图 1.20（a）］。总体上，边坡水平方向上表现为指向河谷方向变形，竖直方向上表现为竖直向下的变形。

运用 RFPA^{3D}-Centrifuge 有限元数值计算再现了边坡开挖过程中形成滑移面的全过程及声发射萌生、发展及相互作用情况，直观反映了卸荷裂隙带 XL-316 及断层 f_{231} 组成的结构体损伤效应及拉剪破坏。数值模拟与实际微震监测结果的吻合性共同验证了大岗山水电站右岸边坡岩体微破裂聚集区域，揭示了卸荷裂隙带 XL-316 及断层 f_{231} 组成的控制性结构体是影响大岗山水电站右岸边坡失稳的关键。因此建议应密切关注卸荷裂隙带 XL-316 和断层 f_{231} 交界处岩体的收敛和变形情况。

1.7.3　微震监测与数值计算对比研究

开挖期间三维计算模型对应的微震监测区域共监测到微震事件 1331 件。通过微震监测结果与 RFPA^{3D} 模拟结果进行对比研究可知，微震主要变形区域和微震能量损失密度形象地反映了边坡岩体损伤范围，即在 1240～1100m 高程的卸荷裂隙带 XL-316 和在 979～1070m 高程的断层 f_{231} 附近，距边坡表面约 80m［图 1.28（a）、（b）］。由 RFPA^{3D} 离心加载法计算得到的边坡三维潜在滑移面和声发射空间分布规律与实际现场监测到的岩石微破裂事件空间分布特征相吻合［图 1.28（c）］。这与 RFPA^{2D}-SRM 数值模拟计算破坏形式相一致（图 1.24）。

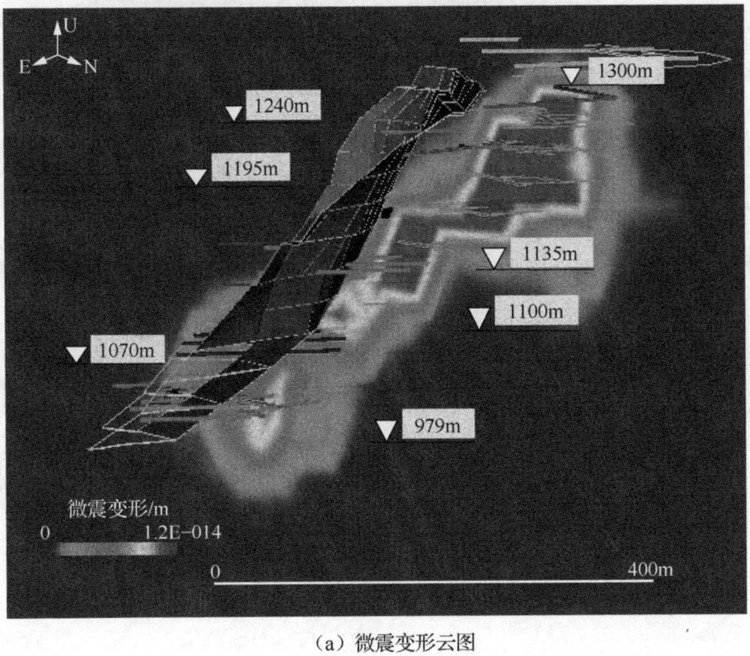

（a）微震变形云图

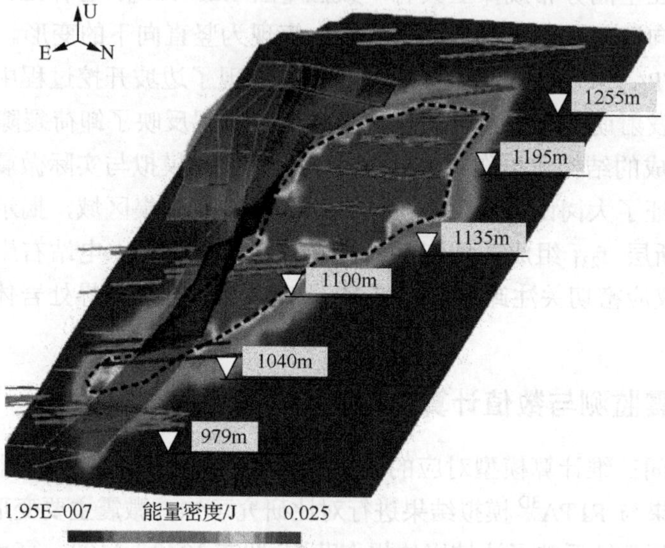

（b）微震事件能量密度云图

（c）$RFPA^{3D}$数值模拟潜在滑移面

图 1.28　微震监测结果与 $RFPA^{3D}$ 数值模拟计算结果对比

将实际监测到的微震信息与三维数值模拟耦合分析，揭示了开挖施工扰动作用下的控制性软弱结构面等地质构造活化信息和灾变机制。正是开挖边坡引起的断层、卸荷裂隙带微破裂累积使边坡局部失稳变形。可以推断开挖期间边坡坡表的裂缝是坡体渐进破坏导致的，数值模拟与微震监测结果共同揭示了大岗山水电站右岸边坡变形最大的区域。

1.7.4　考虑微震损伤效应的反馈研究

大岗山水电站右岸边坡高 700 余米，开挖边坡高度超过 300m，地应力高、断层裂隙发育完整、岩体卸荷深度大，地质条件十分复杂，特别是对于存在软岩夹层的坡体结构在开挖时势必会出现一系列“变形-力学响应”和“时效变形”等工程地质问题[126]。这些结构体均由断层、卸荷裂隙带及岩脉经构造而成，其性状软弱，在空间上构成一定规模的向边坡临空方向变形的潜在结构体，对边坡的稳定性起到了极为重要的控制作用。岩体结构和地应力场的空间复杂性导致了滑动面区域岩体损伤的空间分布不可预见。要实现对边坡滑动面区域岩体力学参数的有效数学表征是一个难题。目前，国内很多学者对卸荷过程中的高陡边坡变形研究大多集中在现场变形监测和数值分析法等方面[206-214]，其分析主旨在于对潜在滑动面的识别和安全系数的确定[215-218]。近年来，当人们越来越意识到岩质边坡失稳的发生与其内部的微震活动有着必然联系时，微震技术便不可或缺地应用在边坡的变形监测和稳定性评价中[219-221]。边坡深部岩体微破裂必然会诱发岩体损伤，造成岩体力学参数弱化，如果边坡有限元稳定性分析仍按照实验室得到的力学参数进行计算模拟，势必与现场岩体实际情况有差别。在成功获取右岸边坡微震监测第一手资料的基础上（图 1.29），为了进一步定量地分析边坡在开挖卸荷诱发其内部岩体损伤（微震事件聚集区）对其稳定性的影响，有必要结合施工情况，对微震监测数据进行反演分析，深入研究岩体损伤对右岸边坡稳定性的影响，进而对其稳定性进行综合评价。因此，如何将微震事件引起的岩体损伤与边坡稳定性计算相“耦合”是本节研究的重点。微震监测得到的震源信息极为丰富，如震级、矩震级、能量大小、能量密度、静动态应力降、空间误差值、震动频次、震动矩等都与岩体力学参数相关。我们可以将这些实际监测得到的丰富物理信息放到数值模型整体应力场中对微震破坏点的时空坐标进行力学参数的标定，实现对微震监测结果的实时修正，将修正后的活动面力学参数反馈到边坡地质模型中使数值模型和监测分析达到真正的耦合，得到考虑实际边坡岩体微震损伤效应的边坡安全系数。

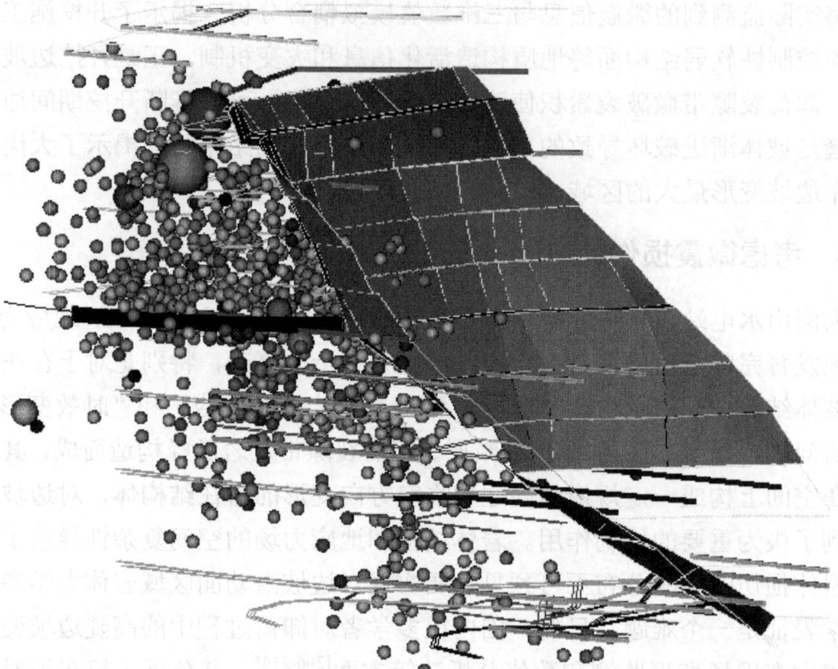

图 1.29　开挖扰动诱发岩石微破裂事件空间分布规律[222]（2010 年 5 月 4 日～2011 年 9 月 30 日）

假定开挖卸荷过程中不考虑爆破实际可能产生的热能、辐射能等能量损失，且爆破事件的能量全部转化为岩体中弹性波的能量。基于能量耗散原理，建立岩体损伤数值模型来研究边坡岩体内部卸荷损伤破坏区的形成机制与强度参数表征方法。通过微震系统采集到的爆破事件能量与实际爆破点炸药产生的能量进行对比分析，得出微震监测系统测的爆破能占实际爆破点释放总能量的百分比，即大岗山水电站右岸边坡地震效率[223]，即

$$\eta = \frac{\Delta \bar{U}}{\Delta U} \tag{1.11}$$

式中，η 为地震效率；$\Delta \bar{U}$ 为震源尺寸范围内的岩体单元损伤后被微震监测系统拾取的辐射能；ΔU 为岩体单个微震事件实际损伤产生的总能量。

$$D = \frac{\Delta U}{U^e} \tag{1.12}$$

式中，损伤变量 D 为基于地震辐射能反算得到的能量 ΔU 与岩体单元可释放应变总能 U^e 的比值[151]。

$$U^e = \frac{1}{2E_0}[\sigma_1^2 + \sigma_2^2 + \sigma_3^2 - 2\nu(\sigma_1\sigma_2 + \sigma_2\sigma_3 + \sigma_1\sigma_3)] \tag{1.13}$$

式中，σ_1、σ_2、σ_3 是岩体单元的三个主应力。

由此对应的损伤弹性模量可表示为

$$E_r = (1-D)E_0 \tag{1.14}$$

式中，E_0 为岩体单元初始的弹性模量，数值计算过程中岩体力学参数都按照损伤变量 D 同比例弱化。基于上述能量损伤准则修正对应的单元岩体力学参数，以 2010 年 5 月 4 日～2011 年 9 月 30 日边坡爆破开挖过程中 ESG 微震监测系统监测到的 1587 个岩石爆破事件为研究对象。现场爆破采用 2 号岩石乳化炸药，平均每次用量为 72kg，通过计算得到平均每次爆破产生的总能量为 216000kJ[138]，拾取 ESG 微震监测系统监测到的平均地震能 647J 为参照，则大岗山水电站右岸边坡卸荷开挖工程中地震效率约为 0.003%。通过开发的 RFPA-MMS 程序读入震源信息，将微震事件实际空间坐标转换为有限元模型坐标使微震监测系统拾取到的微震事件参数信息导入上述数值模型中［图 1.30（a）］。根据导入的震源影响范围内的破坏单元进行岩体力学参数弱化，即在震源尺寸范围内的网格单元均匀分配地震能。程序自动分配能量后，各损伤岩体单元的地震能量用空间球体表征［图 1.30（b）］。结合修正后的数值模型损伤岩体单元的力学参数（损伤弹性模量 E_r），完成考虑微震损伤效应的三维数值模型单元力学参数的重新赋值。对边坡稳定性进行考虑岩体开挖过程中损伤系数的求解，建立边坡失稳过程中岩体内部空间损伤劣化的微震活动性与强度弱化之间的联系。

（a）开挖扰动诱发岩石微破裂事件空间分布

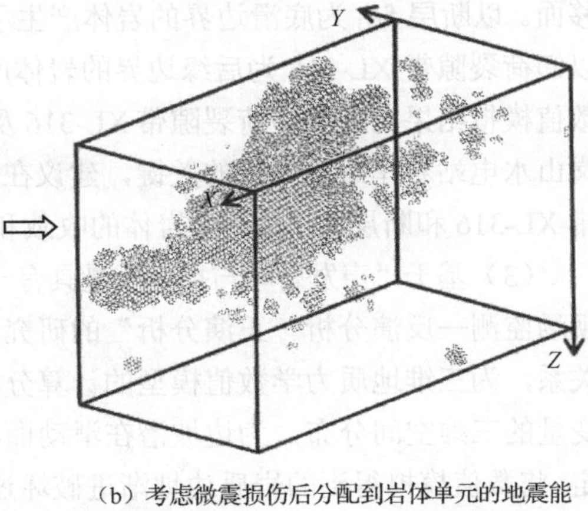

（b）考虑微震损伤后分配到岩体单元的地震能

图 1.30　数值计算反馈分析微震监测区域

模型中的岩体参数是实时更新的参数（即考虑了损伤演化过程中的微震活动性，不考虑岩体材料的非均匀性）。在此模型及参数基础上，通过 RFPA^{3D}-Centrifuge

法对边坡进行数值计算，得考虑微震损伤效应的实时安全系数为 1.03，较未考虑微震损伤效应时边坡的安全系数 1.21，降低了约 15%，显然边坡深部岩体损伤微震效应对边坡的安全系数影响较大。

1.7.5 小结

本节基于有限单元法，分别采用强度折减法和离心加载法对主要影响工程边坡稳定的卸荷裂隙带 XL-316、XL-915 及断层 f_{231} 进行了二维、三维的稳定性计算分析，再现了边坡开挖作用影响下的应力场和声发射规律，并将实际监测到的微震信息与三维数值模拟结果进行耦合分析，可得到以下结论。

(1)通过 RPFA^{2D}-SRM 对边坡Ⅰ-Ⅰ典型剖面开挖后的稳定状态和破坏形式进行模拟分析：结构面的微破坏与应力集中程度直接相关，应力集中首先从开挖坡脚断层 f_{231} 处聚集并产生微破坏，随着折减步数的增加大量微破坏沿着卸荷裂隙带 XL-316 向坡顶逐渐萌生、演化成贯通的滑移面，最终形成以卸荷裂隙带 XL-316 为上盘和以断层 f_{231} 为下盘的潜在滑动块体。

（2）RFPA^{3D}-Centrifuge 数值计算揭示了岩质边坡开挖扰动作用引起结构面活化。边坡水平方向上表现为指向河谷方向变形，竖直方向上表现为竖直向下的变形。开挖后边坡的破坏并不是一蹴而就的，而是由结构面上的岩体微破裂逐渐累积成局部破坏发展形成整体滑移的渐进过程。伴随着开挖的进行最初在断层 f_{231} 处产生微破坏，随后微破坏沿卸荷裂隙带 XL-316 向坡顶演化扩展形成贯通的滑移面。以断层 f_{231} 为底滑边界的岩体产生了大量的剪切破坏且伴随少量张拉破坏，以卸荷裂隙带 XL-316 为后缘边界的岩体产生了张拉破坏，边坡安全系数为 1.21。数值模拟结果揭示了卸荷裂隙带 XL-316 及断层 f_{231} 组成的控制性结构体是影响大岗山水电站右岸边坡失稳的关键，建议在边坡后续开挖过程中密切关注卸荷裂隙带 XL-316 和断层 f_{231} 交界处岩体的收敛和变形情况。

（3）基于“声发射率与损伤变量具有一致性”的物理背景，沿着“数值分析—现场监测—反演分析—正演分析”的研究思路，建立微震信息与损伤变量的对应关系，为三维地质力学数值模型的计算分析提供实时修正的力学参数。获取损伤变量的三维空间分布，为边坡潜在滑动面孕育模式、发展趋势的时空基准做出标定。将数值模拟得到的岩质边坡渐进破坏过程应力场与微震监测得到的施工扰动、断层和裂隙带等地质构造异常活化信息进行耦合分析，经计算考虑边坡深部岩石微破裂损伤后，边坡安全系数为 1.03，较未考虑微震效应时三维边坡的安全系数降低了 18%。

（4）通过数值模拟再现了边坡开挖过程中形成滑移面的全过程，反映了卸荷裂隙带 XL-316 及断层 f_{231} 组成的结构体损伤效应及拉剪破坏。现场实际监测到的微震主要变形区域和微震能量损失密度也集中在 1240～1100m 高程的卸荷裂隙带 XL-316 和 979～1070m 高程的断层 f_{231} 附近，距边坡表面大约 80m。可以推断：正是边坡开挖使坡体内部结构面损伤加剧，诱发边坡关键块体持续变形，导致坡表产生宏观裂缝。

1.8　边坡抗剪洞加固效应分析

针对确定边界的超大规模控制性结构体，采用微膨胀混凝土置换软弱结构体的抗剪洞加固来增加结构面的刚度和强度，从而阻止边坡开挖过程中的渐进性破坏[224]。顺卸荷裂隙带 XL-316 和断层 f_{231} 走向，分别在边坡 1240m、1210m、1180m、1150m、1120m 和 1060m 6 个高程依次布置剖面尺寸相同但长短不一的抗剪洞，对结构面上的软弱岩体进行置换处理（图 1.31）。本节分别从微震监测和数值计算两个角度，对抗剪洞加固前后的边坡稳定性进行研究，定量分析边坡安全性的变化。同时分析抗剪洞加固措施的合理性，试图为岩质边坡开挖过程中出现的大变形加固问题提供依据和解释。抗剪洞尽量布置在边坡主滑面中下部压剪区，以更好地发挥抗剪效果。在（缆机）0+053.00m～0+189.50m，（缆机）0+074.30m～0+220.60m 范围，顺卸荷裂隙带 XL-316 走向布置抗剪洞，对卸荷裂隙带 XL-316 采用抗剪洞进行置换处理，主要置换处理对象为 1240m 和 1210m 高程处的卸荷裂隙带 XL-316 及辉绿岩脉。高高程处的卸荷裂隙带 XL-316 及辉绿岩脉为右岸边坡变形拉裂体的拉裂面，不作为其底滑面。因此在（缆机）0+074.60m～0+219.30m 范围 1180m 高程，（缆机）0+070.40m～0+171.80m 范围 1150m 高程，（缆机）0+081.10m～0+148.40m 范围 1120m 高程，（缆机）0+055.20m～0+109.50m 范围 1060m 高程，针对低高程的断层 f_{231} 为底滑面的软弱结构体分别布设抗剪洞进行加固［图 1.32（a)］。抗剪洞采用微膨胀混凝土实施一定深度的固结灌浆回填，以减少混凝土收缩产生的接触面缝隙[10]，混凝土内适当配置钢筋及型钢以增大抗剪刚度［图 1.32（b)］。沿卸荷裂隙带 XL-316 及断层 f_{231} 走向，分别在边坡 1240m、1210m、1180m、1150m、1120m 和 1060m 高程建立了一套完整的针对超大型软岩结构体的抗剪洞加固体系[222]（图 1.32）。抗剪洞断面采用直墙拱形，尺寸为 8m（宽）×9m（高），抗剪洞开挖断面大，为了快速发挥抗剪洞的作用，达到加固边坡的效果，抗剪洞在开挖支护完成后，直接进行回填，在一期混凝土中设置灌浆廊道，廊道尺寸为 3m（宽）×3.5m（高），在回填固结灌浆完成后，再对灌浆廊道进行回填，并完成接缝灌浆。回填混凝土均采用低热微膨胀 C25 混凝土（图 1.33）。

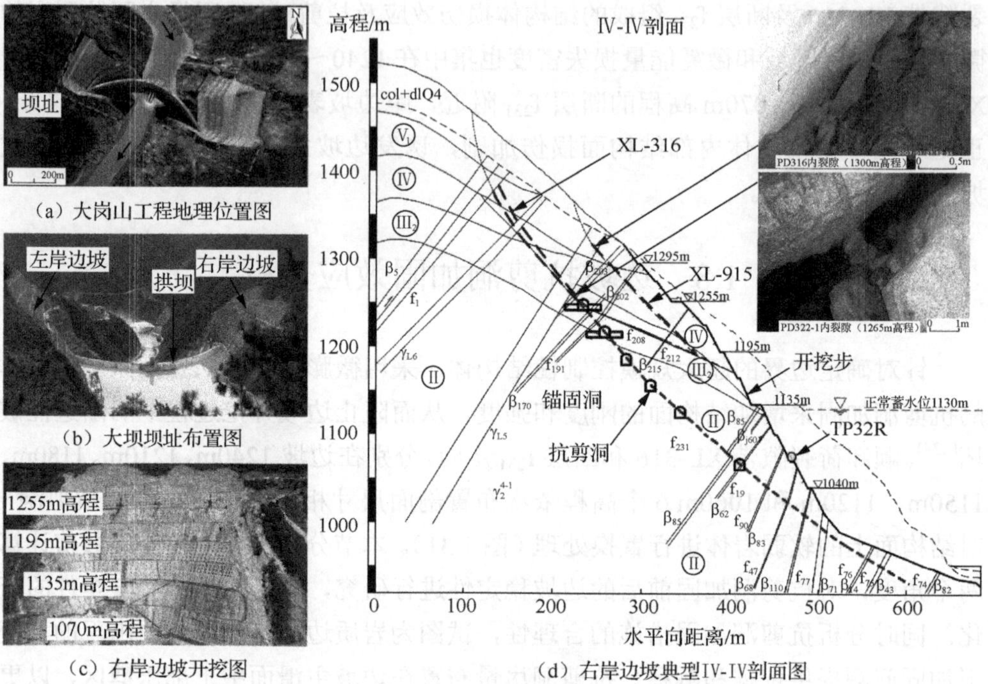

（a）大岗山工程地理位置图 （b）大坝坝址布置图 （c）右岸边坡开挖图 （d）右岸边坡典型Ⅳ-Ⅳ剖面图

图 1.31　大坝坝址整体地貌图

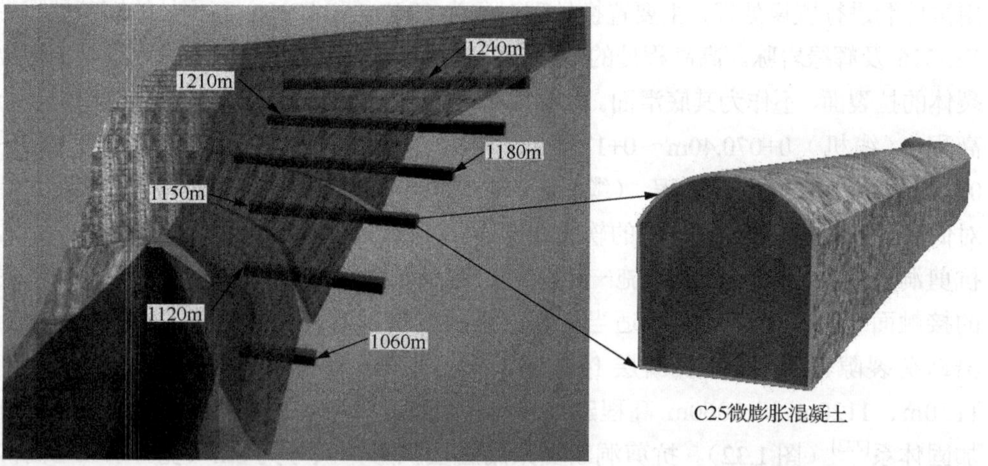

（a）抗剪洞整体布设图 （b）抗剪洞放大图

图 1.32　边坡抗剪洞加固方案

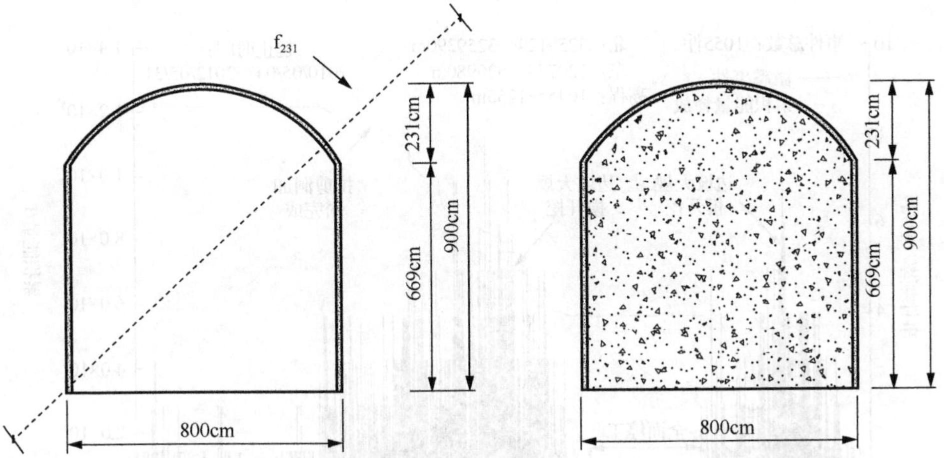

（a）混凝土回填置换前　　（b）混凝土回填置换后

图 1.33　抗剪洞施工断面图

1.8.1　抗剪洞加固微震能量时空分布特征

大岗山水电站右岸边坡微震监测系统自 2010 年 5 月 4 日开始运行监测，截至 2012 年 5 月 31 日，距离抗剪洞分布位置 20m 以内的抗剪洞加固区域内岩体微震累积能量和事件频率随时间分布规律如图 1.34 所示。2010 年 8 月、2011 年 4～7 月的微震活动性较强，边坡岩体微震累积能量释放增长也较快，其中 2010 年 8 月与 2011 年 7 月微震累积能量释放变化曲线斜率明显变大，却滞后于该时间内的高微震活动性，说明边坡大规模开挖诱发该区域出现高能量事件。2011 年 9 月 30 日以后，抗剪洞加固区域微震事件活动率明显降低，微震累积能量增长缓慢，该区域微震活动性以低能量微震事件为主，说明抗剪洞加固完成后抑制了边坡微破裂的发展。

图 1.35 为截至 2012 年 5 月 31 日抗剪洞加固前后边坡岩体微震能量密度空间分布规律。边坡整体微震能量密度分布在抗剪洞加固前后并没有明显改变，高能量释放区分布形态与深部卸荷裂隙密集带 XL-316 和断层 f_{231} 展布基本一致，并延伸至 1070m 高程断层 f_{231} 剪出口附近。抗剪洞加固后，1210m 和 1180m 高程抗剪洞之间南侧区域、1120m 高程北侧区域［图 1.35（b）中Ⅱ］、1060m 高程上部区域［图 1.35（b）中Ⅲ］发生高能量释放区的扩展，范围均在 10m 左右。这些区域分布在抗剪洞的边缘，与加固前的高能量释放区分布范围相比非常小，由此可以发现抗剪洞加固后，边坡应力向抗剪洞边缘区域发生转移，并在此区域诱发少量的低能量事件，抗剪洞起到了加固和传力的作用，有效地抑制了边坡微破裂的演化进程。

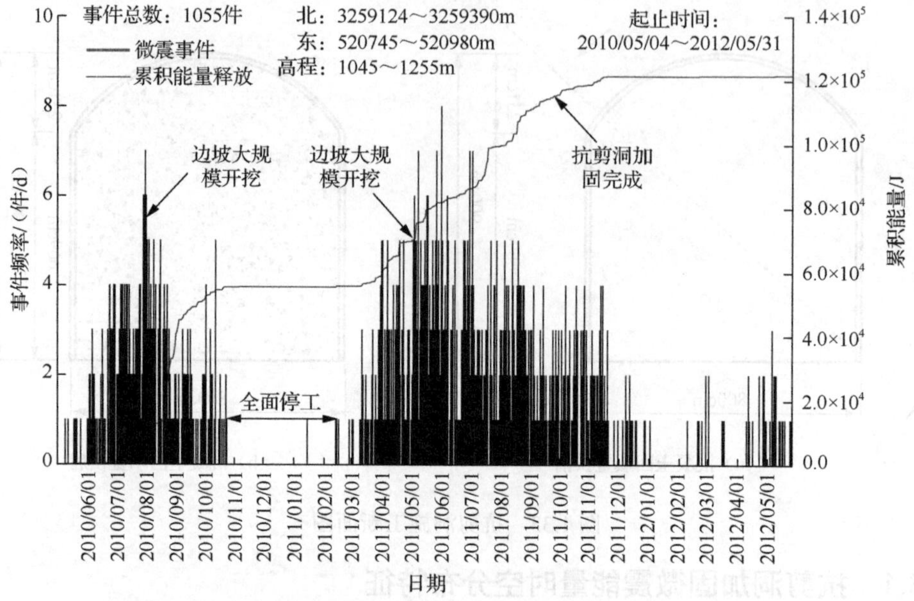

图 1.34　抗剪洞加固区微震累积能量和事件频率随时间分布图

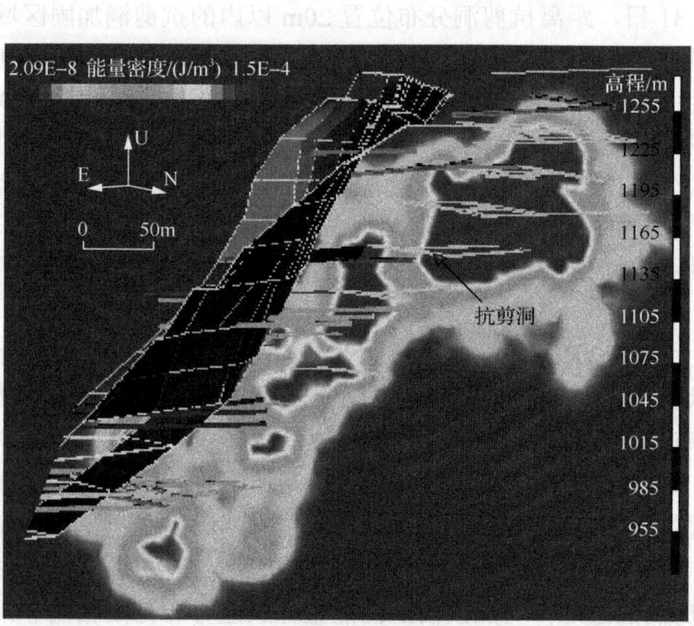

(a) 加固前

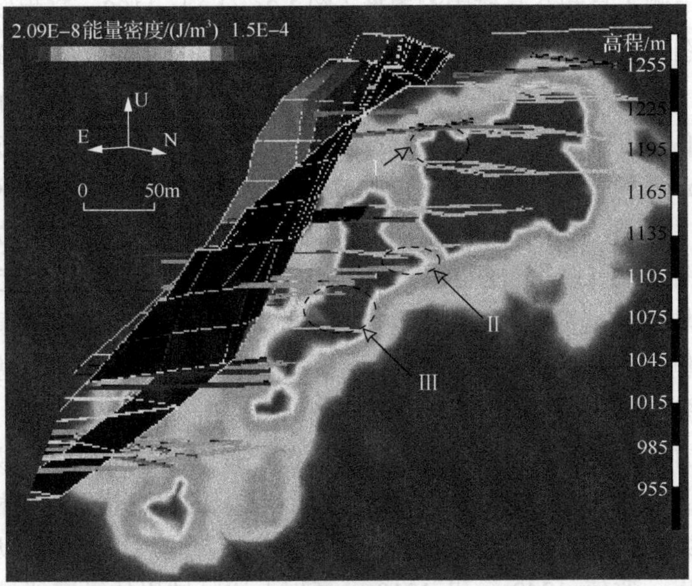

(b) 加固后

图 1.35　抗剪洞加固前后微震事件能量密度分布

1.8.2　抗剪洞高程区域微震能量密度演化特征

根据 Boatwright 等[198]的研究工作，震源体微震能量可以通过监测获取的体波（P 波和 S 波）计算得到。微震能量可以更好地描述工程岩体微震的潜在影响范围及影响程度，微震能量密度作为单位体积岩体发生微破裂时释放的能量，可以综合反映岩体微破裂的位置和强度。边坡岩体中高能量密度分布的区域是岩体应力和能量集中达到岩体强度后的高能量释放区域，也是边坡微破裂集中和岩体损伤的区域。开挖期间边坡 1240m、1210m、1180m、1150m、1120m 和 1060m 高程岩体微震能量密度分布如图 1.36 所示，图中将 6 个抗剪洞位置、主要结构面和大地坐标逐一投影到对应高程的能量密度图上。由图 1.36（a）可以看出开挖期间边坡 1240m 高程，大地坐标（1980 国家大地坐标系）3259210～3259260m（北）、520788～520823m（东）区域岩体微震能量密度较高，位于 1240m 高程抗剪洞南侧 1 号和 2 号锚固洞之间，抗剪洞基本覆盖高能量释放区［图 1.36（a）中抗剪洞位置的深色区域］。该高程 3259260m（北），距离边坡面 35m 处亦是高能量释放区，由于范围较小，且此处设置锚索，其对边坡稳定性影响比较微弱。1210m 高程 3259190～3259245m（北）、520785～520835m（东）区域岩体微震能量密度较高，并呈现延伸至 3259270m 的趋势。高能量释放区距离坡面 50m 左右，被该高程抗剪洞南侧 1 号和 2 号锚固洞置换［图 1.36（b）］。1180m 高程发育两处高能量释放区［图 1.36（c）］、一处在 3259180～3259310m（北）、520805～520870m（东）区域，分布面积近 5000m^2，距离坡面最近达 30m；另一处分布在陡倾坡里的辉绿岩脉 β_{170} 和花岗细晶岩脉 γ_{L6} 截断处，位于距离坡面 130m 的 6 号交通洞正上方。1150m 高程抗剪洞与施工支洞围成区域是微震能量释放集中区域，距离边坡面 60m 左右［图 1.36（d）］。而 1120m 高程高能量释放区自 3259270m 向南延伸至坡表［图 1.36（e）］，这与图 1.21（a）中坡表高微震能量密度是一致的，再次说明了坡表裂缝的出现是边坡内部岩体微破裂损伤积累的结果。1060m 高程抗剪洞北侧和西南端微震能量密度较高，延伸范围为 40m 左右，总体沿抗剪洞方向展布［图 1.36（f）］。对比图 1.36（a）～图 1.36（f），除 1150m 和 1120m 高程两处小范围高微震能量密度区外，其他高能量释放区分布均与边坡深部卸荷裂隙密集带 XL-316、XL-915 以及中倾坡外的断层 f_{231} 的发育位置密切相关。具体地说，卸荷裂隙密集带 XL-316 在边坡开挖爆破和卸荷作用下发生扰动，产生微破裂萌生和聚集，致使 1240m 和 1210m 高程上述区域岩体微震能量密度较高。XL-915 受开挖作用扰动较小，仅在 1240m 高程距离边坡 35m 处产生局部高能量释放区。而中倾坡外的断层 f_{231} 受开挖作用产生较大面积的扰动，导致 1180m、1150m、1120m 和 1060m 高程沿断层展布方向发育微破裂，形成高能量释放区。产生上述高能量释放区分布不均的原因是中倾坡外的断层 f_{231} 在 1135m 以下高程不断出露，以其为底滑面的多个稳定控制块体在开挖作用下发生损伤变形，导致其微破裂损伤较为严重。与此同时，作为稳定控制块体的后缘面的花岗细晶岩脉 γ_{L6} 受 6 号交通洞与施工支洞施工扰动发育微破裂损伤，在 1150m 和 1120m

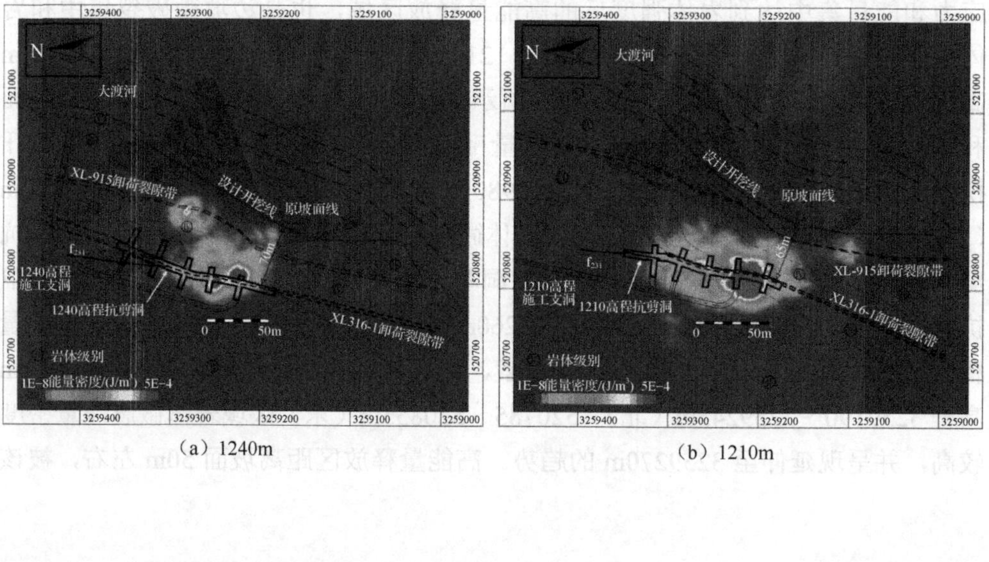

（a）1240m　　　　（b）1210m

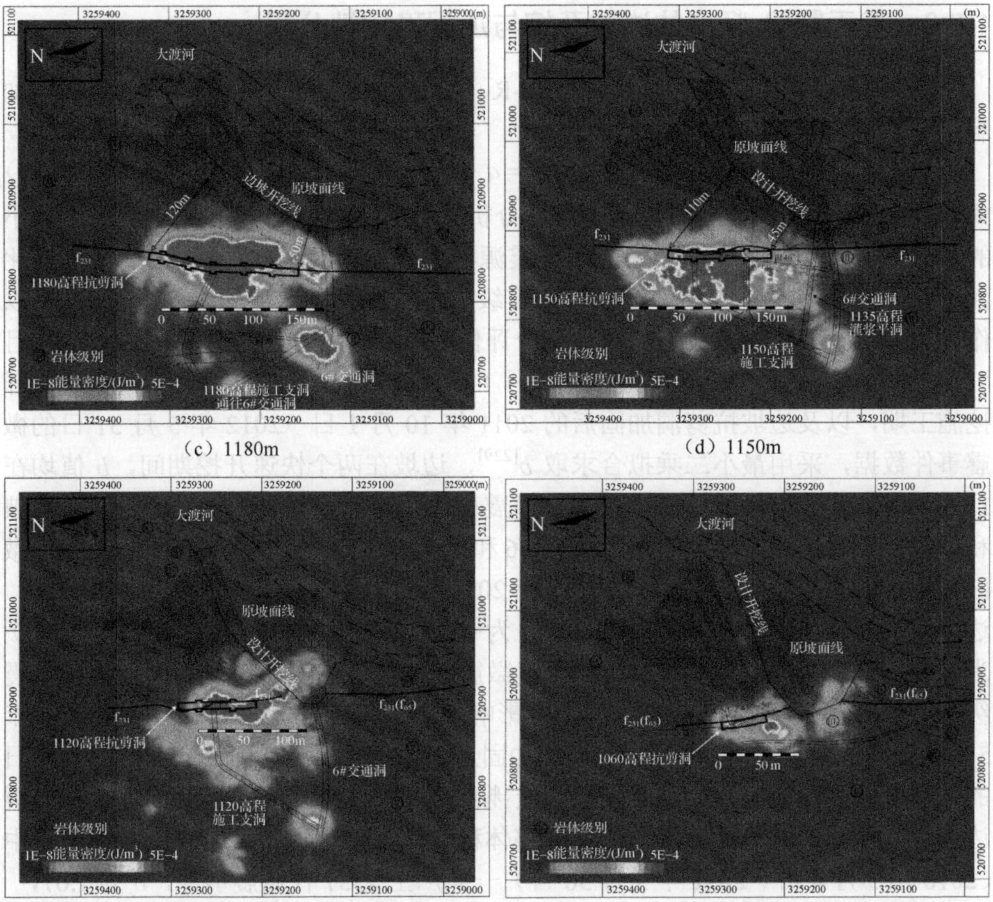

(c) 1180m　(d) 1150m

(e) 1120m　(f) 1060m

图 1.36　各抗剪洞高程微震能量密度分布图

高程产生两处高能量释放区。开挖作用诱发右岸边坡微破裂损伤影响范围达到坡里近 150m，并以 1180m 和 1150m 两个高程损伤面积最大。基于上述对开挖期间右岸边坡各高程微震能量密度的分析，1240m、1210m、1120m 和 1060m 高程抗剪洞基本覆盖了高能量释放区。1180m 高程抗剪洞穿过微破裂损伤区，而 1150m 高程抗剪洞布设在高能量释放区靠坡面一侧，虽然不能完全置换微破裂损伤区的岩体，但是能够改善其受力性能。因此 6 个高程抗剪洞能够很好地发挥加固和传力作用，加固针对性较强，为边坡稳定性提供保障。

1.8.3 基于震级-频度的边坡开挖与加固稳定性分析

Gutenberg-Richter 关系式（简称 G-R 关系式）由 Gutenberg 等[225]研究美国加利福尼亚州地震活动特点时提出：

$$\lg N = a - bM \tag{1.15}$$

式中，b 作为具有一定物理意义的统计分析参数[226]，随着地震活动通常对应较小的 b（一般小于 0.8）。b 的大小不仅与震源机制有关，还随着工程岩体状态的演化而变化，岩体中高震级事件增多而低震级事件减少，导致 b 骤降[227]，故 b 可以作为岩体工程稳定性及灾害风险的一个评价指标[228]。本书分别选取 2010 年 5 月 4 日～2010 年 10 月 20 日与 2011 年 3 月 1 日～2011 年 9 月 30 日边坡两个快速开挖施工期，以及边坡抗剪洞加固后的 2011 年 10 月 1 日～2012 年 5 月 31 日的微震事件数据，采用最小二乘拟合求取 b[229]，边坡在两个快速开挖期间，b 值均在 1.16 附近，可以判断快速开挖期间，微震事件以应力迁移型为主，这与开挖爆破和卸荷作用致使卸荷裂隙密集带 XL-316 和断层 f_{231} 主控结构面应力扰动并产生微破裂是一致的［图 1.37（a）、（b）］。而 2011 年 10 月 1 日～2012 年 5 月 31 日，边坡经抗剪洞加固后，边坡微震事件 b 为 0.77，G-R 关系曲线横坐标截距（a/b）为−0.6［图 1.37（c）］，即边坡可能出现微震的最大震级为−0.6[230]，主要诱发低震级的断裂滑移型微破裂，对边坡稳定性影响较小。本书选取边坡开挖期间 2010 年 5 月 4 日～2011 年 9 月 30 日和抗剪洞加固后 2010 年 5 月 4 日～2012 年 5 月 31 日的微震事件累计数据，分别绘制其震级-频度关系曲线（图 1.38），来进一步分析边坡在开挖和加固后的全生命周期的整体稳定性演化进程。边坡在主开挖过程中（2010 年 5 月 4 日～2011 年 9 月 30 日）一共产生 1337 件微震事件，b 为 1.07，

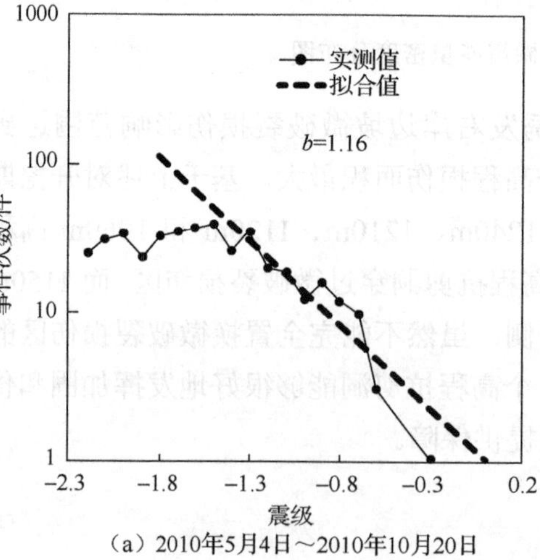

（a）2010年5月4日～2010年10月20日

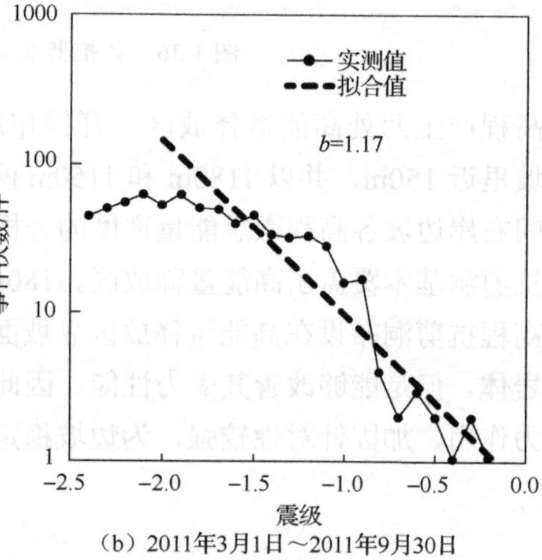

（b）2011年3月1日～2011年9月30日

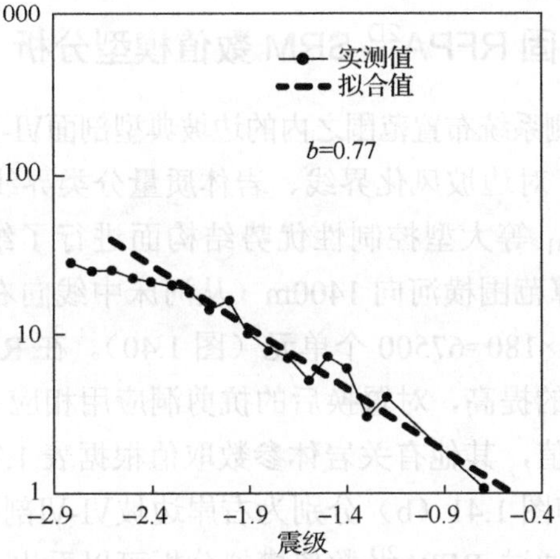

（c）2011年10月1日～2012年5月31日

图 1.37　不同时期右岸边坡微震事件震级-频度关系曲线

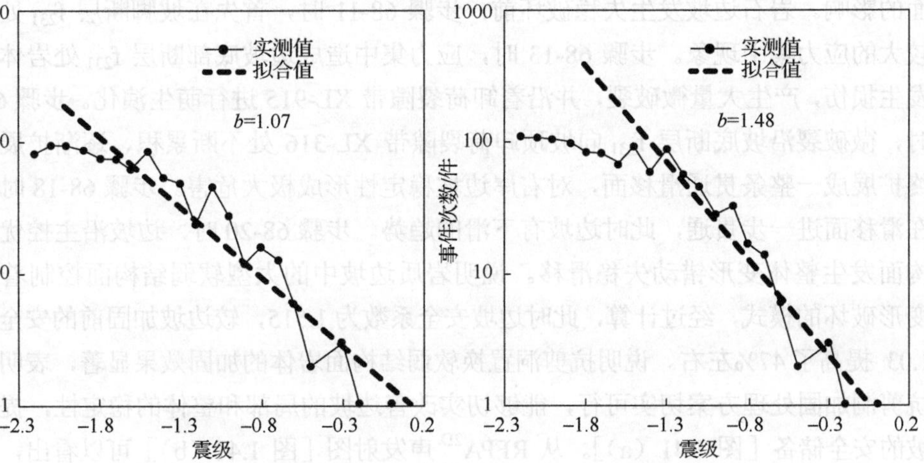

（a）2010年5月4日～2011年9月30日　（b）2010年5月4日～2012年5月31日

图 1.38　右岸边坡累积微震事件震级-频度关系曲线

可能出现的最大震级为 0.1［图 1.38（a）］，相比于图 1.37（a）的 b（1.16）和可能出现的最大震级（0），b 降低而最大震级增大，说明边坡开挖期间低震级微震事件减少，高震级微震事件增多，边坡整体稳定性降低，失稳灾害风险增大。在边坡开挖-加固的全生命周期中（2010 年 5 月 4 日～2012 年 5 月 31 日）一共产生 1625 件微震事件，b 为 1.48，最大震级降至−0.1。说明边坡在抗剪洞加固后，b 由于低震级事件的增多而明显增大，整体稳定性提高，灾害风险降低［图 1.38（b）］。

1.8.4　抗剪洞加固 RFPA^{2D}-SRM 数值模型分析

选取在微震监测系统布置范围之内的边坡典型剖面Ⅵ-Ⅵ为研究对象（图 1.39），采用 RFPA^{2D}-SRM 对边坡风化界线、岩体质量分类界线、卸荷裂隙带 XL-316、XL-915 及断层 f_{231} 等大型控制性优势结构面进行了细致的建模。模型尺寸为 1400m×720m，计算范围横河向 1400m（从河床中线向右岸坡内取 1400m），垂直向 720m，剖分 375×180=67500 个单元（图 1.40）。在 RFPA 数值计算中考虑固结灌浆对结构面参数的提高，对置换后的抗剪洞应用相应 C25 混凝土的物理力学参数作为材料的新赋值，其他有关岩体参数取值根据表 1.7。

图 1.41（a）和图 1.41（b）分别为右岸边坡Ⅵ-Ⅵ剖面抗剪洞加固处理后的剪应力和声发射图。通过 RFPA^{2D} 数值模拟分析可以看出，总体上，边坡Ⅵ-Ⅵ剖面加固处理后在水平方向上依然表现为指向河谷方向变形，竖直方向上表现为竖直向下的变形。

从剪应力图［图 1.41（a）］可以看出，应力场的非均匀分布也是来自主控结构面的影响。岩石边坡发生失稳破坏前，步骤 68-11 时，首先在坡脚断层 f_{231} 处产生较大的应力集中现象。步骤 68-13 时，应力集中造成边坡底部断层 f_{231} 处岩体首先发生损伤，产生大量微破裂，并沿着卸荷裂隙带 XL-915 进行萌生演化。步骤 68-15 时，微破裂沿坡底断层 f_{231} 向坡顶卸荷裂隙带 XL-316 处不断累积、逐渐扩展，最终扩展成一整条贯通滑移面，对右岸边坡稳定性形成极大危害。步骤 68-18 时，潜在滑移面进一步贯通，此时边坡有下滑的趋势。步骤 68-20 时，边坡沿主控优势结构面发生整体变形错动失稳滑移。说明岩质边坡中的大型软弱结构面控制着边坡变形破坏的模式，经过计算，此时边坡安全系数为 1.515，较边坡加固前的安全系数 1.03 提高了 47%左右。说明抗剪洞置换软弱结构面岩体的加固效果显著，表明目前抗剪洞加固处理方案切实可行，能够切实改善边坡的局部和整体的稳定性，提高边坡的安全储备［图 1.41（a）］。从 RFPA^{2D} 声发射图［图 1.41（b）］可以看出，整个边坡声发射的变化模式完全受控于主控结构面的几何特征。张拉破坏主要集中在边坡顶部 1135m 高程以上卸荷裂隙带 XL-316 处，剪切破坏则主要集中于边坡坡脚断层 f_{231} 处且主控结构面是能量累积的优势地带。正是能量的聚集和释放造成了断层 f_{231} 处的应力集中使之产生大量的微破裂，从而引发岩体的变形。随后能量转移到卸荷裂隙带 XL-316 处，导致应力集中，造成微破裂的产生，继而引发了坡顶岩石的损伤破裂。可以判断：1060m、1120m 高程抗剪洞用于加固断层 f_{231}，1150m、1180m、1210m 及 1240m 高程抗剪洞用于加固卸荷裂隙带 XL-316 是切实有效的［图 1.41（b）］。

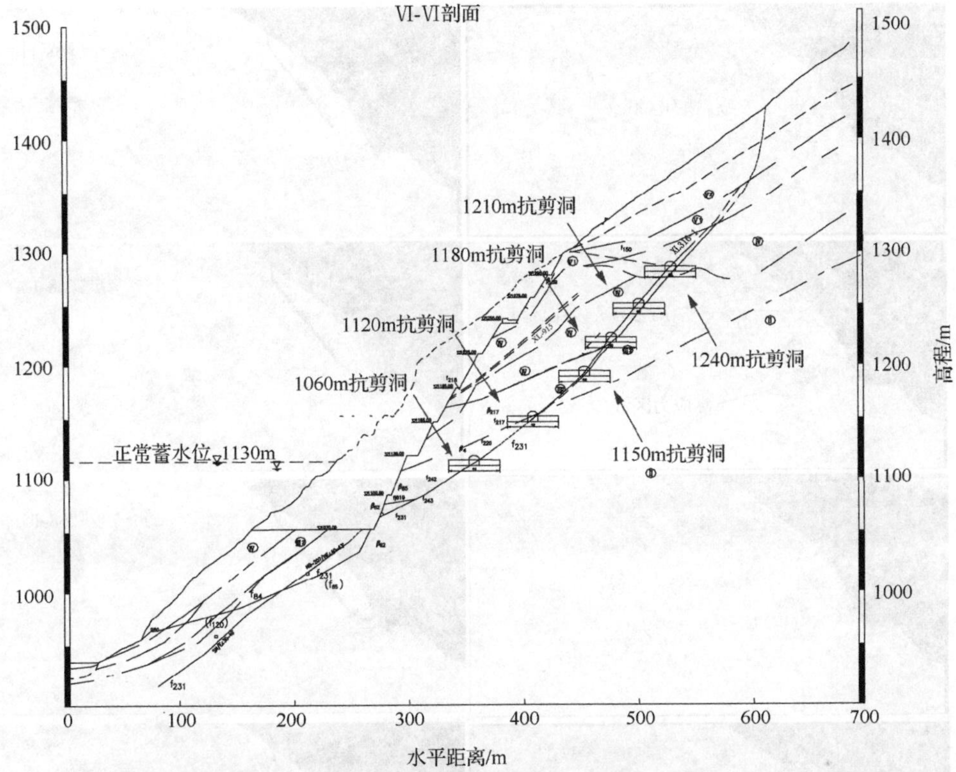

图 1.39　右岸边坡Ⅵ-Ⅵ剖面抗剪洞加固地质剖面图

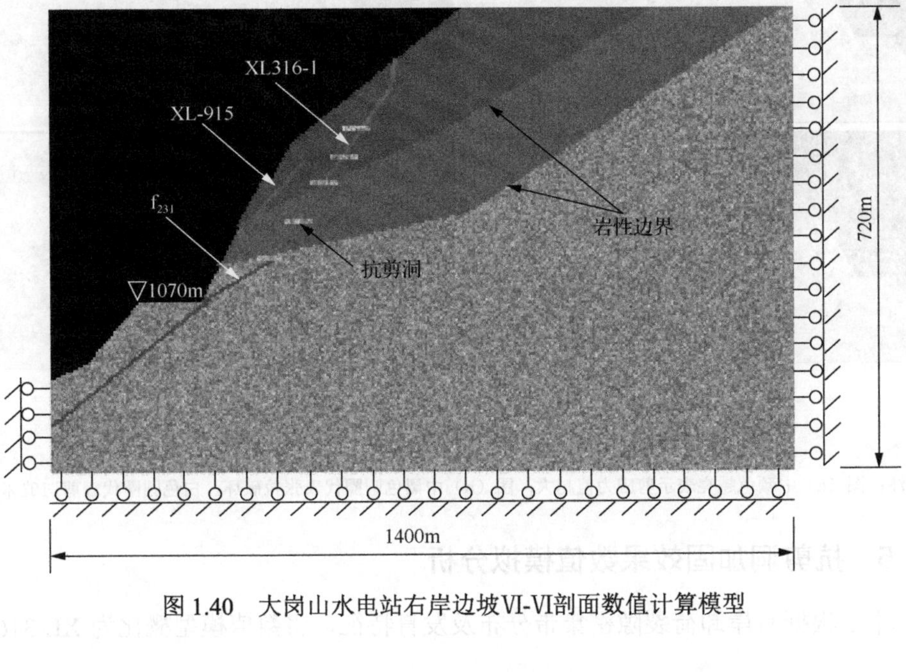

图 1.40　大岗山水电站右岸边坡Ⅵ-Ⅵ剖面数值计算模型

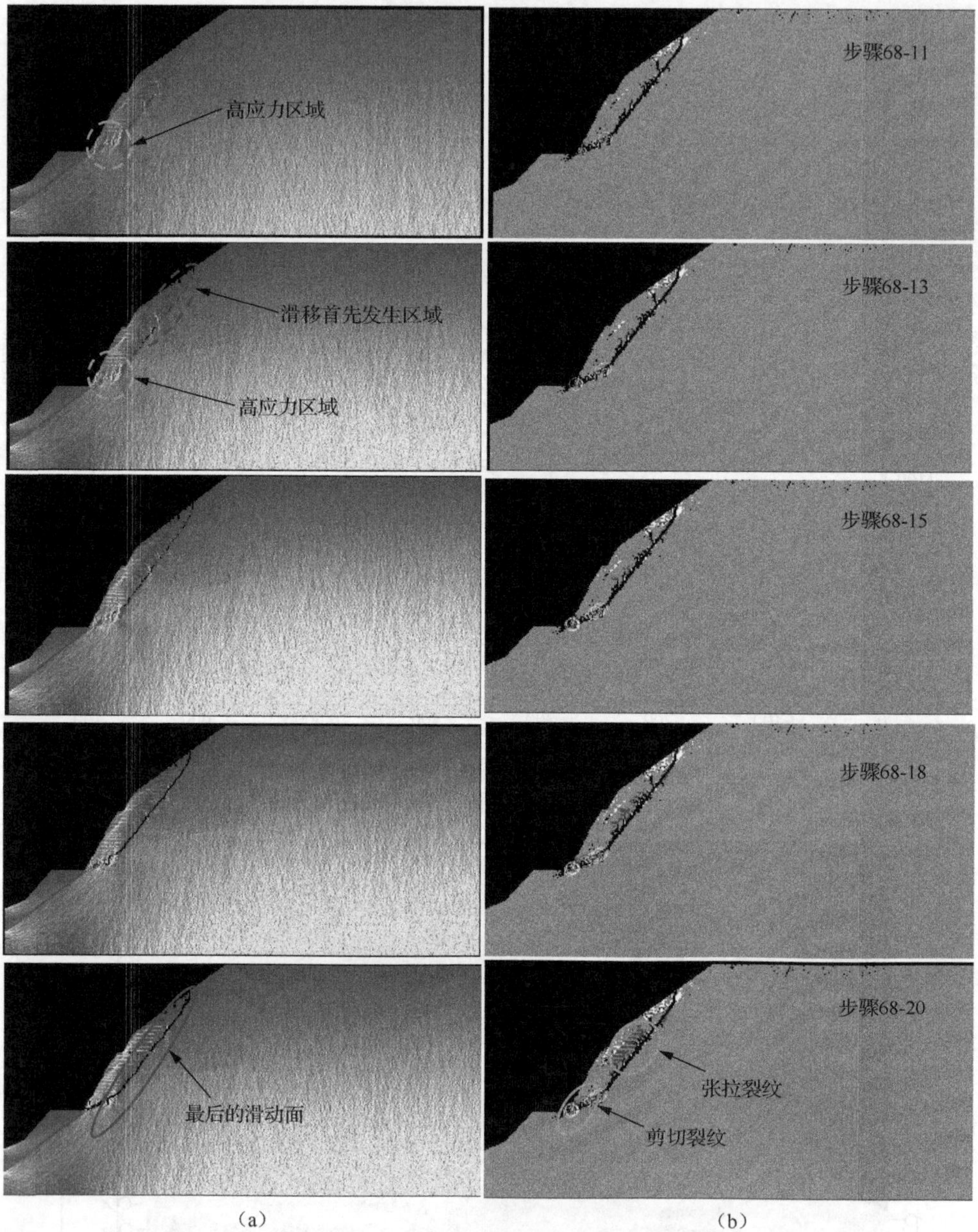

图 1.41　抗剪洞加固后二维渐进破坏过程的剪应力和声发射图

注：图（a）中颜色越亮表示剪应力值越大；图（b）中黑色圆圈代表张拉破坏，白色圆圈代表剪切破坏

1.8.5　抗剪洞加固效果数值模拟分析

本节根据右岸卸荷裂隙密集带分布及发育特征，将数值模型概化为 XL-316 和

XL-915 两条中等倾角卸荷裂隙密集带和缓倾角断层 f_{231} 共同构成的山体结构。其计算范围为顺横河向 690m、沿纵河向 400m、垂直向 1060m，从上游向下游依次包括缆机平台Ⅰ～Ⅸ剖面［图 1.42（a）］，边坡抗剪洞空间布置形式［图 1.42（b）］。模型中不同颜色代表着不同的岩性，其宏观力学计算参数按表 1.5 选取。模型构建遵循从“点→线→面→体”自下而上的建模技术，在商用软件 ANSYS 中进行，共剖分六面体单元 1118264 个，节点数 1153843 个，对浅层边坡部分进行加密处理，浅层单元数达总数的 93%左右，计算域四周法向约束，底部采用固定铰支座，地表自由，再将单元等数据提取读入 RFPA^{3D} 程序。建模步骤与计算过程见文献[73]，在此不再赘述。

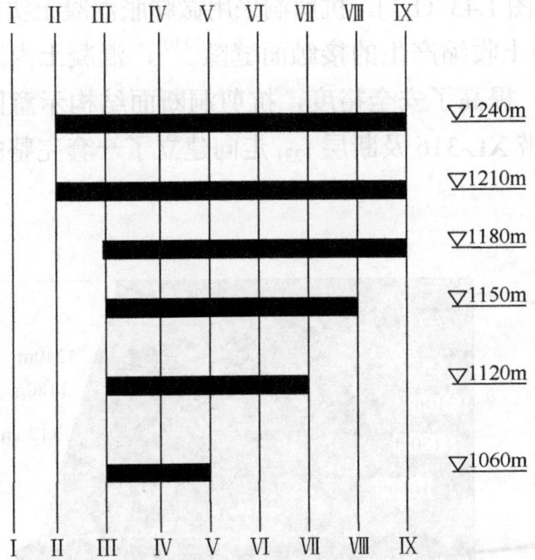

（a）抗剪洞加固方案平面布置图

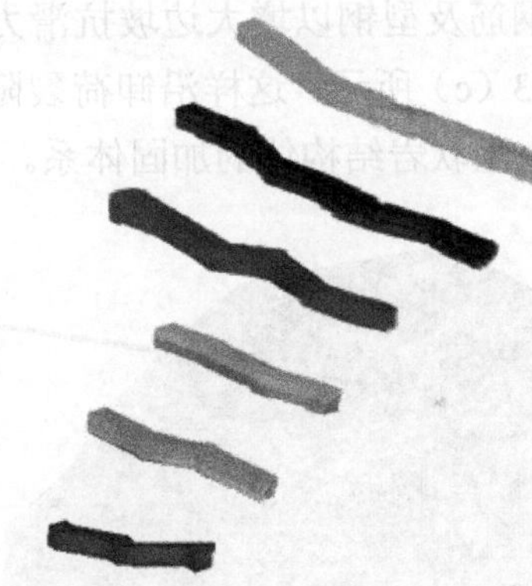
（b）抗剪洞加固结构空间分布图

图 1.42　右岸边坡抗剪洞加固方案图

表 1.5　岩体物理宏观力学参数值表[152]

岩类	密度/（g/cm^3）	抗压强度/MPa	变形模量/GPa	泊松比	摩擦因数	黏聚力/MPa
Ⅱ	2.65	70～80	18～25	0.25	1.3	2.0
Ⅲ$_1$	2.62	40～60	9～11	0.27	1.2	1.5
Ⅲ$_2$	2.62	40～60	6～9	0.30	1.0	1.0
Ⅳ	2.58	20～40	2.5～3.5	0.35	0.8	0.7
Ⅴ$_1$	2.45	<15	0.25～0.5	>0.35	0.5	0.2
Ⅴ$_2$	2.1	<10	0.2	>0.35	0.4	0.175
C25 混凝土	2.40	25	30.00	0.25	1.25	1.250

根据右岸边坡的基本地形地质条件，确定抗剪洞为主的工程措施作为有效控制手段来保证边坡的整体稳定［图 1.43（a）］。在（缆机）0+053.00～0+189.50m、0+074.30m～0+220.60m，顺卸荷裂隙带 XL-316 走向布置抗剪洞，对卸荷裂隙带 XL-316 采用抗剪洞进行置换处理，主要置换处理的对象为 1240m 和 1210m 高程上的卸荷裂隙带 XL-316 及辉绿岩脉。抗剪洞尺寸为 8m（宽）×9m（高）。高高程的卸荷裂隙带 XL-316 及辉绿岩脉为右岸边坡变形拉裂体的拉裂面，不作为其底滑面。这样在（缆机）0+074.60～0+219.30m 之间 1180m 高程、（缆机）0+070.40～0+171.80m 之间 1150m 高程、（缆机）0+081.10～0+148.40m 之间 1120m 高程、（缆机）0+055.20m～0+109.50m 之间 1060m 高程，针对低高程的断层 f_{231} 为底滑面的软弱结构体分别布设抗剪洞进行加固［图 1.43（b）］。抗剪洞采用微膨胀混凝土实施一定深度的固结灌浆回填，以减少混凝土收缩产生的接触面缝隙[230]，混凝土内适当配置钢筋及型钢以增大边坡抗滑力，提高了安全裕度，抗剪洞断面结构示意图如图 1.43（c）所示。这样沿卸荷裂隙带 XL-316 及断层 f_{231} 走向建立了一套完整的针对超大型软岩结构体的加固体系。

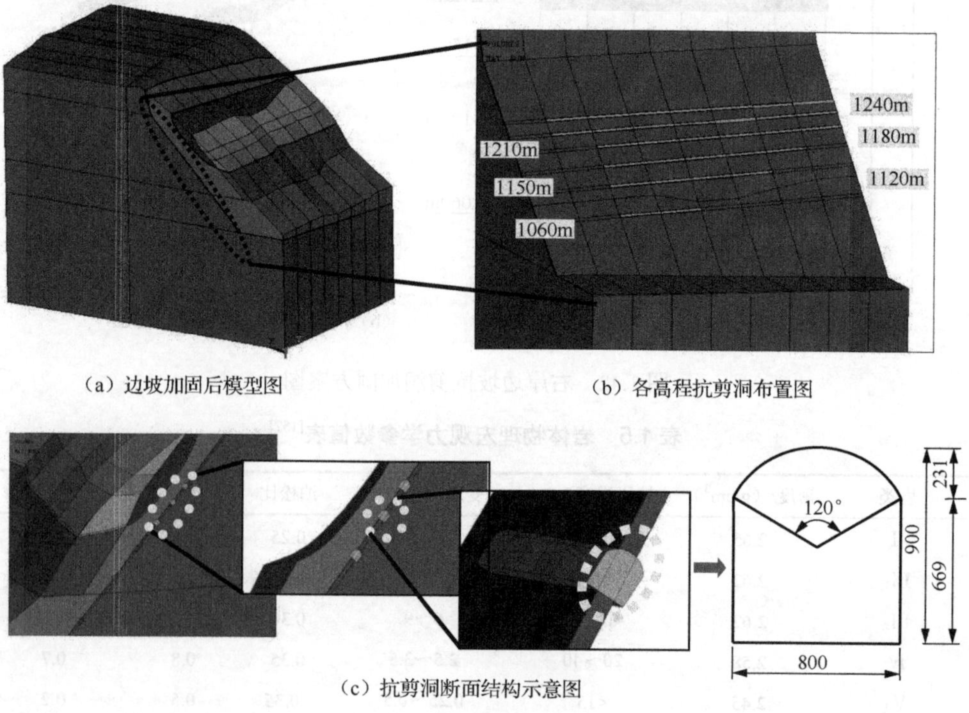

（a）边坡加固后模型图　　（b）各高程抗剪洞布置图

（c）抗剪洞断面结构示意图

图 1.43　边坡抗剪洞加固模型图（单位：mm）

从最大主应力图（图 1.44）可以看出，在开挖完成后，边坡失稳仍然沿卸荷裂隙带 XL-316 首先扩展，而后转向沿卸荷裂隙岩层界限开裂，抗剪洞两侧有明显的应力集中。显然，加载过程中应力逐渐“迁徙”到抗剪洞位置。由于巨大的张拉应力作用，得抗剪洞周围岩体应力总体上呈劈裂状“刀口”形式分布［图 1.44（a）］。当加载到步骤 167 时，边坡潜在滑裂面上下贯通，整体上形成以卸荷裂隙带 XL-316 形成的块体为上盘、以边坡断层 f_{231} 形成的块体为下盘的潜在大块体。随着整体下滑趋势的增强，抗剪洞两侧边墙产生许多细小的微裂纹，逐渐向四周扩展［图 1.44（b）］。上述分析说明，边坡软弱岩层界限、断层及卸荷裂隙带仍是导致边坡失稳的主要因素。经潜在滑移面可以看出，潜在滑动块体在 1240m、1210m、1180m、1150m、1120m 及 1060m 高程处抗剪洞未贯通部位首先产生下滑［图 1.44（c）、（d）］，而贯通区回填混凝土的抗剪洞部位未产生破坏，加固效果十分显著。数值模拟得到的抗剪洞加固前后声发射变化曲线如图 1.45 所示。由图 1.45 可知，随着抗剪洞布设数量的增加，边坡整体安全系数相继增大，现有加固方案（6 层抗剪洞）的安全系数为 1.83，较未布设抗剪洞时边坡安全系数 1.21 提高了 51.2%左右。抗剪洞加固前后微震事件变化如图 1.46 所示。

由图 1.46 可知，截至 2012 年 5 月底，随着下 3 层抗剪洞（1150m、1120m 及 1060m 高程）灌浆封堵和上 3 层抗剪洞（1240m、1210m 及 1180m 高程）固结灌浆施工作业的陆续完成，当月监测到的有效微震事件只有 42 件，比 2010 年 5 月

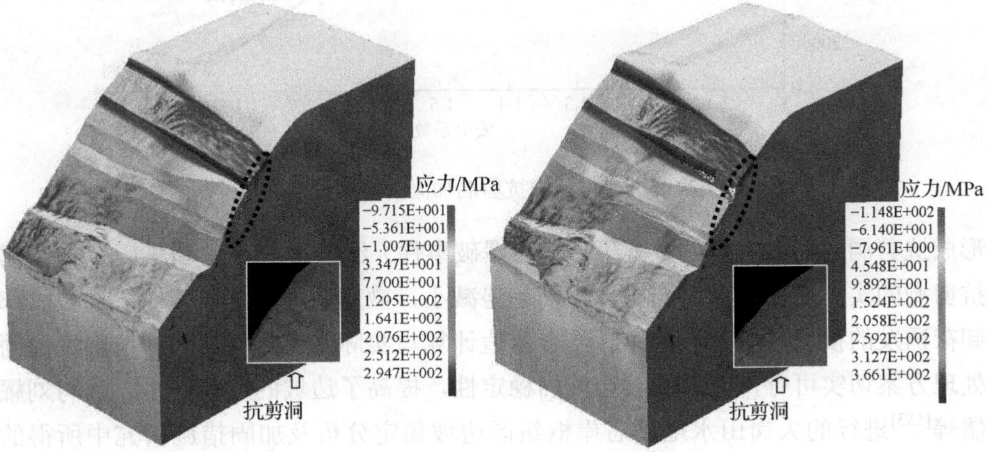

（a）59步　　（b）167步

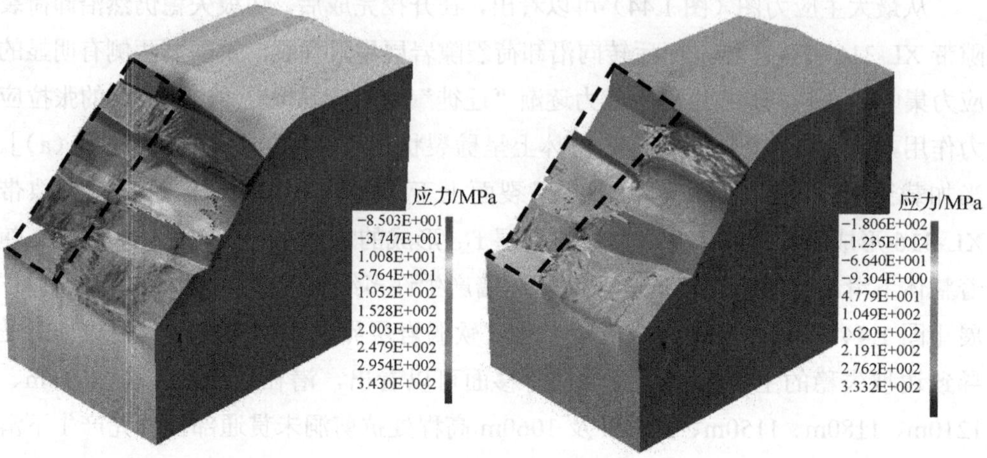

（c）189步　　（d）193步

图 1.44　边坡破坏过程中最大主应力

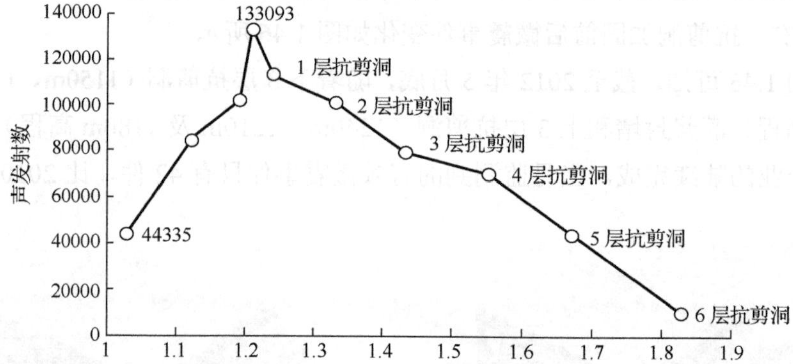

图 1.45　数值模拟得到的抗剪洞加固前后声发射变化曲线

形成抗剪洞之前的 125 件微震事件（含爆破事件）约减少 66.4%（图 1.46）。说明抗剪洞的实施使得边坡深部岩体损伤趋势减小，微震活动性逐步减弱，边坡内部卸荷诱发的损伤逐渐趋于停止。结合数值计算与实际监测分析可知，抗剪洞加固处理方案切实可行，能够改善边坡的稳定性，提高了边坡的安全储备。这与刘耀儒等[153]进行的大岗山水电站右岸枢纽区边坡稳定分析及加固措施研究中所得的破坏机制和加固结果基本吻合。

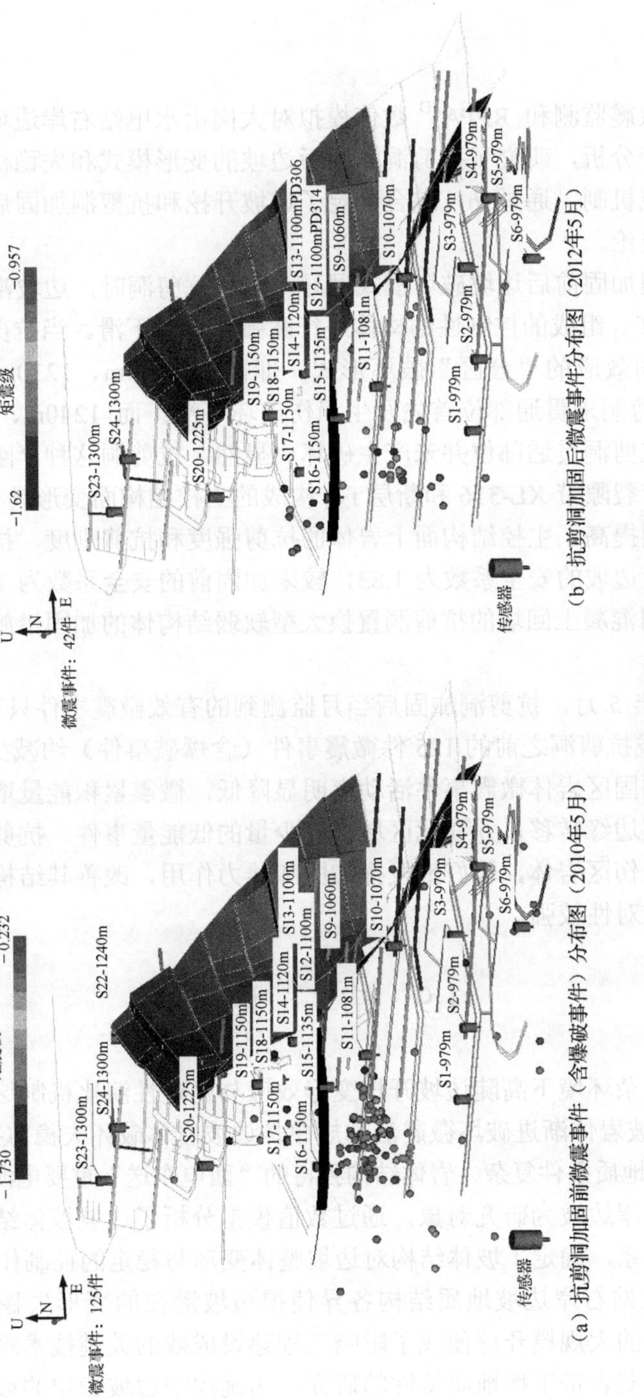

（a）抗剪洞加固前微震事件（含爆破事件）分布图（2010年5月）

（b）抗剪洞加固后微震事件分布图（2012年5月）

图 1.46　抗剪洞加固前后微震事件变化[152]

1.8.6 小结

本节基于微震监测和 RFPA^{3D} 数值模拟对大岗山水电站右岸边坡开挖和抗剪洞支护设计进行分析，研究了抗剪洞加固后边坡的变形模式和失稳机制，解释了坡表裂缝的形成机制，通过 *b*，综合判定了边坡开挖和抗剪洞加固后的稳定性变化，得出如下结论。

（1）抗剪洞加固前后边坡破坏模式迥异。未加抗剪洞时，边坡沿卸荷裂隙带 XL-316 与断层 f_{231} 组成的控制性结构体进行圆弧状整体下滑。当抗剪洞加固后，边坡产生了时间效应的“分区”破坏形式，即高程 1240m、1210m 高程Ⅰ-Ⅰ、Ⅱ-Ⅱ剖面上抗剪洞未贯通部位首先发生损伤破坏下滑；而 1240m、1210m 高程Ⅲ～Ⅸ剖面上抗剪洞贯通部位并未产生破坏。显然，抗剪洞这种“刚性”的被动加固方法对卸荷裂隙带 XL-316 和断层 f_{231} 构成的主控结构面变形具有抑制作用。

（2）抗剪洞提高了主控结构面上岩体的抗剪强度和抗剪刚度，抗剪阻滑力大幅提高。加固后边坡的安全系数为 1.83，较未加固前的安全系数为 1.21，增大了约 51.2%。说明混凝土回填的抗剪洞置换大型软弱结构体的加固措施大大增加边坡的安全性。

（3）2012 年 5 月，抗剪洞加固后当月监测到的有效微震事件只有 42 件，比 2010 年 5 月形成抗剪洞之前的 125 件微震事件（含爆破事件）约减少 66.4%。抗剪洞加固后，加固区岩体微震事件活动率明显降低，微震累积能量增长缓慢，边坡应力向抗剪洞边缘转移，并在此区域诱发少量的低能量事件。抗剪洞的实施基本覆盖和贯穿损伤区岩体，较好地发挥加固和传力作用，改善其结构面岩体受力性能，且加固针对性较强。

1.9 结　论

本章围绕复杂环境下高陡边坡开挖变形效应与稳定性演化机制这个关键科学问题，基于“边坡岩体渐进破坏微震活动规律是边坡岩体破坏失稳前兆本质特征”的学术思想，以地质条件复杂、岩体结构独特的“西电东送”重要电源点工程——大岗山水电站右岸边坡为研究对象，通过数值模拟分析了边坡坡体结构与变形破坏模式之间的关系，确定了坡体结构对边坡整体变形与稳定的控制作用。

大岗山水电站右岸边坡地质结构各异使得边坡潜在的变形失稳模式复杂多样，在此基础上的大规模开挖便成了影响工程建设成败的关键技术难题。本章通过对边坡构造软弱岩带工程地质特性的研究，明确控制边坡稳定的坡体结构。本章建立可以表征坡体结构的深部裂缝地质力学模型来揭示边坡变形演化过程与破坏模式。首先，结合实际开挖过程中边坡坡表所出现的变形迹象，应用微震监测技术来“捕捉”边坡岩体开挖过程中的微小破裂，从实际监测视角揭示开挖作用下高陡边坡变形演化规律。其次，采用数值计算与现场监测互馈结合的研究方法，建立了高陡边坡岩体开挖扰动区损伤演化的三维地质数值模型，分析了卸荷演化过程中岩体微破裂损伤与边坡稳定性。从地学、工程科学和数值模拟等多学科视角对边坡变形破坏机理模式及稳定性评价展开研究，印证了边坡开挖扰动区的变形本质上是岩体累积损伤的演化过程，诠释了开挖破坏过程中的局部变形破坏成因及孕灾规律。最后，针对边坡典型防治结构，建立了边坡抗剪洞数值模型，揭示边坡破坏过程中滑坡与抗剪洞的相互作用机理及变形协调分担机制，阐述了抗剪洞滑坡防治结构的适宜性和正确性，为类似地质条件的大型水利水电工程高陡边坡加固方案的选取与防治提供理论支撑。本章主要研究成果有以下几个方面。

（1）基于微破裂是潜在滑坡前兆特征的学术思想，根据边坡开挖过程中反映的变形破坏迹象，提出了通过微震监测评估开挖边坡的稳定性，构建了一套能够 24h 连续“捕捉”开挖边坡产生微小破裂的微震监测系统，实现了对三维空间“损伤体”的监测。克服了传统变形监测方法难以反映岩质边坡失稳演化过程的局限性，并通过微震活动性时空分布规律圈定和认知了右岸边坡深部岩体由于开挖扰动诱发的损伤区域。监测结果表明：微震事件在 1240m 高程以下主要沿卸荷裂隙带 XL-316 和断层 f_{231} 组成的控制性软岩结构体部位聚集、演化和发展，并逐渐在拱肩槽方向呈条带状分布。这说明边坡深部岩体的微小破裂与结构面分布的位置息息相关，也印证了大型的软弱结构面是控制边坡稳定性的主要因素之一，研究结果为开挖岩质边坡监测预警提供了新思路。

（2）根据边坡的工程地质发育特征和微震监测结果在数值模型中引入了影响边坡稳定的主控优势结构面实现对边坡复杂岩体结构的精细描述和建模，从而揭示了边坡开挖作用下孕灾过程。研究结果表明：坡体结构是影响边坡岩体变形的主要因素，大规模的开挖卸荷是控制边坡稳定性的决定因素。结合微震活动性规律与数值分析结果得出开挖期间坡表曾出现若干次变形裂缝的原因是微震事件能量损失不断积累、释放和转移导致影响边坡稳定的主控优势结构面——卸荷裂隙带 XL-316 和断层 f_{231} 上聚集了大量的微小破坏引发边坡局部小块岩体的变形。

（3）通过震级-频度的研究发现，边坡在开挖期间产生的微震事件以应力迁移型为主，经抗剪洞加固后则以诱发低震级的断裂滑移型微破裂为主。开挖期间，边坡低震级事件减少，而高震级事件增多，b 均降低，边坡稳定性降低，失稳灾害风险增大。抗剪洞加固后，b 由于低震级事件的增多而明显增大，边坡稳定性提高，失稳灾害风险降低。该变化表明抗剪洞加固区岩体在边坡开挖期间微破裂变形增大，边坡稳定性下降，失稳灾害风险增大。而在抗剪洞加固以后，微破裂变形得到抑制，稳定性提高，灾害风险降低，研究结果揭示了滑坡体与抗剪洞结构相互作用的机理及其变形协调分担机制，同时也验证了抗剪洞滑坡防治结构是有效控制边坡破坏的加固措施。

（4）开挖岩质高边坡的稳定性是一个动态演化的过程，这个过程伴随着复杂的时效变形破裂现象，其本质是以岩体微小破裂的积累来表征宏观非线性的变形特征，破坏过程中所形成的潜在滑动面也是不断地孕育、发展、演化、扩展，最终发生累进性宏观破坏。其稳定性评价不仅是一个强度问题，更是一个变形问题，在大规模开挖过程中要注重对边坡岩体微小变形的控制，一旦微小变形控制住了，潜在滑动面演化就会在“孕育”或者“萌生”阶段结束，就不会发展成为“一发不可收拾”的累进性宏观失稳。可以预见，随着大坝浇筑及后期开始蓄水，由于库水骤升、骤降过程引起的边坡应力迁移而产生的岩体微破裂必然增多，特别是大型卸荷裂隙带 XL-316 和 XL-915，以及断层 f_{231} 等软弱结构体附近岩体遇水弱化等现象将会加剧边坡应力的调整。

（5）建议结合常规监测手段，密切关注微震能量密度聚集区、微震高能量损伤区、卸荷裂隙带 XL-316 和断层 f_{231} 交界处的变形收敛情况。开挖过程中应严格控制爆破药量，尽量减小对边坡的扰动破坏，开挖后要按设计要求及时进行固结灌浆。希望能为类似地质条件下水利水电边坡工程中的施工与加固设计提供一点参考。

参考文献

[1] 郑守仁. 我国水能资源开发利用及环境与生态保护问题探讨[J]. 中国工程科学, 2006, 8(6): 1-6.

[2] 黄润秋. 中国西南岩石高边坡的主要特征及其演化[J]. 地球科学进展, 2005, 20(3): 292-297.

[3] 徐卫亚. 边坡及滑坡环境岩石力学与工程研究[M]. 北京：中国环境科学出版社, 2000.

[4] 李建林，王乐华，刘杰，等. 岩石边坡工程[M]. 北京：中国水利水电出版社, 2006.

[5] 顾冲时，李雪红. 梅山连拱坝 1962 年事故部位性态的跟踪分析[J]. 水电能源科学, 1999, 17(3): 5-8.

[6] 张楚汉. 水利水电工程科学前沿[M]. 北京：清华大学出版社, 2002.

[7] 张有天. 从岩石水力学观点看几个重大工程事故[J]. 水利学报, 2003(5): 1-10.

[8] 《中国水力发电工程》编审委员会. 中国水力发电工程(工程地质卷)[M]. 北京：中国电力出版社, 2000.

[9] 黄润秋，许强，陶连金，等. 地质灾害过程模拟与工程控制研究[M]. 北京：科学出版社, 2002.

[10] 中国水电顾问集团成都勘测设计研究院. 大渡河大岗山水电站右岸边坡稳定性分析报告[R]. 成都：中国水电顾问集团成都勘测设计研究院, 2009.

[11] 孙志峰. 高精度水平锚索技术研究及在三峡工程中的应用[D]. 长春：吉林大学, 2006.

[12] 卢书强. 澜沧江糯扎渡水电站开挖边坡稳定性工程地质系统研究[D]. 成都：成都理工大学, 2007.

[13] 邬爱清，朱杰兵，付敬，等. 三峡工程永久船闸中隔墩岩体变形全过程测试研究[J]. 岩石力学与工程学报, 2010(增刊 1): 1649-1653.

[14] 朱杰兵，邬爱清，周密. 三峡永久船闸高边坡深部岩体变形及地应力变化特征[J]. 岩石力学与工程学报, 2005, 24(20): 3749-3753.

[15] 黄志全，廖德华，张长存，等. 长江三峡工程永久船闸中隔墩岩体变形分析及预测[J]. 岩石力学与工程学报, 2002, 21(8): 1162-1167.

[16] 夏熙伦, 周火明, 盛谦, 等. 三峡工程船闸高边坡岩体松动区及其性状[J]. 长江科学院报, 1999, 816(4): 1-5.
[17] 赵红敏. 五强溪水电站左岸船闸高边坡倾倒破坏分析及治理[J]. 中南水利发电, 1996(3): 1-5.
[18] 夏其发, 陆家佑. 天生桥二级水电站工地滑坡成因分析[J]. 水土保持通报, 1986(4): 35-40.
[19] 王少昆. 漫湾电站左岸滑坡处理后下切脚的控制爆破与监测[J]. 水利水电技术, 1994(10): 35-37.
[20] 孟晖, 胡海涛. 我国主要人类工程活动引起的滑坡、崩塌和泥石流灾害[J]. 工程地质学报, 1996, 4(4): 69-74.
[21] 成昆铁路技术总结委员会. 成昆铁路(第二册): 线路、工程地质及路基[M]. 北京: 人民铁道出版社, 1980: 99-115, 249-250.
[22] 何昆, 蒋楚生. 云南元磨高速公路路堑高边坡及滑坡整治工作[J]. 路基工程, 2004(l): 49-51.
[23] 车新觉, 邹竹荪, 郭春茂. 三峡工程船闸开挖高边坡稳定问题的静力地质力学模型试验研究[J]. 长江水利水电科学研究院院报, 1986(1): 57-64.
[24] 邓建辉, 王浩, 姜清辉, 等. 利用滑动变形计监测岩石边坡松动区[J]. 岩石力学与工程学报, 2002, 21(2): 180-184.
[25] 盛谦. 深挖岩质边坡开挖扰动区与工程岩体力学性状研究[D]. 北京: 中国科学院, 2002.
[26] 肖世国, 周德培. 开挖边坡松弛区的确定与数值分析方法[J]. 西南交通大学学报, 2003, 38(3): 318-322.
[27] 王兰生, 李天斌, 赵其华. 浅生时效构造与人类工程[M]. 北京: 地质出版社, 1994.
[28] 郑颖人, 赵尚毅, 邓卫东. 岩质边坡破坏机制有限元数值模拟分析[J]. 岩石力学与工程学报, 2003, 22(12): 1943-1952.
[29] 周桂云, 李同春. 基于静动力有限元的边坡抗震稳定分析方法[J]. 岩土力学, 2010, 31(7): 2303-2308.
[30] 周翠英, 刘祚秋, 董立国, 等. 边坡变形破坏过程的大变形有限元分析[J]. 岩土力学, 2003, 24(4): 644-652.
[31] 曹平, 张科, 汪亦显, 等. 多层边坡破坏机制数值模拟研究[J]. 岩土力学, 2011, 32(3): 872-878.
[32] 寇晓东, 周维垣, 杨若琼. FLAC-3D 进行三峡船闸高边坡稳定分析[J]. 岩石力学与工程学报, 2001, 20(1): 6-10.
[33] 殷跃平. 斜倾厚层山体滑坡视向滑动机制研究[J]. 岩石力学与工程学报, 2010, 29(2): 217-226.
[34] Hart R, Cundall P A, Lemos J. Formulation of a three-dimensional distinct element model—Part II. Mechanical calculations for motion and interaction of a system composed of many polyhedral blocks[J]. International Journal of Rock Mechanics and Mining Sciences & Geomechanics Abstracts, 1988, 25(3): 117-125.
[35] Bhasin R, Kaynia A M. Static and dynamic simulation of a 700m high rock slope in western Norway[J]. Engineering Geology, 2004, 71(3): 213-226.
[36] 程谦恭, 胡厚田. 剧冲式高速岩质滑坡全程运动学数值模拟[J]. 西南交通大学学报, 2000, 35(1): 18-22.
[37] 毛彦龙, 胡广韬, 毛新虎, 等. 地震滑坡启程剧动的机理研究及离散元模拟[J]. 工程地质学报, 2001, 9(1): 74-80.
[38] 曹琰波, 戴福初, 许冲, 等. 唐家山滑坡变形运动机制的离散元模拟[J]. 岩石力学与工程学报, 2011, 30(增刊 1): 2878-2887.
[39] Sitar N, MacLaughlin M M. Kinematics and discontinuous deformation analysis of landslide movement[R]. Invited Keynote Lecture II Panamerican Symposiam on Landslides, Rio de Janeiro, 1997.
[40] Chen G, Ohnishi Y. Slope stability analysis using discontinuous deformation analysis method[J]. Rock Mecganics for Industry, 1999, 1: 535-541.
[41] Hatzor Y H, Arzi A A, Zaslavsky Y, et al. Dynamic stability analysis of jointed rock slopes using the DDA method: King Herod's Palace, Masada, Israel[J]. International Journal of Rock Mechanics and Mining Sciences, 2004, 41(5): 813-832.
[42] 邬爱清, 丁秀, 卢波, 等. DDA 方法块体稳定性验证及其在岩质边坡稳定性分析中的应用[J]. 岩石力学与工程学报, 2008, 27(4): 664-672.

[43] 孙东亚, 彭一江, 王兴珍. DDA 数值方法在岩质边坡倾倒破坏分析中的应用[J]. 岩石力学与工程学报, 2002, 21(1): 39-42.
[44] Rockfield Software Ltd. ELFEN 2D/3D Numerical Modelling Package[Z]. Swansea: Rockfield Software Ltd., 2004.
[45] 张国新, 赵妍, 石根华, 等. 模拟岩石边坡倾倒破坏的数值流形法[J]. 岩土工程学报, 2007, 29(6): 800-805.
[46] 刘红丹, 毛朝亮, 关永平. 边坡稳定性分析方法及数值模拟[J]. 水利与建筑工程学报, 2010, 8(3): 101-103.
[47] Fruneau B, Achache J, Delacourt C. Observation and modeling of the saint-etienne-de-tine landslide using SAR interferometry[J]. Tectonophys, 1996, 265(3-4): 181-190.
[48] 谭捍华, 傅鹤林. TDR 技术在公路边坡监测中的应用试验[J]. 岩土力学, 2010, 31(4): 1331-1336.
[49] Tu X B, Dai F C, Lu X J, et al. Toppling and stabilization of the intake slope for the Fengtan hydropower station enlargement project, Mid-South China[J]. Engineering Geology, 2007, 91(2): 152-167.
[50] Toshitaka K. Monitoring the process of ground failure in repeated landslides and associated stability assessments[J]. Engineering Geology, 1998, 50(1-2): 71-84.
[51] 戴会超. 三峡永久船闸高边坡安全监测[J]. 岩石力学与工程学报, 2004, 23(17): 2907-2912.
[52] 张金龙, 徐卫亚, 金海元, 等. 大型复杂岩质高边坡安全监测与分析[J]. 岩石力学与工程学报, 2009, 28(9): 1819-1827.
[53] 孟永东, 徐卫亚, 刘造保, 等. 复杂岩质高边坡工程安全监测三维可视化分析[J]. 岩石力学与工程学报, 2010, 29(12): 2500-2509.
[54] 郭凯, 盛谦, 张勇慧, 等. 山区公路路基边坡地质灾害远程监测预报系统开发及应用[J]. 岩土力学, 2010, 31(11): 3683-3687.
[55] 赵明华, 刘小平, 冯汉斌, 等. 小湾电站高边坡的稳定性监测及分析[J]. 岩石力学与工程学报, 2006, 25(增刊 1): 2746-2750.
[56] Mccreary R, Mcgaughey J, Potvin Y, et al. Results from microseismic monitoring, conventional instrumentation, and tomography surveys in the creation and thinning of a burst-prone sill pillar[J]. Pure and Applied Geophysics, 1992, 139(3-4): 349-373.
[57] Wang H L, Ge M C. Acoustic emission/microseismic source location analysis for a limestone mine exhibiting high horizontal stresses[J]. International Journal of Rock Mechanics and Mining Sciences, 2008, 45(5): 720-728.
[58] Ge M C. Efficient mine microseismic monitoring[J]. International Journal of Coal Geology, 2005, 64(1-2): 44-56.
[59] Trifu C I, Shumila V. Microseismic monitoring of a controlled collapse in Field II at Ocnele Mari, Romania[J]. Pure and Applied Geophysics, 2010, 16(1): 27-42.
[60] Hirata A, Kameoka Y, Hirano T. Safety management based on detection of possible rock bursts by AE monitoring during tunnel excavation[J]. Rock Mechanics and Rock Engineering, 2007, 40(6): 563-576.
[61] Bariar R, Michelets S, Baumgartner J, et al. Creation and mapping of 5000 m deep HDR/HFR reservoir to produce electricity[C]//Proceedings of the World Geothermal Congress 2005, Antalya, Turkey, 2005.
[62] Tezuka K, Niitsuma H. Stress estimated using microseismic clusters and its relationship to the fracture system of the Hijiori hot dry rock reservoir[J]. Engineering Geology, 2000, 56(1-2): 47-62.
[63] Cai M, Morioka H, Kaiser P K. Back-analysis of rock mass strength parameters using AE monitoring data[J]. International Journal of Rock Mechanics and Mining Sciences, 2007, 44: 538-549.
[64] Young R P, Collins D S, Reyes M J M, et al. Quantification and interpretation of seismicity[J]. International Journal of Rock Mechanics and Mining Sciences, 2004, 41(8): 1317-1327.
[65] Kaiser P K, Vasak P, Suorineni F T. New dimensionals in seismic data interpretation with 3-D virtual reality visualtion for burst-prone mines[C]//Controlling Seismic Risk-Proceedings of Sixth International Symposium on Rockburst and Seismicity in Mines. Nedlands: Australian Center for Geomechanics, 2005: 33-45.

[66] 李庶林, 尹贤刚, 郑文达, 等. 凡口铅锌矿多通道微震监测系统及其应用研究[J]. 岩石力学与工程学报, 2005, 24(12): 2048-2053.
[67] 姜福兴, 叶根喜, 王存文, 等. 高精度微震监测技术在煤矿突水监测中的应用[J]. 岩石力学与工程学报, 2008, 27(9): 1932-1938.
[68] 潘一山, 赵扬锋, 官福海, 等. 矿震监测定位系统的研究及应用[J]. 岩石力学与工程学报, 2007, 26(5): 1002-1011.
[69] 陆菜平, 窦林名, 吴兴荣, 等. 煤岩冲击前兆微震频谱演变规律的试验与实证研究[J]. 岩石力学与工程学报, 2008, 27(3): 519-525.
[70] 唐礼忠, 杨承祥, 潘长良. 大规模深井开采微震监测系统站网布置优化[J]. 岩石力学与工程学报, 2006, 25(10): 2036-2042.
[71] 陈炳瑞, 冯夏庭, 曾雄辉, 等. 深埋隧洞 TBM 掘进微震实时监测与特征分析[J]. 岩石力学与工程学报, 2011, 30(2): 275-283.
[72] 徐奴文, 唐春安, 沙椿, 等. 锦屏一级水电站左岸边坡微震监测系统及其工程应用[J]. 岩石力学与工程学报, 2010, 29(5): 915-925.
[73] 马克. 开挖扰动条件下岩质边坡灾变孕育机制、监测与控制方法研究[D]. 大连: 大连理工大学, 2014.
[74] 陈祖煜, 杨健. 岩土预应力锚固技术的进展[J]. 贵州水力发电, 2004, 18(5): 5-10.
[75] 陈祖煜, 汪小刚, 杨健, 等. 岩质边坡稳定分析: 原理、方法、程序[M]. 北京: 中国水利水电出版社, 2005.
[76] 郑颖人, 陈祖煜, 王恭先, 等. 边坡与滑坡工程治理[M]. 北京: 人民交通出版社, 2007.
[77] Hoek E, Bray W J. 岩石边坡工程[M]. 卢世宗, 李成村, 雷化南, 等, 译. 北京: 冶金工业出版社, 1983.
[78] 岩土工程手册编写委员会. 岩土工程手册[M]. 北京: 中国建筑工业出版社, 1994.
[79] 滑坡分析与防治编辑委员会. 滑坡分析与防治[M]. 成都: 四川科学技术出版社, 1996.
[80] 张有天, 周维垣. 岩石高边坡的变形与稳定[M]. 北京: 中国水利水电出版社, 1999.
[81] 杨重存, 谈敦仪, 韩国杰. 喷锚加固岩土边坡的理论计算与分析[C]//岩土锚固技术的新进展. 北京: 人民交通出版社, 2000: 61-66.
[82] 中国岩石力学与工程学会岩石锚固与注浆新技术专业委员会. 锚固与注浆新技术[M]. 北京: 中国电力出版社, 2002.
[83] 赵明阶, 何光春. 边坡工程处治技术[M]. 北京: 人民交通出版社, 2003.
[84] 闫莫明, 徐祯祥, 苏自约. 岩土锚固技术手册[M]. 北京: 人民交通出版社, 2004.
[85] 林锋, 黄润秋, 严明. 小湾水电站进水口边坡稳定性复核及锚固力研究[J]. 工程地质学报, 2009, 17(1): 70-75.
[86] 王胜. 锦屏一级水电站左岸抗力体地质缺陷及加固处理技术研究[D]. 成都: 成都理工大学, 2010.
[87] 聂强, 李鹏程. 龙滩水电站左岸蠕变体高边坡处理设计与施工[J]. 人民长江, 2008, 39(6): 68-70.
[88] 马洪琪. 小湾水电站建设中的几个技术难题[J]. 水力发电, 2009, 35(9): 17-21.
[89] 李术才. 加锚断续节理岩体断裂损伤模型试验及理论研究[D]. 武汉: 中国科学院武汉岩土力学研究所, 1996.
[90] 葛修润, 刘建武. 加锚节理面抗剪性能研究[J]. 岩土工程学报, 1998, 10(1): 8-18.
[91] 陈祖煜. 建筑物抗滑稳定分析中"潘家铮最大最小原理"的证明[J]. 清华大学学报(自然科学版), 1998, 38(1): 1-4.
[92] 陈安敏, 顾金才, 沈俊, 等. 软岩加固中锚索张拉吨位随时间变化规律的模型试验研究[J]. 岩石力学与工程学报, 2002, 22(2): 251-256.
[93] 李宁, 张鹏, 于冲, 等. 锦屏左岸拱肩槽边坡稳定性及预应力锚索加固措施研究[J]. 岩石力学与工程学报, 2007, 26(1): 36-43.
[94] 李英勇. 岩土预应力锚固结构长期稳定性研究[D]. 北京: 北京交通大学, 2008.
[95] 陈新, 赵文谦. 压力型和拉力型锚索锚固作用的原位试验研究[J]. 水力发电, 2009, 35(3): 47-50.

[96] 王俊石. 预应力锚索最优化锚固角及其应用[J]. 地下工程, 1979(11): 4-8.
[97] 朱维申, 张玉军. 锚杆加固围岩的效应及其在三峡船闸高边坡中的应用[C]//国际锚固与灌浆工程技术研讨会论文集. 北京: 中国建筑工业出版社, 1996.
[98] 李宁, 赵彦辉, 韩烜, 等. 群锚对断层的加固机理分析及工程应用[J]. 西安理工大学学报, 1997, 13(3): 33-36.
[99] 赵赤云. 预应力锚索锚固的作用分析[J]. 北京建筑工程学院学报, 1999, 15(2): 84-88.
[100] 张发明, 邵蔚侠. 岩质高边坡预应力锚固问题研究[J]. 河海大学学报, 1999, 27(6): 75-78.
[101] 侯朝炯, 勾攀峰. 巷道锚杆支护围岩强度强化机理研究[J]. 岩石力学与工程学报, 2000, 19(3): 342-345.
[102] 陈安敏, 顾金才, 沈俊, 等. 预应力锚索对块状岩体加固效应模型试验研究[J]. 隧道建设, 2000(4): 1-6.
[103] 李德芳, 张友良, 陈从新. 边坡加固中预应力锚索地梁内力计算[J]. 岩土力学, 2000, 21(2): 170-172.
[104] 曹文贵, 速宝玉. 岩体锚固支护的数值流形方法模拟及其应用[J]. 岩土工程学报, 2001, 23(5): 581-583.
[105] 张季如, 唐保付. 锚杆荷载传递机理分析的双曲函数模型[J]. 岩土工程学报, 2002, 24(2): 188-192.
[106] 丁秀丽, 盛谦, 韩军, 等. 预应力锚索锚固机理的数值模拟试验研究[J]. 岩石力学与工程学报, 2002, 21(7): 980-988.
[107] 朱杰兵, 韩军, 程良奎, 等. 三峡永久船闸预应力锚索加固对周边岩体力学形状影响的研究[J]. 岩石力学与工程学报, 2002, 21(6): 853-857.
[108] 徐年丰, 牟春霞, 王利. 预应力岩铆内锚段作用机理与计算方法探讨[J]. 长江科学院院报, 2002, 19(3): 45-47.
[109] 邹金锋, 李亮, 阮波. 预应力锚索在加固滑坡中的优化设计[J]. 矿业工程, 2003, 1(6): 18-20.
[110] 吴德海, 曾祥勇, 邓安福, 等. 单锚锚杆加固碎裂结构岩体模型试验研究[J]. 地下空间, 2003, 23(2): 158-161.
[111] 刘祚秋, 周翠英, 尚伟, 等. 东深供水改造工程BIII2边坡预应力锚索加固优化设计[J]. 岩石力学与工程学报, 2004, 23(6): 1020-1024.
[112] 尤春安. 锚固系统应力传递机理理论及应用研究[D]. 青岛: 山东科技大学, 2004.
[113] 何思明, 张小刚, 王成华. 预应力锚索的非线性分析[J]. 岩石力学与工程学报, 2004, 23(9): 1535-1541.
[114] 熊文林, 何则干, 陈胜宏. 边坡加固中预应力锚索方向角的优化设计[J]. 岩石力学与工程学报, 2005, 24(13): 2260-2265.
[115] 曹兴松, 周德培. 压力分散型锚索锚固段的设计方法[J]. 岩土工程学报, 2005, 27(9): 1033-1039.
[116] 张发明, 陈祖煜, 刘宁, 等. 确定预应力锚索设计参数的优化方法[J]. 预应力技术, 2005(6): 19-22.
[117] 朱玉, 卫军, 廖朝华. 确定预应力锚索锚固长度的符合幂函数模型法[J]. 武汉理工大学学报, 2005, 27(8): 60-63.
[118] 黄静美, 许有飞, 何江达, 等. 压力分散型预应力锚索对边坡危岩体的加固效应分析[J]. 公路交通技术, 2006(4): 17-22.
[119] 李新平, 宋桂红, 陈先仿, 等. 锚固岩体复合材料力学性质的数值模拟研究[J]. 武汉理工大学学报, 2006, 28(4): 79-86.
[120] 许有飞. 压力(分散)型锚索锚固机理及工程应用研究[D]. 成都: 四川大学, 2005.
[121] 刘士虎. 压力分散型预应力锚索结构与受力状态的研究[D]. 长春: 吉林大学, 2006.
[122] 杨延毅, 王慎跃. 加锚节理岩体的损伤增韧止裂模型研究[J]. 岩土工程学报, 1995, 17(1): 9-17.
[123] 叶金汉. 裂隙岩体的锚固特性及其机理[J]. 水利学报, 1995(9): 68-74.
[124] 杨松林, 徐卫亚, 朱焕春. 锚杆在节理中的加固作用[J]. 岩土力学, 2002, 23(5): 604-607.
[125] 王成. 层状岩体边坡锚固的断裂力学原理[J]. 岩石力学与工程学报, 2005, 24(11): 1900-1904.
[126] 黄润秋. 岩石高边坡发育的动力过程及其稳定性控制[J]. 岩石力学与工程学报, 2008, 27(8): 1525-1544.

[127] Li S J, Yu H, Liu Y X, et al. Results from in-situ monitoring of displacement, bolt load and disturbed zone of a powerhouse cavern during excavation process[J]. International Journal of Rock Mechanics and Mining Sciences, 2008, 45(8): 1519-1525.

[128] Weng M C, Tsai L S, Liao C Y, et al. Numerical modeling of tunnel excavation in weak sandstone using a time-dependent anisotropic degradation model[J]. Tunneling and Underground Space Technology, 2010, 25(4): 397-406.

[129] Tsiambaos G, Saroglou H. Excavatability assessment of rock masses using the geological strength index(GSI)[J]. Bulletin of Engineering Geology and the Environment, 2010, 69: 13-27.

[130] Hui H C, Huai Z, Bo J Z, et al. Finite element analysis of steep excavation slope failure by CFS theory[J]. Earthquake Science, 2012, 25(2): 177-185.

[131] Lu Q, Chin L C, Bak K L. Probabilistic evaluation of ground-support interaction for deep rock excavation using artificial neural network and uniform design[J]. Tunneling and Underground Space Technology, 2012, 32: 1-18.

[132] 黄彦昆, 邵敬东, 朱可俊, 等. 大渡河大岗山水电站拱坝右岸边坡稳定性研究工程地质报告[R]. 成都: 中国水电顾问集团成都勘测设计研究院, 2009.

[133] 柳志云, 丁学智, 张亮, 等. 四川省大渡河大岗山水电站右岸边坡外部变形监测工程 2009 年度监测年报[R]. 昆明: 中国水电顾问集团昆明勘测设计研究院, 2009: 12.

[134] Dixon N, Spriggs M P. Quantification of slope displacement rates using acoustic emission monitoring[J]. Canadian Geotechnical Journal, 2007, 44(8): 966-976.

[135] Thomas S, Hansruedi M, Alan G G, et al. Microseismic investigation of an unstable mountain slope in the swiss alps[J]. Journal of Geophysical Research, 2007, 112(B7): 1-25.

[136] Arosio D, Longoni L, Papini M, et al. Towards rockfall forecasting through observing deformations and listening to microseismic emissions[J]. Natural Hazards and Earth System Sciences, 2009, 9(4): 1119-1131.

[137] Cheon D S, Jung Y B, Park E S, et al. Evaluation of damage level for rock slopes using acoustic emission technique with waveguides[J]. Engineering Geology, 2011, 121(1-2): 75-88.

[138] Ma K, Xu N W, Liang Z Z. Stability assessment of the excavated rock slope at the Dagangshan hydropower station in China based on microseismic monitoring[J]. Advances in Civil Engineering, 2018(1): 1-16.

[139] 谷德振. 岩体工程地质力学基础[M]. 北京: 科学出版社, 1979.

[140] 孙广忠. 岩体结构力学[M]. 北京: 科学出版社, 1988.

[141] 张倬元, 王士天, 王兰生. 工程地质分析原理[M]. 2 版. 北京: 地质出版社, 1997.

[142] 广东省地质局. 广东省肇庆市西江特大桥地质勘察报告[R]. 肇庆: 广东省地质局 719 地质大队, 2009.

[143] Shanley R J, Mathtab M A. Delineation and analysis of clusters in orientation data[J]. Malhematieal Geology, 1976, 8(l): 9-23.

[144] Goodman R E, Kieffer D S. Behavior of rock in slopes[J]. Journal of Geotechnical and Geoenvironmental Engineering, 2000, 8: 675-684.

[145] 曹运江. 含软岩高边坡稳定性的系统工程地质研究[D]. 成都: 成都理工大学, 2006.

[146] 周德培, 钟卫, 杨涛. 基于坡体结构的岩质边坡稳定性分析[J]. 岩石力学与工程学报, 2008, 27(4): 687-695.

[147] 祁生文, 伍法权, 兰恒星. 锦屏一级水电站普斯罗沟在岸深部裂缝成因的工程地质分析[J]. 岩土工程学报, 2002, 24(5): 596-599.

[148] 石豫川, 吉锋. 四川省大渡河大岗山水电站右岸边坡稳定分析及加固措施研究专题报告[R]. 成都: 成都理工大学, 2009.

[149] 刘洋. 大岗山水电站坝区高边坡变形机制及静动力响应研究[D]. 成都: 成都理工大学, 2012.

[150] 唐春安, 李连崇, 李常文, 等. 岩土工程稳定性分析 RFPA 强度折减法[J]. 岩石力学与工程学报, 2006, 25(8): 1522-1530.
[151] 徐奴文. 高陡岩质边坡微震监测与稳定性分析研究[D]. 大连: 大连理工大学, 2011.
[152] 马克, 唐春安, 李连崇, 等. 基于微震监测与数值模拟的大岗山右岸边坡抗剪洞加固效果分析[J]. 岩石力学与工程学报, 2013, 32(6): 1239-1247.
[153] 刘耀儒, 吕庆超, 潘元炜, 等. 四川省大渡河大岗山水电站右岸边坡稳定分析及加固措施研究专题报告[R]. 北京: 清华大学, 2009.
[154] 徐奴文, 唐春安, 周钟, 等. 基于三维数值模拟和微震监测的水工岩质边坡稳定性分析[J]. 岩石力学与工程学报, 2013, 32(7): 1373-1381.
[155] 杨天鸿, 张锋春, 于庆磊, 等. 露天矿高陡边坡稳定性研究现状及发展趋势[J]. 岩土力学, 2011, 32(5): 1437-1472.
[156] Chris H O, Livio L T, Nina L L. Constraints on mechanisms for the growth of gully alcoves in Gasa crater Mars, from two-dimensional stability assessments of rock slopes[J]. Icarus, 2011, 211(1): 207-221.
[157] Cheng Y M. Locations of critical failure surface and some further studies on slope stability analysis[J]. Computers Geotechnics, 2003, 30: 255-267.
[158] Cheng Y M, Lansivaara T, Wei W B. Two-dimensional slope stability analysis by limit equilibrium and strength reduction methods[J]. Computers and Geotechnics, 2007, 34: 137-150.
[159] Terzaghi R D. Source of error in joint survey[J]. Geotechnique, 1965, 15(4): 287-304.
[160] 赵文, 唐春安. 结构面间距和迹长的测量理论[J]. 中国矿业, 1988(1): 36-38.
[161] Massanobu O. Fabric tensor for discontinuous geological materials[J]. Journal of the Japanese Society of Soils and Foundations, 1982, 22(4): 96-108.
[162] Kulatilake P H S W, Wu T H. Estimation of mean trace length of discontinuities[J]. Rock Mechanics and Rock Engineering, 1984, 17(3): 215-232.
[163] Rouleau A, Gale J E. Statistical characterization of the fracture system in the Stripa granite, Sweden[J]. International Journal of Rock Mechanics and Mining Sciences & Geomechanics Abstracts, 1985, 22(6): 353-367.
[164] Rahn P H. Engineering Geology: An Environmental Approach[M]. 2nd ed. New Jersey: Prentice Hall, 1996.
[165] Zhang L, Einstein H H. Estimating the mean trace length of discontinuities[J]. Rock Mechanics and Rock Engineering, 1998, 31(4): 217-235.
[166] Jimenez A R, Ceres R, Puns J L. Avision systerm based on a laser range-finder[J]. Machine Vision and Application, 2000, 11: 321-329.
[167] Hammah R E, Curran J H. On distance measures for the fuzzy K-means algorithm for joint data[J]. Rock Mechanics and Rock Engineering, 1999, 32(1): 1-27.
[168] Feng Q, Sjgren P, Stephansson O, et al. Measuring fracture orientation at exposed rock faces by using a non-reflector total station[J]. Engineering Geology, 2001, 59(1-2): 133-146.
[169] Siekfo S, Robert H, van Knapen B, et al. A method for automated discontinuity analysis of rock slope with 3D laser scanning[C]//Proceedings of the 84th Annual Meeting of Transportation Research Board, Washington D. C., 2005: 187-208.
[170] 董秀军, 黄润秋. 三维激光扫描技术在高陡边坡地质调查中的应用[J]. 岩石力学与工程学报, 2006, 25(增刊 2): 3629-3635.
[171] 洪子恩, 冯正一, 吴宗江. 应用三维激光扫描于岩坡露头位能的量测[J]. 水土保持学报, 2007, 39(3): 247-267.

[172] 王凤艳, 陈剑平, 付学惠, 等. 基于 Virtuozo 的岩体结构面几何信息获取研究[J]. 岩石力学与工程学报, 2008, 27(1): 169-175.
[173] 刘昌军, 丁留谦, 孙东亚. 基于激光点云数据的岩体结构面全自动模糊群聚分析及几何信息获取[J]. 岩石力学与工程学报, 2011, 30(2): 358-364.
[174] 冯夏庭, 杨成祥. 智能岩石力学(2)——参数与模型的智能辨识[J]. 岩石力学与工程学报, 1999, 18(3): 350-353.
[175] 梁宁慧, 瞿万波, 曹学山. 岩质边坡结构面参数反演的免疫遗传算法[J]. 煤炭学报, 2008, 33(9): 977-982.
[176]《中国岩石圈动力学地图集》编委会. 中国岩石圈动力学概论[M]. 北京: 地震出版社, 1991.
[177] 中国科学院地质研究所. 岩体工程地质力学问题(五)[M]. 北京: 科学出版社, 1991.
[178] 李秀珍. 滑坡灾害的时间预测预报研究[D]. 成都: 成都理工大学, 2004.
[179] 王念秦, 王永锋, 罗东海, 等. 中国滑坡预测预报研究综述[J]. 地质评论, 2008, 54(3): 355-360.
[180] 贺可强, 李显忠. 大型堆积层滑坡剪出口形成的力学条件与综合位移力学判据[J]. 工程勘察, 1996(5): 13-16.
[181] 李天斌, 陈明东. 滑坡时间预报的费尔哈斯反函数模型法[J]. 地质灾害与环境保护, 1996, 7(3): 13-18.
[182] 黄润秋, 许强. 斜坡失稳时间的协同预测模型[J]. 山地研究, 1997, 15(1): 7-12.
[183] Romeo R. Seismically induced landslide displacements: a predictive model[J]. Engineering Geology, 2000, 58(3-4): 337-351.
[184] 李彦荣. 基于 GIS 的滑坡预测预报系统开发及应用研究[D]. 成都: 成都理工大学, 2003.
[185] 彭继兵. 信息融合技术在滑坡预报中的应用研究[D]. 成都: 成都理工大学, 2005.
[186] 廖小平. 滑坡破坏时间预报新理论探讨[J]. 地质灾害与环境保护, 1994, 5(3): 25-29.
[187] 王尚庆. 长江三峡滑坡监测预报[M]. 北京: 地质出版社, 1998.
[188] 李秀珍, 许强, 黄润秋, 等. 滑坡预报判据研究[J]. 中国地质灾害与防治学报, 2003, 14(4): 5-11.
[189] 许强, 汤明高, 徐开祥, 等. 滑坡时空演化规律及预警预报研究[J]. 岩石力学与工程学报, 2008, 27(6): 1104-1112.
[190] 许强, 曾裕平. 具有蠕变特点滑坡的加速度变化特征及临滑预警指标研究[J]. 岩石力学与工程学报, 2009, 28(6): 1099-1106.
[191] 许强, 曾裕平, 钱江澎, 等. 一种改进的切线角及对应的滑坡预警判据[J]. 地质通报, 2009, 28(4): 501-505.
[192] 金海元, 徐卫亚, 孟永东, 等. 锦屏一级水电站左岸边坡稳定综合预报研究[J]. 岩石力学与工程学报, 2008, 27(10): 2058-2063.
[193] Herrera G, Fernandez-Merodo J A, Mulas J, et al. A landslide forecasting model using ground based SAR data: the Portalet case study[J]. Engineering Geology, 2009, 105(3-4): 220-230.
[194] 徐奴文, 唐春安, 吴思浩, 等. 微震监测技术在大岗山水电站右岸边坡中的应用[J]. 防灾减灾工程学报, 2010, 30(增刊 1): 216-221.
[195] Ma K, Tang C A, Liang Z Z, et al. Stability analysis for the right bank slope of Dagangshan hydropower station during excavation and after reinforcement based on microseismic monitoring[J]. Engineering Geology, 2017, 218: 22-38.
[196] Snelling P E, Laurent G, Mckinnon S D. The role of geologic structure and stress in triggering remote seismicity in Creighton Mine, Sudbury, Canada[J]. International Journal of Rock Mechanics and Mining Sciences, 2013, 58: 166-179.
[197] Hudyma M R. Analysis and interpretation of clusters of seismicevents in mines[D]. Perth, Australia: University of Western Australia, 2008: 50-51, 148-150, 205-206.
[198] Boatwright J, Fletcher J B. The partition of radiated energy between P and S waves[J]. Bulletin of the Seismological Society of America, 1984, 74(2): 361-376.

[199] Akik K, Richards P G. Quantitative Seismology: Theory and Methods(Vol I and II)[M]. San Francisco: W. H. Freeman and Company, 1980.
[200] 庄端阳. 开挖作用下大型地下水封石油洞库的渗流通道识别与稳定性研究[D]. 大连: 大连理工大学, 2019.
[201] Aki K. Seismic displacements near a fault[J]. Journal of Geophysical Research, 1968, 73: 5359-5376.
[202] Gibowicz S J, Kilko A. An Introduction to Mining Seismology[M]. San Diego, California: Academic Press Inc., 1994: 2-8, 15-22.
[203] Senatorski P. Apparent stress scaling and statistical trends[J]. Physics of the Earth and Planetary Interiors, 2007, 160(3): 230-244.
[204] Mendecki A J. Seismic Monitoring in Mines[M]. London: Chapman & Hall, 1997.
[205] 杨莹, 徐奴文, 李韬, 等. 基于 RFPA^{3D} 和微震监测的白鹤滩水电站左岸边坡稳定性分析[J]. 岩土力学, 2018, 39(6): 2193-2202.
[206] 盛谦. 深挖岩质边坡开挖扰动区与工程岩体力学性状研究[J]. 岩石力学与工程学报, 2003, 22(10): 1761.
[207] 薛栩国, 陈剑平, 黄润柑, 等. 某大型水电站左岸高边坡开挖数值模拟及支护建议[J]. 岩土力学, 2006, 27(增刊 1): 222-226.
[208] 陈益峰, 周创兵, 余志雄, 等. 锦屏一级左岸导流洞出口边坡开挖支护有限元模拟[J]. 岩土力学, 2007, 28(8): 1565-1570.
[209] 蔡国军, 黄润秋, 严明, 等. 反倾向边坡开挖变形破裂响应的物理模拟研究[J]. 岩石力学与工程学报, 2008, 27(4): 811-817.
[210] 王瑞红, 李建林, 蒋昱州, 等. 考虑岩体开挖卸荷边坡岩体质量评价[J]. 岩土力学, 2008, 29(10): 2741-2746.
[211] 刘建, 乔丽苹, 李蒲健, 等. 拉西瓦水电工程高应力坝基边坡开挖扰动及锚固效应研究[J]. 岩石力学与工程学报, 2008, 27(6): 1094-1103.
[212] 黄润秋, 黄达. 高地应力条件下卸荷速率对锦屏大理岩力学特性影响规律试验研究[J]. 岩石力学与工程学报, 2010, 29(1): 21-33.
[213] 朱继良, 黄润秋, 张诗媛, 等. 某大型水电站高位边坡开挖的变形响应研究[J]. 岩土工程学报, 2010, 32(5): 784-791.
[214] 田斌, 卢晓春, 黄耀英, 等. 雅砻江官地水电站料场边坡开挖扰动及其影响因素[J]. 岩石力学与工程学报, 2010, 29(增刊 1): 3199-3207.
[215] 徐卫亚, 罗启先, 谢守益. 水布垭马崖高边坡岩体地下开挖三维数值模拟研究[J]. 工程地质学报, 1999, 7(1): 89-94.
[216] 邓建辉, 李焯芬, 葛修润. 岩石边坡松动区与位移反分析[J]. 岩石力学与工程学报, 2001, 20(2): 171-174.
[217] 周火明, 盛谦, 李维树. 三峡船闸边坡卸荷扰动区范围及岩体力学性质弱化程度研究[J]. 岩石力学与工程学报, 2004, 23(7): 1078-1081.
[218] 李宁, 钱七虎. 岩质高边坡稳定性分析与评价中的四个准则[J]. 岩石力学与工程学报, 2010, 29(9): 1754-1759.
[219] Thomas S, Hansruedi M, Alan G G, et al. Microseismic investigation of an unstable mountain slope in the Swiss Alps[J]. Journal of Geophysical Research, 2007, 112(B7): 1-25.
[220] Guri V G, Guro G. Geological model of the aknes rockslide, Western Norway[J]. Engineering Geology, 2008, 102: 1-18.
[221] Xu N W, Tang C A, Li L C, et al. Microseismic monitoring and stability analysis of the left bank slope in Jinping first stage hydropower station[J]. International Journal of Rock Mechanics & Mining Sciences, 2011, 48: 950-963.
[222] 马克, 唐春安, 徐奴文, 等. 四川省大渡河大岗山水电站右岸边坡微震监测工程结题报告[R]. 大连: 大连理工大学, 2012.

[223] Gutenberg B, Richter C F. Magnitude and energy of earthquakes[J]. Annals of Geophysics, 1956, 9: 1-15.

[224] 邵江. 开挖边坡的渐进性破坏分析及桩锚预加固措施研究[D]. 成都: 西南交通大学, 2007.

[225] Gutenberg B, Richter C F. Frequency of earthquakes in California[J]. Bulletin of the Seismological Society of America, 1944, 34(4): 185-188.

[226] 李全林, 于涛, 郝柏林, 等. 地震频度: 震级关系的时空扫描[M]. 北京: 地震出版社, 1979: 109.

[227] Wang C L, Wu A X, Liu X H, et al. Study on fractal characteristics of *b* value with microseismic activity in deep mining[J]. Procedia Earth and Planetary Science, 2009, 1(1): 592-597.

[228] 徐奴文, 戴峰, 周钟, 等. 岩质边坡微震事件 *b* 值特征研究[J]. 岩石力学与工程学报, 2014, 33(增刊 1): 3868-3874.

[229] 路鹏, 李志雄, 陶本藻, 等. 震级频度与古登堡-里克特关系式偏离的前兆意义[J]. 地震, 2010, 26(4): 1-8.

[230] 中华人民共和国国家行业标准编写组. 水电水利工程边坡设计规范: DL/T 5353—2006[S]. 北京: 中国电力出版社, 2007.

第2章 大型地下水封石油洞库微震监测与稳定性分析

2.1 研究背景与意义

随着世界工业进程的不断深入发展，各国对石油的储备愈加重视。利用稳定地下水密封储存地下岩石空穴内的石油（天然气）——地下水封石油洞库，具有占地面积小、安全性高、维修费用低、适合战备要求等优点，是当前世界各国石油（天然气）等能源最主要的储存方式，被全球公认为“具有高度战略安全的储备库”。如瑞典、日本、韩国等都有成功的建造案例[1-5]。

随着经济的持续快速发展和社会的不断进步，石油消费不断增加，中国石油进口量逐年增大，而且对外依存度较高。建设大型地下水封石油洞库已是我国战略石油储备迫在眉睫的工作。中华人民共和国国家发展和改革委员会在第二期的石油储备基地建设项目中已经批准采用地下水封洞库的储存模式。至 2020 年年底，中国先后建成天津、鄯善、舟山、黄岛（地面和洞库）、独山子、镇海、惠州、大连、兰州、锦州（洞库）、金坛、湛江共 12 个国家石油储备基地，总库容约为 7000 万 m^3，对应储备能力为 6000 万 t，约 4.4 亿桶（1t 折 7.33 桶）。有数据称，加上其他储备，我国的石油储备能力能达到 8500 万 t，也就是将近 6 亿桶。按照我国 2021 年 7.2 亿 t 的消耗量以及 5 亿 t 的进口量计算，战略储备仅够维持 30 天的消费量，替代 40 余天的进口量[6]。预计未来还将建设更多的地下水封石油洞库[7]。然而，我国尚未完全掌握地下水封石油洞库的核心存储技术。究其根本原因主要有：①由于地下水封石油洞库特有的结构——不衬砌、高边墙、大容积及大跨度，而且长期处于动态的地下水环境中，这样就给建造技术的研究工作带来巨大挑战。②国内现有的地下水封石油洞库建设技术完全来源于国外，例如已建成的汕头、宁波、珠海和黄岛四处地下储气库均依靠瑞典、法国等国外公司的技术主导建设，它们对一些核心建造技术严格保密。因此，我国的地下水封石油洞库建设技术尚处于摸索和试验阶段，对施工期开挖扰动和后期运营过程中水封条件下洞室群的围岩变形破坏特点的认识还不够，围岩变形破坏的控制理论与方法还不成熟。工程实践中多采用“拿来主义”的观点，诸多工程问题也是屡见不鲜。例如，已建成的黄岛小型地下水封石油洞库（15 万 m^3）因原油泄漏、运营成本高等问题而最终废弃，未能显示出地下水封石油洞库所具有的优势。由于地下水封石油洞库对于地质条件有着极其严格的选择性和依赖性，决定了其建造就不可能完全照搬已有的工程经验和技术。因此在我国能源战略储备基地和大型石化企业地下储备原料库建设的热潮时期，开展有针对性、创新性且满足工程需求的地下水封石油洞库稳定性问题的研究具有重要的工程意义。

从存储原理可知，地下水封石油洞库一般建造于地下岩性较好的区域岩体中(据统计大多为地表下 70～160m)。这一工程具有独特的工程特性，如水幕系统持续地注入高压力水，洞壁高压力水持续地往洞内入渗，这样确保赋存岩体裂隙水的渗透压力要大于储存介质频繁抽放所产生的动态内压。由于存在水幕系统的长期作用，岩块和裂隙之间水量交换作用、岩块与裂隙水之间的化学作用和渗流应力与岩石变形之间的力学耦合作用都会影响地下水封石油洞库的整体（局部）稳定。岩体损伤是洞库失稳的根本原因，也是研究地下水封石油洞库“水封效果”和“围岩稳定性”两个关键基础科学问题的核心，国内外学者曾围绕这两个问题进行了大量的研究，取得了诸多有价值的成果[8-13]。然而，地下水封石油洞库这种高导率大裂隙和断层结构体长期处于带压的水-岩-油（气）这种多相多场相互耦合作用的环境中，发生损伤（二次微破裂）的概率倍增。加之，洞库断面大，各洞室空间交错，开挖工作面众多，开挖卸荷作用强烈，对工程地质条件依赖性大，其建设和运营期稳定性的分析评价一直是非常复杂的问题。众所周知，无论是洞库的密闭性还是围岩体的稳定性归根到底都是岩体损伤问题，岩体从受荷到破坏的整个过程中，要么吸收外部能量（机械能、热能）转变为自身的内能，要么把自身内部的应变能以某种方式进行释放，其损伤破坏就是能量驱动下的一种状态失稳现象[14]。近年来，微震监测技术作为一种岩体微破裂三维空间监测技术，可以对岩体微破裂进行准确、有效的监测，从而揭示岩体在外界扰动作用下的能量释放规律。国内外众多学者运用微震监测技术对矿山[15-18]、水电高陡边坡[19]、隧道[20]、热干岩发电[21]、地下厂房[22]等工程进行分析，研究其微破裂萌生演化规律，进而为工程岩体稳定性的监测预警提供资料。Hong 等[23]成功将微震技术应用于地下水封石油洞库的监测中，初步分析爆破损伤区微破裂事件形成机制，并给出一个基于微震监测成果的判断洞室围岩稳定性的经验性评价标准，表明了微震监测技术用于地下水封石油洞库的可行性。应用微震监测技术来“捕捉”岩体内部的微小破坏进而评价岩体损伤程度将成为建设大型地下水封石油洞库的必要条件[24, 25]。

本章基于开挖扰动地质劣化过程中的微破裂是大型地下水封石油洞库发生失稳前兆共性本质特征的基本认识，突破以位移、应力等表观监测信息为依据进行地下水封石油洞库失稳灾害预报的传统思路，从开挖扰动诱发洞室岩体劣化导致洞室失稳的本质出发，以已建成的辽宁锦州大型地下水封石油洞库为研究对象，以微震监测和数值模拟为研究手段，重点对开挖扰动下地下水封石油洞库微震损伤效应及其失稳机理进行研究，试图找出开挖卸荷作用下地下水封石油洞库围岩微破裂演化规律和失稳的内在动因，阐述其能量释放特征及形成机制，以及识别和圈定洞库潜在危险区域。其研究既从解决研究对象的工程实际问题出发，又在地下水封石油洞库变形和稳定性研究的新技术和新方法方面取得一些进展。本章提出一套适用于施工扰动作用下大型地下水封石油洞库稳定性评价机制与灾害预警设计方法，以期较全面地揭示开挖过程中地下水封石油洞库围岩状态和失稳的本质特征，为地下水封石油洞库的设计与施工提供参考。

2.2　国内外研究现状及分析

2.2.1　地下水封石油洞库数值分析方法

Gnirk 等[26]探讨了硬岩中压缩气体能量储存的大型地下洞室的稳定性，建立了洞室稳定性评价的数值模拟模型；杨明举等[27]运用有限元分析了水封式地下储气洞库的渗流场，并建立了地下水渗流数值模拟模型；刘贯群等[28]利用 Visual Modflow 软件建立了某地下水封石油洞库的三维地下数值模拟模型，并模拟了地下水封石油洞库周围的渗流场；张振刚等[29]用 FLOW-3D 渗流软件计算了汕头液化石油气（丙烷）地下储气库的水平均水力梯度，分析了水幕系统的作用；巫润建等[30]利用 Visual Modflow 软件对锦州某地下水封石油洞库工程进行二维渗流场分析，得到水平和垂直水幕条件下的地下水等水位线扩展范围及速度；Lu[31]基于 Mohr-Coulomb 准则模拟了地下储气库在 52MPa 高压下的围岩变形；Lee 等[32]采用有限元、块体理论、反分析和裂隙网络模拟等方法研究了地下水封石油洞库的稳定性；王芝银等[33]采用 FLAC^{3D} 中的黏弹性流变模型，分析了地下水封石油洞库的长期稳定性；陈祥[34]采用 FLAC^{3D} 对黄岛地下水封石油洞库的一个洞罐的开挖工序进行模拟，分析洞室围岩的变形情况、稳定性以及洞群开挖时洞室间的相互作用；时洪斌[35]采用非饱和地下水流及热流运移程序 TOUGH2 对黄岛水封液化石油气（liquefied petroleum gas，LPG）（丙烷）进行了四种不同储油条件下的数值模拟，论证了人工水幕系统可以十分有效地防止地下石油洞库泄漏；王者超等[36]通过 ABAQUS 软件对中国首个大型地下水封石油洞库进行自然水封性应力-渗流耦合和围岩稳定性分析，得到“水头受水力梯度和岩体渗透性影响水封条件”等若干有意义的结论；许建聪等[37]采用有限差分法研究了地下水封储油洞库涌水量，得到了地下水渗流场的一些有意义规律；Kim 等[38]利用随机模拟方法对地下水封石油洞库水力梯度的影响因素进行研究，获取了不衬砌洞库的临界水力梯度；Tezuka 等[39]分析了地震火山多发的日本大断面地下水封石油洞库围岩的稳定性；连建发[40]应用 ANSYS 对辽宁锦州大型地下水封石油洞库围岩稳定性进行了数值分析，实现了地下水封石油洞库围岩稳定性评价的可视化；于崇等[41]依据辽宁大连地下水封石油洞库的实际特点，采用 3DEC 三维节理网络模型统计节理的个数及产状信息，反演得到库区的初试渗流场。上述研究成果奠定了地下水封石油洞库围岩稳定性研究的良好基础。

2.2.2　大型地下水封石油洞库的安全监测方法

大型地下洞室群的稳定性监测方法是一个现场监测和理论计算不断循环反馈的研究过程，历来也是科学界和工程界普遍关心的问题。其复杂的地质条件和工程因素共同决定了大型地下洞室群的稳定性分析评价需运用先进监测技术和构建合理的力学模型，将现场监测与理论分析相结合来使洞室变形失稳的预测预报更客观[42]。从目前洞室变形监测分析来看，国内外普遍采用的监测方法和仪器是：①表面监测（水准仪、经纬仪、测距仪、全站仪等）；②位移计；③GPS 监测技术；④红外遥感监测法；⑤时间域反射测试光纤技术；⑥合成孔径雷达干涉测量；⑦激光微小位移监测；⑧钻孔倾斜仪；⑨锚杆（索）测力计；⑩声发射监测技术等。在大型洞室监测方面，国内外学者做了大量的研究探索，并取得了一系列重要的成果[43-45]，特别是有诸如锦屏一级、猴子岩、官地等多个大型水电工程地下洞室群的围岩变形监测的总结性研究[46]。黄润秋等[47]利用现场应力、位移监测数据得出了锦屏一级水电站地下厂房施工期围岩变形开裂特征及地质力学机制。石广斌等[48]应用多点位移计监测，研究了拉西瓦水电站高应力区地下厂房围的岩块体变形特征。夏元友等[49]针对岩体破碎的大型不稳定洞室，提出一种以改进的收敛计为主要监测手段的监测方法，成功预报了洞室施工期冒顶和塌方。谭恺炎[50]介绍了可用于大尺寸地下洞室测量的智能型全站仪进行开挖洞室的围岩收敛监测和断面检测。赵星光等[51]将光纤光栅（fiber Bragg grating，FBG）传感器应用于隧洞围岩变形监测。张良刚[52]对特大断面高速铁路隧道开挖过程中的围岩和支护体系变形进行现场监控量测，从而对隧道的安全性做出合理的预测和预警。

以上方法大多基于应力与位移等常规监测手段，只能给出对岩体局部位置已经出现大变形或者宏观失稳的监测结果。而对岩质洞室失稳前已经发生的而人类肉眼无法感知的岩石内微破裂前兆信息却无能为力，无法起到监测是岩土工程的“眼睛”的作用。其监测效果也难以对大范围岩体稳定性进行全面的宏观评价。目前，以破坏和变形为主要研究对象的传统表观监测手段，正向以探测岩体内部损伤破坏的现代监测技术转变。

2.2.3 大型地下水封石油洞库群微震监测及稳定性分析

岩石的非均匀性是地下洞室围岩失稳存在前兆的根源，也是围岩失稳可预警的力学基础[53]。利用优化的监测网络技术对研究区域内伴随岩体微破裂产生的弹性波或者应力波进行捕捉，反演计算微破裂的“时空强”三要素，分析其活动性分布规律，可识别和圈定地下水封石油洞库围岩潜在危险区域，进而判断施工期围岩稳定状态。这种监测岩体微破裂产生的弹性波的三维空间监测技术称为微震监测（micro-seismic monitoring，MS）[54]，较之于以监测现场选定位置的应力和变形的传统监测技术，微震监测技术能够更早地监测到岩体中正在发生的损伤和渐进性破坏过程，从而进行围岩失稳预警并采取相应的防治措施。该技术目前已成为监测采动岩体运动最为有效的研究手段之一[55-57]。近年来，微震监测技术作为一种时空动态的三维“体”监测方法，能够及时捕捉到岩体内部微破裂，并实时分析裂缝萌生、发育、扩展、演化、贯通直至宏观滑面的产生，可作为评价岩体稳定性的重要监测工具[58]。微震监测技术早在20世纪70年代就被苏联、加拿大、美国等国家应用于矿山领域，并取得了良好的经济效益和社会效益。目前在德国、南非、美国、波兰、英国、日本、加拿大和澳大利亚等国家高地应力矿山中微震监测已是一种行之有效的地压监测手段[59]。微震监测技术的研究工作在隧道、热干岩发电和地下核废料实验室等方面也取得了许多有价值的成果[60]。国内诸多学者应用微震监测技术对煤矿领域中的冲击地压、煤与瓦斯突出以及突水问题、石油领域中的水力压裂问题，以及水利水电行业中的地下洞室、隧洞岩爆和高边坡失稳等问题进行了大量卓有成效的研究工作。唐礼忠等[61]应用南非的ISS微震设备在冬瓜山铜矿构建岩爆实时灾害预警系统；Zhuang等[62]将自行研制的矿震监测定位系统应用在北京木城涧煤矿的冲击矿压预测预报中；徐奴文等[63]采用加拿大ESG微震监测系统构建了国内首例水电边坡微震监测系统，并成功应用于锦屏一级水电站左岸边坡；陆菜平等[64]采用波兰SOS微震监测系统，在多个矿井中成功预测了多次矿震和冲击矿压灾害；陈炳瑞等[65]应用微震监测原理对锦屏二级水电站高应力、高埋深隧岩爆问题进行研究。上述微震监测工作在工程领域的应用研究、预测预报大面积地质灾害等方面取得了可喜的成就。

但是类似的地下洞室的微震监测研究又过多地集中于矿业、水利工程领域中。目前我国岩石微震技术在地下水封石油洞库监测方面的应用尚无先例。随着地下水封石油洞库工程规模的逐渐增大，洞室围岩稳定问题越来越成为影响地下水封石油洞库工程成败的重要因素之一。而因其特殊的工程类型——高边墙、大跨度和不确定结构面等，导致开挖施工和运营过程中的洞库岩体状态研究工作步履维艰。针对地下水封石油洞库这种复杂地质条件和工况下的围岩稳定性发生机制至今还没有形成统一的认识。如何有效利用微震监测技术对开挖强卸荷过程和后期运营期间地下水封石油洞库围岩岩体可能出现的微破裂情况进行有效的监测，从而提高对地下水封石油洞库围岩安全稳定性的正确判断，国内外至今仍缺乏相关的研究。

关于大型洞室群稳定性分析，早在20世纪70年代末就有学者开始对这方面进行研究。莫海鸿等[66]认为围岩破坏主要表现为张性破坏，洞周围岩径向张应变可作为围岩的稳定性评价指标。张斌[67]根据局部破坏现象，结合变形监测成果，对高地应力区二滩地下厂房系统的围岩稳定性进行了分析。史红光[68]以岩体结构和质量、应力集中程度、洞周变形情况对二滩水电站地下厂房洞群围岩进行了稳定性分析。丁文其等[69]提出了采用洞周径向张应变、洞周围岩屈服区计算和支护结构受力状态同时作为稳定性分析判据。陈帅宇等[70]采用三维快速拉格朗日法模拟清江水布垭水利枢纽工程地下厂房区的施工开挖过程，采用围岩变形、应力和塑性区分布情况分析洞室群围岩的稳定性。张奇华等[71]将关键块体理论应用于百色水利枢纽地下厂房岩体稳定性分析中，以块体抗滑稳定安全系数为评价指标分析了洞周块体的稳定性和所需的锚固力。杨典森等[72]以变形场、应力场、塑性区场分布特征以及锚杆轴力为评价指标综合分析了龙滩地下洞室群围岩的稳定性。王文远等[73]通过有限元计算获得的应力场、位移场和塑性破坏区分布对糯扎渡水电站地下厂房洞群围岩开展稳定性研究。俞裕泰等[74]研究了分期开挖对硬岩洞室的围岩应力的影响，指出对不太大的洞室最好采用全断面开挖，即使是大型洞室，在施工条件许可情况下，也应尽量减少开挖次数。朱维申等[75]采用洞周破损区的面积作为评价指标，对洞室群最佳施工方案进行了研究，给出了平面问题的计算结果。肖明[76]根据地下洞室施工开挖程序和锚固施工方法，提出了大型地下洞室施工过程动态模拟的三维有限元数值分析方法，根据岩体破坏特性和弹塑性力学耗散能原理，给出了以卸荷、塑性区、开裂以及总破坏体积和塑性耗散能为评估指标的开挖优化方法，并考虑了施工开挖爆破对洞室围岩稳定性的影响。汪易森等[77]采用三维弹塑性有限元分析，以洞周位移为优化指标对天荒坪抽水蓄能电站地下厂房洞室群的施工进行了整体优化。朱维申等[78]提出考虑单元损伤、塑性和受拉破坏情况下的能量耗散本构模型，以塑性面积和最大水平位移为优化指标，结合溪洛渡水电工程洞群稳定性问题，做了4个方案的施工顺序优化比较分析。陈卫忠等[79]应用三维断裂损伤有限元法和施工过程力学的基本原理，根据围岩的破损区大小及关键点位移研究了龙滩水电站急倾斜岩层中开挖大型地下洞室群的稳定性及最优的施工方案。安红刚[80]提出采用洞室关键点的最大位移和破损区体积与设计标准的差值之比进行加权综合后作为评价指标，对水布垭地下厂房软岩置换方案进行了优化分析。姜谙男[81]以洞周综合位移、拉损区体积、塑性区体积、大变形节点数、支护费用的加权综合优化指标对水布垭地下厂房的锚固参数进行了优化。因此，开展大型地下水封石油洞库微震监测和稳定性分析，进而分析岩体力学行为特征无疑对全面评价地下水封石油洞库围岩稳定性具有重要的现实意义。地下水封石油洞库复杂的地质条件和特殊的工程结构共同决定了其需用微震监测技术和合理的力学模型相结合来使其变形失稳的预测预报更具客观性[42, 82]。

本章总结前人做出的大量研究成果，得出微震监测技术在石油地下水封石油洞库稳定性分析方面的可行性，并于2014年7月在辽宁省锦州市地下水封石油洞库成功构建国内首套用于石油领域地下水封石油洞库稳定性评价的24h全天候实时微震监测分析系统。结合数值计算方法对比分析，从不同角度判定岩体潜在的失稳区域和围岩变形损伤的程度，这无疑对于大型地下水封石油洞库的稳定性评价和失稳预测研究具有重要的参考意义。

2.3 存在的问题

（1）传统的地下洞室群监测主要以变形量、变形速度、变形加速度等表观信息为监测对象，难以掌握失稳前所必需的岩体内部“时空前兆特征”。以时间为判断依据的表观变形监测很难揭示大型地下水封石油洞库渐进破裂诱发宏观失稳过程的失稳本质。大型岩质洞室群的失稳与其内部的微破裂有着必然联系，当洞室表面发生了可监测到的变形时，岩体内部早已经发生了大量的微破裂。这样，就使以变形为主的位移监测方法在洞室失稳的预警问题上“提前量”不足。岩体的微破裂是大型地下水封石油洞库发生破坏的前兆。以变形为判断指标的传统位移监测无法感知大型地下水封石油洞库岩体出现宏观破坏前岩石内部微破裂活动特性，更无法揭示其失稳机理的本质。

（2）目前针对大型洞室群的数值计算方法大多为静态分析，难以反映洞室岩体内部损伤演化到宏观失稳破坏的全过程。尤其是岩体微破坏的萌生、发展、扩展及相互作用的数值模拟研究。大型地下水封石油洞库开挖强卸荷作用下产生的损伤扰动区是控制洞室的变形与失稳主要因素。然而，有关地下水封石油洞库开挖松动区的研究目前尚较为欠缺，特别是在理论研究方面需要借鉴新的理论与方法。基于微震（微破裂）活动的数值模拟方法既能反映岩体开挖导致材料性质劣化损伤又能揭示岩体突然破坏的全过程，对深入研究开挖松动区岩体损伤力学强度参数表征十分重要。

2.4 研 究 内 容

（1）大型地下水封石油洞库开挖、运营期间微震监测系统传感器空间阵列优化方案构建。强卸荷开挖与储物运营期间都会引起地下水封石油洞库岩体的应力变化，导致大量微破裂事件产生与累积，极有可能形成洞库局部（整体）区域的破坏失稳。在开挖卸荷阶段微震监测系统网络布置方案的基础上，依据洞库特殊结构，在水幕巷道中增加传感器数量和种类（三分量速度计），形成覆盖洞库整体及水幕系统的微震监测体系。基于此，分别研究强卸荷开挖、储物运营期间的等效波速。由于前期开挖扰动影响，地下水封石油洞库内部岩体性质不断发生改变，微震监测系统前期采用的岩体整体等效波速模型必然会发生改变，采用人工敲击来不断校正已有模型，进而提高系统整体定位精度。

（2）基于微震监测技术的大型地下水封石油洞库失稳灾变"前兆"孕育机制研究。微震活动是地下水封石油洞库岩体损伤的直接体现。因此，根据开挖（运营）期间所监测到的地下水封石油洞库微震活动特征和发展趋势，研究地下水封石油洞库开挖、运营期微震活动性规律及其变形、潜在失稳特征。本章拟从地下水封石油洞库的整体结构出发，将微震监测与施工阶段、其他传统常规监测数据和地质资料相结合，建立起失稳灾变区域与微震活动性之间的联系，探讨开挖强卸荷扰动作用下地下水封石油洞库微破裂发展演化对结构宏观破坏的影响，包括诠释地下水封石油洞库微震活动性的平静、转移和加速等失稳灾变的前兆现象。

（3）大型地下水封石油洞库的数值模拟方法。以上述两点研究为基础，基于"声发射率与损伤具有一致性"的物理力学背景，拟通过对现场监测微震信号的时频域研究，获取相应的震源尺寸和位置，界定所监测区域岩体的初始损伤阈值和临界损伤阈值。构建微震监测区域地下水封石油洞库三维地质力学模型用以精细表征微震活动性活跃区域，结合监测过程中的微震信息（震源能量、震级、矩震级、应力降、震动矩等），建立地下水封石油洞库连续-非连续单元法（continuous-discontinuous element method，CDEM）数值模型，对潜在危险区域的演化过程展开计算分析，从而提出大型地下水封石油洞库稳定性动态评价方法。

本章基于"岩体渐进破坏微震活动规律是岩体宏观破坏失稳前兆本质特征"的学术思想，从开挖扰动诱发岩体劣化及其相关微震活动特性入手，将现代微震监测技术与数值计算分析相结合，揭示大型地下水封石油洞库岩体损伤的内在动因和前兆规律。以微震监测的损伤区岩体力学参数的变化为切入点，通过解读实际微震监测的物理信息对大型地下水封石油洞库的潜在失稳趋势作出标定。重点探讨强卸荷开挖扰动和后期运营期间地下水封石油洞库的微破裂演化机理及宏观破坏过程中的微震活动规律，试图揭示大型地下水封石油洞库应力场、微震活动与施工活动之间的本质联系，进而提出一套适用于大型地下水封石油洞库全生命周期的微震监测稳定性评价机制与预警预报方法。未来一段时间内，我国的大型地下水封石油洞库等大型工程将不断开发建设，鉴于开挖扰动作用下大型地下水封石油洞库的稳定性问题日益突出，进一步深入研究复杂应力环境下的大型地下水封石油洞库施工、运营期的稳定性问题，对于揭示地下水封石油洞库失稳本质、明晰失稳破坏形成的条件，以及动态稳定性评价及预警预报，都具有重要的科学意义和工程实用价值。

2.5　锦州地下水封石油洞库微震监测

锦州国家石油储备库地处辽西山地东南边缘剥蚀丘陵，地面海拔高 15.3～43.0m，地下水位 10～25m，采用水封技术进行储油。锦州地下水封石油洞库工程设计总容量为 300 万 m^3，地下油库储油设施主要包括东向西平行布置的 4 组 8 个储油洞室、水幕系统（包括水幕巷道、水幕孔）、水幕巷道、施工巷道、进出油竖井和密封塞等（图 2.1）。储油洞室尺寸为 934m×19m×24m（长×宽×高），洞底标高-80m，洞顶标高-56m，尺寸见图 2.2（a）。

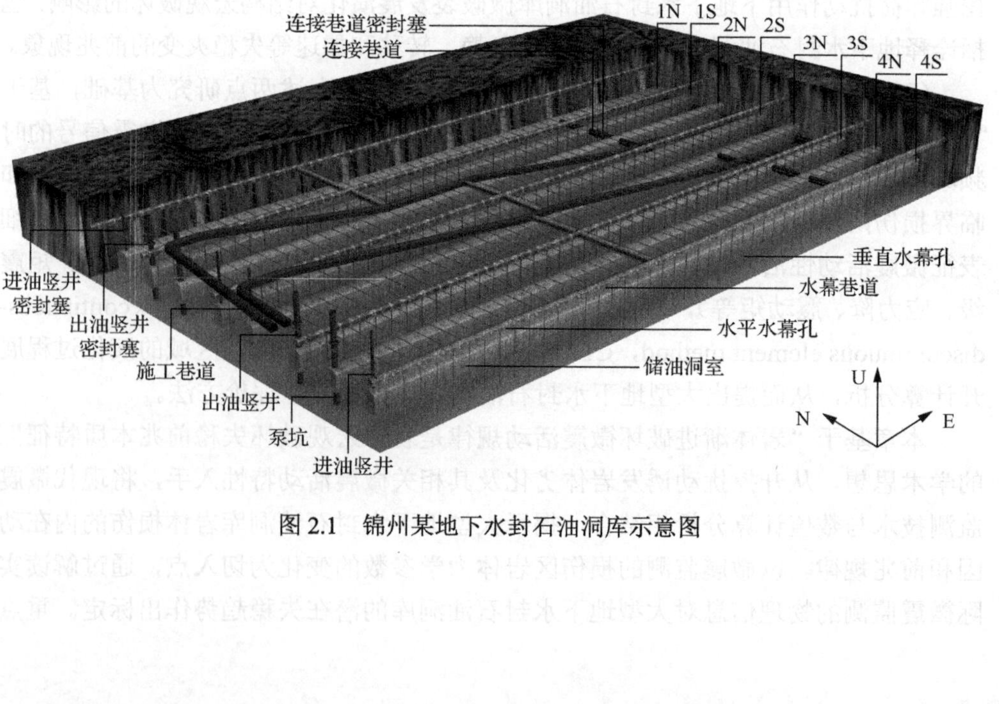

图 2.1　锦州某地下水封石油洞库示意图

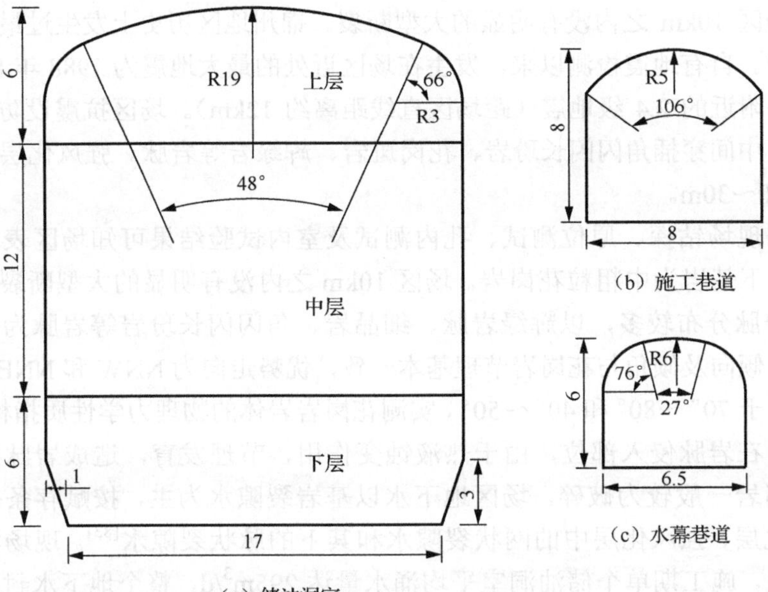

（a）储油洞室

（b）施工巷道

（c）水幕巷道

图 2.2　储油洞室、施工巷道和水幕巷道尺寸图

在储油洞室洞顶上方 24m 处设置水幕系统来保证储油洞库的水封效果，水幕系统由两部分组成：一部分是南北向和东西向分别布设的水幕巷道，底标高为-32m；另一部分是与水幕巷道相连接的水平和垂直水幕孔。5 条东西向布置的水幕巷道各超出储油洞室范围 20m，自北向南依次为水幕巷道 1～5，南北向布置的水幕巷道 6 分为 3 段，南北端超出储油洞室范围以外 14.5m。水平水幕孔按东西向布置，直径为 100mm，两孔之间的间距为 20m。垂直水幕孔直径为 100mm，孔间距为 20m，孔深 58m，底标高为-90m[83]。两条施工巷道为 8m×8m 的直墙拱形洞室［图 2.2（b）］，连通着水幕巷道 6 与水幕巷道［图 2.2（c）］，出口位于场区西侧。

2.5.1　监测区域地质、水文条件及施工方案

1. 监测区域地质条件

锦州地处北温带半湿润季风气候区。冬季干燥寒冷，夏季温和多雨。地处辽西山地东南边缘，地貌单元属于低山剥蚀丘陵。场区位于燕山期构造岩浆活动行程的天桥花岗岩体中。该花岗岩体为壳源重熔型中粗粒碱长花岗岩，矿物成分为钾长石、斜长石、石英，暗色矿物北部以角闪石为主，南部多为黑云母。岩体平

面呈 NM-SE 椭圆形，面积约 $7.6km^2$，侵入空心台片麻杂岩中，侵入接触面呈缓波状。场区 10km 之内没有明显的大型断裂。锦州地区历史上发生过最大地震震级为 5 级。自有地震检测以来，发生在场区近处的最大地震为 1988 年 8 月 20 日在葫芦岛附近的 2.4 级地震（距场区直线距离约 12km）。场区抗震设防基本烈度为 6 度。中间穿插角闪闪长玢岩、花岗斑岩、辉绿岩等岩脉。强风化层以上岩体厚度为 10～30m。

根据现场钻探、原位测试、孔内测试及室内试验结果可知场区表层为残积土层，其下基岩为中粗粒花岗岩。场区 10km 之内没有明显的大型断裂，但较小规模的岩脉分布较多，以辉绿岩脉、细晶岩、角闪闪长玢岩等岩脉为主。岩脉的走向、倾向及倾角与花岗岩节理基本一致，优势走向为 NNW 和 NNE，倾角则主要集中于 70°～80°和 40°～50°，实测花岗岩岩体的物理力学性质指标如表 2.1 所示[84]。在岩脉侵入部位，由于热液蚀变作用，节理发育，造成岩脉接触带附近的花岗岩一般较为破碎。场区地下水以基岩裂隙水为主，按赋存条件主要分为全风化层、强风化层中的网状裂隙水和其下的脉状裂隙水[83]。现场流量统计结果发现，施工期单个储油洞室平均涌水量达 $295m^3/d$，整个地下水封石油洞库平均涌水量近 $4800m^3/d$。截至 2014 年 9 月施工期场区地下水位平均下降 11.05m，场区西端和东北端区域水位最高下降 49.77m，低于设计允许水位近 30m。地下水位的下降，将会弱化岩脉和破碎带岩体强度，造成地下水封石油洞库围岩受力状态及其稳定性的恶化。

表 2.1 花岗岩岩体的物理力学性质指标

指标	中风化层	微风化层	未风化层
饱和密度/（g/cm^3）	2.59	2.61	2.61
饱和单轴抗压强度/MPa	64.78	86.97	89.00
抗压强度/MPa	6.63	7.50	8.63
抗剪强度 C/MPa	12.49	17.71	15.03
内摩擦角/（°）	54.23	50.73	58.85
软化系数	0.83	0.91	0.82
弹性模量（饱和）/GPa	43.40	55.53	56.89
泊松比（饱和）	0.21	0.24	0.21
剪切模量（饱和）/GPa	21.32	27.36	28.85

在库区内选择两个钻孔进行了不同深度的水压致裂法地应力测量，实测量水平主应力的方向为近东西方向，与测点外围区域最大水平主应力总体方向较为一致[3]。最大和最小水平主应力都远大于对应深度处的垂向应力，三向主应力的关系为：最大水平主应力 S_{Hmax}>最小水平主应力 S_{Hmin}>垂向主应力 S_{V}，以水平构造应力为主。测试结果见表 2.2[84]。

表 2.2　水压致裂应力测量结果

钻孔	深度/m	应力测试结果			应力方向
		S_{Hmin} /MPa	S_{Hmax} /MPa	S_{V} /MPa	
ZK1	78.5	5.95	11.71	2.06	N78°E
	79.5	6.35	10.51	2.09	
	89.5	4.87	8.25	2.35	
	102.00	6.58	11.55	2.68	
	115.50	7.11	12.47	3.04	N33°E
	132.50	7.68	12.64	3.48	N72°E
ZK3	28.00	6.23	10.20	0.74	N73°E
	41.00	5.57	9.94	1.08	
	71.00	4.68	6.67	1.87	N79°E
	85.00	4.62	6.80	2.24	
	101.00	6.37	10.54	2.66	N86°E
	115.00	7.10	11.46	3.02	

库区出露的岩石类型主要为燕山期花岗岩。燕山期花岗岩为中粗粒结构，块状构造，在研究区内分布广泛。地表风化强烈，多呈散砂状，强风化层厚一般为20～30m。库区内岩脉分布较多，但规模较小，岩脉总体走向为北东向和北西向，脉体岩性以花岗细晶岩、辉绿岩居多。花岗岩层中存在很多节理，节理的发育与岩脉有比较密切的关系。研究区内断层性质多呈压性、压扭性，断层规模一般较小，均属稳定性断裂，导水能力较差。

1）地层岩性

根据现场钻探、原位测试和现场掌子面素描可知，研究区域主要出露中粗粒花岗岩，中间穿插辉绿岩、角闪闪长玢岩、细晶岩等岩脉。根据所取岩芯特征，结合 RQD 数据统计、孔内波速测试成果、孔内超声波成像等资料，按照岩石的风化等级和完整程度将场区地层综合分为残积土层、全风化层、强风化层、中风化层、微风化层和未风化层。中间穿插角闪闪长玢岩、花岗斑岩、辉绿岩等岩脉。强风化层以上岩体厚度为10～30m。

（1）残积土层。

该层底部可见残余花岗结构。原岩结构全部被破坏，已风化成土状，干钻易钻进。

（2）全风化层。

中粗粒花岗岩：黄褐色，主要矿物成分为石英、钾长石、斜长石、角闪石，并见有极少量的黑云母，原岩结构基本破坏，但尚可辨认，有残余结构强度。手捏即碎，可用锹镐挖掘，干钻可钻进。辉绿岩：灰白色，呈黏土状，结构成分基本破坏，但尚可辨认，有残余结构强度。手捏即碎，可用锹镐挖掘，干钻可钻进。

（3）强风化层。

中粗粒花岗岩：浅肉红色，中粗粒花岗结构，块状构造，主要矿物成分为石英、钾长石、斜长石、角闪石及极少量的黑云母，岩芯破碎，呈碎块状，局部较完整。原岩结构大部分破坏，风化裂隙很发育，用锹镐可挖掘，干钻不易钻进。辉绿岩：灰绿色，辉绿结构，块状构造，主要矿物成分为辉石、斜长石、角闪石等，岩心破碎～较破碎，岩心一般呈长短柱状或块状，局部呈片状。花岗细晶岩：灰白色，细晶结构，块状构造，主要矿物成分为石英、钾长石、斜长石、角闪石，并见有极少量的黑云母。岩心一般呈长短柱状，局部碎块状。

（4）中风化层。

中粗粒花岗岩：浅肉红色，中粗粒结构，块状构造，主要矿物成分为石英、长石及少量的黑云母等。岩芯以长柱状为主，局部呈短柱、扁柱和碎块状，RQD值在25%～75%。辉绿岩：灰绿色，辉绿结构，块状构造，主要矿物成分为辉石、斜长石、角闪石等，岩芯破碎～较破碎，一般呈长短柱状或块状。花岗细晶岩：灰白色，细晶结构，块状构造，主要矿物成分为石英、钾长石、斜长石、角闪石，并见有极少量的黑云母。节理裂隙很发育～较发育，岩心一般呈长短柱状，局部碎块状。

（5）微风化层。

中粗粒花岗岩：杂色～浅肉红色，中粗粒结构，块状构造，主要矿物成分为石英、长石及少量的黑云母、角闪石等。岩芯以长柱状为主，局部为短柱、碎块状，RQD 值在75%～90%。辉绿岩：灰绿色，辉绿结构，块状构造，主要矿物成分为辉石、斜长石、角闪石等，岩芯破碎～较完整，一般呈长短柱状或块状。花岗细晶岩：灰白色，细晶结构，块状构造，主要矿物成分为石英、钾长石、斜长石、角闪石，并见有极少量的黑云母。岩芯一般呈长短柱状，局部碎块状。

（6）未风化层。

中粗粒花岗岩：杂色～浅肉红色，中粗粒结构，块状构造。主要矿物成分为石英、钾长石、斜长石、角闪石及少量云母等。地质素描表面新鲜，节理裂隙不发育，裂隙面多为紧密闭合型，无充填。部分地段夹辉绿岩、花岗细晶岩、岩脉厚度和展布无明显规律性。该层岩芯以长柱状为主，RQD 值一般在 75%～100%。综合评价岩体完整。辉绿岩：灰绿色，辉绿结构，块状构造，主要矿物成分为辉石、斜长石、角闪石等，较为破碎，岩心呈短柱状。花岗细晶岩：灰白色，细晶结构，块状构造，主要矿物成分为石英、钾长石、斜长石、角闪石，并见有极少量的黑云母。节理裂隙发育～不发育，岩心一般呈长短柱状，局部碎块状。

储油洞室开挖区主要为深部微风化层和未风化层的花岗岩，花岗岩体中存在两种类型的软弱带：其一是地下热液沿裂隙上升形成局部的热液蚀变带，绝大部分深层软弱带属这种类型；其二是由于节理发育，受水的作用造成的深层风化带。两种软弱带均无明显随深度变化的规律性，由于其不规则的散乱分布，在很大程度上降低了微风化层和未风化层花岗岩的完整性，在微震监测岩体微破裂演化规律中需要加强注意。

2）断层

经过野外实地核查，在近场区发现有断层出露地表，但断层均没有发现第四系被错断的迹象，地表没有明显断层显示。说明这些断层在第四纪以来没有明显的活动，不属于活动断层。根据可行性研究阶段岩土工程勘察和开挖地质素描，微震监测研究区域发育小断层和节理裂隙带。研究区域内，发现走向为 NE56°、压扭性、宽约 5m 的小断层。

3）节理、岩脉

根据实测数据，分别绘制了节理走向玫瑰花图、节理极点图和节理等密图（图 2.3）。

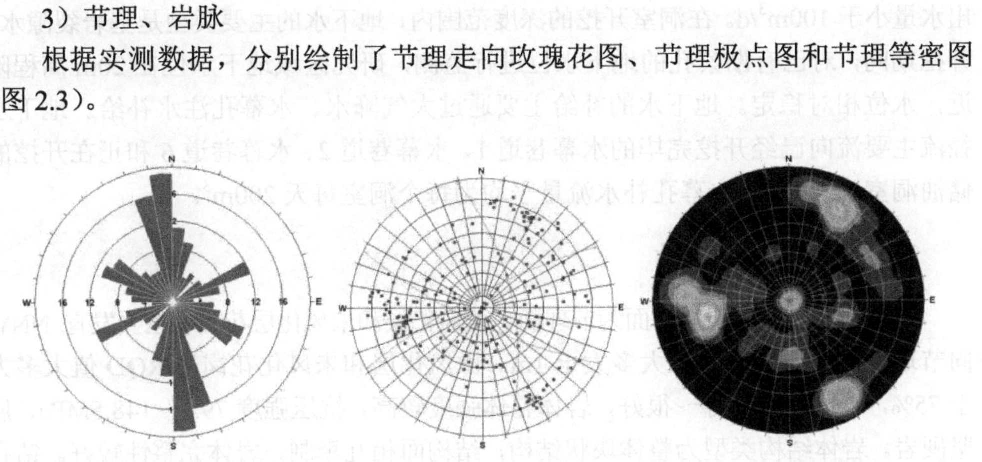

（a）节理走向玫瑰花图　（b）节理极点图　（c）节理等密图

图 2.3　研究区域内节理走向玫瑰花图、节理极点图和节理等密图

根据统计数据，-80～-50m 标高段节理走向以 NNW 和 NNE 为主，主要发育有 270°∠30°、150°∠75°、85°∠60°、330°∠30°以及近水平节理等 5 组节理。根据岩芯钻探情况并结合地表测绘资料，研究区域中粗粒花岗岩岩体中穿插着辉绿岩、细晶岩等岩脉。在岩脉侵入部位，由于热液蚀变作用，节理发育，造成岩脉和接触带附近的花岗岩一般较为破碎。测绘的岩脉统计结果表明，岩脉的走向、倾向及倾角与节理基本一致，走向以 NNW 和 NNE 走向为主。

2. 监测区域水文地质

场区处于渤海西岸诸河水系南部近入海口处。渤海西岸诸河水系地下水总体由北向南流、由东北向南注入辽东湾。地下水补给以大气降水的垂直补给、地表径流补给和农田灌溉的回渗补给为主；排泄以蒸发和向西径流方式为主。场区第四系覆盖层较薄，有的地段基岩裸露。地下水赋存条件以风化裂隙、构造裂隙和脉状原生节理裂隙等基岩裂隙水为主。按岩土体赋水条件和含水介质的不同，划分为第四系松散岩类孔隙潜水和基岩裂隙水。水化学类型为重碳酸钙钠型，淡水，水质良好。按照当地岩体的渗透试验资料，估计 40 万 m^3 的洞库涌水量约 $120m^3/d$，水量不大。由于构造裂隙多被风化作用扩大和连通，网状裂隙水的分布相对比较均匀，具有统一的地下水位，随地形稍有起伏，水力联系比较紧密。脉状裂隙水沿节理裂隙分布，上部与网状裂隙水相接，直接受上部网状裂隙水的补充。岩体深部开启的裂隙可以得到网状裂隙水的补充，不开启的裂隙则对地下水封石油洞库无不良影响，场区水封条件良好。微震监测区域地下水类型主要为基岩裂隙水，存在形式主要是网状裂隙水和脉状裂隙水，地下水富水性不均，单井出水量小于 $100m^3/d$。在洞室开挖的深度范围内，地下水的主要类型是基岩裂隙水。开挖期间，对已有勘察孔的地下水位进行监测，研究区域地下水位在 20m 高程附近，水位相对稳定。地下水的补给主要通过大气降水、水幕孔注水补给。地下水径流主要流向已经开挖完毕的水幕巷道 1、水幕巷道 2、水幕巷道 6 和正在开挖的储油洞室 1N、1S。水幕孔补水流量平均为每个洞室每天 $200m^3$。

3. 监测区域岩体质量

场区岩体内的主要结构面为节理面，微风化层和未风化层花岗岩主要发育 NNW 向节理裂隙，结构面间距大多大于 1m。微风化层和未风化花岗岩 RQD 值大多大于 75%，岩体质量为好～很好，岩体整体强度较高，抗压强度 79.1～148.5MPa，属坚硬岩。岩体结构类型为整体块状结构，结构面相互牵制，岩体完整性较好。钻孔揭露的岩芯，按照《工程岩体分级标准》计算微风化层和未风化层花岗岩[BQ]值绝大部分在 450～650，属于Ⅰ～Ⅱ级围岩；按照《水利水电工程地质勘察规范》

计算微风化层和未风化层花岗岩总评分 T 在 65～90，属于Ⅰ～Ⅱ级围岩；按照巴顿提出的 Q 系统法计算，微风化层花岗岩 Q 值一般大于 10，属Ⅱ级围岩，未风化层花岗岩 Q 值绝大部分大于 40，属Ⅰ级围岩。本区岩石属于坚硬岩，岩体较完整～完整，岩体质量基本属于Ⅰ～Ⅱ级。局部有岩脉和节理密集带分布，其岩体质量为Ⅲ～Ⅳ级。总体上，不同评价方法的评价结果相当一致。

结合国内外地下水封石油洞库的建设经验，大部分工程的岩体质量分类采用了 Q 系统法。锦州地下水封石油洞库的岩体质量评价指标主要为 Q 值。根据地质勘探和地质素描资料分析，可以得出微震监测研究区域内，岩体质量总体较好，局部区域岩体质量较差。水幕巷道和储油洞室围岩 Q 值在高程方向上不均匀，但是总体上大于 10，大部分大于 40，岩体质量较好。局部地区，尤其是节理发育区域和岩脉出露位置，Q 值小于 10，甚至小于 1。如研究区域内多组节理切割区域，岩体 Q 值普遍降低。花岗细晶岩脉出露区域，Q 值平均在 1～4，甚至更低。辉绿岩脉发育区域，Q 值普遍小于 1，局部区域岩体 Q 值小于 0.1，岩体质量极差。微震监测区域内，局部发育辉绿岩脉、花岗细晶岩脉，这对岩体质量产生很大的影响。在接下来的微震监测分析中，将进行重点关注。

4. 施工概况

经踏勘，结合工程岩体微震监测系统的成功实践经验，构建地下水封石油洞库微震监测预警系统。该系统 2014 年 7 月 28 日成功构建以来，实现了对地下水封石油洞库群 300m×200m×100m 范围内岩体微破裂的 24h 全天候连续的监测和分析。微震监测系统主要覆盖储油洞室 1N、1S 的 1+50m～4+00m 里程内的岩体在卸荷开挖过程中的微破裂萌生、演化规律，圈定地下水封石油洞库围岩的潜在危险区域。下面对系统监测过程中，地下水封石油洞库开挖施工情况进行介绍。微震监测构建于水幕巷道 1、水幕巷道 2 和水幕巷道 6 中，水幕巷道施工已经结束。监测系统覆盖区域主要为储油洞室 1N 和 1S 的 1+50m～4+00m 里程范围。储油洞室大断面开挖按上、中、下三层分步开挖，周边实施光面爆破。遇到断层破碎带地段，缩小开挖断面，按短进尺、弱爆破进行开挖；南北侧储油洞室上、中、下部分别同时施工，为防止群库效应，施工时相邻掘进工作面交错一定距离，以保证施工安全。监测区域内储油洞室 1N 进行中层开挖，储油洞室 1S 进行下层开挖。1N 洞室中层和 1S 洞室下层开挖均采用台车钻眼，两侧预留光爆层，进行中间拉槽开挖，光爆层采用三臂台车钻眼，下低层预留 0.5m 左右采用人工钻孔爆破捡底，确保底部平顺，以便于铲车装渣和洞库清理。出渣采用挖掘机清除爆破后洞室周边的松动岩石及出渣后掌子面的剩余石渣；出渣采用 2 台斗容 $3m^3$ 的正装侧卸式装载机同时装渣，保证装渣速度。

监测期间（2014 年 7 月 29 日～2014 年 8 月 24 日）储油洞室 1N 和 1S 开挖进尺进度表如表 2.3 所示。结合表中数据，接下来进行岩体微破裂演化规律的分析，说明施工过程与地下水封石油洞库围岩微破裂演化的关系。

表 2.3 储油洞室 1N 和 1S 开挖进尺进度表

日期	储油洞室 1N 中层	储油洞室 1S 下层	
7 月 29 日	2+66m	4+18m	3+95m
8 月 1 日	2+54m	4+13m	3+95m
8 月 5 日	2+41m	3+53m	3+95m
8 月 7 日	2+30m	3+39m	3+95m
8 月 9 日	2+17m	3+39m	3+48m
8 月 11 日	2+06m	3+25m	
8 月 13 日	1+95m	3+08m	
8 月 15 日	1+84m	2+91m	
8 月 17 日	1+73m	2+73m	
8 月 19 日	1+63m	2+55m	
8 月 22 日	1+52m	2+20m	
8 月 24 日	1+42m	1+96m	

注：根据 1N 洞室开挖进尺时间统计，表中数据代表里程

洞库各巷道、储油洞室的开挖采用台车钻眼，钻爆法施工。各巷道和洞室根据围岩级别，确定爆破循环进尺。水幕巷道实施全断面开挖，储油洞室由于开挖断面大，采用分步开挖法施工，周边均实施光面控制爆破。储油洞室按上、中、下三层同时错开距离开挖，开挖高度分别为 6m、12m、6m（图 2.4），每一层根据围岩级别，采用全断面分步开挖、左右半断面分步开挖法、台阶法等开挖方法。储油洞室上、中、下三层分别同时错开开挖施工，相邻掘进工作面交错一定距离，以保证施工安全。截至 2014 年 7 月 28 日，水幕巷道、施工巷道、连接巷道已全部完成开挖，8 条储油洞室上层均完成开挖，中层和下层正在进行开挖，整个地下水封石油洞库开挖工作面多达 17 个，如图 2.4 所示。中层 3～4 日爆破一次，进尺 10m 左右，每次开挖量多达 4000m^3，下层日进尺为 5～10m，形成快进尺、多断面、大开挖、强卸荷的施工特征。

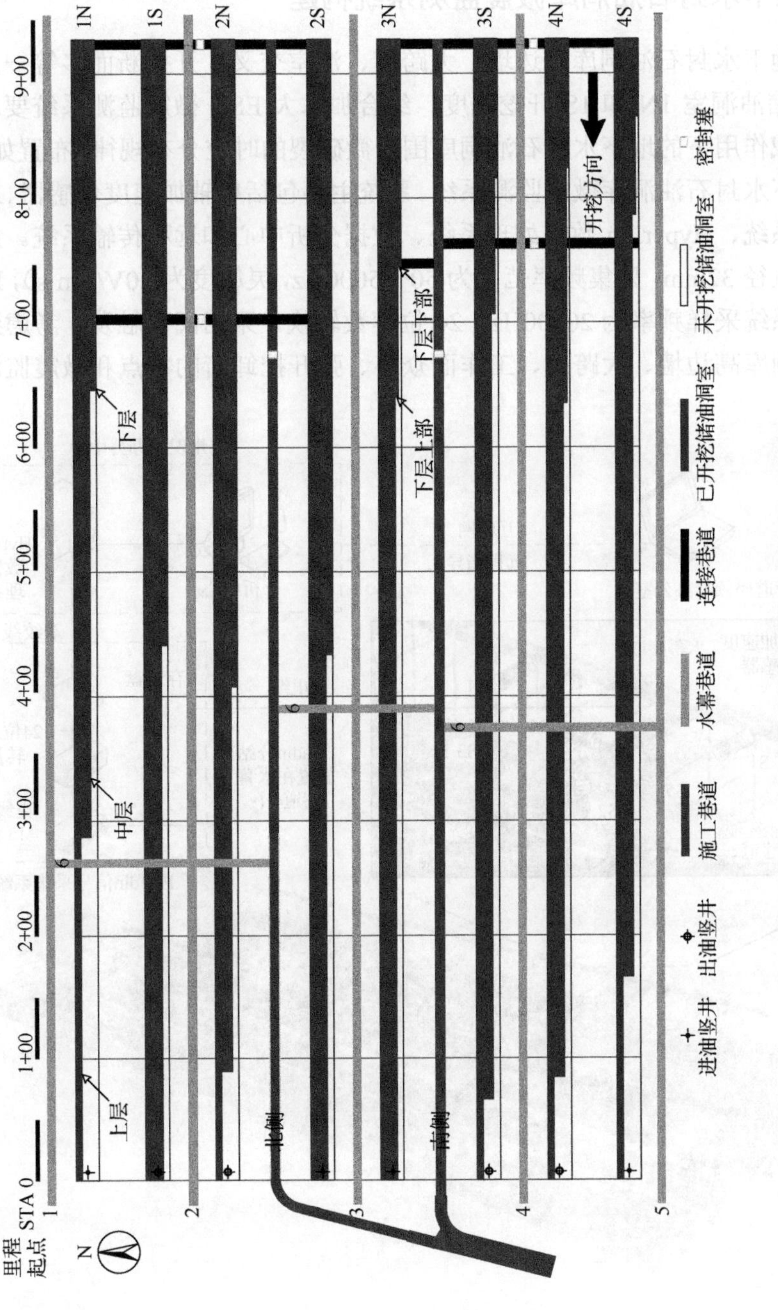

图 2.4　锦州某地下水封石油洞库施工概况图

2.5.2 地下水封石油洞库微震监测系统构建

针对地下水封石油洞库高边墙、大跨度、洞室交叉、开挖断面多等一系列特点[85]考虑储油洞室 1N 和 1S 开挖进度，结合加拿大 ESG 微震监测系统要求，根据开挖卸载作用下的地下水封石油洞库围岩微破裂的时空分布规律，布置如图 2.5 所示的地下水封石油洞库微震监测系统。系统主要包括单轴加速度传感器、Paladin 信号采集系统、Hyperion 数据处理系统、数据分析中心和远程传输系统。加速度传感器的直径 32mm，采集频率范围为 50～5000Hz，灵敏度为 30V/（m·s），Paladin 信号采集系统采样频率为 20000Hz，24 位模数转换，采用阈值触发。考虑到地下水封石油洞库高边墙、大跨度、工作面众多、强开挖卸荷的特点和微震监测系统

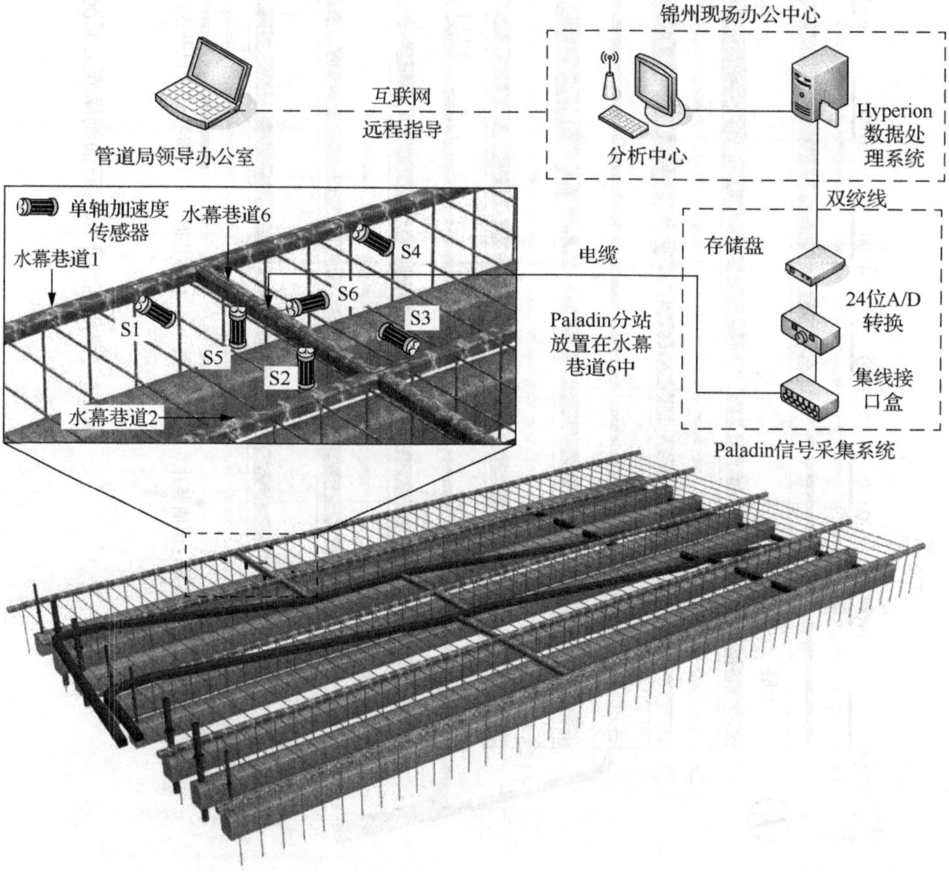

图 2.5 微震监测系统网络拓扑图

的要求，且截至 2014 年 7 月 28 日，水幕巷道开挖全部完成，储油洞室 1N 中层开挖至 2+80m 里程，1N 下层和 1S 下层分别开挖至 6+47m 里程和 4+38m 里程，故在水幕巷道中布置 6 通道微震监测系统，既可以实时监测储油洞室强开挖卸荷作用下的岩体微破裂，又能保证系统的安全稳定运行。阵列式分布的 6 个加速传感器监测范围覆盖储油洞库 1N 和 1S、水幕巷道 1、水幕巷道 2 和水幕巷道 6 构成的南北方向近 300m，东西方向近 200m，高程近 100m 区域（图 2.5 中放大的区域），微震监测系统对地下水封石油洞库开挖卸荷作用下的围岩微破裂事件进行 24h 连续监测，通过时频结合分析、滤波处理等方法排除噪声事件，识别并存储有效微破裂事件波形与频谱图，反演微震事件的时空分布、震级、能量等多项震源参数信息。

2.5.3　微震定位误差和信号的识别

微震长距离定位损伤破坏的误差主要由微震台网空间分布、到时准确性、P 波和 S 波波速模型和震源定位方法等因素决定[86]。众多学者尝试通过增加台网中传感器数量和优化定位算法等方式来降低微震长距离定位损伤误差[87, 88]。但由于岩石工程高度非线性、非均匀性使微震定位误差精度迥异。例如，矿山中微震长距离定位误差可控制在 12m 以内，通过与优化算法结合，定位误差可达 3.78m[89]；油田井下压裂长距离微震损伤定位精度控制在 50m 以内[90]；深埋岩爆隧洞重点区域内的微震定位误差在 10m 以内[91]；地下厂房和水电边坡传感器阵列优化后定位算法的误差均可控制在 10m 范围内[22]。在大型岩石工程中，震源位于监测台网中心区域时，到时误差决定着定位误差；当震源远离台网中心时，波速则成为影响定位误差的主导因素[92]。

由于地下水封石油洞库特殊的结构特征，造成了地下水封石油洞库开挖卸荷作用诱发的围岩微破裂所产生的弹性波传播的复杂性，准确地确定弹性波在围岩中的传播速度对于微震事件的定位和震源参数的计算至关重要[86]。根据整体简化波速模型，假定微震信号在介质中传播速度等效为一种整体波速模型 V_{P}，采用人工定点敲击试验，对研究区域内岩体波速模型进行测定。根据洞库地质勘察资料[93]，场区岩体弹性波传播速度为 4400～6100m/s。通过对敲击波形分析，分别设定系统 P 波波速为 4400～6100m/s 的 18 种不同的波速，计算 2014 年 7 月 29 日不同时刻不同波速情况下敲击试验的平均定位误差（表 2.4）。图 2.6 给出了不同 P 波波速下敲击点与微震监测结果误差关系曲线，可以看出 P 波波速为 5200m/s 时，微震监测系统的定位误差达到最小，为 7.5m，且定位误差均小于 10m 满足工程岩体微震监测误差要求。

表 2.4　不同 P 波波速下敲击点定位误差（2014 年 7 月 29 日）

序号	时刻（时:分:秒）	波速为4400m/s		波速为4500m/s		波速为4600m/s		波速为4700m/s		波速为4800m/s		波速为4900m/s		波速为5000m/s		波速为5100m/s		波速为5200m/s	
		定位误差/m	误差均值/m	定位误差/m	误差均值/m	定位误差/m	误差均值/m	定位误差/m	误差均值/m	定位误差/m	误差均值/m	定位误差/m	误差均值/m	定位误差/m	误差均值/m	定位误差/m	误差均值/m	定位误差/m	误差均值/m
1	15:51:36	14.9	13.4	14.3	12.5	13.6	13.6	13.0	10.8	12.4	10.0	11.8	9.3	11.3	9.6	10.9	7.9	10.5	7.5
2	15:52:09	10.3		9.5		20.5		8.3		7.7		7.3		7.0		6.9		7.6	
3	16:00:30	13.8		13.4		13.0		12.7		12.4		12.2		18.1		12.0		11.9	
4	16:06:24	9.4		8.6		8.0		7.3		6.6		6.0		5.4		4.9		4.4	
5	16:08:04	10.8		10.1		9.3		8.7		8.0		7.4		6.8		6.2		5.6	
6	16:50:58	20.9		19.0		17.1		15.0		12.9		11.0		9.0		6.8		5.1	

序号	时刻（时:分:秒）	波速为5300m/s		波速为5400m/s		波速为5500m/s		波速为5600m/s		波速为5700m/s		波速为5800m/s		波速为5900m/s		波速为6000m/s		波速为6100m/s	
		定位误差/m	误差均值/m	定位误差/m	误差均值/m	定位误差/m	误差均值/m	定位误差/m	误差均值/m	定位误差/m	误差均值/m	定位误差/m	误差均值/m	定位误差/m	误差均值/m	定位误差/m	误差均值/m	定位误差/m	误差均值/m
1	15:51:36	10.2	8.2	10.1	7.9	15.7	8.7	14.1	8.3	12.9	8.1	12.2	7.9	12.1	8.4	12.0	8.2	11.9	8.1
2	15:52:09	9.1		9.0		8.9		8.9		8.9		8.9		8.9		8.8		8.8	
3	16:00:30	16.1		15.6		15.1		14.8		14.5		14.4		14.4		14.6		14.6	
4	16:06:24	4.2		4.2		4.6		4.9		5.1		5.1		5.2		5.0		5.1	
5	16:08:04	5.0		4.4		3.9		3.5		3.2		3.2		6.3		5.4		5.2	
6	16:50:58	4.5		4.3		4.1		3.9		3.8		3.6		3.5		3.3		3.2	

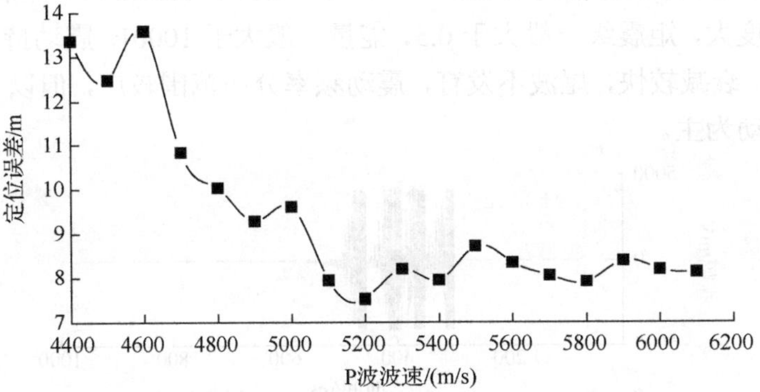

图 2.6　不同 P 波波速下敲击点与微震监测结果误差关系曲线

洞库开挖采用钻爆法施工，开挖爆破、风钻钻进等施工扰动产生大量的噪声信号，导致有效的微震信号与噪声信号混合在一起。准确识别微震信号是正确分析微震活动性规律的前提。事件的震源不同，相应信号波形会有较大区别。采用时-频信号分析技术将仪器记录的时间序列快速傅里叶变换（fast Fourier transformation，FFT）为频率，把时域内的数字信号序列 $x(n)$ 变换到频域内数字信号序列 $X(k)$，就能得到相应信号波形的幅度谱和相位谱，以获得不同震源信号波形的一些识别规律，从而根据信号的幅频特征就能够快速地分析和甄别锦州地下水封石油洞库工程实际信号类型和特点。

$$X(k)=\sum_{n=0}^{N-1}x(n)\exp\left\{-\mathrm{j}\frac{\pi}{2N}k\right\} \tag{2.1}$$

式中，$x(n)$ 表示信号的时间序列；$X(k)$ 表示信号的频率序列；N 为采样点数；$k=1,2,\cdots,N-1$。

锦州地下水封石油洞库采用钻爆法进行掘进，开挖爆破、机械出渣、风钻钻进、抽水机等噪声信息产生震动信号，导致大量的噪声与有效的微震信号混合在一起。快速识别围岩微破裂信号，是正确分析微震活动性规律的前提。结合现场各种工况的踏勘，运用时频结合分析技术，将锦州地下水封石油洞库储油洞室施工过程中微震监测系统监测到的事件主要分为开挖爆破事件、围岩微破裂事件、其他噪声事件 3 大类。

（1）开挖爆破事件。

图 2.7 表示地下水封石油洞库储油洞室典型开挖爆破波形及其幅频曲线，曲线横坐标分别表示时间和频率，纵坐标分别表示时间和频率对应的振幅。时域内波形比较整齐，沿时间轴一般呈现多个峰值，这是施工中多采用微差爆破技术所

致。传感器测定波形的振幅为 4000mV 左右（一般大于 1000mV），矩震级为 1.6 级。爆破信号强度大，矩震级一般大于 0.5，能量一般大于 1000J，震动持续时间较短，大约 300ms，衰减较快，尾波不发育，震动频率分布范围较广，但以 1000Hz 以下的中低频震动为主。

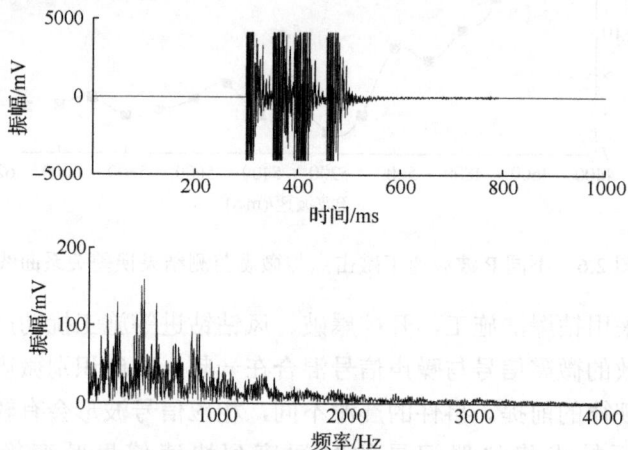

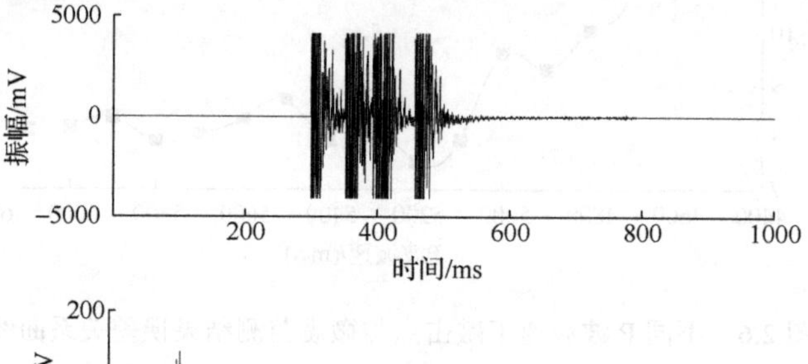

图 2.7　开挖爆破波形及其幅频曲线

（2）围岩微破裂事件。

典型地下水封石油洞库围岩微破裂波形及其幅频曲线如图 2.8 所示。信号产生时未进行爆破作业，信号持续约 350ms，衰减较慢，尾波较发育，振幅相对较小。由幅频曲线可以看出，信号波成分较单一，频带分布较窄，主要集中分布在 400Hz 以内。地下水封石油洞库岩石微破裂事件矩震级一般小于 0.5 左右，释放能量数量级一般为 100J。

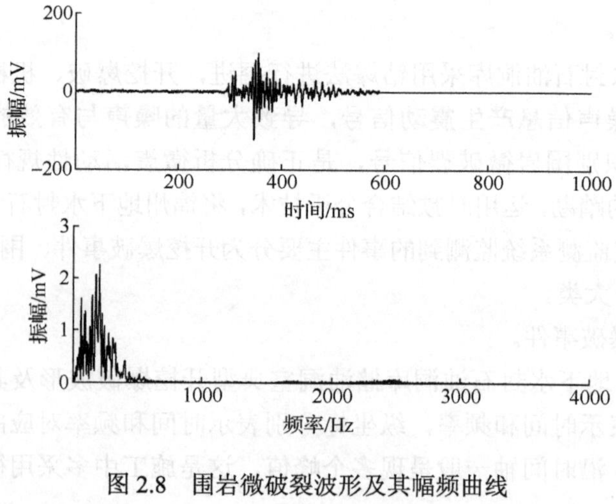

图 2.8　围岩微破裂波形及其幅频曲线

（3）其他噪声事件。

地下水封石油洞库开挖建设过程中，人工敲击、风钻钻进、出渣车、抽水机、电流震荡及未知信号等各类噪声混在围岩微破裂事件波形内。图 2.9（a）为人工敲击噪声波形及其幅频曲线，分析发现其波形成分以 1000Hz 以上的较高频震动为主，时域内出现一次明显峰值，并快速衰减。图 2.9（b）为开挖过程中风钻钻进噪声波形及其幅频曲线，波形存在多个峰值，其成分与人工敲击噪声事件类似，也以 1000Hz 以上的较高频振动为主。考虑人工敲击和风钻钻进噪声波形在时域内特征明显，可以采用人工滤波配合巴特沃思（Butterworth）滤波器实现滤波。由于工程采用无轨出渣，出渣车噪声一直存在于整个监测过程中，其波形与幅频曲线如图 2.9（c）所示。通过一定频率范围（1500～3000Hz）的带阻滤波器可以滤除大部分的出渣车噪声。另外，抽水机噪声和电流震荡噪声波形及其幅频曲线分别如图 2.9（d）和图 2.9（e）所示，其时域内特征均比较明显，可以选取合适的带通或者带阻滤波器进行滤噪。需要指出的是，如图 2.9（f）中所示的未知信号波形，通过幅频曲线分析发现，此类信号频带分布较宽，且以 1000Hz 以下的低频振动为主，与开挖爆破波形幅频曲线类似。考虑弹性波在岩体内传播，高频衰减快、低频衰减慢的特性，推测其为距离传感器较远未知的开挖爆破波形。

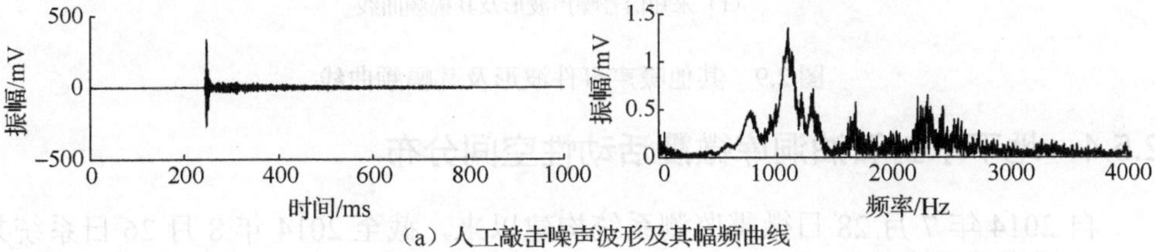

（a）人工敲击噪声波形及其幅频曲线

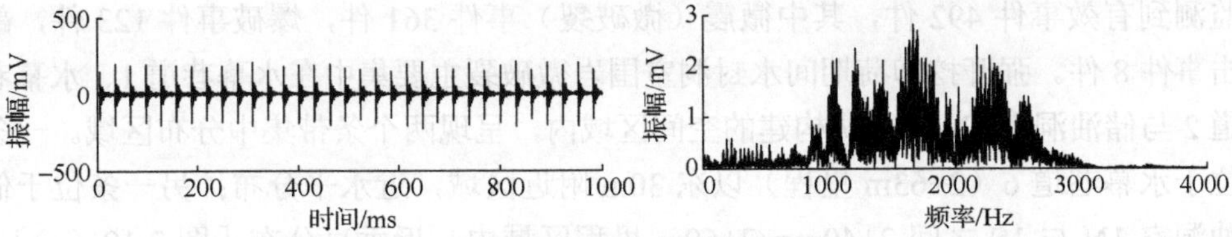

（b）风钻钻进噪声波形及其幅频曲线

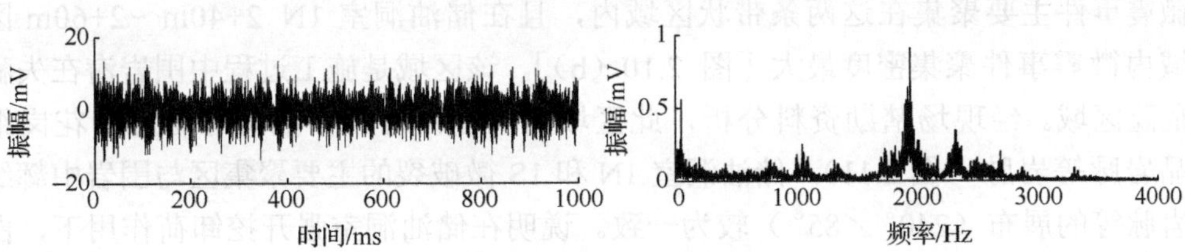

（c）出渣车噪声波形及其幅频曲线

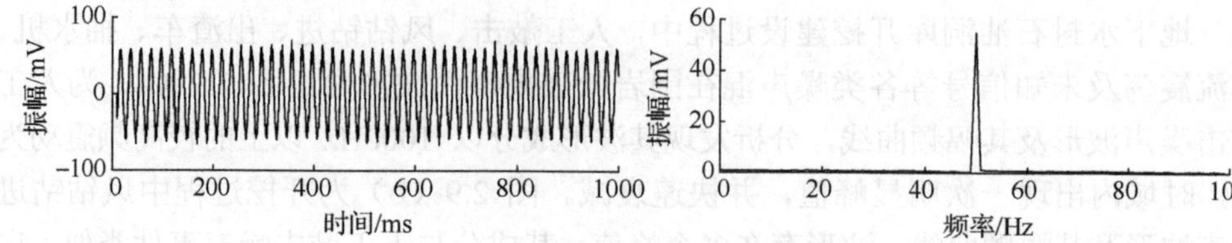

（d）抽水机噪声波形及其幅频曲线

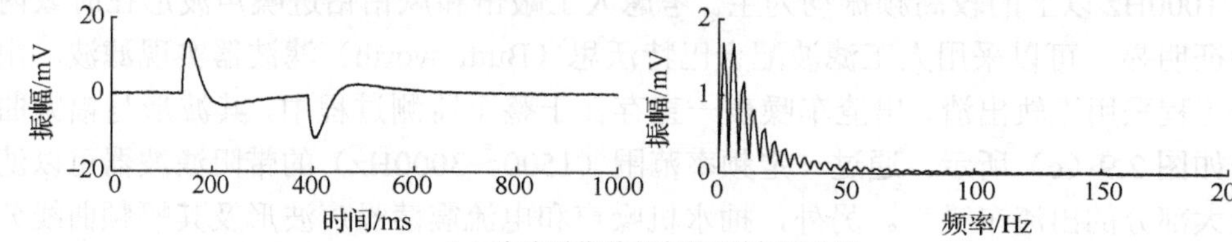

（e）电流震荡噪声波形及其幅频曲线

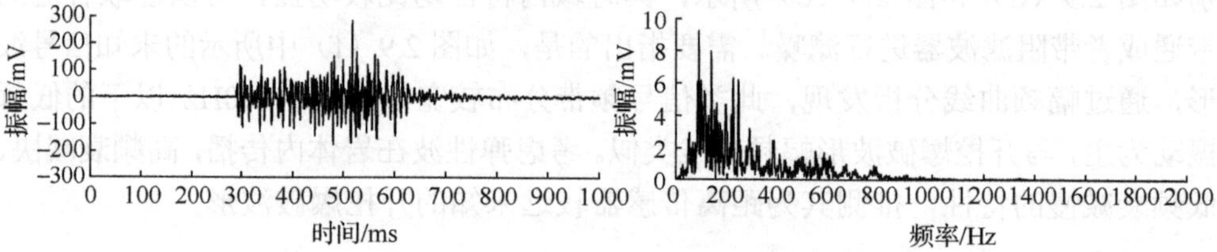

（f）未知信号噪声波形及其幅频曲线

图 2.9　其他噪声事件波形及其幅频曲线

2.5.4　地下水封石油洞库微震活动性空间分布

自 2014 年 7 月 28 日微震监测系统构建以来，截至 2014 年 8 月 26 日系统共监测到有效事件 492 件，其中微震（微破裂）事件 361 件，爆破事件 123 件，敲击事件 8 件。强开挖卸荷期间水封洞室围岩微破裂主要集中在水幕巷道 1、水幕巷道 2 与储油洞室 1N、1S 所构建的空间区域内，呈现两个条带集中分布区域。一条位于水幕巷道 6（2+63m 里程）以东 30m 附近区域，近水平分布；另一条位于储油洞室 1N 与 1S 之间 2+40m～2+60m 里程区域内，近垂直分布［图 2.10（a）］。微震事件主要聚集在这两条带状区域内，且在储油洞室 1N 2+40m～2+60m 区域内微震事件聚集密度最大［图 2.10（b）］，该区域是施工过程中围岩潜在失稳危险区域。经现场踏勘资料分析，此区域内的花岗岩中穿插辉绿岩脉、花岗细晶岩脉等岩脉（图 2.11），储油洞室 1N 和 1S 微破裂的主要聚集区与围岩中辉绿岩脉等的展布（240°∠85°）较为一致。说明在储油洞室强开挖卸荷作用下，围岩中岩脉损伤较为强烈。

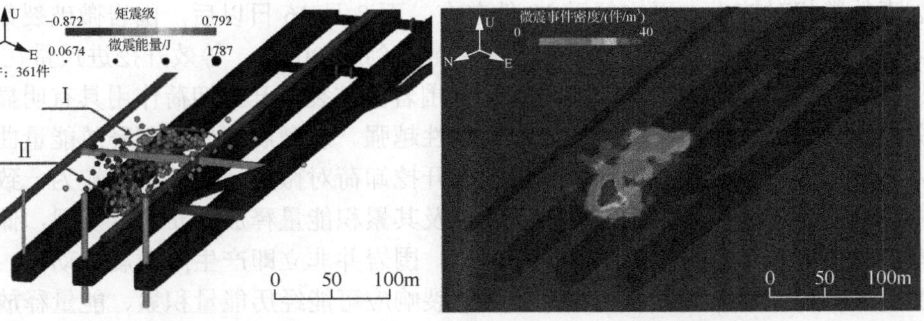

（a）微震事件分布图　　（b）微震事件密度图

图 2.10　地下水封石油洞库微震事件空间分布规律（2014 年 7 月 28 日～2014 年 8 月 26 日）

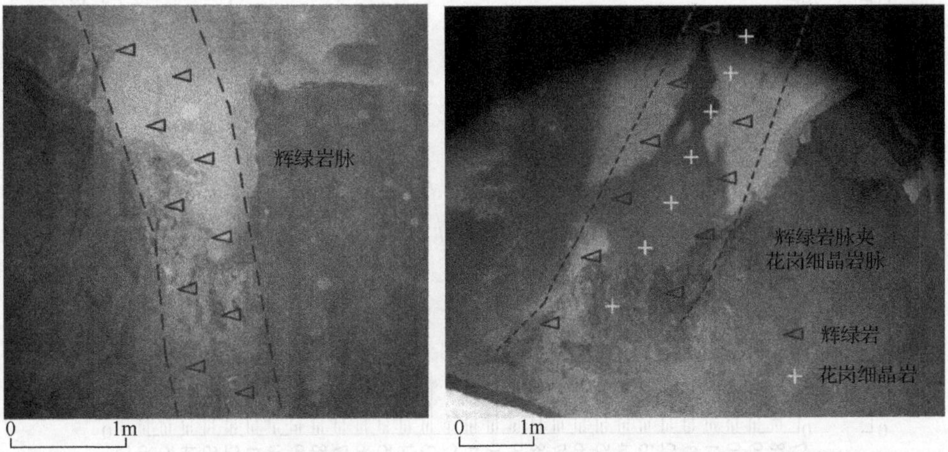

（a）1N 2+45m里程南侧边墙　　（b）1S 2+80m里程北侧边墙

图 2.11　储油洞室 1N、1S 部分辉绿岩脉出露图

2.5.5　地下水封石油洞库围岩微震活动性的时间分布规律

自 2014 年 7 月 28 日锦州地下水封石油洞库微震监测系统成功安装运行以来，除 8 月 2 日、6 日、20 日现场间歇性停电外，系统运行良好，实现对储油洞室 1N、1S，水幕巷道 1、水幕巷道 2 和水幕巷道 6 构成的研究区域内（图 2.5 中放大的区域）围岩微破裂的全天候监测。图 2.12 表示监测期间洞库围岩微震活动性及其累积释放能量随时间变化规律。需要说明的是，等效开挖进尺是按照如下步骤获得的。先计算洞室开挖爆破损伤范围[94]，然后统计影响到监测区域内的爆破进尺量，并按照每次开挖断面面积与储油洞室下层开挖面面积的关系，等效为下层开挖的进尺量。比方说，中层开挖面高度为 12m，下层开挖面高度为 6m，则中层开挖进尺 1m，相当于下层开挖进尺 2m。整体上看，监测截至 8 月 15 日，微

震事件数相对较少，平均每天 10 件左右，而 8 月 16 日以后，围岩微破裂数量呈现明显增加的趋势，平均每天微震事件数达到近 20 件。等效开挖进尺量在 8 月 15 日以后整体上也明显增加，可以认为围岩微破裂与开挖卸荷作用具有明显的相关性，开挖进尺越大，围岩微破裂活动性越强。从微震事件累积释放能量曲线可以看出，围岩微破裂能量释放总体上与开挖卸荷对微震活动性影响较为一致。另外，通过分析开挖进尺量与微震活动性及其累积能量释放分布可以发现，储油洞室开挖进尺大时，开挖卸荷作用亦明显，围岩并非立即产生高微震活动性。这说明开挖卸荷作用下，储油洞库围岩微破裂响应可能经历能量积累、能量释放和能量转移的循环，存在一定的时间效应[95]。

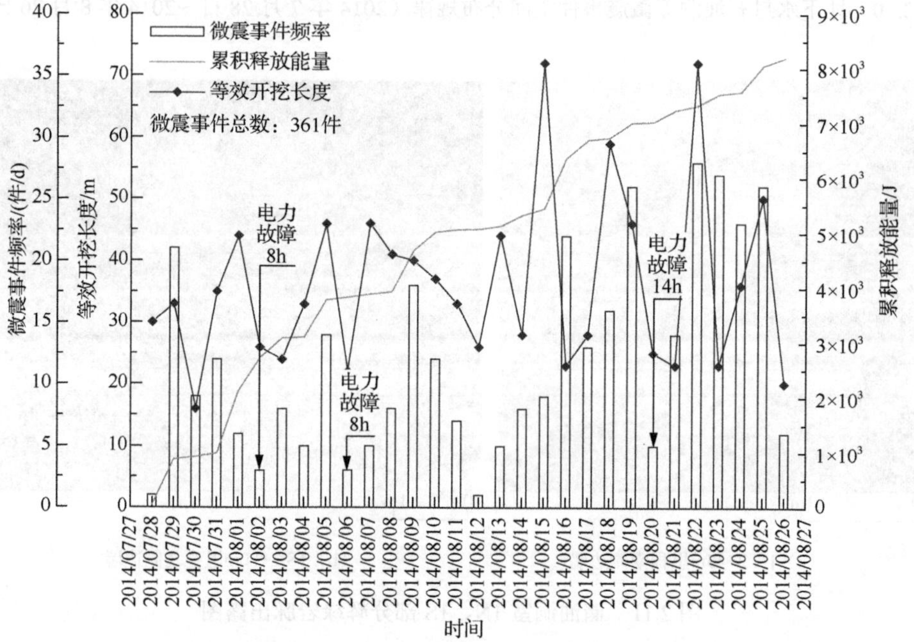

图 2.12　监测期间洞库围岩微震活动性及其累积释放能量随时间变化规律

2.5.6　地下水封石油洞库局部稳定性分析

图 2.13 为卸荷开挖作用下地下水封石油洞库围岩微震事件分布及密度云图。微震事件密度云图反映岩体微破裂聚集程度，密度越大（颜色越深），表示岩体微破裂越多，其微震能量与岩体破裂前应力值相对越高[95]。监测初期，储油洞室 1N 中层开挖至 2+66m 里程，微破裂萌生于掌子面附近，并在北边墙呈现聚集趋势［图 2.13（a）和图 2.13（b）］。8 月 9 日，储油洞室 1N 中层掌子面推进至 2+17m 里程，1S 下层开挖至 3+39m 里程，1N　2+45m～2+55m 里程南侧边墙岩体微破裂事件聚集。此时，2+70m～3+10m 里程围岩也逐渐发生微破裂［图 2.13（c）］。

强开挖卸荷引起围岩应力重分布，致使围岩应力向辉绿岩脉、花岗细晶岩脉接触带转移，形成更多的微破裂聚集[图 2.13（d）]。当储油洞室 1N 中层开挖至 1+52m 里程，储油洞室微破裂聚集呈现两条带状分布［图 2.13（a）和图 2.13（e）]。此时，储油洞室 1N 中层 2+45m～2+55m 里程南侧边墙出现多次小块岩石坠落现象。

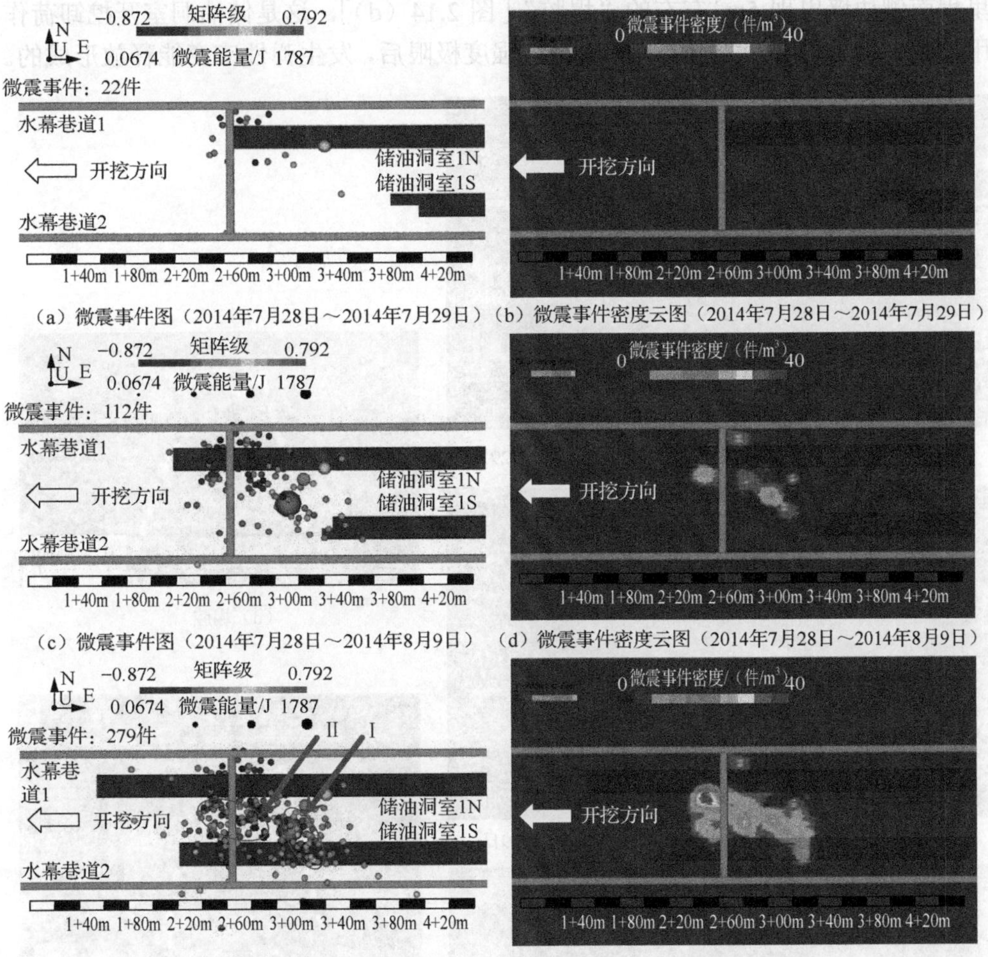

（a）微震事件图（2014年7月28日～2014年7月29日）（b）微震事件密度云图（2014年7月28日～2014年7月29日）

（c）微震事件图（2014年7月28日～2014年8月9日）（d）微震事件密度云图（2014年7月28日～2014年8月9日）

（e）微震事件图（2014年7月28日～2014年8月22日）（f）微震事件密度云图（2014年7月28日～2014年8月22日）

图 2.13　卸荷开挖作用下地下水封石油洞库围岩微震事件分布及密度云图

图 2.14（a）～（c）为三个不同监测时期的地下水封石油洞库围岩微震事件密度云图。微震事件密度云图反映围岩微破裂聚集程度。一般情况下，事件密度越大（颜色越深），表示围岩微破裂越多，其能量释放也较多[53]。监测初期，储油洞室 1N 中层开挖至 2+66m 里程，微破裂萌生于掌子面附近，并在北边墙呈现聚集趋势［图 2.14（a）]。8 月 9 日，储油洞室 1N 中层掌子面推进至 2+17m 里程，1S 下

层开挖至 3+39m 里程，1N 2+45m～2+55m 里程南侧边墙围岩微破裂事件集聚，形成高能量释放区。此时，2+70m～3+10m 里程围岩也逐渐发生微破裂［图 2.14（b）］。由图 2.14（c）可以看出，随着掌子面的继续推进，储油洞室 1S 附近围岩微破裂明显增多。经过连续的实地踏勘，8 月 9 日在储油洞室 1N 中层 2+45m～2+55m 里程南侧边墙出现 $5m^3$ 左右的“塌腔”［图 2.14（d）］，这是储油洞室开挖卸荷作用导致该区域围岩应力升高，超过围岩强度极限后，发生弹性应变能释放形成的。

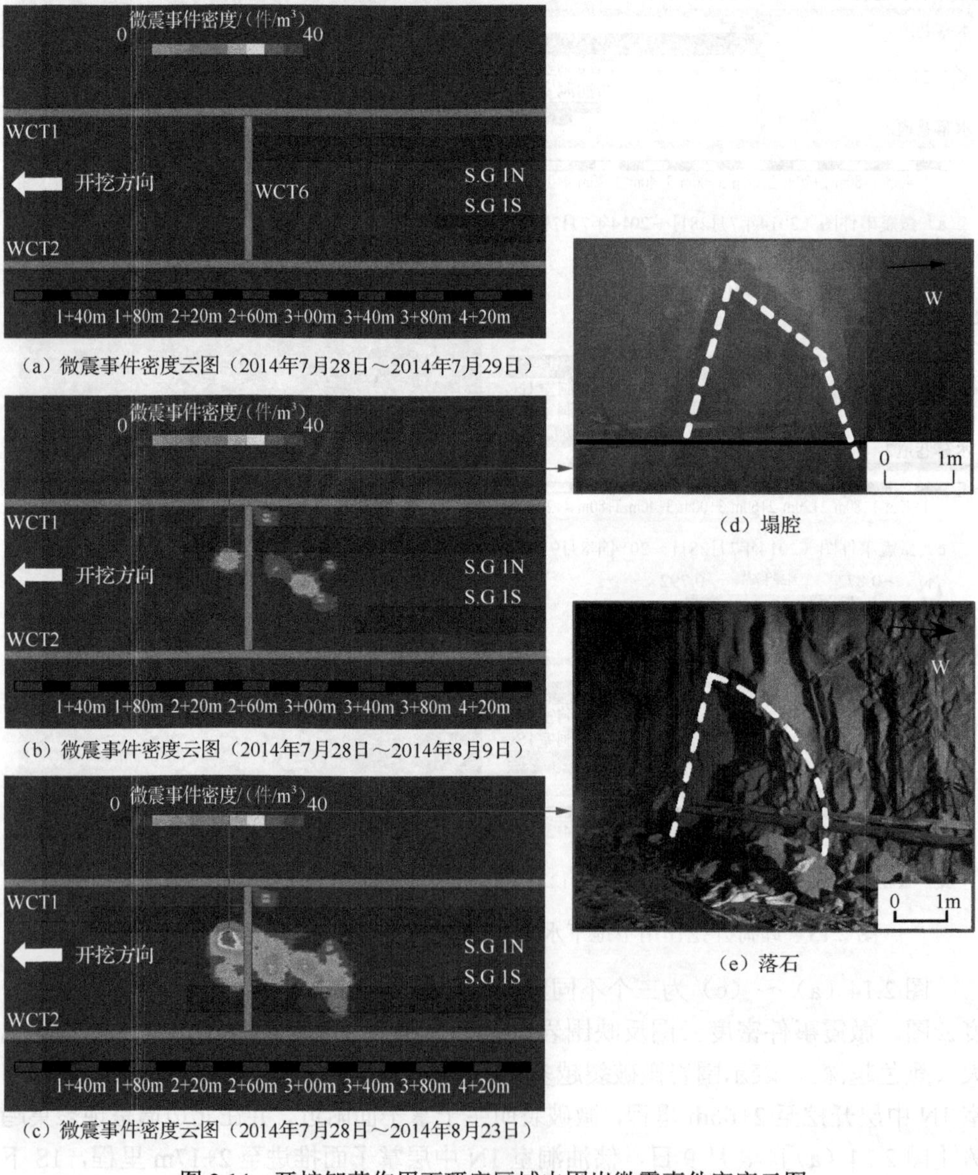

（a）微震事件密度云图（2014年7月28日～2014年7月29日）

（b）微震事件密度云图（2014年7月28日～2014年8月9日）

（c）微震事件密度云图（2014年7月28日～2014年8月23日）

（d）塌腔

（e）落石

图 2.14　开挖卸荷作用下研究区域内围岩微震事件密度云图

同时，开挖卸荷引起洞室围岩高能量区向储油洞室 1S 转移。此后，2+45m～2+55m 里程微破裂进一步集聚，最终形成多次“落石”的局部不稳定现象［图 2.14（e）］。结合图 2.12 分析可以发现，8 月 9 日围岩累积能量明显升高之前，围岩微震活动性和能量释放经历一个相对平静期，这与文献[96]关于岩石声发射的试验结果是一致的。基于此可知：储油洞室的持续开挖，导致围岩中的辉绿岩脉的损伤加剧，当围岩经历了一个相对平静期后，出现了多次“落石”的不稳定现象（图 2.15）。

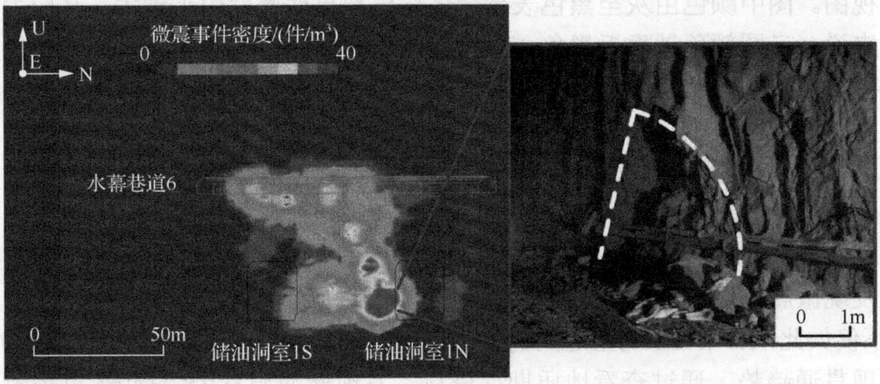

图 2.15　储油洞室 1N 2+45m 里程南侧边墙塌腔图

7 月 28 日微震监测设备运行开始，储油洞室 1N 南侧边墙 2+45m～2+55m 里程附近区域出现微破裂，随着开挖 1N 开挖到 241 里程，该区域微震事件增加至 12 件，云图显示此区域事件密度明显增加，该区域出现超挖现象（图 2.16）。针对储油洞室 1N 中层南侧边墙 2+45m～2+55m 里程岩体破裂过程，通过岩体微震事件演化，从岩体微破裂损伤演化角度进行再现，初步说明了储油洞室开挖过程中，施工扰动对围岩损伤及其稳定性的影响。

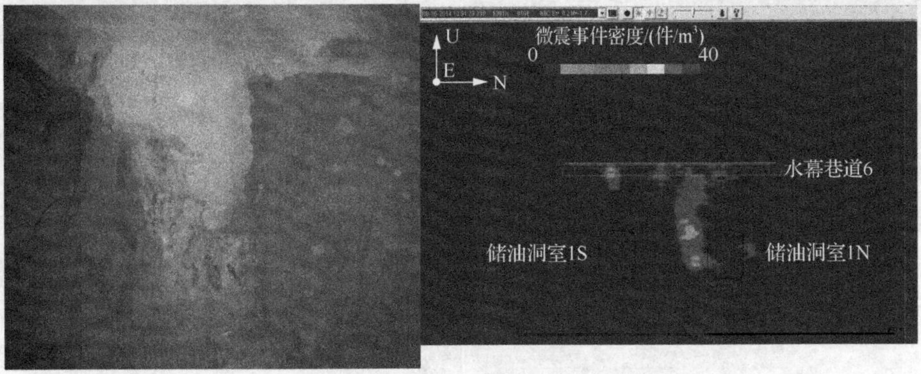

图 2.16　1N 中层南侧边墙 2+45m 里程（摄于 2014 年 8 月 6 日）

地下水封石油洞库是一个系统工程，在大规模的开挖过程中洞室围岩应力始终处在动态调整的过程中，对扰动区岩体微破裂演化规律进行全程监测，就可以明晰洞库岩体损伤的本质。从而可以判定开挖过程中岩体的应力发展趋势，推测可能的导水通路，这为主洞室的爆破开挖、后期的灌浆支护和施工提供参考依据。

图 2.17（a）～图 2.17（l）和图 2.18（a）～图 2.18（l）分别为储油洞室 1N 中层南侧边墙 2+45m～2+55m 里程与微震监测研究区域内微震事件密度图俯视图和右视图。图中颜色由灰至黑色表示岩体微破裂事件密度由小到大，从应力分析角度来说，云图颜色越靠近黑色，在微破裂发生前，岩体应力较本身强度越大，即越有可能发生破裂。由图 2.17 和图 2.18 可以发现，微震监测区域岩体微破裂首先萌生在储油洞室 1N 北侧边墙 2+80m 里程上层区域，可能由于 2+66m 里程爆破施工造成此处节理裂隙的微破裂。随着开挖的进行，监测区域应力不断调整，储油洞室 1N 中层南侧边墙 2+45m～2+55m 里程区域岩体微破裂不断聚集，岩体能量一部分以微破裂不断释放，另一部分向岩脉深部发生转移。结合分析结果，我们发现微震监测研究区域岩体微破裂损伤区域与该区域的辉绿岩脉展布较为一致。不仅如此，1N 和 1S 洞室之间的岩体微破裂损伤区域在 2+40m 里程附近扩展，并呈现贯通趋势。通过查看地质勘探资料，发现储油洞室 1S 2+40m 里程附近发育花岗细晶岩脉，岩脉与花岗岩接触面较为破碎，是微震活动性较为频繁的区域，也可能成为地下水流动通道，这对指导灌浆设计施工具有重要的意义。

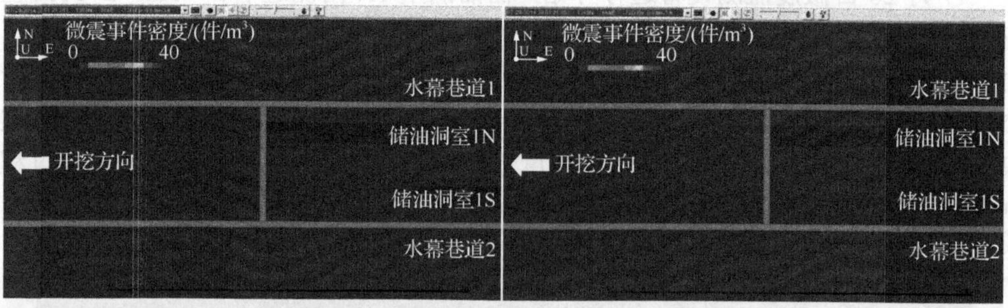

（a）2014年7月28日～2014年7月29日（储油洞室1N 2+66m里程）

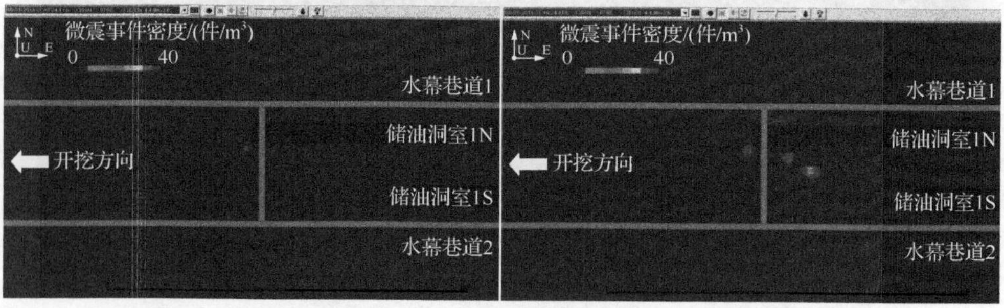

（b）2014年7月28日～2014年8月1日（储油洞室1N 2+54m里程）

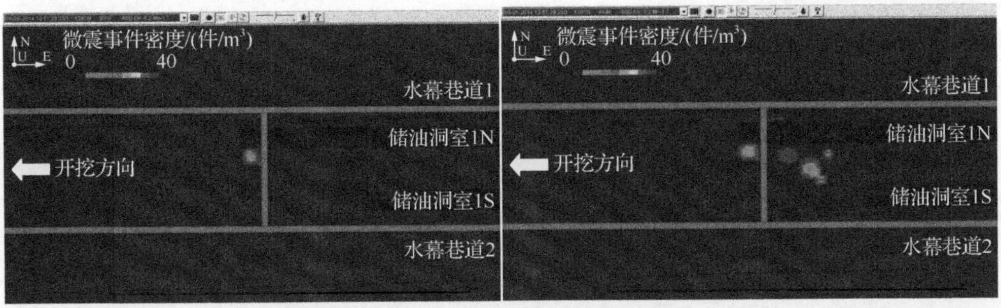

（c）2014年7月28日～2014年8月5日（储油洞室1N 2+41m里程）

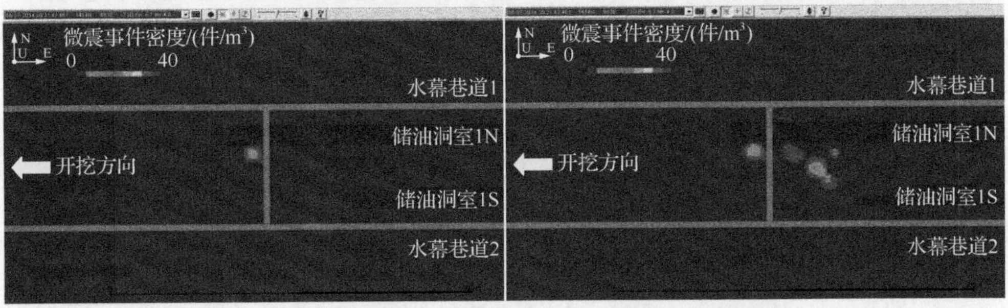

（d）2014年7月28日～2014年8月7日（储油洞室1N 2+30m里程）

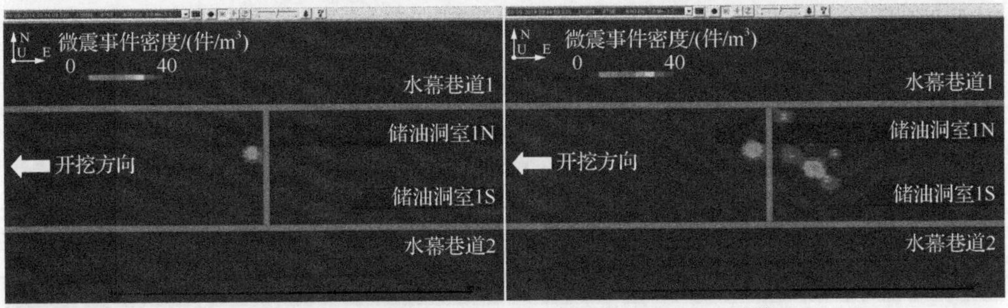

（e）2014年7月28日～2014年8月9日（储油洞室1N 2+17m里程）

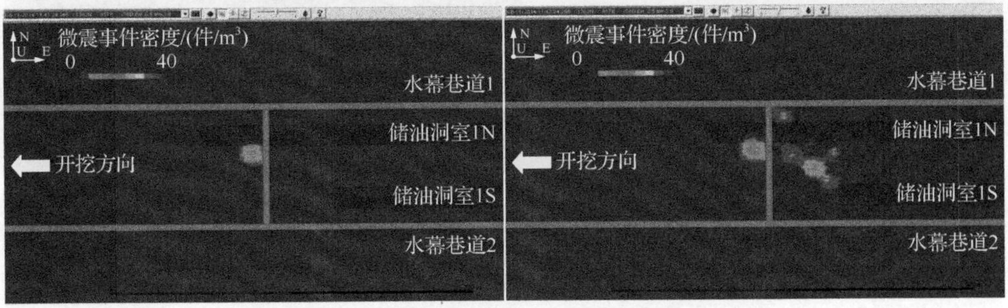

（f）2014年7月28日～2014年8月11日（储油洞室1N 2+6m里程）

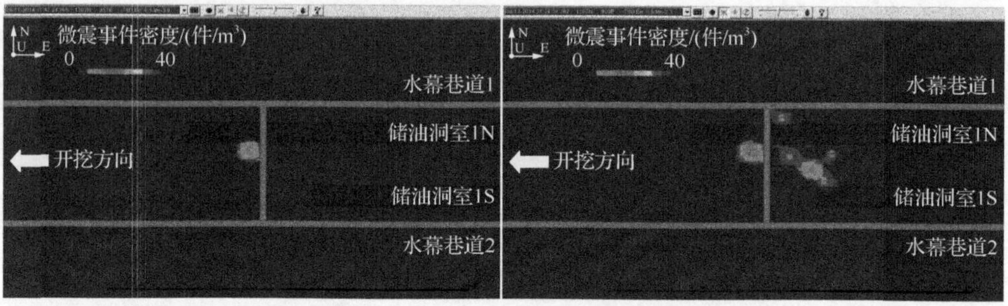

（g）2014年7月28日～2014年8月13日（储油洞室1N 1+95m里程）

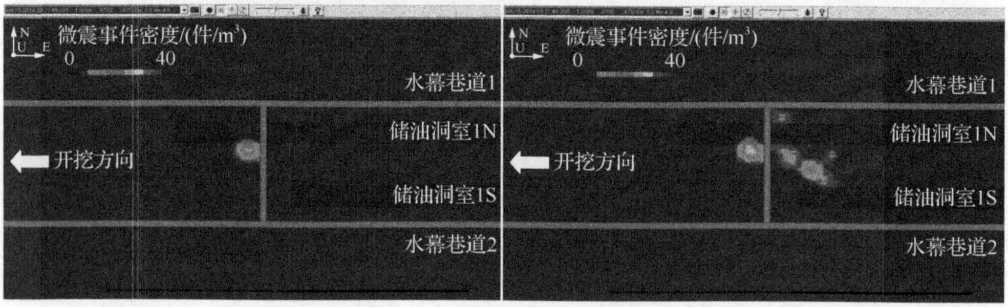

（h）2014年7月28日～2014年8月15日（储油洞室1N 1+84m里程）

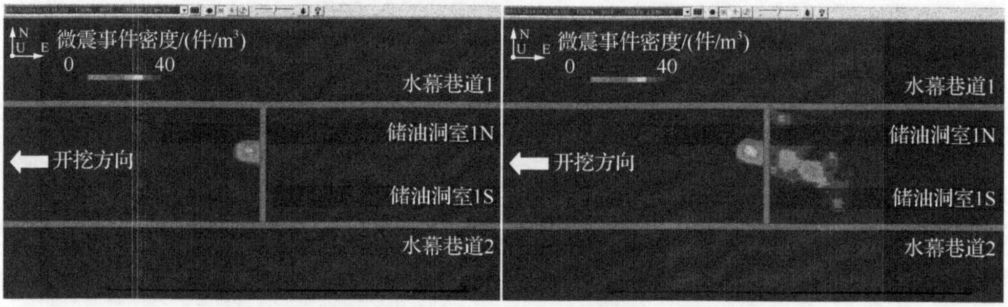

（i）2014年7月28日～2014年8月17日（储油洞室1N 1+73m里程）

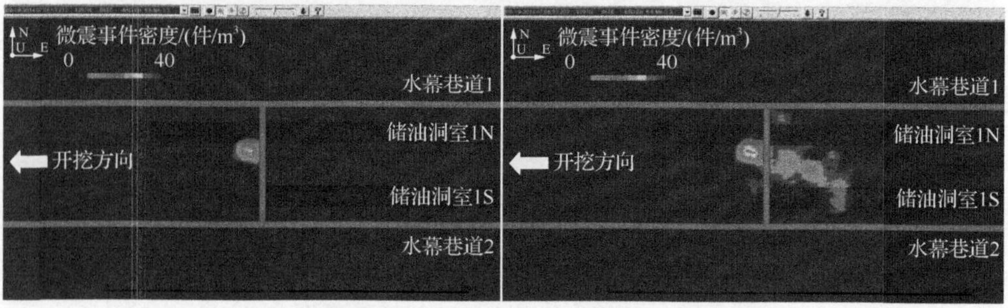

（j）2014年7月28日～2014年8月19日（储油洞室1N 1+63m里程）

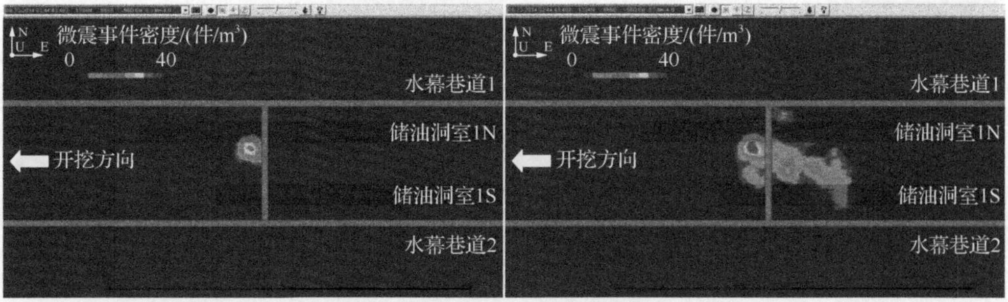

（k）2014年7月28日～2014年8月22日（储油洞室1N 1+52m里程）

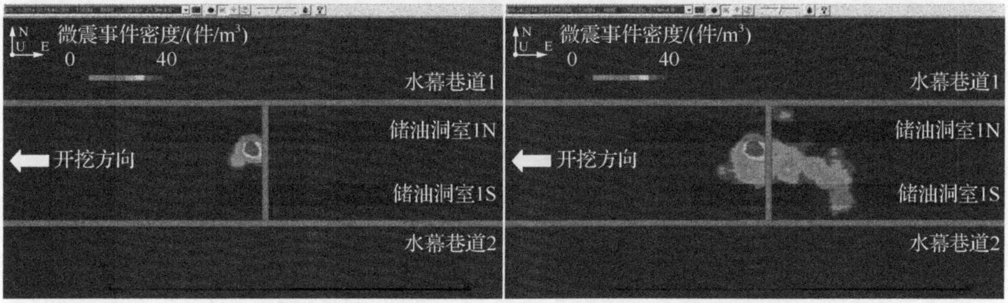

（l）2014年7月28日～2014年8月24日（储油洞室1N 1+42m里程）

图2.17　案例区域与微震监测研究范围内微震事件密度图（俯视图）

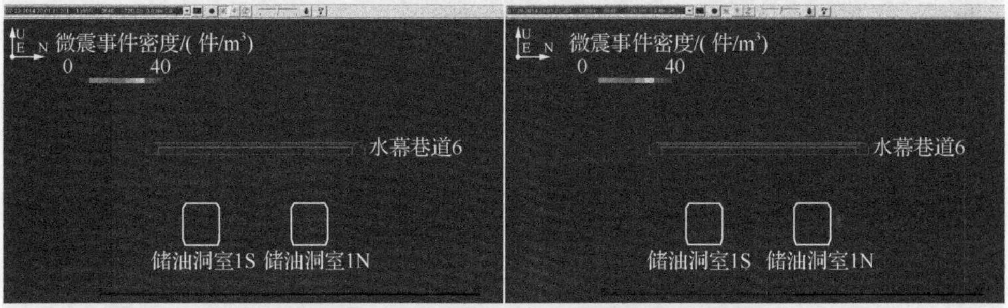

（a）2014年7月28日～2014年7月29日（储油洞室1N 2+66m里程）

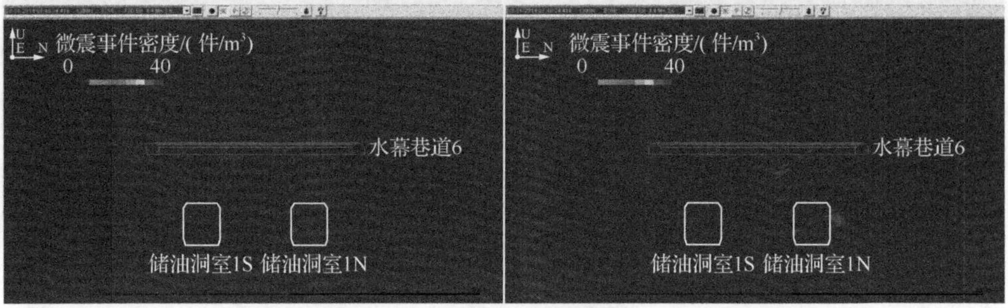

（b）2014年7月28日～2014年8月1日（储油洞室1N 2+54m里程）

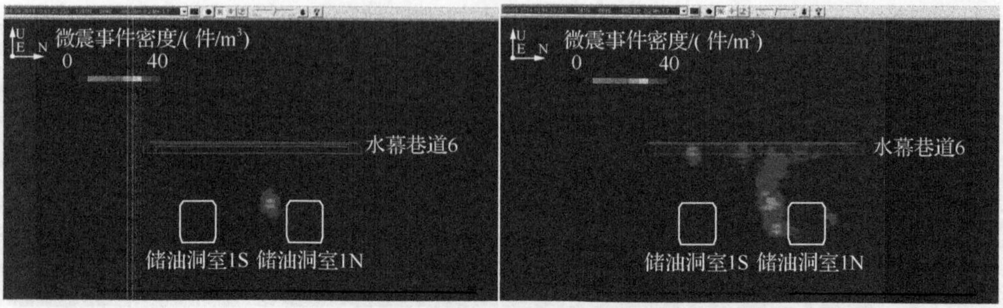

（c）2014年7月28日～2014年8月5日（储油洞室1N 2+41m里程）

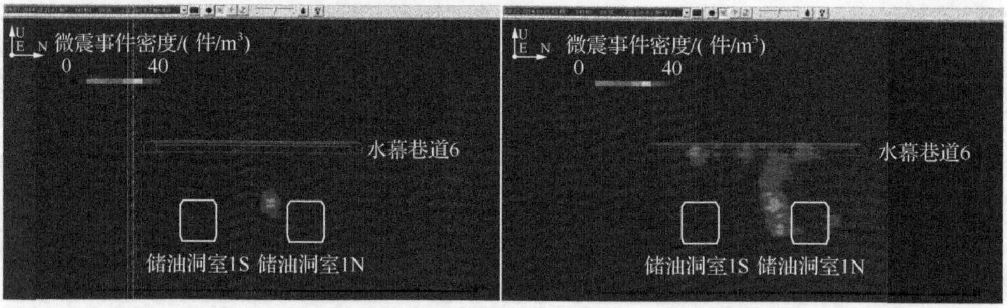

（d）2014年7月28日～2014年8月7日（储油洞室1N 2+30m里程）

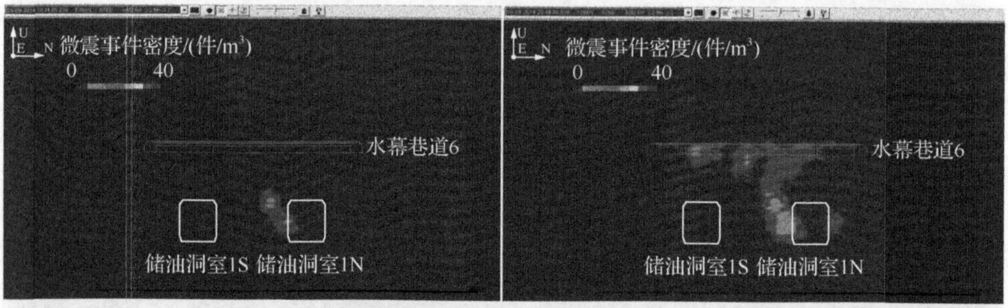

（e）2014年7月28日～2014年8月9日（储油洞室1N 2+17m里程）

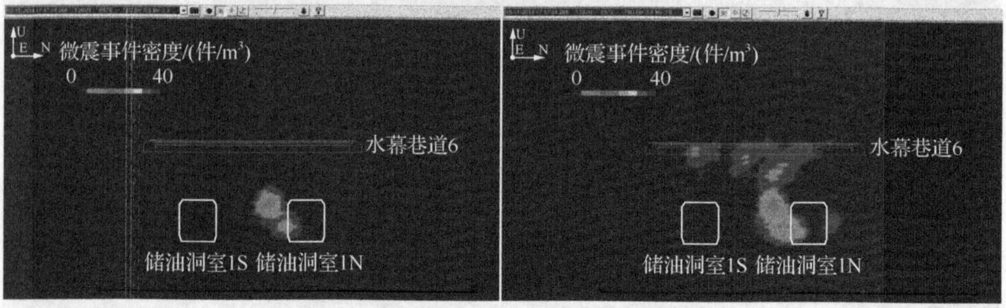

（f）2014年7月28日～2014年8月11日（储油洞室1N 2+6m里程）

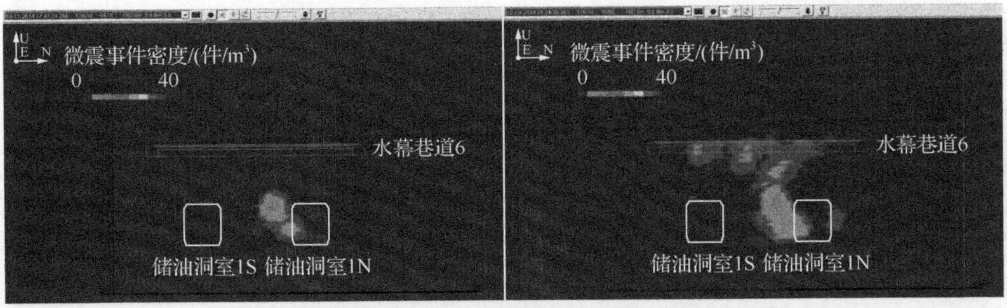

（g）2014年7月28日～2014年8月13日（储油洞室1N 1+95m里程）

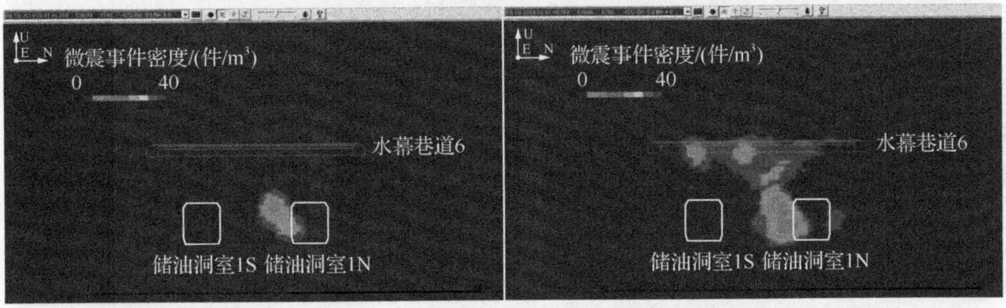

（h）2014年7月28日～2014年8月15日（储油洞室1N 1+84m里程）

（i）2014年7月28日～2014年8月17日（储油洞室1N 1+73m里程）

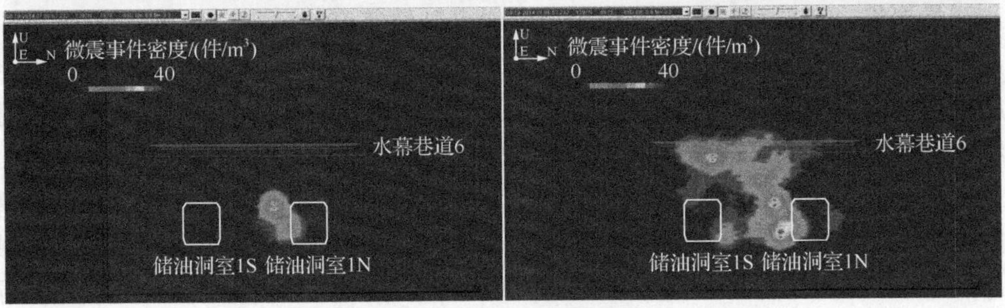

（j）2014年7月28日～2014年8月19日（储油洞室1N 1+63m里程）

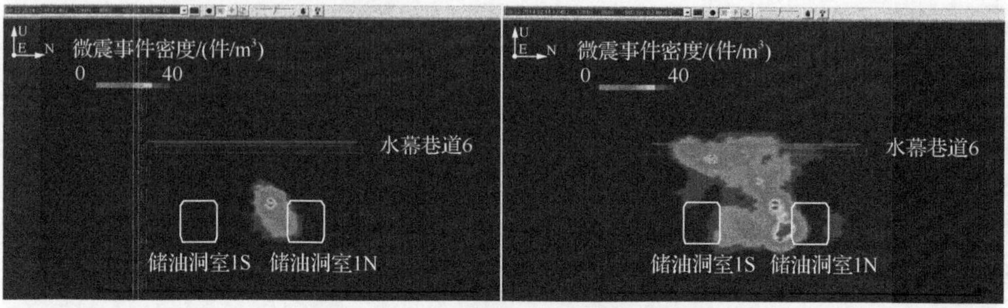

（k）2014年7月28日～2014年8月22日（储油洞室1N 1+52m里程）

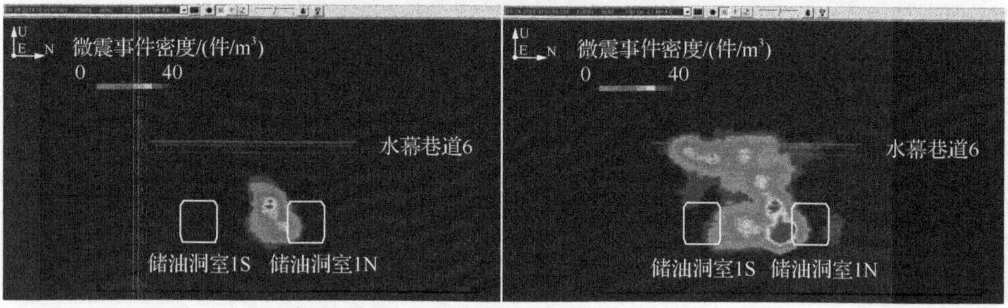

（l）2014年7月28日～2014年8月24日（储油洞室1N 1+42m里程）

图 2.18　案例区域与微震监测研究范围内微震事件密度图（右视图）

当储油洞室 1N 中层开挖至 1+52m 里程，储油洞室围岩微破裂聚集呈现两条带状分布［图 2.19（a）］：一条位于水幕巷道 2N 3+10m 里程附近区域，近水平分布［图 2.19（a）中Ⅰ］；另一条位于储油洞室 1N 与 1S 之间 2+40m～2+60m 里程区域内［图 2.19（a）中Ⅱ］。微震事件密度亦聚集在这两条带状区域内，并且在储油洞室 1N 2+40m～2+60m 里程南侧边墙区域围岩微破裂密度最大［图 2.19（b）］。此区域陆续产生的“塌腔”和“落石”等局部不稳定现象是开挖强卸荷作用下岩体高能量聚集、释放和转移，导致该处围岩微破裂集聚并转化为局部失稳的结果。监测期间锦州地下水封石油洞库研究区域内开挖卸荷作用下围岩微震能量释放密度分布如图 2.19（c）所示，图中将研究区域内的辉绿岩脉、花岗细晶岩脉与能量释放密度包络区域放置在一起。能量释放集中区域与微震事件空间分布较为类似，呈现两个集中区域分布。储油洞室 1N 和 1S 2+40m～2+80m 里程区域内围岩微震能量释放较为集中，竖直方向从洞室底部向上延伸近 40m。该能量释放集中区域局部延伸到 1S 洞室 2+55m 里程附近的花岗细晶岩脉，但是整体上与围岩中辉绿岩脉等的展布（240°∠85°）情况较为一致，说明开挖卸荷导致围岩沿辉绿岩脉能量释放集中，从而导致储油洞室 1N 中层 2+45m～2+55m 里程附近的局部不稳定现象。水幕巷道 2 北侧 3+10m 里程附近亦是能量释放集中区域，分析其与辉绿岩脉和花岗细晶岩脉发育的关系，发现该区域西侧（靠近水幕巷道 6 一侧）与辉绿岩脉发育较为一致，而其另一侧呈现与水幕巷道 6 平行分布，主要是由于受水幕巷道 2 北侧边墙 3+07m 里程与 3+27m 里程水幕孔注水诱发水幕巷道围岩微破裂，能量释放比较集中。另外，两个围岩能量释放集中区域呈现贯通趋势，为洞室开挖卸荷过程中的潜在危险区域，需要密切关注其能量释放规律，把握其发展趋势，为工程上设计和施工提供参考。

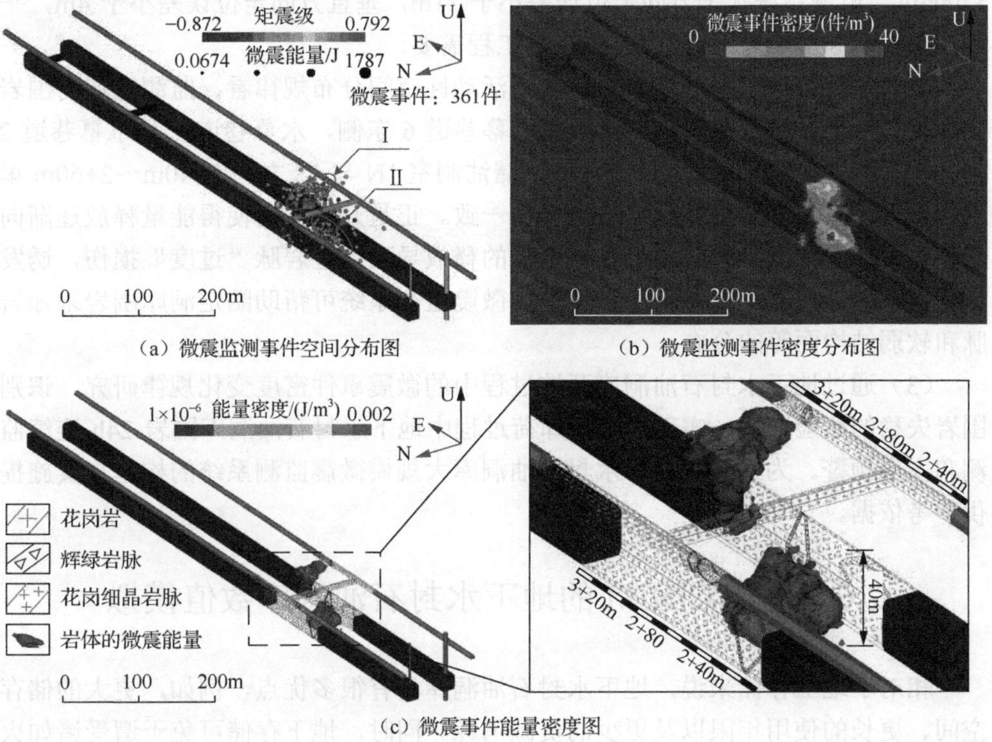

图 2.19　研究区域内微震事件空间分布规律（2014 年 7 月 28 日～2014 年 8 月 26 日）

综合上述分析，我们可以得到，储油洞室爆破施工致使微震监测区域的岩体应力积累，并在辉绿岩脉等软弱结构面处发生破裂，一部分能量通过微破裂释放，另一部分能量沿着结构面向围岩内部传播，并在岩体薄弱区域产生新的破裂，直至能量耗散完毕为止。微震监测系统再现了地下水封石油洞库强卸荷开挖过程中围岩的微破裂萌生、发展及宏观破裂的演化进程，识别和圈定地下水封石油洞库施工期潜在的危险区域，建议在储油洞室开挖过程中，要少装药、少进尺，适时支护。

2.5.7 小结

本节首次尝试将微震这种三维“体”监测方法构建于地下水封石油洞库水幕巷道中，对其下方24m处的储油洞室开挖过程中的洞库围岩微破裂进行实时监测。得到如下结论。

（1）采用人工定点敲击试验方法确定了研究区域岩体整体等效 P 波波速为5200m/s，监测系统水平方向定位误差小于 11m，垂直方向定位误差小于 4m，平均误差小于 8m，其定位精度完全满足工程需要。

（2）从地下水封石油洞库围岩微震活动性空间分布规律看，监测区域内围岩微破裂呈两个条带状分布：一条位于水幕巷道 6 东侧，水幕巷道 1 和水幕巷道 2 之间，与水平面呈缓倾角；另一条位于储油洞室 1N 与 1S 之间 2+40m～2+60m 里程区域内，大致与该区域辉绿岩脉展布一致。正是开挖作用使得能量释放逐渐向辉绿岩脉、花岗细晶岩脉转移，高能量的释放导致这些岩脉“过度”损伤，诱发大量的微破裂。其结果印证了所构建的微震监测系统可帮助圈定洞库围岩未知岩脉和软弱结构面等的分布。

（3）通过地下水封石油洞库开挖过程中的微震事件密度变化规律研究，识别围岩失稳的危险区域，实现对开挖卸荷过程中地下水封石油洞库围岩 24h 连续监测和安全预警。为接下来地下水封石油洞库大规模微震监测系统的构建与实施提供参考依据。

2.6　基于 CDEM 的地下水封石油洞库数值模拟

相对于地上存储来说，地下水封石油洞库具有很多优点，例如，更大的储存空间、更长的使用年限以及更少的资源消耗。同时，地下存储可免于遭受诸如火灾和爆炸等灾难的威胁，使得存储更加安全。对于地下水封石油洞库，地下水的密封减少了原油向周围岩体渗漏的可能。因此，地下水封石油洞库在储存战略能源（原油、液化石油气或者液化天然气）方面，在很多国家得到广泛应用。无论使用地下水封石油洞库储存哪种能源都必须遵守两项基本原则。第一，洞库周围的地下水压应该高于洞库中所储存能源的压力，以防止能源泄漏；第二，洞库周围的岩体必须稳定。但是，地下水封石油洞库的高边墙、大跨度特征以及洞库周围岩体的不连续性，都严重威胁着洞库的稳定性。已有很多学者开展地下水封石油洞库建造期间稳定性方面的研究。Gnirk 等[26]使用概率设计程序建立了一种数值模型用来分析储存压缩空气的洞库的稳定性。Lindblom[97]关于岩石稳定性提出一套标准用以确定地下水封石油洞库满负荷运行完整性。任文明等[98]通过离散元方法描述围岩节理的空间分布特征，分析洞库失稳块体的深度和位置，验证了离散单元法应用于水封石油洞库围岩稳定性中的适宜性。李术才等[99]基于离散介质流固耦合理论，根据岩石三轴试验和结构面剪切-渗流试验成功获取岩石力学和水力学参数，计算出洞库各洞室的位移和应力，精准地评价洞库围岩的稳定性。Yang 等[100]研究了渗流-应力耦合效应对地下水封石油洞库周围岩体各向异性的影响。然而，由于地质构造和岩石特性的不确定性，对于地下水封石油洞库的稳定性机理尚未有统一的认识。随着地下水封石油洞库的规模逐渐扩大，开挖过程中周边岩体的稳定性成为地下水封石油洞库工程能否成功的关键。开挖过程中的卸载效应对地下水封石油洞库的稳定性有很大的影响。因此，有必要联合不同方法来分析建造过程中地下水封石油洞库的稳定性和破坏机理。连续数值模拟方法，比如有限差分法（the finite difference method，FDM）、有限单元法（the finite element method，FEM）、边界单元法（boundary element method，BEM），在处理连续介质力学问题分析时很有优势。非连续方法，比如离散单元法（discrete element method，DEM）和 DDA 法在分析地下水封石油洞库岩体不连续性上有很大作用。但是，地下水封石油洞库周边岩体的破坏和裂隙演化涉及岩体连续到非连续的演化过程，这类研究较少。Munjiza 等[101]、Li 等[102]、Wang 等[103]结合连续和非连续方法的优点，提出耦合方法。这类方法包括（finite discrete element method，FDEM）和连续-非连续单元法（continuous-discontinuous element method，CDEM）。在 Cai 等[104]的研究中，基于连续方法的软件 $FLAC^{3D}$ 结合基于非连续方法的软件 PFC 研究了在大范围地下开挖中的声发射现象。Lisjak 等[105]使用 FDEM 对泥质岩圆形隧道的开挖所造成的裂隙演化进行了模拟。岩体的渐进破坏使用内聚力模型进行模拟。CDEM 不仅能够处理连续和非连续问题，而且能够重现材料从连续状态到非连续状态的渐进破坏和裂隙演化过程。在本节研究中，将使用 CDEM 来模拟地下水封石油洞库的开挖过程。微震监测技术已成功地应用于许多工程项目中，用于监测周围岩体的微裂隙发生过程。本节将使用先进的微震监测系统，用于验证 CDEM 的计算结果。该系统包括安装在岩体中的微震传感器、Paladin 信号采集系统和数据分析中心。

本节研究两个邻近的地下水封石油洞库在建造过程中周围岩体的破坏机理；主要目标包括周围岩体破坏过程的模拟，通过微震监测数据验证 CDEM 结果以及分析地下水封石油洞库的稳定性。

2.6.1　工程概况

使用数值模拟和微震监测的联合方法对一个地下水封石油洞库进行稳定性分析。该项目位于中国辽宁省锦州市，总原油储量 $300\times10^4 m^3$。它包括 8 个储油洞库，分别是1N～4N和1S～4S（图2.20），位于地下100m深度之下。洞库的顶部位于标高-53m，底部位于标高-76m。每个洞库的横截面宽19m，高24m。洞库沿东西轴长946m，两个相邻洞库的距离是48m。本节研究1N和1S储油洞库的建造过程，分析周围岩体的损伤机理，用以评估洞库的稳定性。

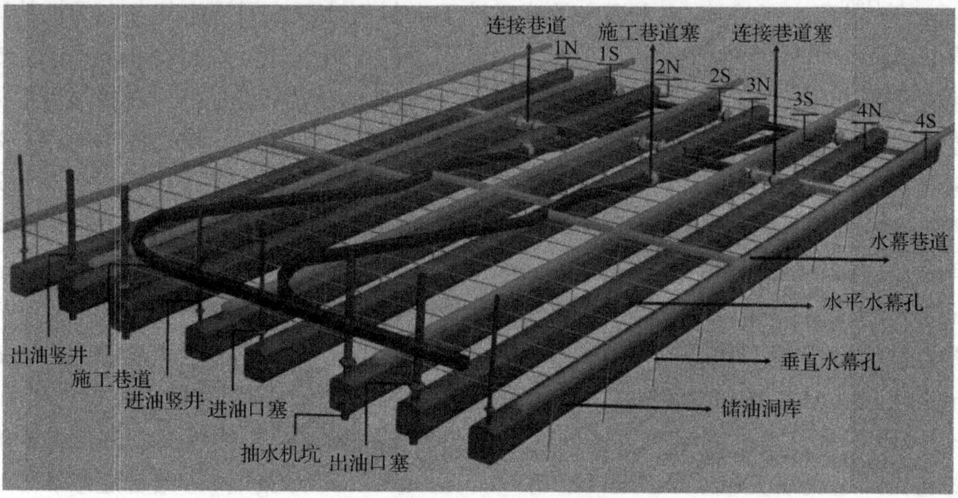

图2.20　锦州地下水封石油洞库项目概览

根据现场调查和实验室试验，地表被残积土覆盖，基岩由粗中粒的花岗岩组成。现场10km内没有发现大范围裂隙。但有一些辉绿岩、细晶岩和闪长岩岩脉（图2.21），走向NNW和NNE，倾角大部分是70°～80°或者40°～50°。由于热液蚀变，在岩脉附近形成节理，地下水主要存在于裂隙网络和节理中。

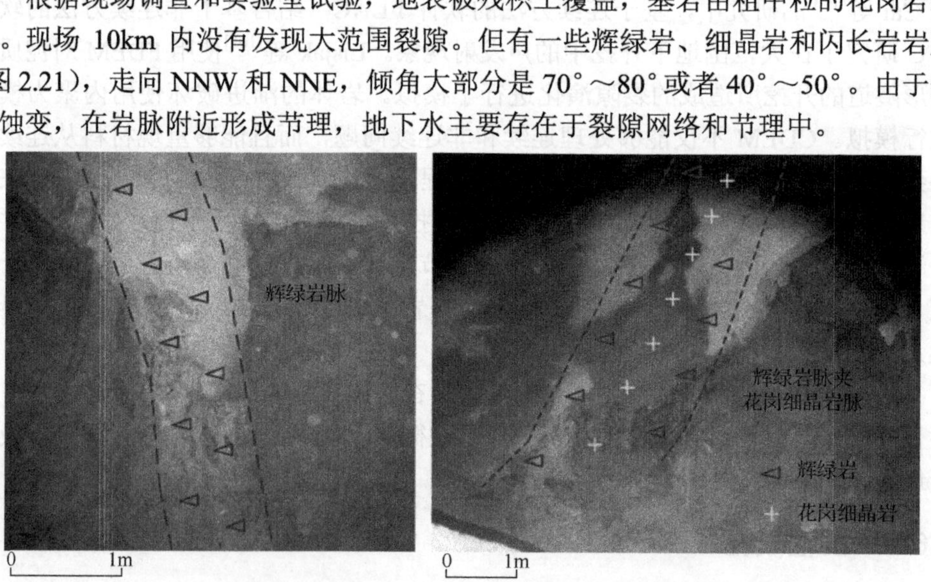

（a）1N 2+45m里程南侧边墙　　（b）1S 2+80m里程北侧边墙

图2.21　储油洞室1N和1S部分辉绿岩脉出露图

由于储油洞库横截面较大，采取三阶段控制的爆破方法进行挖掘。这些储油洞库的开挖顺序是从上部到中部再到下部（图 2.22）。每一个工作面高 8m，根据岩石分类采用具体方法进行挖掘。上、中、下工作面同时挖掘，并保持一定的开挖距离以确保安全。每 3～4d 进行中间层面的开挖爆破，深度 10m，体积 4000m^3。下工作面的挖掘速度是 5～10m/d。多层面洞库开挖的特征是开挖速度快、开挖范围大及伴随强卸荷过程。

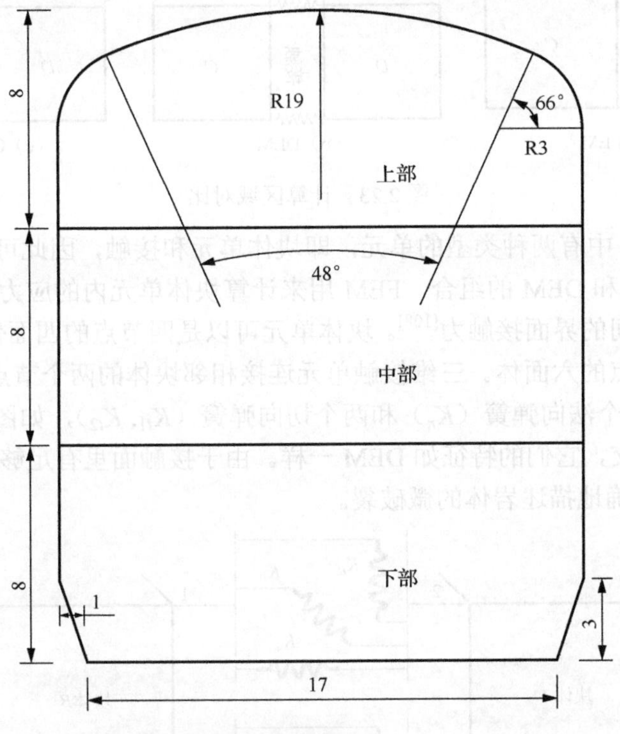

图 2.22　储油洞库开挖断面（单位：m）

2.6.2　连续-非连续单元法的基本原理

CDEM 控制方程参考文献[106]，包括动态平衡方程、线性弹性本构方程和应变-位移关系。

1. 计算模型

将计算区域离散成有限单元，可以使用连续、非连续或者部分连续模型。这三种模型分别对应 FEM、DEM 和 CDEM 区域，如图 2.23 所示，用来解决不同类型的问题。通常情况下，FEM 区域用来解决完全连续问题，而 DEM 区域用来解决完全非连续问题，CDEM 区域被用来模拟从连续态到非连续态的问题。根据抗拉强度准则或者莫尔-库仑强度准则[107]，判断接触界面破裂，从而模拟岩体的破裂演化过程。

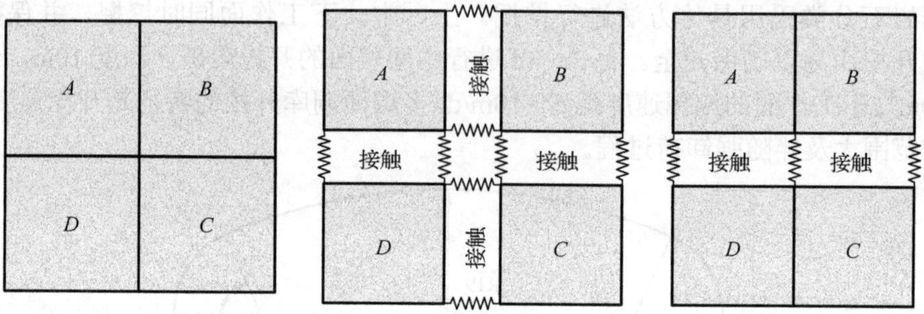

(a) FEM　(b) DEM　(c) CDEM

图 2.23　计算区域对比

在 CDEM 中有两种类型的单元，即块体单元和接触，因此可以认为 CDEM 基本上是 FEM 和 DEM 的组合。FEM 用来计算块体单元内的应力，DEM 用来计算相邻块体之间的界面接触力[108]。块体单元可以是四节点的四面体、六节点的楔形体或者八节点的六面体。三维接触单元连接相邻块体的两个节点，包含三个接触弹簧[109]：一个法向弹簧（K_n）和两个切向弹簧（K_{t1}, K_{t2}），如图 2.24 所示。这些弹簧彼此正交，它们的特征如 DEM 一样。由于接触面里有足够的可断裂弹簧，CDEM 能够准确地描述岩体的微破裂。

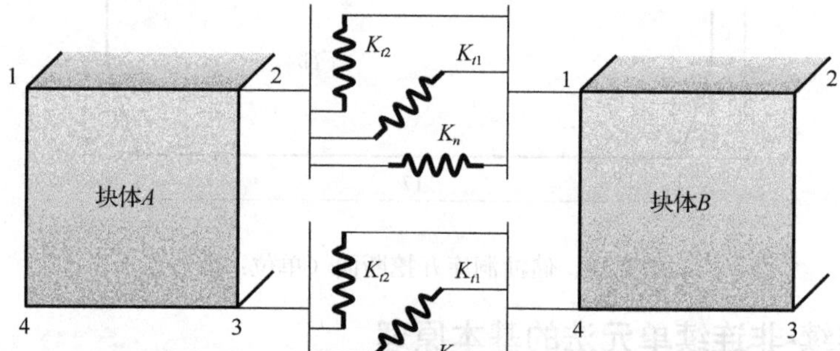

图 2.24　CDEM 中的三维接触：接触 A2-B1 和 A3-B4

2. 破裂准则

使用最大张应力法则和莫尔-库仑强度准则描述岩体的微破裂过程。在使用破裂法则判断岩体破裂之前，先计算接触面里的弹簧力[109]：

$$\begin{cases} F_n^j = -K_n^j \Delta u_n^j \\ F_t^j = -K_t^j \Delta u_t^j \end{cases} \tag{2.2}$$

式中，上标 j 代表第 j 个弹簧；F_n 和 F_t 分别表示法向弹簧力和切向弹簧力；K_n 和 K_t 分别是法向刚度和切向刚度；Δu_n 和 Δu_t 分别表示法向相对位移和切向相对位移。

微裂隙的萌生与扩展沿着相邻两个单元的接触面进行。对于拉伸裂缝或者摩擦裂缝，法向或切向弹簧力需要分别满足以下不等式：

$$F_n \geqslant TA \tag{2.3}$$

$$F_t \geqslant cA + F_n \tan\phi \tag{2.4}$$

式中，A 表示节点面积；T 代表最大拉力；c 和 ϕ 分别代表内聚力和内摩擦角。

随着微裂隙的发展，岩体从连续变为不连续。因此，法向或切向弹簧力应修正为

$$\begin{cases} F_n = 0 \\ F_t = F_n \tan\phi \end{cases} \tag{2.5}$$

3. 显式 CDEM 程序

固体变形方程根据所有力作用在节点上的平衡方程获得，因而获得一组块体平衡方程：

$$[M]^{\mathrm{e}}\{\ddot{u}\}^{\mathrm{e}} + [C]^{\mathrm{e}}\{\dot{u}\}^{\mathrm{e}} + [K]^{\mathrm{e}}\{u\}^{\mathrm{e}} = \{F\}^{\mathrm{e}}_{\mathrm{ext}} \tag{2.6}$$

式中，上标 e 代表单元；$[M]$表示集中质量矩阵；$[C]$表示阻尼矩阵；$[K]$表示刚度矩阵；$\{u\}$表示位移矢量；$\{F\}_{\mathrm{ext}}$ 表示外力矢量，包括体力$\{F\}_{\mathrm{b}}$、弹簧接触力$\{F\}_{\mathrm{s}}$和边界作用力$\{F\}_{\mathrm{t}}$：

$$\{F\}^{\mathrm{e}}_{\mathrm{ext}} = \{F\}^{\mathrm{e}}_{\mathrm{b}} + \{F\}^{\mathrm{e}}_{\mathrm{s}} + \{F\}^{\mathrm{e}}_{\mathrm{t}} \tag{2.7}$$

CDEM 使用混合显式方法用于时间积分。加速度通过中心差分格式求解，速度通过向后差分格式求解。求解格式分别如下：

$$\{a\}^n = \{\ddot{u}\}^n = \frac{\{u\}^{n+1} - 2\{u\}^n + \{u\}^{n-1}}{(\Delta t)^2} \tag{2.8}$$

$$\{v\}^{n+1} = \{\dot{u}\}^{n+1} = \frac{\{u\}^{n+1} - \{u\}^n}{\Delta t} \tag{2.9}$$

式中，$\{a\}$、$\{v\}$和$\{u\}$分别代表加速度、速度和位移；n 代表第 n 时间步；Δt 是时间步长。该显式迭代格式可从式（2.8）和式（2.9）进一步转换成如下形式：

$$\{\dot{u}\}^{n+1} = \{\dot{u}\}^n + \{\ddot{u}\}^n \Delta t \tag{2.10}$$

$$\{u\}^{n+1} = \{u\}^n + \{\dot{u}\}^{n+1} \Delta t \tag{2.11}$$

CDEM 中的显式迭代流程如图 2.25 所示，可概括总结为以下步骤。

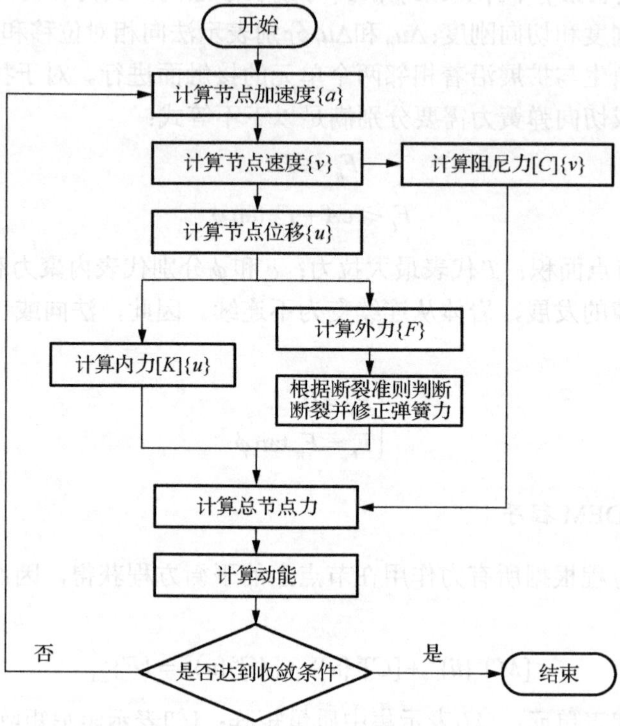

图 2.25　CDEM 求解流程

（1）计算单元 e 的节点外力，包括体力、来自相邻单元的可能的弹簧力和边界作用力。

（2）基于断裂准则判断是否发生微裂隙。如果发生微裂隙，基于式（2.5）修正弹簧力。

（3）计算节点内力

$$\{F\}_{\text{int}}^{\text{e}} = [K]^{\text{e}}\{u\}^{\text{e}} + [C]^{\text{e}}\{\dot{u}\}^{\text{e}} \tag{2.12}$$

（4）计算总节点力

$$\{F\}_{\text{tot}}^{\text{e}} = \{F\}_{\text{ext}}^{\text{e}} - \{F\}_{\text{int}}^{\text{e}} \tag{2.13}$$

（5）根据牛顿第二定律计算节点加速度

$$\{a\}^{\text{e}} = \{\ddot{u}\}^{\text{e}} = \left([M]^{\text{e}}\right)^{-1}\{F\}_{\text{tot}}^{\text{e}} \tag{2.14}$$

（6）分别通过式（2.10）和式（2.11）计算节点速度和位移。

（7）计算系统总动能

$$E_k = \sum_{e} \frac{1}{2} \{v\}^{eT} \{v\}^{e} \tag{2.15}$$

（8）重复上述步骤直到动能达到收敛条件。

根据柯朗-弗里德里希斯-列维（Courant-Friedrichs-Lewy，CFL）稳定性条件，临界时间步长为

$$\Delta t_{cr} = \frac{L_{min}}{C_\rho}, \quad C_\rho = \sqrt{\frac{E}{\rho}} \tag{2.16}$$

式中，L_{min} 表示最小单元尺寸；C_ρ 表示纵波波速；ρ 为密度；E 为弹性模量。

4. CDEM 验证

Li 等[110]最初通过与岩石样品单轴压缩试验结果对比，对 CDEM 进行验证。在其研究中，CDEM 模拟得到的数值结果与实验数据吻合得很好。Zhang 等[111]通过边坡滑移实验验证 CDEM 对裂隙岩石的模拟。通过 CDEM 预测的边坡滑移模式和实验获得的数据相似。Li 等[112]使用 CDEM 预测一个露天矿的倾倒破坏模式，微裂隙发展的数值结果和 GB-lnSAR 监测数据保持一致。Li 等[112]、Ma 等[113]和 Wang 等[103]综述了 CDEM 在工程方面的诸多应用，介绍了 CDEM 基于图形处理器（graphics processing unit，GPU）的并行化，并拓展其应用。本节使用经过验证的 CDEM 研究地下水封石油洞库周围的微裂隙发育。

2.6.3 CDEM 的数值模拟

根据现场调查，建立数值模型如图 2.26 所示，图中模型由不同土层和岩层构成。图中模型包含三个储油洞库，分别命名为 1N、1S 和 2N。所研究的剖面长约 338m，高约 187m。岩体主要由花岗岩组成，此外还含有辉绿岩脉和细晶岩脉。岩体从上到下可分为五层，分别为全风化层、强风化层、中风化层、微风化层和未风化层［如图 2.26（a）］。除岩脉之外，每层岩石由中度颗粒或粗颗粒花岗岩构成，具有不同的风化程度。在该区域没有发现大型裂隙。不同花岗岩层的物理特性和力学特性通过现场调查和实验室试验获得[114]，如表 2.5 所示。表中所示特性部分为扰动岩体特性，其他的是原岩特性，均由中国勘察设计院提供。重力加速度取为 9.8m/s^2。除此之外，还需要考虑原岩应力场。如表 2.6 所示，原岩应力场水平方向的变化在一定范围内。数值模拟中，水平方向应力采用平均的原岩应力场，垂直方向应力由如下公式计算得出：

$$\sigma_v(h) = \int_0^h \rho g \mathrm{d}y \tag{2.17}$$

式中，h 为距地面深处；y 为数值方向坐标。

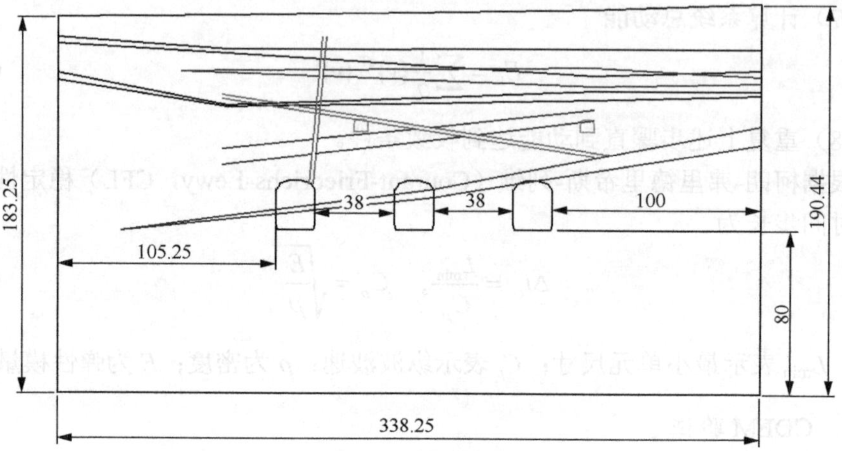

（a）现场调查断面

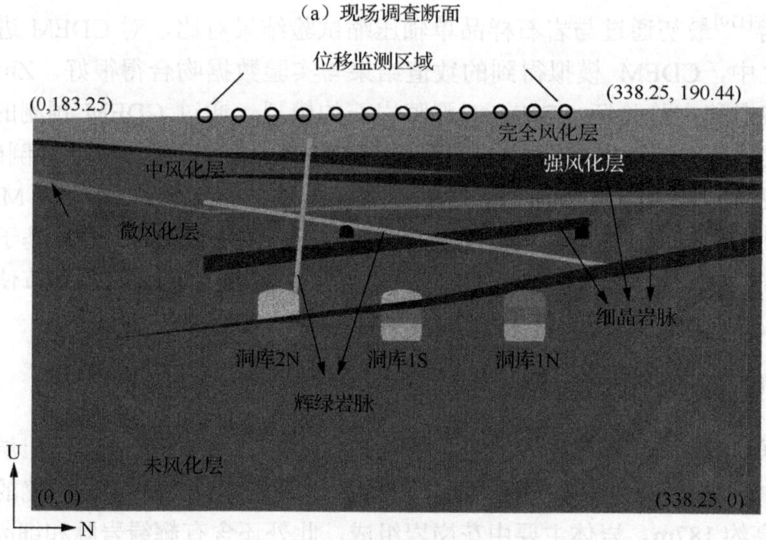

（b）重构数值模型

图 2.26　本研究中的断面模型（单位：m）

表 2.5　岩体物理力学性质

参数岩体	弹性模量 E/GPa	泊松比 ν	密度 ρ/(kg/m^3)	内聚力 c/MPa	内摩擦角 ϕ/(°)	抗拉强度 T/MPa
完全风化花岗岩	20	0.32	2550	0.20	20	0.17
强风化花岗岩	25	0.28	2582	0.40	25	0.34
中风化花岗岩	30	0.24	2614	0.60	30	0.51
微风化花岗岩	35	0.20	2646	0.80	35	0.68
未风化花岗岩	40	0.16	2678	1.00	40	0.85

续表

参数岩体	弹性模量 E/GPa	泊松比 ν	密度 ρ/(kg/m^3)	内聚力 c/MPa	内摩擦角 ϕ/(°)	抗拉强度 T/MPa
细晶岩脉	30	0.20	2618	0.50	25	0.43
辉绿岩脉	30	0.20	2788	0.40	25	0.26

表 2.6　研究区域应力场分布

深度/m	水平方向应力范围/MPa	平均水平方向应力/MPa	竖直方向应力/MPa
≤65	3.14～5.52	3.82	根据式（2.17）计算
＞65	3.63～9.02	6.17	

采用由五面体楔形单元构成的伪三维数值模型，该数值模型准确描述了研究区域的细节，包括五层花岗岩以及其中的辉绿岩脉、细晶岩脉。细晶岩脉正好穿过三个储油洞库，辉绿岩脉穿过水幕洞库［图 2.26（b）］。主要裂缝分布可通过岩脉的位置、尺寸和方向确定。值得注意的是，该工程的稳定问题主要由洞库附近的岩脉引起。因为很难在文献中找到相似的案例，我们更加需要关注该区域水封石油洞库的稳定问题。因而，建立一个准确的数值模型进行数值研究很有必要。

使用该数值模型模拟地下水封石油洞库开挖过程岩体微裂缝的发展情况。洞库的开挖从 1N 开始，到 2S 结束。每个储油洞库按顺序从上层挖到下层。因此，共模拟 9 个开挖阶段，如此大范围的挖掘可能引起强卸荷效应。CDEM 可以准确地模拟复杂的开挖过程，以揭示卸荷机理和评估储油洞库的稳定性。需要指出的是，由于水幕隧道的开挖在储油洞库的开挖之后，在模拟中没有考虑水幕隧道的开挖效应。此外，沿着开挖方向的卸荷效应远小于垂直开挖方向，因而可认为开挖过程洞库周围岩体变形符合平面应变假设。

洞库附近安装加拿大 ESG 微震监测系统。它主要包括几个加速传感器、一个 Paladin 信号收集系统和一个 Hyperion 数据处理系统。一个单分量传感器的灵敏度是 30V/（m·s），其频率变化范围为 50～5000Hz。Paladin 信号采集系统使用数模转换和触发阈值进行采样，采样频率是 20kHz。考虑到该工程的复杂特征，安装了六个频道的微震监测系统。该系统不仅能实时监测微裂隙，而且能够保证稳定的工作状态。微震监测系统覆盖了图 2.5 中的方形区域，监测区域范围为 300m×200m×100m。六个加速传感器在空间中按序排列，用以连续监测微震事件。这些传感器均是单分量传感器，监测方向取决于传感器放置的倾角。传感器放置于不同的倾角，用以收集不同方向的微震信号。使用一些方法比如阈值设定、滤波和带宽检测来识别波形，储存频谱分析图表[114]。

现场调查、微震监测和数值模拟三种手段集成在一个统一的平台上，对地下水封石油洞库建造过程中的稳定性进行分析，如图 2.27 所示。现场调查的目的是设计地下水封石油洞库，它也能提供微震监测的位置和数值模拟模型。微震监测系统提供微震事件的实时数据，并对可能的威胁进行预警。如果发生了任何可能的威胁事件，数值模拟能够进一步预测微裂纹的发展过程以及对洞库的潜在威胁。

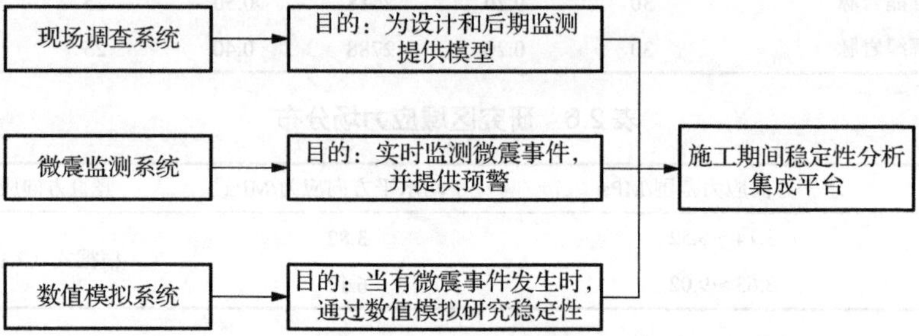

图 2.27　集成系统

通过 CDEM 模拟获得的开挖卸载后裂隙的分布如图 2.28 所示。整体上，裂隙主要分布在四个区域［图 2.28（a）］，包括围绕两个洞库的区域和它们之间的区域。正如现场调查所揭示的那样，一些辉绿岩脉和细晶岩脉通过这些区域［图 2.28（b）］。裂缝的产生主要由卸载后的岩脉引起，从微震监测结果也可以得到相似的结论［图 2.28（c）］。

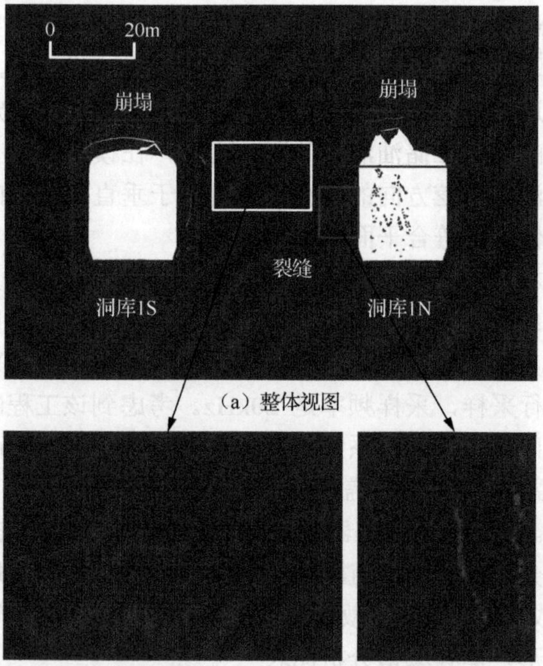

（a）整体视图

（b）微裂缝局部放大视图　　（c）宏观裂缝放大视图

图 2.28　CDEM 数值模拟裂缝分布

对洞库 1N 的更近距离的观察如图 2.29 所示，图中显示了裂隙的两个带状区域分布，如方框形区域所示。在洞库上方的裂隙带几乎呈水平分布，在洞库 1N 南面的裂隙几乎呈垂直分布。洞库上方的方框形区域显示的多是微裂隙，洞库左侧方框形区域显示的多为大裂隙。除了从洞库顶上崩塌的岩石，洞库上方的方框形区域内的大部分岩石产生的损伤没有造成明显的裂隙。然而，洞库左侧方框形区域的岩石因为卸荷效应有明显的裂缝。图 2.29 中的裂缝大部分分布在方框形区域内。从数值模拟中还可以看出，岩石崩塌发生在洞库 1N 的南面，如图 2.30（a）所示。该现象通过现场调查进一步证实，如图 2.30（b）所示。这是由开挖所造成的卸荷效应引起的，导致该区域应力集中。当应力大于周围岩体的强度时，发生破裂，储存在岩体中的弹性能释放。

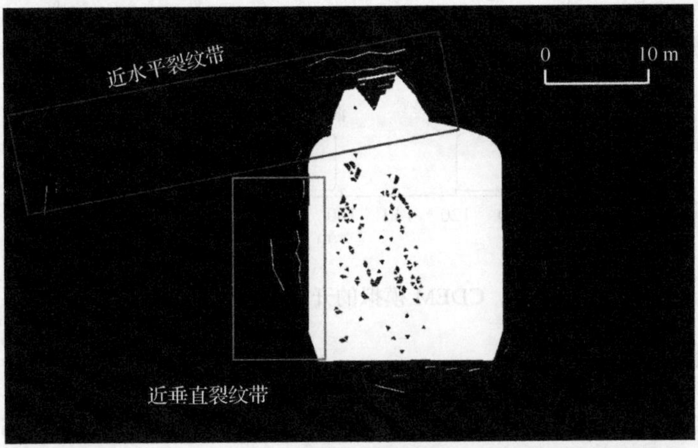

图 2.29　洞库 1N 附件裂纹分布

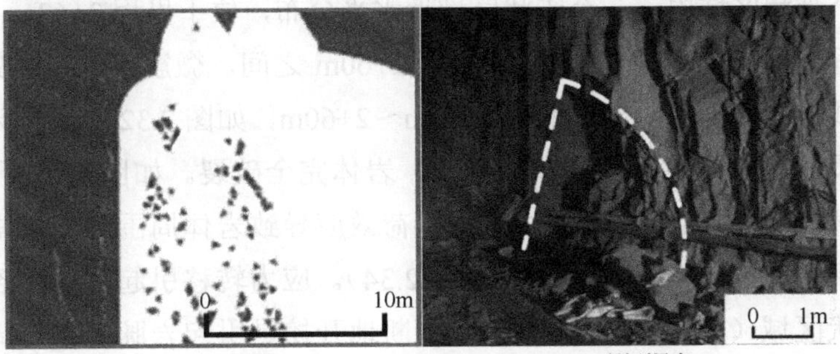

（a）数值模拟　　（b）现场调查

图 2.30　洞库 1N 南面岩石崩塌

从数值模拟中也可以获得地表沉降，如图 2.31 所示。观测到地表沉降的点如图 2.26（b）所示，X 坐标变化范围为 80～260m。位于三个地下水封石油洞库的上方，监测点记录了地下水封石油洞库开挖后岩体的变形。从图 2.31 中我们可以知道沉降的变化范围为 6～14mm，平均沉降 10mm。最大的沉降发生在洞库 1N 和洞库 1S 之间，意味着这片区域周围岩体不稳定的风险最大。从微震监测数据也能得到相似的结果。因此，地表沉降对评估洞库稳定性可以起到指示作用。

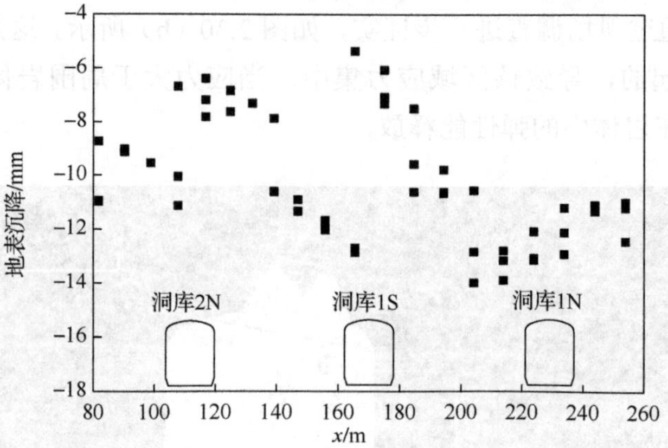

图 2.31　CDEM 模拟的开挖之后地表沉降量

2.6.4　微震监测结果

自 2014 年 6 月 28 日安装微震监测系统以来，到 2014 年 8 月 26 日已经监测到 492 件有效的微震事件，包括 361 件微裂隙事件、123 件爆破事件和 8 件打击事件。开挖和卸荷引起的微裂隙主要分布在洞库 1N 和 1S 及其附近，如图 2.32（a）所示的两个带状区域内。一个带状区域近水平分布，位于里程 2+63m；另一个带状区域近垂直分布，位于里程 2+40m 和 2+60m 之间。微震事件主要集中在这两个带状区域，最大密度发生在里程 2+40m～2+60m，如图 2.32（b）所示。最大密度区域是最危险的区域。因为卸荷作用，岩体完全破裂。如图 2.33 所示，这与图 2.29 的数值模拟结果相似。同时，卸荷效应导致岩体周围应力场重新分布，应力转移到辉绿岩脉和细晶岩脉中（图 2.34）。应力转移引起更多微裂隙，形成了破裂带状区域（图 2.28～图 3.30）。不断地开挖是引起岩脉损害和周围岩体不稳定的主要原因。

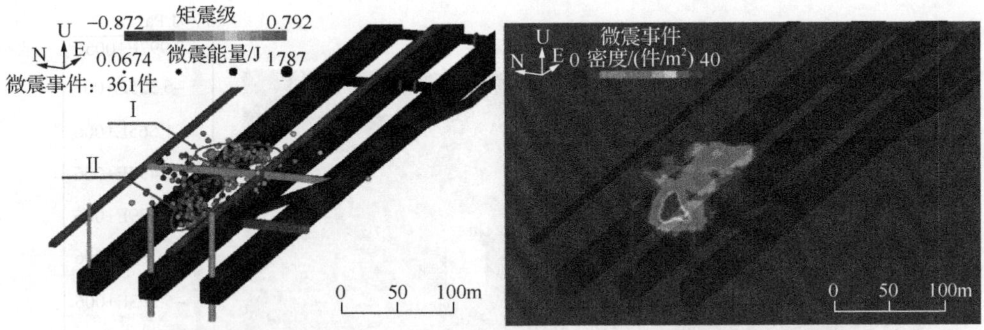

（a）微震事件分布图　　（b）微震事件密度图

图 2.32　地下水封石油洞库微震事件空间分布规律（2014 年 7 月 28 日～2014 年 8 月 26 日）

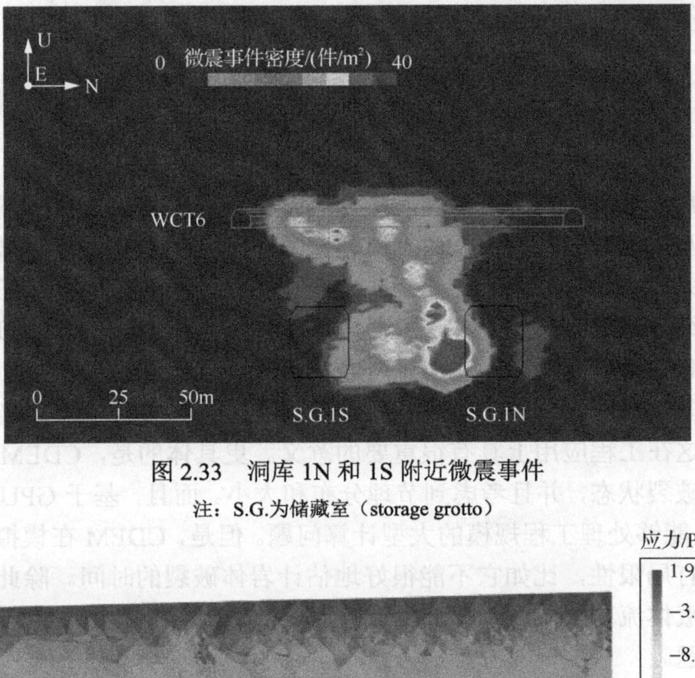

图 2.33　洞库 1N 和 1S 附近微震事件

注：S.G.为储藏室（storage grotto）

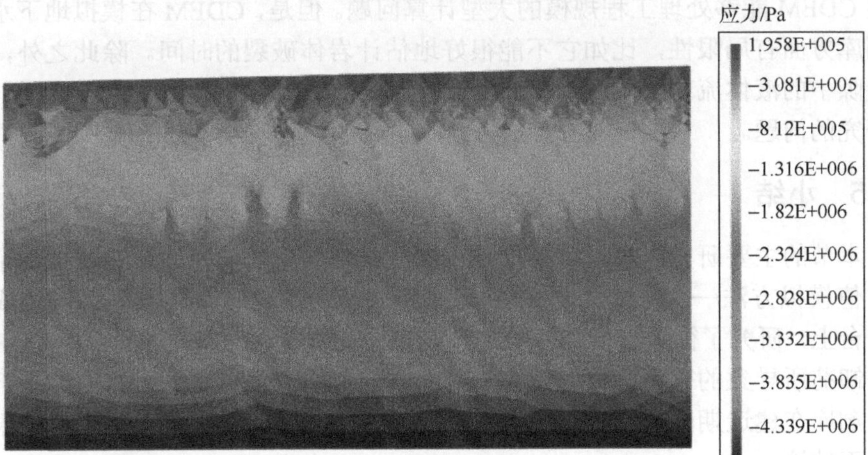

（a）初始 y 方向应力场

（b）开挖后y方向应力场

图 2.34　开挖导致应力转移

地下水封石油洞库的渐进破坏和裂隙的发育并没有得到很好的研究，它们的破坏机理以及裂隙发育机理尚未研究清楚。CDEM 提供了理解渐进破坏和裂隙发育的方法，以及大规模地下开挖卸荷的破坏机理和裂隙发育机理。实际上，CDEM 也能够模拟纯粹连续或者纯粹非连续问题，比如弹塑性问题和岩石节理接触问题，就像 FEM 和 DEM 一样。让 CDEM 更加有利的是引入了破裂机理，能够重现材料从连续到非连续的渐进破坏过程。因此，CDEM 能够模拟破坏、裂隙的成长和节理问题，这在工程应用上具有很重要的意义。更具体的是，CDEM 能够很好地模拟材料的破裂状态，并且考虑到节理分布和大小。而且，基于 GPU 的并行计算使得 CDEM 能够处理工程规模的大型计算问题。但是，CDEM 在模拟地下水封石油洞库方面有局限性，比如它不能很好地估计岩体破裂的时间。除此之外，岩体和裂隙中的液体流动效果在本研究中尚没有引入。这些都是今后 CDEM 进一步需要研究的问题。

2.6.5　小结

本节的主要研究内容是，分析地下水封石油洞库的稳定性。通过把一个全新的数值模拟方法——连续-非连续单元法和一个六通道的微震监测系统集成到统一平台上，研究了微震事件和微裂隙的发育。具体表现为，一方面使用 CDEM 对开挖卸荷所导致的微裂隙进行建模，另一方面使用微震监测系统来监测地下水封石油洞库在建造期间的实时微震事件，同时通过微震监测数据证实模拟结果，得到如下结论。

（1）CDEM 数值模拟和微震监测系统的集成平台在捕捉地下水封石油洞库的

微裂隙上很有成效。CDEM 获得的裂隙区域与微震监测数据吻合。微裂隙主要位于两个带状区域，一个近水平分布，一个近垂直分布。微震事件主要分布在两个带状区域，相似的现象由 CDEM 模拟也可以得到。

（2）数值模拟显示在洞库 1N 南面发生岩石坍塌现象，这与现场观察一致，主要是由开挖卸荷和应力重分布所导致的。高应力导致岩体的破裂和弹性能的释放，不断地开挖导致岩脉的破坏以及周围岩体的局部不稳定。此外，洞库周围的应力场重新分布，将应力转移到辉绿岩脉和细晶岩脉，因此在岩脉区域形成微裂隙。

（3）数值模拟结果证实开挖导致地表沉降。沉降揭示了洞库 1N 和洞库 1S 之间的区域周围岩体有最大的不稳定风险，这可以作为稳定分析和风险评估的预警。

2.7 结　论

本章将微震监测技术应用到地下水封石油洞库开挖卸荷过程中，通过对地下水封石油洞库研究区域的微震监测来研究围岩微破裂的时空演化规律，揭示开挖卸荷作用下地下水封石油洞库能量释放规律及其与围岩稳定性的联系，识别和圈定地下水封石油洞库围岩潜在危险区域，为地下水封石油洞库的科学设计与施工提供参考。主要得到如下结论。

（1）通过对地下水封石油洞库特点的研究分析，结合微震监测系统要求，着眼于储油洞室开挖卸荷作用下的地下水封石油洞库围岩微破裂的能量释放规律，成功构建适用于地下水封石油洞库的微震监测系统，实现对地下水封石油洞库微破裂聚集区域的识别以及围岩稳定性的评价。

（2）采用时频结合分析方法，对微震监测过程中的开挖爆破、机械出渣、风钻钻进等噪声信息进行分析和识别，成功进行噪声滤除，准确、快速获取开挖卸荷过程中地下水封石油洞库围岩微破裂信号，为进一步分析洞室围岩能量释放规律及其稳定性奠定基础。同时，针对前人研究中提及的未知信号特征进行分析，推测其为距离传感器较远的未知的开挖爆破波形。

（3）将微震这种三维“体”监测方法构建于地下水封石油洞库水幕巷道中，对其下方 24m 处的储油洞室开挖过程中的地下水封石油洞库围岩微破裂进行实时监测，可以得出：采用人工定点敲击试验方法确定了研究区域岩体整体等效 P 波波速为 5200m/s，平均误差小于 8m。

（4）锦州地下水封石油洞库围岩微震活动性分布规律与地下水封石油洞库开挖活动密切相关，整体上岩体微破裂事件频率随着开挖尺度的增大而升高，微破裂能量释放也随着增加。从时间上看，开挖卸荷作用下，储油洞库围岩微破裂响应可能经历能量积累、能量释放和能量转移的循环，存在一定的时间效应。2014 年 8 月 15 日以后，围岩微震活动性明显增强，需要注意的是，在开挖过程中控制爆破药量的同时，还应加强洞室变形监测力度。

（5）从锦州地下水封石油洞库围岩微震活动性空间分布规律看，监测区域洞库围岩微破裂呈两个条带状聚集。一条位于水幕巷道 6 东侧，水幕巷道 1 和水幕巷道 2 范围，与水平面呈缓倾角；另一条位于储油洞室 1N 与 1S 范围 2+40m～2+60m 里程区域内，大致与该区域辉绿岩脉展布一致。微震事件聚集区产生“塌腔”和“落石”等局部不稳定现象，这是开挖作用使得能量释放逐渐向辉绿岩脉、花岗细晶岩脉转移，高能量的释放导致这些岩脉“过度”损伤，诱发大量的微破裂。其结果印证了所构建的微震监测系统可帮助圈定洞库围岩未知岩脉和软弱结构面等的分布。

（6）监测期间，研究区域内洞库围岩微震能量释放集中区域和微震事件空间分布比较类似，并与围岩中的辉绿岩脉及局部花岗细晶岩脉的发育密切相关。区域Ⅰ和区域Ⅱ整体上辉绿岩脉等的展布情况（240°∠85°）较为一致，开挖卸荷导致围岩沿辉绿岩脉能量释放集中，从而导致储油洞室 1N 侧区域 2+45m 里程附近的局部不稳定现象。另外两区域呈现贯通趋势，为储油洞室开挖过程中的潜在危险区域，需要密切关注其发展趋势，保证开挖过程中的施工安全和围岩稳定。

（7）通过将一个全新的数值模拟方法——连续-非连续单元法和一个六通道的微震监测系统相互对比研究了地下水封石油洞库的微震事件和微裂隙的发育可知，CDEM 获得的裂隙区域与微震监测数据吻合，数值模拟显示在洞库 1N 南面发生岩石坍塌现象，这与现场观察一致，主要是由开挖卸荷和应力重分布所导致的；数值模拟结果证实开挖导致地表沉降，揭示了洞库 1N 和洞库 1S 之间的区域周围岩体有最大的不稳定风险，这可以作为稳定分析和风险评估的预警，为接下来地下水封石油洞库大规模微震监测系统的构建与实施提供参考依据。

参 考 文 献

[1] Lindblom U E. History and present status of hydrocarbon storage in excavated rock caverns[J]. Journal of Rock Mechanics in Petroleum Engineering, 1994, 2(4): 29-31.

[2] 王忠康，顾晓薇，谢乾坤，等. 地下水封石油储库硬岩大断面控制爆破[J]. 中国矿业, 2020, 29(2): 138-142.

[3] Sun J P, Zhao Z Y, Zhang Y. Determination of three dimensional hydraulic conductivities using a combined analytical/neural network model[J]. Tunnelling and Underground Space Technology, 2011, 26(2): 310-319.

[4] Yu C, Deng S C, Li H B, et al. The anisotropic seepage analysis of water-sealed underground oil storage caverns[J]. Tunnelling and Underground Space Technology, 2013, 38: 26-37.

[5] 宋俊杰. 基于改进 AHP 模糊综合评判的洞库围岩质量分级研究[D]. 北京：中国地质大学, 2010.

[6] 宋琨. 花岗片麻岩体渗透特性及水封条件下洞库围岩稳定性研究[D]. 北京：中国地质大学, 2012.

[7] 王章琼, 晏鄂川, 鲁功达, 等. 我国大陆地下水封洞库库址区地应力场分布规律统计分析[J]. 岩土力学, 2014, 35(增刊 1): 251-256.

[8] Aberg B. Prevention of gas leakage from unlined reservoirs in rock[J]. Storage in Excavated Rock Caverns: Rockstore, 1997, 77: 399-413.

[9] Yang D W, Kim D S. Preliminary study for determining water curtain design factor by optimization technique in underground energy storage[J]. International Journal of Rock Mechanics and Mining Sciences, 1998, 35(4): 409-514.

[10] Yamamoto H, Pruess K. Numerical simulations of leakage from underground LPG storage caverns[R]. Berkeley: Ernest Orlando Lawrence Berkeley National Laboratory, 2004.

[11] Benardos A G, Kaliampakos D G. Hydrocarbon storage in unlined rock caverns in Greek limestone[J]. Tunnelling and Underground Space Technology, 2005, 20(2): 175-182.

[12] Sun J P, Zhao Z Y. Effects of anisotropic permeability of fractured rock masses on underground oil storage caverns[J]. Tunnelling and Underground Space Technology, 2010, 25(5): 629-637.

[13] Goel R K, Singh B, Zhao J. Underground Infrastructures: Planning, Design, and Construction[M]. Oxford: Butterworth-Heinemann, 2012.

[14] 谢和平, 鞠杨, 黎立云. 基于能量耗散与释放原理的岩石强度与整体破坏准则[J]. 岩石力学与工程学报, 2005, 24(17): 3003-3010.

[15] Mccreary R, Mcgaughey J, Potvin Y, et al. Results from microseismic monitoring, conventional instrumentation, and tomography surveys in the creation and thinning of a burst-prone sill pillar[J]. Pure and Applied Geophysics, 1992, 139(3-4): 349-373.

[16] Theodore I U, Trifu C I. Recent advances in seismic monitoring technology at Canadian mines[J]. Journal of Applied Geophysics, 2000, 45(4): 225-237.

[17] Wang H L, Ge M C. Acoustic emission/microseismic source location analysis for a limestone mine exhibiting high horizontal stresses[J]. International Journal of Rock Mechanics and Mining Sciences, 2008, 45(5): 720-728.

[18] Kaiser P K. Seismic hazard evaluation in underground construction[C]//Proceedings of the 7th International Symposium on Rockburst and Seismicity in Mines(RaSiM7). New York: Rinton Press, 2009: 1-26.

[19] Ma K, Tang C A, Li L C, et al. 3D modeling of stratified and irregularly jointed rock slope and its progressive failure[J]. Arabian Journal of Geosciences, 2013(6): 2147-2163.

[20] Hirata A, Kameokay Y, Hirano T. Safety management based on detection of possible rockbursts by AE monitoring during tunnel excavation[J]. Rock Mechanics and Rock Engineering, 2007, 40(6): 563-576.

[21] Tezuka K, Niitsuma H. Stress estimated using microseismic clusters and its relationship to the fracture system of the Hijiori hot dry rock reservoir[J]. Developments in Geotechnical Engineering, 2000, 84: 55-70.

[22] 李彪, 戴峰, 徐奴文, 等. 深埋地下厂房微震监测系统及其工程应用[J]. 岩石力学与工程学报, 2014, 33(增刊 1): 3375-3383.

[23] Hong J S, Lee H S, Lee D H, et al. Microseismic event monitoring of highly stressed rock mass around underground oil storage caverns[J]. Tunnelling and Underground Space Technology, 2006, 21: 292-297.

[24] Ma K, Tang C A, Wang L X, et al. Stability analysis of underground oil storage caverns by integrated numerical simulation and microseismic monitoring[J]. Tunnelling and Underground Space Technology, 2016, 54: 81-91.

[25] 马克, 唐春安, 梁正召, 等. 基于微震监测的地下水封石油洞库施工期围岩稳定性分析[J]. 岩石力学与工程学报, 2016, 35(7): 1353-1365.

[26] Gnirk P F, Fossum A F. On the formulation of stability and design criteria for compressed air energy storage in hard rock caverns[J]. Proceedings of the Intersociety Energy Conversion Engineering Conference, 1979, 1: 429-440.

[27] 杨明举, 关宝树. 地下水封储气洞库原理及数值模拟分析[J]. 岩石力学与工程学报, 2001, 20(3): 301-305 .

[28] 刘贯群, 韩曼, 宋涛, 等. 地下水封石油洞库渗流场的数值分析[J]. 中国海洋大学学报, 2007, 37(5): 819-824.

[29] 张振刚, 谭忠盛, 万姜林, 等. 水封式 LPG 地下储库渗流场三维分析[J]. 岩土工程学报, 2003, 25(3): 331-335.

[30] 巫润建，李国敏，董艳辉，等. 锦州某地下水封洞库工程渗流场数值分析[J]. 长江科学院院报, 2009, 26(10): 87-91.
[31] Lu M. Finite element analysis of a pilot gas storage in rock cavern under high pressure[J]. Engineering Geology, 1998, 49(3-4): 353-361.
[32] Lee C I, Song J J. Rock engineering in underground energy storage in Korea[J]. Tunneling and Underground Space Technology, 2003, 18(5): 467-483.
[33] 王芝银，李云鹏，郭书太，等. 大型地下储油洞黏弹性稳定性分析[J]. 岩土力学, 2005, 26(11): 1705-1710.
[34] 陈祥. 黄岛地下水封石油洞库岩体质量评价及围岩稳定性分析[D]. 北京：中国地质大学, 2007.
[35] 时洪斌. 黄岛地下水封洞库水封条件和围岩稳定性分析与评价[D]. 北京：北京交通大学, 2010.
[36] 王者超，李术才，乔丽苹，等. 大型地下石油洞库自然水封性应力-渗流耦合分析[J]. 岩土工程学报, 2013, 35(8): 1535-1543.
[37] 许建聪，郭书太. 地下水封洞库围岩地下水渗流量计算[J]. 岩土力学, 2010, 31(4): 1295-1302.
[38] Kim J, Cho W, Chung I, et al. On the stochastic simulation procedure of estimating critical hydraulic gradient for gas storage in unlined rock caverns[J]. Geosciences Journal, 2007, 11(3): 249-258.
[39] Tezuka M, Seoka T. Latest technology of underground rock cavern excavation in Japan[J]. Tunnelling and Underground Space Technology, 2003, 18(2-3): 127-144.
[40] 连建发. 锦州大型地下水封 LPG 洞库岩体完整性参数及围岩稳定性评价研究[D]. 北京：中国地质大学, 2004.
[41] 于崇，李海波，周庆生. 大连地下石油储备库洞室群围岩稳定性及渗流场分析[J]. 岩石力学与工程学报, 2012, 31(增刊 1): 2704-2710.
[42] 杨天鸿，张锋春，于庆磊. 露天矿高陡边坡稳定性研究现状及发展趋势[J]. 岩土力学, 2011, 32(5): 1437-1472.
[43] 唐柏林，张增林. 二滩水利发电站地下厂房洞室群安全监测概述[J]. 大坝观测与土工测试, 2000, 24(3): 25-28.
[44] 王凯南，曹超然，夏叶青，等. 江垭电站地下厂房洞室围岩监测与分析[J]. 人民长江, 2000(2): 35-36, 50.
[45] 黄小应. 天荒坪电站地下厂房洞室群的原型监测及分析[J]. 水力发电, 1998(8): 42-43.
[46] 董家兴，徐光黎，李志鹏，等. 高地应力条件下大型地下洞室群围岩失稳模式分类及调控对策[J]. 岩石力学与工程学报, 2014, 33(11): 2161-2170.
[47] 黄润秋，黄达，段绍辉，等. 锦屏 I 级水电站地下厂房施工期围岩变形开裂特征及地质力学机制研究[J]. 岩石力学与工程学报, 2011, 30(1): 23-35.
[48] 石广斌，李宁. 高地应力下大型地下铜室块体变形特征及其稳定性分析[J]. 岩石力学与工程学报, 2009, 28(增刊 1): 2884-2890.
[49] 夏元友，朱瑞赓. 大型铜室围岩监测方法及其在某水电站边坡洞室的成功应用[J]. 岩石力学与工程学报, 1995, 14(4): 329-335.
[50] 谭恺炎. 地下洞室施工安全监测的设计与实施[J]. 水力发电, 2008, 34(9): 81-84.
[51] 赵星光，邱海涛. 光纤 Bragg 光栅传感技术在隧道监测中的应用[J]. 岩石力学与工程学报, 2007, 26(3): 587-593.
[52] 张良刚. 特大断面板岩隧道围岩变形特征及控制技术研究[D]. 北京：中国地质大学, 2014.
[53] Tang C A, Wang J M, Zhang J J. Preliminary engineering application of microseismic monitoring technique to rockburst prediction in tunneling of Jinping Ⅱ project[J]. Journal of Rock Mechanics and Geotechnical Engineering, 2010, 2(3): 193-208.
[54] 马克，唐春安，李连崇，等. 基于微震监测与数值模拟的大岗山右岸边坡抗剪洞加固效果分析[J]. 岩石力学与工程学报, 2013, 32(6): 1239-1247.
[55] 姜福兴，Xun L，杨淑华. 采场覆岩空间破裂与采动应力场的微震探测研究[J]. 岩土工程学报, 2003, 25(1): 23-25.
[56] 高明仕，窦林名，张农，等. 岩土介质中冲击震动波传播规律的微震试验研究[J]. 岩石力学与工程学报, 2007, 26(7): 1365-1371.

[57] 潘一山, 赵扬锋, 官福海, 等. 矿震监测定位系统的研究及应用[J]. 岩石力学与工程学报, 2007, 26(5): 1002-1011.

[58] 姜福兴, 叶根喜, 王存文, 等. 高精度微震监测技术在煤矿突水监测中的应用[J]. 岩石力学与工程学报, 2008, 27(9): 1932-1938.

[59] Kaiser P K, Vasak P, Suorineni F T, et al. New dimensionals in seismic data interpretation with 3D virtual reality visualtion for burst-prone ground[C]//The 6th International Symposium on Rockburst and Seismicity in Mines: Controlling Seismic Risk, Nedlands: Australian Centre for Geomechanics, 2005.

[60] 徐奴文, 周钟. 水电工程岩质边坡微震监测与稳定性评价[M]. 北京: 科学出版社, 2017.

[61] 唐礼忠, 杨承祥, 潘长良. 大规模深井开采微震监测系统站网布置优化[J]. 岩石力学与工程学报, 2006, 25(10): 2036-2042.

[62] Zhuang D Y, Ma K, Tang C A, et al. Study on crack formation and propagation in the galleries of the Dagangshan high arch dam in Southwest China based on microseismic monitoring and numerical simulation[J]. International Journal of Rock Mechanics and Mining Sciences, 2019, 115: 157-172.

[63] 徐奴文, 唐春安, 沙椿, 等. 锦屏一级水电站左岸边坡微震监测系统及其工程应用[J]. 岩石力学与工程学报, 2010, 29(5): 915-925.

[64] 陆菜平, 窦林名, 吴兴荣, 等. 煤岩冲击前兆微震频谱演变规律的试验与实证研究[J]. 岩石力学与工程学报, 2008, 27(3): 519-525.

[65] 陈炳瑞, 冯夏庭, 曾雄辉, 等. 深埋隧洞 TBM 掘进微震实时监测与特征分析[J]. 岩石力学与工程学报, 2011, 30(2): 275-283.

[66] 莫海鸿, 杨林德. 硬岩地下洞室围岩的破坏机理[J]. 岩土工程师, 1991, 3(2): 1-7.

[67] 张斌. 二滩地下厂房系统围岩稳定性分析[J]. 水电站设计, 1998, 14(3): 72-76.

[68] 史红光. 二滩水电站地下厂房围岩稳定性因素评价[J]. 水电站设计, 1999, 15(2): 75-78.

[69] 丁文其, 杨林德, 鲍德波. 复杂地质条件下地下厂房围岩稳定性分析[C]//新世纪岩石力学与工程的开拓和发展——中国岩石力学与工程学会第六次学术大会论文集. 北京: 中国科学技术出版社, 2000: 632-637.

[70] 陈帅宇, 周维垣, 杨强, 等. 三维快速拉格朗日法进行水布垭地下厂房的稳定分析[J]. 岩石力学与工程学报, 2003, 22(7): 1047-1053.

[71] 张奇华, 邬爱清, 石根华. 关键块体理论在百色水利枢纽地下厂房岩体稳定性分析中的应用[J]. 岩石力学与工程学报, 2004, 23(15): 2609-2614.

[72] 杨典森, 陈卫忠, 杨为民, 等. 龙滩地下洞室群围岩稳定性分析[J]. 岩土力学, 2004, 25(3): 391-395.

[73] 王文远, 张四和. 糯扎渡水电站左岸厂房区地下洞室群围岩稳定性研究[J]. 水力发电, 2005, 31(5): 30-32.

[74] 俞裕泰, 黄赛超. 坚硬而不完整岩体中地下洞室的分期开挖[J]. 地下工程, 1984, 11: 31-35.

[75] 朱维申, 王平. 动态规划原理在洞室群施工力学中的应用[J]. 岩石力学与工程学报, 1992, 11(4): 330-331.

[76] 肖明. 地下洞室施工开挖三维动态过程数值模拟分析[J]. 岩土工程学报, 2000, 22(4): 421-425.

[77] 汪易森, 李小群. 地下洞室群围岩弹塑性有限元分析及施工优化[J]. 水力发电, 2001(6): 35-38.

[78] 朱维申, 李术才, 程峰. 能量耗散模型在大型地下洞群施工顺序优化分析中的应用[J]. 岩土工程学报, 2001, 23(3): 333-336.

[79] 陈卫忠, 李术才, 朱维申, 等. 急倾斜层状岩体中巨型地下洞室群开挖施工理论与优化研究[J]. 岩石力学与工程学报, 2004, 23(19): 3281-3287.

[80] 安红刚. 大型洞室群稳定性与优化的综合集成智能方法研究[J]. 岩石力学与工程学报, 2003, 22(10): 1760.

[81] 姜谙男. 大型洞室群开挖与加固方案反馈优化分析集成智能方法研究[D]. 沈阳: 东北大学, 2005.

[82] 冯夏庭, 周辉, 李邵军, 等. 复杂条件下岩石工程安全性的智能分析评估和时空预测系统[J]. 岩石力学与工程学报, 2008, 27(9): 1741-1756.

[83] 张成斌, 张亚琴, 胡谋鹏, 等. 大断面地下水封石油洞库储油洞室稳定性模拟[J]. 油气储运, 2019, 38(7): 827-832.

[84] 中国石油天然气管道工程有限公司. 锦州国家石油储备库工程项目岩土工程勘察报告[R]. 廊坊: 中国石油天然气管道局, 2010.
[85] 时洪斌, 刘保国. 水封式地下储油洞库人工水幕设计及渗流量分析[J]. 岩土工程学报, 2010, 32(1): 130-137.
[86] Gibowicz S J, Kilko A. An Introduction to Mining Seismology[M]. San Diego, California: Academic Press Inc., 1994: 84-85.
[87] 吕进国, 姜耀东, 赵毅鑫, 等. 基于稳健模拟退火-单纯形混合算法的微震定位研究[J]. 岩土力学, 2013, 34(8): 2195-2203.
[88] 李楠, 王恩元, 孙珍玉, 等. 基于 L1 范数统计的单纯形微震震源定位方法[J]. 煤炭学报, 2014, 39(12): 2431-2438.
[89] 董陇军, 李夕兵, 唐礼忠, 等. 无需预先测速的微震震源定位的数学形式及震源参数确定[J]. 岩石力学与工程学报, 2011, 30(10): 2057-2067.
[90] 王健. 基于油井压裂微震监测的震源定位精度研究及检波器网络优化设计[D]. 长春: 吉林大学, 2012.
[91] Ma T H, Tang C A, Tang L X, et al. Rockburst characteristics and microseismic monitoring of deep-buried tunnels for Jinping Ⅱ hydropower station[J]. Tunnelling and Underground Space Technology, 2015(49): 345-368.
[92] Cete A. Seismic source location in the Ruhr District[C]//Proceedings First Conference on Acoustic Emission/ Microseismic Activity in Geologic, Clausthal, Germany: Trans Tech Publications, 1977: 231-242.
[93] 中国石油天然气管道工程有限公司. 锦州地下水封石油洞库岩土勘察报告[R]. 北京: 中国石油天然气管道工程有限公司, 2010.
[94] Hustrulid W, Lu W. Some general design concepts regarding the control of blast-induced damage during rock slope excavation[C]//7th Rock Fragmentation by Blasting. Beijing: [s.n.], 2002.
[95] Ma K, Tang C A, Xu N W, et al. Failure precursor analysis of surrounding rock mass around cross tunnel in high-steep rock slope[J]. Journal of Central South University of Technology, 2013(20): 207-217.
[96] Laveov A V, Shkuratnik V L. Deformation and fracture-induced acoustic emission in rocks[J]. Acoustical Physics, 2005, 51(S1): 2-11.
[97] Lindblom U E. Design criteria for the Brooklyn Union gas storage caverns at JFK airport[J]. International Journal of Rock Mechanics and Mining Sciences, 1997, 34(3-4): 179.
[98] 任文明, 崔炜, 张安, 等. 离散单元法在地下洞室围岩稳定性分析中的应用研究[J]. 地下空间与工程学报, 2013, 9(增刊 2): 1916-1921.
[99] 李术才, 平洋, 王者超, 等. 基于离散介质流固耦合理论的地下石油洞库水封性和稳定性评价[J]. 岩石力学与工程学报, 2012, 31(11): 2161-2170.
[100] Yang T H, Jia P, Shi W H, et al. Seepage–stress coupled analysis on anisotropic characteristics of the fractured rock mass around roadway[J]. Tunnelling and Underground Space Technology, 2014, 43: 11-19.
[101] Munjiza A, Owen D R J, Bicanic N. A combined finite-discrete element method in transient dynamics of fracturing solids[J]. Engineering Computations, 1995, 12: 145-174.
[102] Li S H, Tang D H, Wang J. A two-scale contact model for collision between blocks in CDEM[J]. Science China Technological Sciences, 2015, 58(9): 1596-1603.
[103] Wang L X, Li S H, Zhang G X, et al. A GPU-based parallel procedure for nonlinear analysis of complex structures using a coupled FEM/ DEM approach[J]. Mathematical Problems in Engineering, 2013, 15(2): 1-15.
[104] Cai M, Kaisera P K, Moriokab H, et al. FLAC/PFC coupled numerical simulation of AE in large-scale underground excavations[J]. International Journal of Rock Mechanics and Mining Sciences, 2007, 44: 550-564.
[105] Lisjak A, Garitte B, Grasselli G, et al. The excavation of a circular tunnel in a bedded argillaceous rock(Opalinus Clay): short-term rock mass response and FDEM numerical analysis[J]. Tunnelling and Underground Space Technology, 2015, 45: 227-248.

[106] Jing L, Stephansson O. Fundamentals of Discrete Element Methods for Rock Engineering: Theory and Applications[M]. Oxford: Elsevier Science, 2007: 13-14.

[107] Li S H, Wang J G, Liu B S, et al. Analysis of critical excavation depth for a jointed rock slope using a face-to-face discrete element method[J]. Rock Mechanics Rock Engineering, 2007, 40(4): 331-348.

[108] Wang L X, Li S H, Ma Z S. A finite volume simulator for singlephase flow in fractured porous media[C]//Proceedings of the 6th International Conference on Discrete Element Methods and Related Techniques, 2013: 130-135.

[109] Zhao L, Wang J A, Li L, et al. A case study integrating numerical simulation and GB-InSAR monitoring to analyze flexural toppling of an anti-dip slope in Fushun open pit[J]. Engineering Geology, 2015, 197: 20-32.

[110] Li S H, Zhao M H, Wang Y N, et al. A new numerical method for DEM block and particle model[J]. International Journal of Rock Mechanics and Mining Sciences, 2004, 41(3): 414-418.

[111] Zhang L, Wei Z A, Liu X Y, et al. Application of three-dimensional discrete element face-to-face contact model with fissure water pressure to stability analysis of landslide in Panluo iron mine[J]. Science in China Series E Engineering & Materials Science, 2005, 48(1): 146-156.

[112] Li S H, Liu X Y, Liu T P, et al. Continuum-based discrete element method and its applications[C]//UK-China Summer School/International Symposium on DEM. Beijing: [s.n.], 2008: 147-170.

[113] Ma Z S, Feng C, Liu T P, et al. A GPU accelerated continuous-based discrete element method for elastodynamics analysis[J]. Advanced Materials Research, 2011, 320: 329-334.

[114] Zhuang D Y, Tang C A, Liang Z Z, et al. Effects of excavation unloading on the energy-release patterns and stability of underground water-sealed oil storage caverns[J]. Tunnelling and Underground Space Technology, 2017, 61: 122-133.

第3章 基于微震监测的高拱坝蓄水期稳定性研究

3.1 研究背景与意义

目前中国正处于现代化强国建设的关键时期，社会经济的快速发展，令我国能源需求量与日俱增，因此能源结构亟须调整，对化石能源等不可再生能源应限制和节约使用，对清洁型能源如水能、风能、太阳能等应大力快速发展。早在 2012 年党的十八大报告中就提到，在生态文明建设中要加快水利建设[1]。近十年来，我国正处于水利建设事业的高峰期，而大坝作为水利工程枢纽主要的挡水建筑物，肩负着水力发电、灌溉、供水、防洪的重要任务，其在施工期与运营期的安全稳定一直是水利工程建设项目的关键所在。相关调查数据结果显示，我国是水能资源最丰富的国家，但是我国水资源分布却极不均匀，70%的水能资源位于地质条件极其复杂、多是狭窄陡峭山谷的西南地区。高拱坝是一种经济性与安全性都较为优越的坝型，具有承载力高、抗震性能突出和经济高效等优点，适用于在U形或V形的狭窄河谷中修建，于是在我国水利工程建设中，尤其是西南地区的水利工程，高拱坝坝型得到了广泛的应用。我国于 20 世纪末建成中国第一座高拱坝，即雅砻江二滩拱坝（240m），在这之后的近 30 年里，我国西南地区的河谷中逐渐矗立起一座座高拱坝——小湾（294.5m）、溪洛渡（285.5m）、锦屏一级（305m）和大岗山（210m）等，并投产使用，目前水库均已蓄水至正常水位。我国经过多年的水利工程建设实践，积累了丰富的建设经验，取得了举世瞩目的成果：在高地应力[2,3]、高边坡开挖[4,5]、建基面优化[6]、混凝土温控[7,8]，以及坝体复杂应力分析[9,10]等重要研究课题上获得重大突破，处于世界领先水平。

高拱坝不同于一般的拱坝结构，蓄水期时的高拱坝坝面承受巨大的水荷载（溪洛渡拱坝的总水推力约为 147150MN，锦屏一级拱坝约为 127530MN）[11]，且混凝土方量大（二滩拱坝坝体混凝土 400 万 m^3，锦屏一级拱坝 476 万 m^3，小湾拱坝混凝土方量更是高达 762 万 m^3），换言之，拱坝自重荷载以及上游坝面水荷载对地基承载能力和坝体的整体稳定性都是巨大的考验。因此只有确保蓄水期高拱坝的安全稳定，才能保证高拱坝正常运行期的安全，一旦高拱坝在蓄水过程中发生破坏，将会带来灾难性的后果。由于拱坝为高次超静定结构，极易发生坝基或坝体的非均匀性变形，形成局部应力集中区域，造成坝体局部破坏，特别是高拱坝坝踵区域在蓄水期间容易出现拉应力区，而混凝土是典型的抗压不抗拉材料，在巨大拉应力作用下，坝踵区域极易发生开裂，因此蓄水期高拱坝坝踵的安全是坝体整体稳定的关键所在。高拱坝在蓄水期发生重大安全事故的典型工程事故案例包括：奥地利的 Kolnbrein 拱坝在蓄水初期，坝踵出现严重开裂，帷幕被拉断，导致坝体严重渗漏，多次加固补强无果后，不得不放空库水，在坝体下游侧设置支墩作为永久加固装置[12]；法国的马尔帕塞拱坝在 1959 年 12 月蓄水位接近坝顶时，坝体和坝基下游侧发生移动，坝踵出现较大裂缝，令坝体突然溃决，这也是第一座几乎在瞬间就全部破坏的拱坝；此外，奥地利的席勒格伦得和施莱盖斯拱坝均在蓄水接近正常蓄水位时，在坝段上游坝踵开裂导致廊道漏水，不得不进行大规模加固。我国作为目前世界上已建高拱坝数量最多的国家，也出现过多次蓄水期拱坝开裂问题[13]。例如，双河口大坝在首次蓄水达到近坝顶 3m 时，上游坝踵发生开裂，导致下游面严重漏水，并产生多处射流；二滩拱坝蓄水之后，导致地基软弱带刚度和强度降低，令拱坝应力调整，在下游面靠近基础区域出现多条裂缝等[14]。通过以上工程事故案例可以看出，蓄水期是高拱坝事故多发时期，坝体开裂之后，补强加固困难，并且耗费巨大，严重时就会导致拱坝垮塌，造成不可挽回的损失。因此，高拱坝在蓄水期的稳定性一直是工程界长期重点关注的问题。掌握蓄水期高拱坝的工作性态，对于保证坝体安全和及时发现潜在事故风险有极大的帮助。

目前，微震监测技术已经在矿山、高陡边坡、隧道开挖中得到了广泛的应用，并得到了工程界的认可。随着蓄水位的不断上升，拱坝坝体内部必定会发生应力迁移和局部应力集中的问题，就会导致坝体混凝土材料发生微破裂，从而将聚集的弹塑性能向周围释放，产生微震现象。本章基于对高拱坝坝体应力变化与微破裂现象的基本认知，打破高拱坝常规应力、位移监测思路，从坝体在蓄水过程中的微破裂现象出发，采用微震监测技术构建国内首套混凝土高拱坝坝踵、廊道微震监测系统，对蓄水期大岗山水电站拱坝坝踵变形机制进行研究，揭示坝踵工作性态与微震事件的内在关联。同时，将微震监测与数值模拟方法相结合，找到大岗山水电站高拱坝廊道裂缝成因，识别与圈定高拱坝潜在危险区域，并对坝体在蓄水期整体工作性态进行分析。本章着眼于工程实际，提出了蓄水期高拱坝工作性态分析新方法，为已建、在建或拟建的高拱坝提供参考。

3.2　国内外研究现状及分析

1. 高拱坝数值分析方法

Zhang 等[15]对高拱坝进行了从施工到运行的全过程模拟，分析了裂缝对坝体变形和应力的影响。程立等[16]基于变形加固理论，采用三维非线性有限元程序 TFINE 对蓄水期锦屏一级拱坝正常运行的应力、位移进行仿真分析，全面评价了拱坝的极限承载力。杨强等[17]采用有限元方法建立高拱坝数值模型，对蓄水初期边坡及地基变形对高拱坝的影响进行了分析。林鹏等[18]以溪洛渡高拱坝为研究对象，采用非线性有限元方法，建立高拱坝三维精细数值模型，对应力与渗流耦合作用下的溪洛渡高拱坝的工作性态进行了分析。林聪等[19]通过建立孟底沟高拱坝非线性有限元模型，以变形加固理论为基础，分析了拱坝在正常蓄水工况或超载条件下的位移、塑性区变化规律，分析了拱坝的整体稳定性。沈辉等[20]采用三维有限差分程序 FLAC^{3D}，建立乌东德拱坝三维非线性有限元模型，分析了正常蓄水条件下坝肩抗滑稳定性。周伟等[21]利用三维弹塑性有限元方法，研究了溪洛渡高拱坝在超水位情况下的渐进破坏过程，分析了坝体的稳定安全性。任青文等[22]采用强度折减法，分析了正常蓄水位工况下小湾拱坝沿建基面稳定的安全度。Linsbauer 等[23]通过建立有限元数值模型，分析了 Kolnbrein 拱坝在初次蓄水期间坝踵开裂的力学机制。

2. 高拱坝安全监测方法研究

拱坝在蓄水期的安全问题是一个复杂的多学科交叉的科学问题，很多与坝体安全相关的因素人们目前尚未有清晰的认知，例如，自然灾害（洪水、地震等）、结构力学机理（拱坝负载等）、材料力学性能衰减、施工以及各种人为因素等。这就导致高拱坝在蓄水期间存在潜在危险，因此需要对蓄水期的高拱坝进行实时安全监测，以此确保拱坝能够安全运行。目前高拱坝的安全监测主要是采用常规监测设备，对拱坝主体结构、坝基、岸坡等相关结构进行实时监测和数据分析。拱坝监测主要包括变形、渗流、压力、应力应变、环境量及水力学监测等。拱坝安全监测从 19 世纪 90 年代就开始了，澳大利亚在 1908 年对拱坝变形进行了观测，是世界最早开展的大坝变形观测试验[24]。美国在 1925 年、1926 年开展了扬压力观测和史蒂芬森山区试验拱坝的应力应变监测[25]。从 1982 年开始，美国在 Flaming Gorge 等 4 座拱坝上安装了分布式数据采集系统，对拱坝进行安全监测[26]。随着科技的不断进步，拱坝监测技术的不断发展，我国从最早采用光学、机械仪器采集拱坝安全监测数据，到现在利用 GPS、三维激光扫描等最新科学技术对拱坝进行安全监测，实现了质的飞跃。目前拱坝的监测技术正朝着自动化、智能化、高可靠性、高精度、连续、实时和网络化等方面发展[27]。刘满江等[28]采用无应力计对锦屏一级高拱坝坝体混凝土自身体积变形进行了实测。杨庚鑫等[29]利用光纤光栅传感器对木里河立州拱坝地质力学模型进行应力应变监测，分析其坝面开裂问题，验证了光纤光栅传感器应用于拱坝安全监测的可行性。胡波等[30]在原型监测基础上，通过实测值和理论推导相结合，研究了小湾高拱坝坝肩的回填效果。通过对拱坝安全监测成果的回顾可以看出，传统的监测方法停留于拱坝宏观变形和受力状态监测上，无法获取拱坝的内部损伤破坏信息，因此也就无法做到快速准确地识别拱坝潜在危险区域。微震监测技术能够实时捕捉坝体内部微破裂信息，可以推断出坝体内部微裂隙的发展趋势，从而对拱坝的稳定状态作出准确判断。

3. 拱坝微震监测及稳定分析

戴峰等[31]以常规测试和微震监测技术研究猴子岩水电站地下厂房围岩损伤机制，探究了开挖卸荷过程中围岩微裂隙变形损伤破坏的渐进过程及相应特征，为猴子岩水电站地下厂房开挖、支护提供了参考依据。徐奴文[32]在锦屏一级高拱坝左岸高陡岩质边坡建立微震监测系统，实现了左岸边坡稳定性的实时监测和分析。张伯虎等[33]建立了精度较高的南非 ISS 微震监测系统，从而对断层控制的大岗山水电站地下厂房的稳定性进行了实时监控、预警，并以此为基础建立了水电地下厂房的安全评价方法，得出该区域厂房经加固后岩体的整体稳定性较高、地下厂房趋于稳定的结论。李彪等[34]基于高精度微震监测系统探讨了乌东德水电站右岸地下厂房洞室围岩在大变形过程中微震事件聚集程度与围岩变形损伤之间的规律，借此提出了围岩大变形预警方法，为乌东德水电站地下厂房洞室群后续开挖、加固提供指导依据。马天辉等[35]采用 ESG 微震监测系统研究分析锦屏二级水电站引水隧洞岩爆时间、空间、强度等分布的规律性，依据地震学 3S 原理中的 4 个岩爆判据探究深埋隧洞中岩爆的灾害机理和前兆规律，发现微震事件在时间上先于岩爆灾害和在空间上分布相同。可以看出，微震监测在水利工程中的应用，大多集中在地下电站厂房开挖、岸坡，目前针对高拱坝坝体的微震监测案例较少，已有的对拱坝稳定性评判的标准多是基于应力、位移变形等以表观现象为主的常规监测技术，对于拱坝混凝土内部微破裂损伤情况知之甚少。

关于高拱坝稳定性分析方面，寇晓东等[36]采用三维快速拉格朗日程序 $FLAC^{3D}$ 对小湾拱坝进行了应力变形分析和参数敏感分析，认为在水荷载作用下坝基区域安全度较小，在该部位会有拉应力和较大压应力。周维垣等[37]利用三维非线性有限元程序建模，对锦屏一级双曲拱坝的整体稳定性进行了分析，通过超载模拟验证了拱坝建设的可行性。黄岩松等[38]使用 TFINE 三维非线性有限元程序建立了拉西瓦双曲拱坝模型，进行了正常水荷载工况下的拱坝应力、位移分析，并对拱坝的整体稳定性进行了研究，给出了拱坝的加固方案。徐明毅等[39]通过将三维弹黏塑性块体法与拱梁分载法进行耦合，对大花水拱坝的坝体应力和坝肩稳定性进行了分析，建立了求解块体单元和坝体内部节点位移的整体平衡方程，通过计算，验证了拱坝坝肩整体是稳定的。潘元炜等[40]建立白鹤滩拱坝三维非线性有限元模型，对拱坝的位移、坝踵开裂进行了分析，指出不平衡力可以预测裂缝扩展部位和方向。何柱等[41]等采用黏塑性损伤模型，对高拱坝长期运行的稳定性进行评价。高拱坝在蓄水期间坝体应力状态不断调整，这使得常规监测手段和有限元分析来分析高拱坝的稳定性存在一定的滞后性，难以及时把握高拱坝稳定状态的变化，这就需要通过微震监测技术，实时监控高拱坝坝体混凝土的力学行为，并与数值模拟相结合，全面评价高拱坝在蓄水期的稳定性。本章基于已有的研究成果认为利用微震监测技术手段分析高拱坝坝体稳定性是可行且非常必要的，因此，以大岗山水电站高拱坝为研究对象，在我国首次建立高拱坝坝踵、廊道24h全天候微震监测分析系统，并结合数值分析方法，对大岗山水电站拱坝的稳定性进行分析，为高拱坝安全稳定分析评价方法提供了新的思路。

3.3 存在的问题

（1）传统的高拱坝监测主要是集中在应力、位移变形等表观现象，对拱坝真实工作性态与坝体混凝土微破裂之间的关系认识不足，坝体混凝土一旦发生微破裂，就预示着坝体可能会出现宏观裂缝，甚至导致坝体出现不可逆转的破坏。当拱坝内部出现较大的裂缝后，局部应力就快速释放，并发生应力迁移，而常规的监测技术在监测到应力变化时，实际上坝体内部早已产生微裂隙或者严重开裂。因此传统的监测手段在拱坝稳定性研究上存在局限性和滞后性。

（2）目前对于高拱坝的数值计算主要采用有限元方法。虽然有限元方法已经逐渐完善，但因为数值计算的局限性，在建立高拱坝数值模型时，不可避免地对模型进行简化处理，这就与实际情况存在差异。同时，对于高拱坝的工作性态分析大多还处于静态或者准静态阶段，难以模拟蓄水期复杂多变的荷载工况，在此基础之上的高拱坝稳定分析并不都能完全准确。将数值模拟与微震监测有效地结合，既可以探究拱坝坝体工作性态，又能快速识别高拱坝潜在危险区域，对于研究蓄水期高拱坝的稳定性十分重要。

3.4 研究内容

（1）结合大岗山水电站拱坝施工条件，构建坝踵、廊道微震监测系统，基于混凝土微震信号衰减规律，并根据微震监测距离和频率关系曲线，确定传感器布置方案，使传感器形成有效空间阵列，确保微震事件定位解的空间唯一性。由于在施工和蓄水期间信号干扰过多，采用人工敲击方法确定微震监测系统的波速模型，并对波速进行优化，确保微震监测的准确性。

（2）基于微震监测技术对坝踵变形、廊道拱顶开裂机制进行研究。探究蓄水初期大岗山水电站拱坝坝踵变形与微震事件的关系，找到拱坝廊道拱顶开裂的诱因。

（3）根据大岗山水电站高拱坝坝区资料，采用ABAQUS及ANSYS有限元软件，建立大岗山水电站高拱坝三维有限元数值模型。模拟不同蓄水位工况下拱坝应力、位移变形。结合微震监测及常规监测，揭示拱坝工作性态与微震活动的内在关联，对拱坝潜在危险区域进行圈定。

3.5 基于微震监测的大岗山水电站高拱坝坝踵蓄水初期变形机制研究

在混凝土高拱坝整个生命周期中，蓄水初期是一个事故风险相对较大的阶段，也是各类事故的高发时期[42-45]。由于工程规模大、水位高，蓄水过程扰动剧烈，混凝土和岩体蠕变、损伤、蓄水渗流等多因素耦合作用导致坝体和坝基抗力降低，各种前期未考虑或者潜在的缺陷就会逐步显现[46-49]。因此，蓄水后拱坝可能引起坝基破坏或坝体局部损伤，造成断裂破坏进而形成渗漏通道，诱发拱坝的灾变。例如，1959 年法国 Malpasset 拱坝蓄水 5 年后的突然溃决，正是蓄水渗流造成坝基岩体劣化所致[50]。1963 年意大利的 Vaiont 拱坝在蓄水 3 年后，由于渗流造成库区岩体损伤引发滑坡，近 3 亿 m^3 的岩体高速下滑，将 5000 万 m^3 的库水挤出，最终导致水库失效[51]。奥地利 Kolnbrein 拱坝蓄水位从 1860m 上升至 1890m 时，坝踵区在水压作用下，产生长度达 100m 的水平受拉裂缝，灌浆帷幕遭遇破坏，坝体修复历经十余年，耗资巨大[52]。此外，俄罗斯 Sayano-Shushenskaya 拱坝[53]和法国的 Tolla 拱坝[54]在蓄水初期，坝踵区均出现多处裂缝，造成严重渗漏，引起了世界各国坝工界的极大关注。高拱坝蓄水初期，坝体和坝基变形机制及稳定性问题已成为公众关注的热点问题，国内外学者已开展相关研究，取得一系列宝贵成果[55-58]。李瓒[59]通过对石门拱坝的研究，揭示了蓄水初期，随着库水位不断提升坝踵区出现裂缝的事实，建议应特别注意宽谷拱坝坝踵裂缝问题。舒涌[60]采用统计和确定性模型理论，对二滩拱坝建立了坝体外载与受力效应量间的数学关系，根据实测值确定其数学模型参数，并对拱坝变位和渗流进行了分析。李蒲健等[61]依据应力、变形监测数据，对拉西瓦水电站初次蓄水期拱坝及坝基变形进行了分析。赵永[62]基于大朝山重力坝初次蓄水期的监测结果，研究了库水位对坝体结构变位的不同影响。魏超等[63]对李家峡顺河向变位及坝体挠度进行了时空和物理成因分析，从而评价了大坝的整体安全性。韩世栋等[64]应用垂线监测技术，研究了小湾拱坝的库水位、坝体和坝基变形的关系。已有的研究成果为工程顺利蓄水和正常运营提供了重要参考。然而，常规监测手段仅仅反映高拱坝蓄水初期的坝体变形和受力规律，这与设计的工作性态描述不尽一致。例如，溪洛渡水电站初期蓄水阶段，虽然水库蓄水至正常水位，但拱坝坝踵处于受压状态，水压作用下拱坝上部谷幅依然处于收缩状态[65]。这些特征使得业内专家对拱坝的正常工作性态产生一些模糊认识，至今还未形成一个统一公认的评价意见。已有的评判标准多是以应力、变形、位移等表观现象为主的常规监测技术，缺少对拱坝混凝土内部微破裂损伤情况的认知。

由于蓄水初期荷载在不断变化，坝体和坝基应力状态也实时调整，仅靠常规监测分析难以全面评判坝体内部微破裂分布以及拱坝真实工作性态。本章首次采用微震监测技术，对大岗山水电站高拱坝坝踵区微破裂进行监测，试图揭示初期蓄水过程中，坝踵区的基岩和混凝土微破裂萌生和演化规律，并结合常规监测结果，探究坝踵蓄水初期变形机制及其与微震活动性的关系，帮助圈定混凝土高拱坝潜在危险区域，以期为我国高拱坝坝踵真实工作性态研究提供技术支撑。

3.5.1 大岗山水电站高拱坝概况

大岗山水电站坝址位于四川省大渡河中游上段石棉县境内，为大渡河干流规划的 22 个梯级的第 14 个梯级电站。电站枢纽区主要由混凝土双曲拱坎、坎肩边坡、进水口等结构组成（图 3.1）。水库正常蓄水位 1130m，死水位 1120m，额定水头 160m，总装机容量 2600MW[66]。电站枢纽区挡水工程为混凝土抛物线型双曲拱坝，坝顶高程 1135m，最大坝高 210m，拱冠梁顶厚 10m，底厚 52m。混凝土拱坝分区浇筑，共分为 29 个坝段，由左岸至右岸坝段号依次增大。坝内廊道交错，包括检查廊道、交通廊道、基础廊道、排水廊道和爬坡廊道等。坝身设有 4 个泄洪深孔，高程为 1043m 和 1046m，坝身导流底孔为 3 个，高程为 1011m 和 1100m（图 3.2）。坝址河谷呈 V 形，两岸山体雄厚，基岩裸露，地质剖面图如图 3.2 所示。坝址区出露基岩主要为晋宁-澄江期灰白色、微红色中粒黑云二长花岗岩，以块状、次块状结构为主，坝基花岗岩体中穿插发育上下贯通Ⅲ2～Ⅴ类的辉绿

图 3.1 大岗山水电站枢纽区布置图

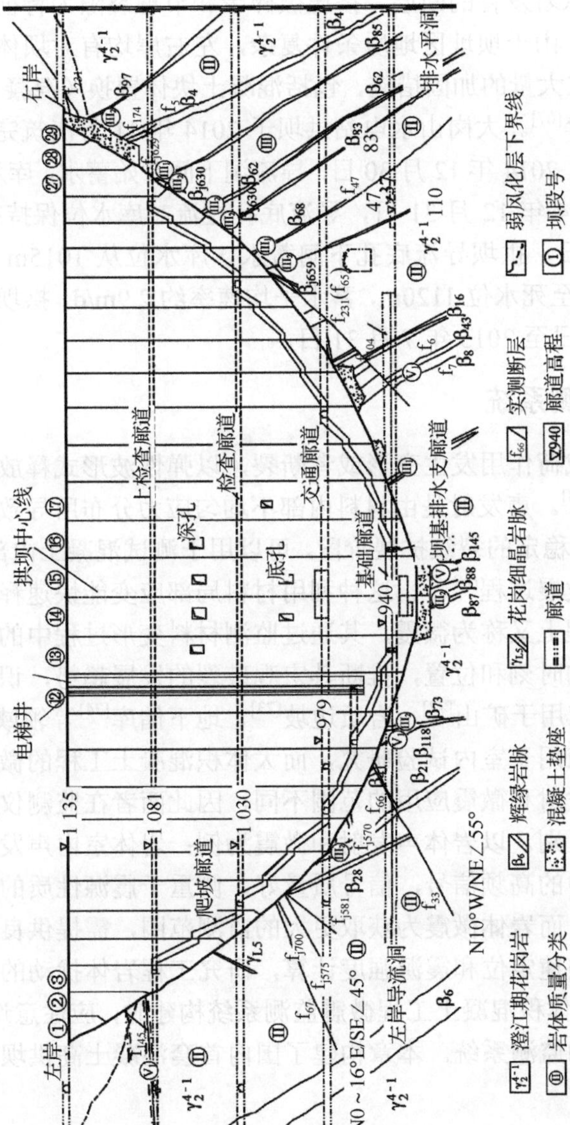

图 3.2 大岗山水电站拱坝地质剖面图

岩脉，如左岸岩脉 β_{21}、β_{28}，右岸岩脉 β_{43}、β_{8}，河床的 β_{88} 等。坝址区无区域断裂穿越，构造形式以沿脉岩发育的断层、挤压破碎带和节理裂隙为特征，岩脉内部裂隙发育整体较破碎。由于坝址区地质条件复杂，左右岸均有对坝体稳定不利的结构面，因此坝基采取大量的加固措施，包括混凝土块体置换（混凝土垫座）、平洞置换和预应力锚索等[67]。大岗山水电站拱坝于 2014 年 11 月浇筑完成，此时拱坝上游库水位为 975m。2014 年 12 月 30 日，导流洞下闸开始蓄水，库水位从 975m 高程开始上升，至 2014 年 12 月 31 日，导流底孔过流，库水位保持在 1005m 高程。2015 年 5 月 29 日，拱坝导流底孔下闸蓄水，库水位从 1015m 高程上升，至 2015 年 7 月 4 日蓄至死水位 1120m，蓄水平均速率约 2.9m/d。拱坝蓄水初期阶段为 2014 年 11 月 22 日至 2015 年 7 月 31 日。

3.5.2　坝踵微震监测系统

混凝土等材料受载荷作用发生变形或者断裂，以弹性波形式释放和传播应变能的现象称为声发射[68]。声发射是由材料内部不均匀应力分布所导致的，是形变变量的函数，具有较为稳定的裂纹扩展阶段，可以用于测试混凝土内部状态变化，研究混凝土内部缺陷发展过程[69-71]。这种利用材料局部应变能快速释放的被动式无损监测方法，在工程上又称为微震，其通过监测材料变形过程中的微破裂信号来确定微破裂所发生的时刻和位置，推断其宏观破裂的发展趋势，识别潜在的灾害活动规律，被广泛应用于矿山[72]、岩质边坡[73]、地下储库[74]等领域。目前，混凝土声发射主要集中应用于室内试验研究，而大体积混凝土工程的微震监测实践还鲜有报道。由于声发射和微震应用的范围不同，因此两者在监测仪器和数据处理策略上存在明显的区别。以岩体声发射和微震为例：岩体室内声发射试验关注岩块试样破坏全过程中的高频信号，信号质量好，侧重于震源性质的解译，以探究岩石破裂前兆规律；而岩体微震为获取更大的监测范围，需提供良好的低频响应，侧重于微破裂的快速定位和震源强度计算，研究工程岩体扰动的微破裂响应规律。因此，在进行大体积混凝土工程微震监测系统构建时，应注意选择宽频响、高灵敏度、快速稳定的监测系统。本章构建了国内首套混凝土高拱坝坝踵微震监测系统。

1. 坝踵微震监测系统构建

采用加拿大 ESG 微震监测系统，系统组成主要包括单轴加速度传感器、Paladin 信号采集系统、Hyperion 数据处理系统、力软科技（大连）股份有限公司自主研发的 MMS-View 远程无线传输和可视化系统。单分量的加速度传感器为直径 32mm 的不锈钢材质，频率响应范围为 50～5000Hz，灵敏度为 30V/（m·s），Paladin 信号采集系统采样频率为 20000Hz，24 位模数转换，采用阈值和 LTA/STA

触发。纪洪广等[75]通过不同强度等级混凝土声发射试验，获取声发射信号优势频率，在较低应力水平（<50%峰值应力）下，各强度等级混凝土声发射信号多为低频信号，其中 C40 强度等级以下混凝土声发射优势频率在 5000Hz 左右。类比于大体积混凝土微震信号，且考虑随着混凝土尺寸的增加，微震信号频率呈现向低频方向减小的趋势，选用高频响应为 5000Hz 的单轴加速度计，可以捕捉拱坝混凝土优势频率微震信号。基于混凝土微震信号衰减规律，根据微震监测距离和频率关系曲线（图 3.3）[76]，确定微破裂震源至传感器距离应小于 50m。结合大岗山水电站拱坝坝踵区域施工条件，构建坝踵微震监测系统拓扑图，如图 3.4 所示。为了实时探究蓄水过程中坝踵微破裂演化规律，研究坝踵真实工作性态，将 6 通道传感器分别布置在基础廊道（高程 940m）和排水廊道（高程 937m）内，传感器平均间距约 45m。S1、S3 和 S5 分别垂直向下装入廊道底板，S2、S4 和 S6 分别以不同角度装入廊道边墙。6 通道传感器形成有效空间阵列，保证了微震事件定位解的空间唯一性。大岗山水电站拱坝坝踵微震监测系统覆盖⑬～⑰坝段，980m 高程以下的监测区域，对蓄水初期坝基岩体和拱坝混凝土微破裂进行全天候连续监测，实时获取微震事件的动态“时、空、强”参数，并通过设定阈值、滤波处理等方法排除背景噪声事件，识别并存储完整波形与波谱分析图。大岗山水电站拱坝坝踵微震监测系统获取的信号波形如图 3.5 所示。敲击信号波形［图 3.5（a）］存在 2 个峰值，主要受弹性波在坝体廊道内反射和折射的影响，信号幅值约为 50mV，主频分布在 2000Hz 左右。手持钻机施工信号［图 3.5（b）］为蓄水初期坝踵区域主要施工噪声信号，信号波形呈明显周期性。典型微破裂信号［图 3.5（c）］幅值为 0.68mV，信号尾波较为发育，主频分布在 3000Hz 左右。

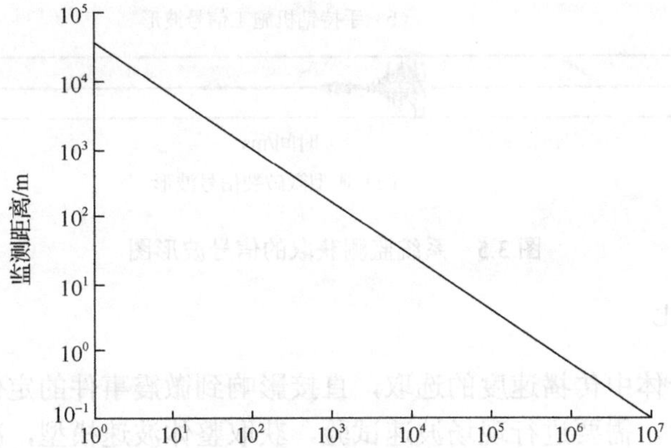

图 3.3　微震监测距离与频率关系曲线

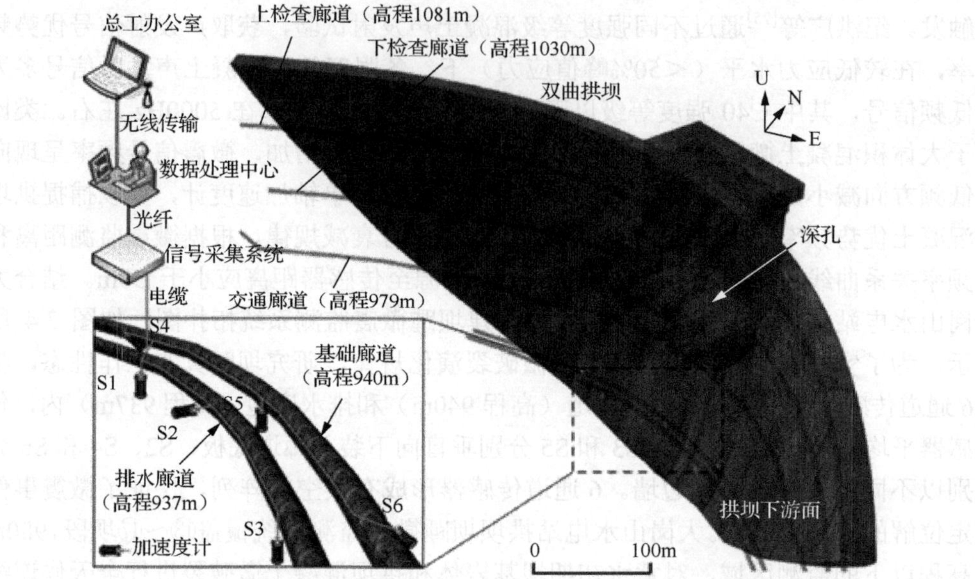

图 3.4　大岗山水电站拱坝坝踵微震监测系统拓扑图

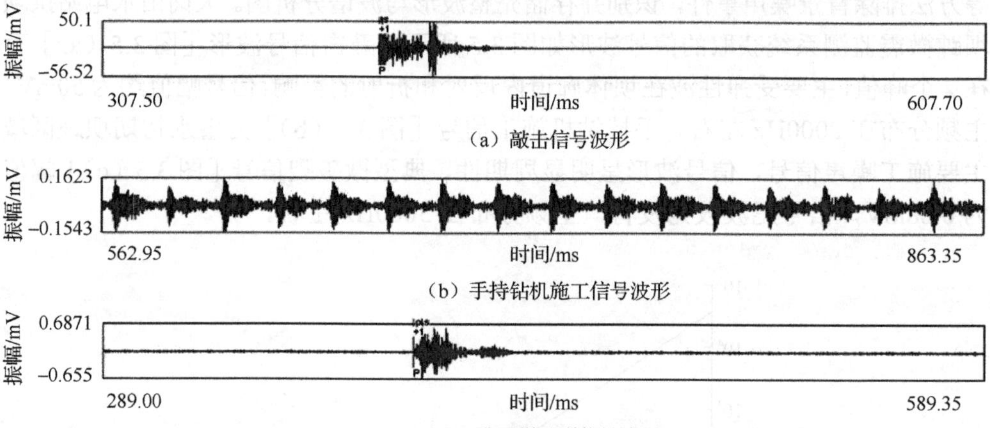

（a）敲击信号波形

（b）手持钻机施工信号波形

（c）典型微破裂信号波形

图 3.5　系统监测获取的信号波形图

2. 波速优化

弹性波在岩体中传播速度的选取，直接影响到微震事件的定位精度。在传感器阵列确定以后，需要进行现场波速试验，获取整体波速模型，减弱坝体内部廊道对弹性波传播的影响。2014 年 11 月 24 日，通过对坝踵微震监测传感器阵列空间内和空间边界的 11 个点进行敲击试验，记录敲击试验波形［图 3.5（a）］。系统、完整地记录各次敲击试验波形，验证了系统的可行性。根据坝体混凝土室内波速测定试验结果，分别设定系统 P 波波速为 3700～4800m/s 内的 12 种不同的波速，遍历计算不同波速情况下敲击试验的定位误差，如图 3.6 所示。当 P 波波速为 4300m/s 时，敲击位置与微震监测系统定位误差最小，相应的各次敲击试验信息如表 3.1 所示。此时，大岗山水电站拱坝坝踵微震监测系统的定位误差均小于 8m，平均误差达到 5.1m。

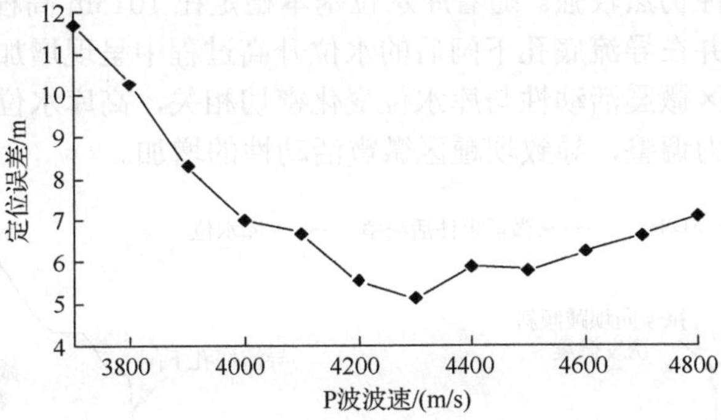

图 3.6　不同 P 波波速下敲击位置与微震监测系统定位误差

表 3.1　敲击试验位置与微震监测系统定位误差（2015 年 11 月 14 日）

序号	时刻（时:分:秒）	敲击点位置/m			系统定位坐标/m			绝对空间误差/m	绝对空间误差平均值/m
		北向（N）	东向（E）	高程（V）	北向	东向	高程		
1	15:11:09	3259167.7	521204.0	937.9	3259169.0	521207.1	931.9	6.9	
2	15:14:02	3259160.7	521208.4	938.4	3259159.5	521216.4	939.2	8.0	
3	15:16:02	3259158.6	521213.6	937.8	3259153.1	521211.0	934.9	6.8	
4	15:21:02	3259159.4	521215.4	938.3	3259157.8	521214.7	934.4	4.1	
5	15:23:01	3259153.0	521221.7	938.8	3259151.8	521223.3	937.1	2.6	
6	15:47:01	3259150.7	521268.9	940.0	3259153.3	521269.2	939.3	2.4	5.1
7	16:00:00	3259170.0	521231.0	941.2	3259170.5	521231.2	940.5	1.2	
8	16:01:02	3259169.8	521230.5	939.7	3259167.0	521229.8	945.9	6.9	
9	16:04:00	3259168.8	521228.3	941.2	3259169.3	521232.7	938.1	5.4	
10	16:06:05	3259168.8	521228.3	941.2	3259166.0	521230.3	938.0	4.7	
11	16:08:02	3259173.1	521220.3	939.7	3259168.3	521225.2	937.9	7.3	

3.5.3　蓄水初期微震时空分布特征

自 2014 年 11 月 22 日大岗山水电站拱坝坝踵微震监测系统构建以来，除 2015 年 3～5 月微震系统通信电缆被施工机械切断导致信号丢失外，系统运行良好，实现了对大岗山水电站高拱坝坝踵区岩体和混凝土微震的全天候监测。截至

2015 年 7 月 31 日，共监测到有效事件 323 件，其中敲击事件 11 件，微震事件 312 件，蓄水初期坝踵区微震事件活动率随时间分布规律如图 3.7 所示。导流洞下闸前，拱坝坝踵区微震活动率较高，每天微震事件数为 7 件左右，并呈现增长趋势。此时，库水位高程为 975m，基本为空库状态，说明高拱坝在自重应力作用下，坝踵区微破裂比较发育。2014 年 12 月 30 日，导流洞下闸蓄水至 1015m 高程过程中，坝踵区微震活动性仍然较强。随着库水位基本稳定在 1015m 高程，坝踵区微震活动性明显降低，并在导流底孔下闸后的水位升高过程中呈现增加趋势，说明蓄水初期高拱坝坝踵区微震活动性与库水位变化密切相关，高库水位状态下，水荷载导致坝体自身应力调整，导致坝踵区微震活动性的增加。

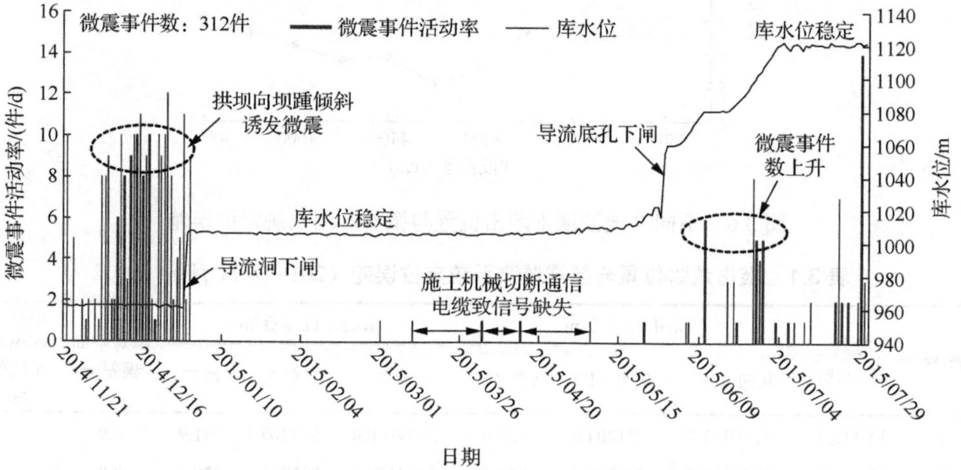

图 3.7　蓄水初期坝踵微震事件活动率随时间分布规律

截至 2015 年 7 月 31 日，大岗山水电站高拱坝蓄水初期坝踵微震空间分布如图 3.8（a）所示，图中圆球代表微震事件，圆球颜色表示微震事件的矩震级，矩震级主要分布在−4.0～−2.3。由图 3.8（b）可以看出，蓄水初期坝踵微震事件主要分布在 979m 高程以下，⑬～⑯坝段区域，并聚集在图中所示的Ⅰ、Ⅱ、Ⅲ、Ⅳ区域内。区域Ⅰ位于⑭～⑯坝段 979m 高程交通廊道附近，呈现水平条带状分布。区域Ⅱ位于⑯坝段建基面附近，是高拱坝、右岸坝基以及混凝土垫座的交界区域。区域Ⅲ位于⑬坝段建基面附近，并沿着 940m 高程基础廊道向右岸延伸。区域Ⅳ位于高拱坝⑭坝段坝趾区和混凝土垫座内，向着左岸方向延伸。

结合大岗山水电站初期蓄水过程分析，微震事件之所以聚集在上述 4 个区域，主要是由于上述区域在高拱坝自重和上游侧水荷载共同作用下，坝体局部应力分布不均匀，致使上述区域应力集中，超过对应的混凝土和岩体强度，从而发生微破裂的萌生和聚集。微震事件的分布与蓄水过程息息相关，通过微震事件的演化规律，可以很好地揭示高拱坝蓄水过程响应。

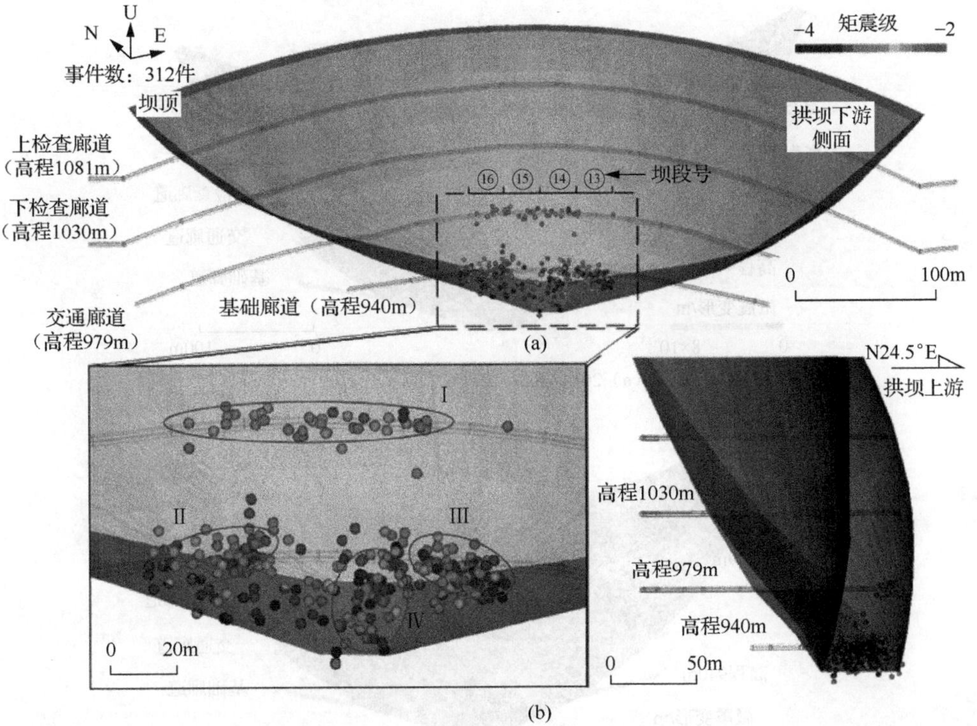

图 3.8　蓄水初期坝踵微震空间分布

3.5.4　蓄水初期坝踵变形机制分析

坝踵是保障高拱坝安全的重点关注部位，蓄水初期坝踵变形分析和真实工作性态的研究是保证高拱坝长期良好运行的基础。为此，选取蓄水初期过程的坝踵区基岩和混凝土微震监测系统，分别绘制导流洞下闸蓄水前、导流洞下闸至导流底孔下闸前和导流底孔下闸后坝踵区微震变形分布规律（图 3.9），对应库水位分别为975m、975～1015m、1015～1120m。需要说明的是，微震变形指一定时间内混凝土或基岩在荷载作用下诱发的平均微震应变（无量纲），通过对微震的累积地震矩密度求解获得[77, 78]，可以用于评价坝踵区混凝土和岩体变形程度。由图 3.9（a）可以看出，导流洞下闸前，坝踵区微震事件主要聚集在左、右岸坝基与坝中部混凝土置换块交界处，呈现沿着坝踵向高高程分布的特征，与图 3.8（b）中的区域Ⅱ、Ⅲ一致。此时，高拱坝主要受自重应力作用，坝体向坝踵倾斜，导致上述区域的应力分布不均匀，微震变形较大。导流洞下闸后，水位稳定在 1015m 高程，坝踵区微震变形区向下游侧转移，并在⑯坝段建基面处聚集［图 3.9（b）］。随着导流底孔下闸完成，库水位从 1015m 高程蓄至 1120m 高程，⑭坝段和⑮坝段坝趾区［图 3.9（c）］微震变形增大，说明坝基变形区实现从坝踵区到坝趾区的转移。

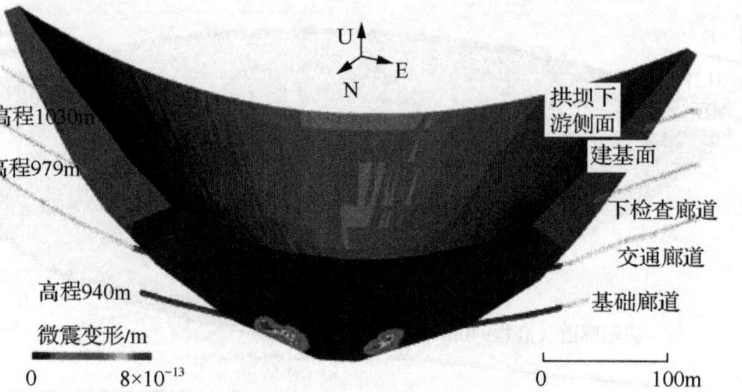

（a）2014年11月22日～2014年12月29日

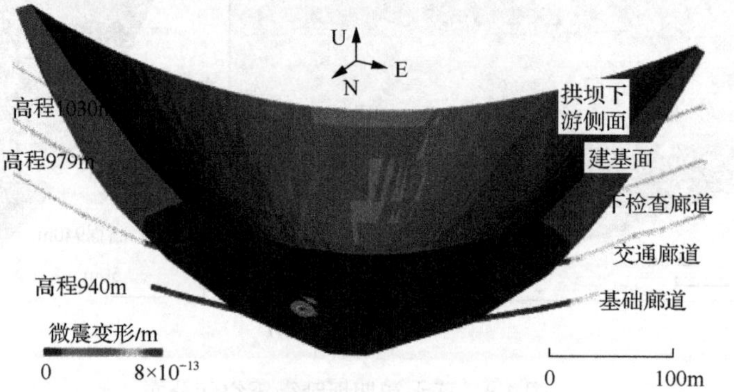

（b）2014年12月30日～2015年5月28日

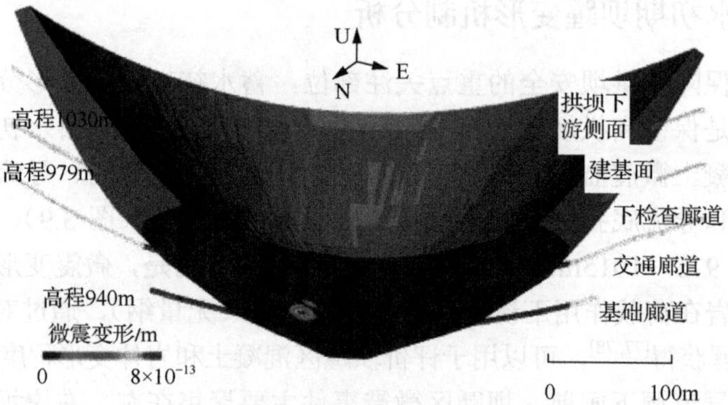

（c）2015年5月29日～2015年7月31日

图 3.9　蓄水初期坝踵区微震变形云图

图 3.10（a）和图 3.10（b）分别为蓄水初期⑬坝段和⑯坝段坝基测缝计开合度过程线，测缝计 J_{D13-1}（J_{D16-1}）、J_{D13-2}（J_{D16-2}）、J_{D13-3}（J_{D16-3}）依次位于坝基上游侧、中部和下游侧，测缝计开合度正值表示接缝张开，负值表示接缝闭合。导流洞下闸前，⑬坝段和⑯坝段坝基接缝均处于压紧状态，两个坝段的最大压缩量分

别为 5.64mm 和 2.71mm，均位于该坝段的坝踵区，对应于图 3.9（a）中的高微震变形区。导流洞下闸后，⑯坝段坝趾区接缝压缩量增大，其他接缝并无明显变化，这与图 3.9（b）中的高微震变形区一致。随着导流底孔下闸蓄水至 1120m 高程，两个坝段坝踵区接缝压缩量出现不同程度的减小，⑯坝段坝趾区接缝压缩量进一步增大，说明蓄水初期坝基仍主要受压应力作用，坝踵区压应力降低，坝趾区压应力增大。该变化过程与蓄水初期坝踵微震变形演化规律具有良好的一致性，其在揭示蓄水初期坝踵变形机制的同时，也验证了微震监测用于蓄水期高拱坝工作状态研究的适宜性。

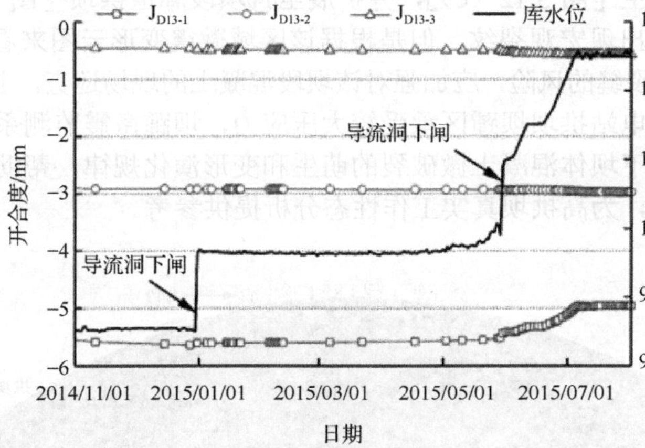

（a）⑬坝段

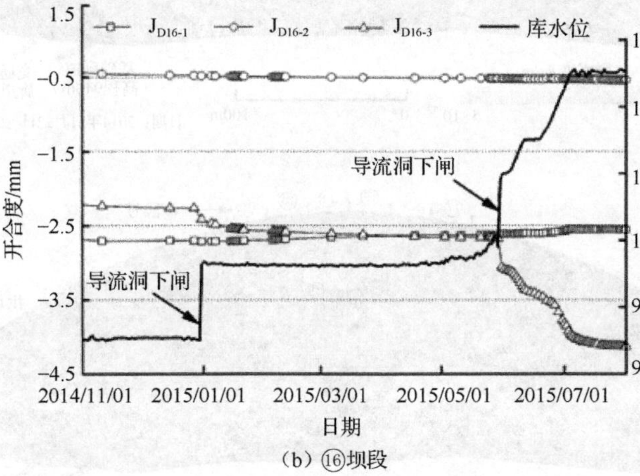

（b）⑯坝段

图 3.10　⑬坝段和⑯坝段坝基测缝计开合度过程线

导流洞下闸前，拱坝基本处于空库状态，坝体呈现向坝踵倾斜变形趋势。坝踵区 940m 高程基础廊道⑬～⑮坝段拱顶出现连续横河向混凝土裂缝，坝踵微震监测系统捕捉到该层廊道混凝土微震信息，绘制 940m 高程混凝土微震变形过程云图，并将坝体投影到该高程微震变形云图上（图 3.11）。在 2014 年 11 月 24 日，940m 高程基础廊道⑬坝段处萌生微破裂［图 3.11（a）］，发生局部微小微震变形。2014 年 12 月 8 日，该高程廊道⑯坝段处也萌生微破裂［图 3.11（b）］，两处混凝土微震变形持续增大，在⑬～⑭坝段和⑯坝段形成沿基础廊道轴线展布的微震变形集中区［图 3.11（c）］。2014 年 12 月 24 日，通过对坝体 940m 高程基础廊道巡查，发现如图 3.12 所示的拱顶裂缝。分析认为，940m 高程⑬坝段混凝土在上覆自重荷载作用下，拱顶环形应力增大，导致拱顶发生较大微震变形［图 3.12（a）］，诱发拱顶裂缝的产生［图 3.12（c）］，并扩展至⑭坝段廊道拱顶［图 3.12（b）］。虽然目测⑯坝段未出现宏观裂纹，但是根据该区域微震变形云图来看，⑯～⑰坝段混凝土存在产生裂缝的风险，应加强对该坝段混凝土的现场巡查。上述说明：空库状态下大岗山水电站拱坝坝踵区承受较大压应力，坝踵微震监测系统可以实时捕捉自重荷载作用下坝体混凝土微破裂的萌生和变形演化规律，帮助识别混凝土拱坝潜在危险区域，为高拱坝真实工作性态分析提供参考。

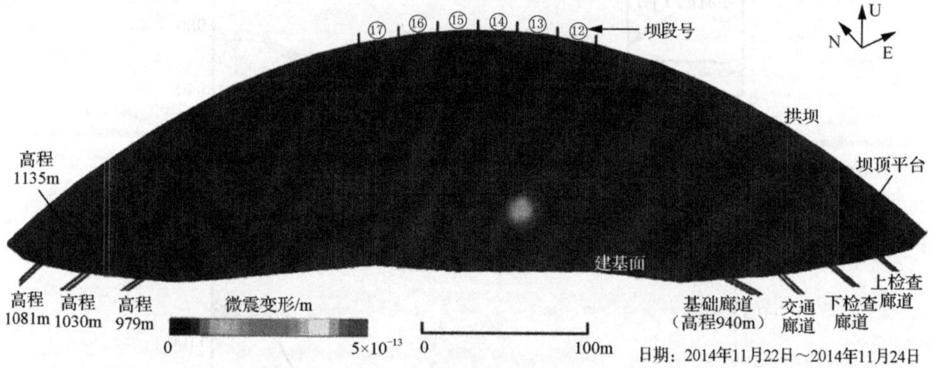

（a）

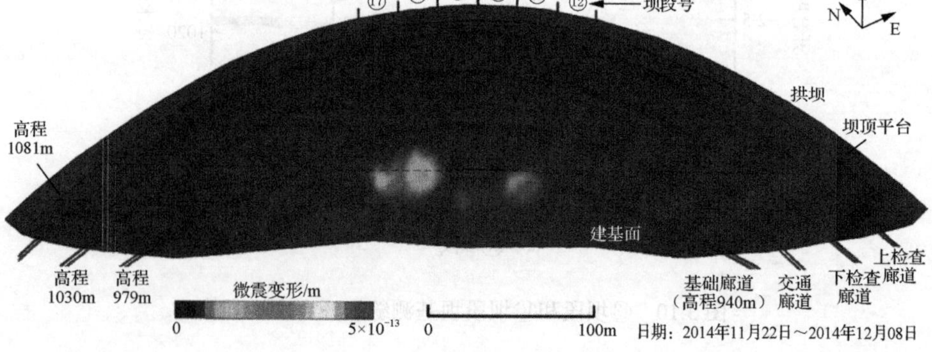

（b）

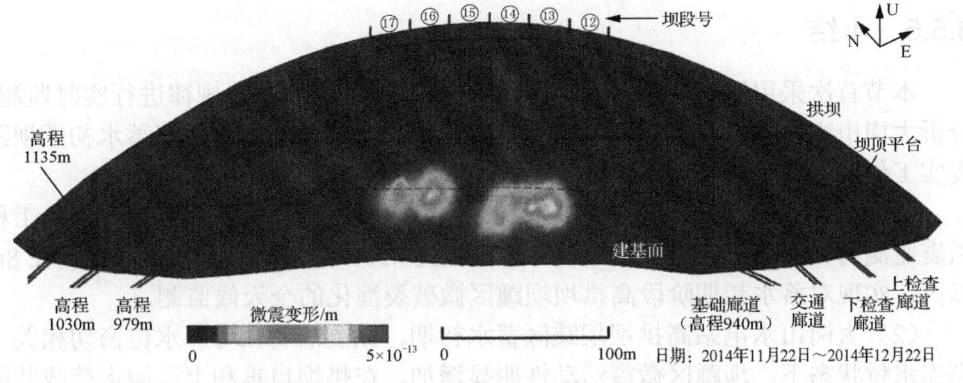

（c）

图 3.11　940m 高程基础廊道地震变形过程图

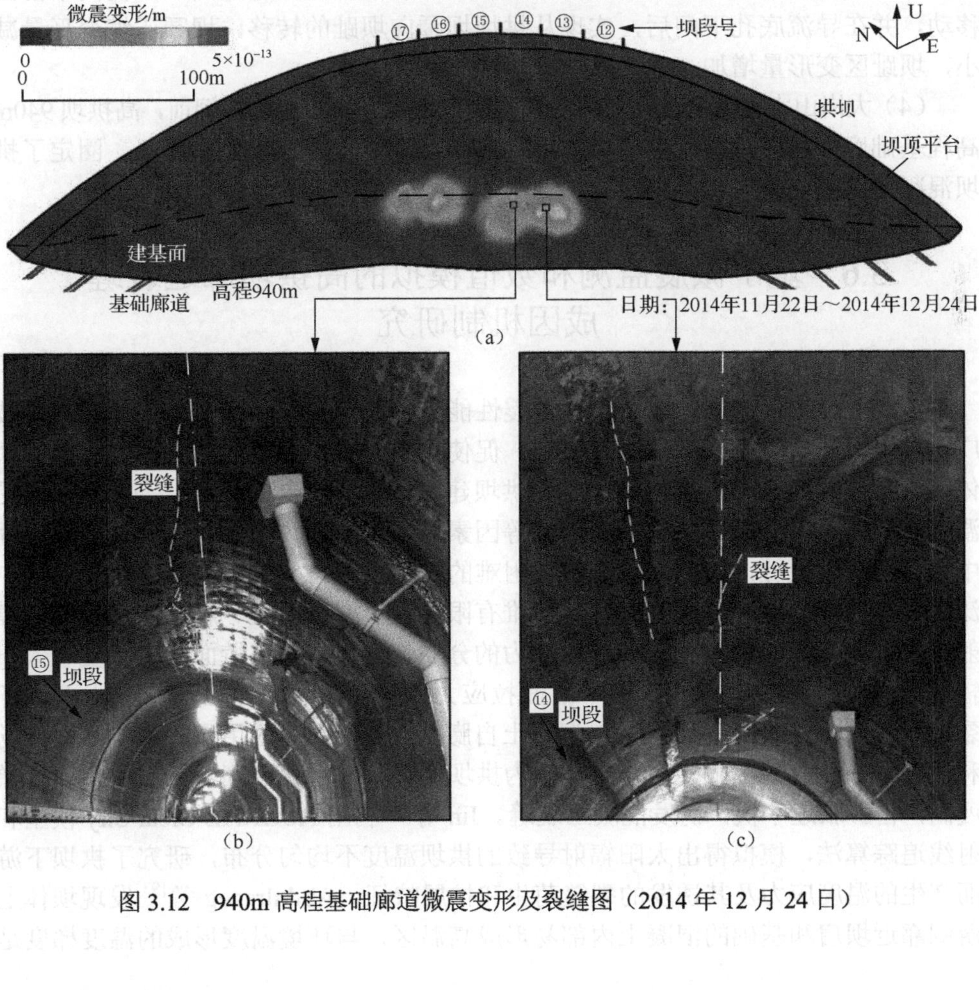

图 3.12　940m 高程基础廊道微震变形及裂缝图（2014 年 12 月 24 日）

3.5.5 小结

本节首次采用微震监测技术，对高拱坝坝踵区微破裂演化规律进行实时监测，分析大岗山水电站高拱坝坝踵蓄水初期变形机制，尝试揭示高拱坝蓄水初期坝踵真实工作性态，得出如下主要结论。

（1）成功构建国内首套高拱坝坝踵微震监测系统，验证了大体积混凝土工程微震监测的可行性。确定坝踵等效 P 波波速为 4300m/s，系统定位误差控制在 8m 以内，实现对蓄水初期阶段高拱坝坝踵区微破裂演化的全天候监测。

（2）大岗山水电站高拱坝坝踵区蓄水初期，微震活动性与库水位密切相关。高库水位状态下，坝踵区微震活动性明显增加。在拱坝自重和上游侧水荷载共同作用下，拱坝、左右岸坝基及混凝土垫座的交界区域应力分布不均匀，是坝踵区微破裂主要分布区域。

（3）导流洞下闸后，大岗山水电站拱坝微震聚集区由建基面上游侧向下游侧移动，并在导流底孔下闸后，实现从拱坝坝踵向坝趾的转移，坝踵压缩变形量减小，坝趾区变形量增加。

（4）大岗山水电站高拱坝坝踵微震监测系统再现了导流洞下闸前，高拱坝 940m 高程基础廊道⑬～⑭坝段拱顶在自重荷载作用下诱发微破裂聚集现象，圈定了拱坝混凝土潜在危险区域，为高拱坝真实工作性态分析提供参考。

3.6 基于微震监测和数值模拟的高拱坝廊道裂缝成因机制研究

混凝土高拱坝因其承载力高、抗震性能突出和经济高效等优势，在国内外被广泛使用[79-81]。水电能源的快速发展，促使越来越多拱坝建成于高山峡谷中，坝体高度已经达到 300m 级，标志着高拱坝建造技术逐步走向成熟[82-84]。然而，受温度载荷考虑不充分、温度控制不当等因素的影响[85,86]，高拱坝在建设运营过程中经常会出现裂缝，成为其面临的较困难的问题之一[87-89]，引起国内外学者的广泛研究。例如，Sheibany 等[90]通过三维有限元模拟空气温度、库水温度和太阳辐射作用下 Karaj 拱坝运营期的温度应力的分布，发现拱坝下游面因吸收夏季太阳辐射造成温度明显升高，导致下游面拉应力增大，诱发下游面和坝顶大面积开裂。Jin 等[91]将一种简化的 MgO 混凝土自膨胀应变模型，应用于长沙拱坝温度场和应力场的非线性有限元模拟中，认为拱坝浇筑早期水化热剧烈，混凝土温度梯度高，自膨胀速率快，诱发混凝土裂缝。Jin 等[92]利用 ASHRAE Clear Sky 模型和射线追踪算法，模拟得出太阳辐射导致的拱坝温度不均匀分布，研究了拱坝下游面产生的温度应力及其诱发的裂缝萌生和扩展特征。Abdulrazeg 等[93]发现坝体上游侧靠近坝肩和基础的混凝土内部易形成高温区，与环境温度形成的温度梯度是导致拉应力分布和裂缝出现的关键因素。Li 等[94]通过裂缝安全监测统计模型和突变理论，建立拱坝裂缝异常在线监测的回归估计方法，指出裂缝异常行为主要受混凝土龄期和温度应力的影响。Santillan 等[95]采用有限元模型研究未来气候变化对拱坝温度、变形和坝体开裂的影响。Li 等[96]通过高拱坝现浇混凝土的楔劈试验，建立等效成熟度与断裂参数的关系，描述高拱坝现浇混凝土随温度和龄期变化的开裂特性。张国新等[97]针对高拱坝温控防裂特点，提出温度标准应从严控制，采取智能化手段进行全过程温度控制和施工质量监控，能够提高工作效率，有效防止温度裂缝。然而，大岗山水电站高拱坝尽管采取了有效的温控措施[98]，低高程廊道顶拱在蓄水前仍然出现多条连续横河向深层裂缝，严重威胁高拱坝的蓄水运营安全。因此，有必要研究高拱坝廊道裂缝成因机理。

近年来，国内外学者对高拱坝廊道致裂因素展开研究。Malla 等[99]采用三维有限元模型分析拱坝运营过程廊道应力状态，讨论了碱骨料反应导致的混凝土体积膨胀对廊道裂缝形成的影响。Wieland 等[100]通过对拱坝已开裂廊道安装测缝计，监测廊道裂缝开度随时间的变化特征，分析了廊道裂缝开度与季节温度的相关性。Chen 等[101]采用有限元数值模拟方法研究了拱坝施工期承受的自重和温度作用下廊道应力状态，认为高拱坝廊道顶拱受自重应力影响大于温度作用，位于高拱坝倒悬部分的廊道易因环向拉应力超标而产生浅表层裂缝。虽然上述研究揭示了不同工况下廊道的关键致裂因素，但是缺乏对高拱坝廊道裂缝形成和演化过程的详细阐述，无法建立廊道裂缝的萌生阈值，尚不能全面揭示廊道裂缝的成因机理和演化机制。

基于此，本章以大岗山水电站高拱坝为例，采用微震监测技术对蓄水前后廊道微破裂进行实时监测，分析蓄水前后拱坝低高程廊道微破裂的时空分布规律，再现廊道裂缝的形成过程，提出廊道顶拱开裂的微震阈值。同时，采用 ABAQUS 软件分别模拟空库状态和满库状态下大岗山水电站高拱坝廊道赋存背景应力场，探究廊道裂缝形成和演化内在驱动力，结合微震监测结果揭示高拱坝廊道裂缝形成机制及演化过程，评估廊道裂缝的稳定性。

3.6.1　高拱坝廊道特征

大岗山水电站拱坝位于四川省大渡河流域境内，水库总库容 7.42 亿 m^3，电站总装机量 2600MW。坝址区地震基本烈度为Ⅷ度，其设防标准按相应于 100 年设计基准期超越概率为 2%的基岩水平峰值加速度为 0.5575g，为同类型工程的世界之最。混凝土双曲拱坝［图 3.13（a)］坝顶高程 1135m，坝顶厚度 10m，最低建基面高程 925m，坝底厚度 52m［图 3.13（b)］，最大坝高 210m，正常蓄水位高程 1130m。拱坝分区浇筑，共分为 29 个坝段，坝段长度为 22m，自左岸至右岸坝段号依次为#1 至#29。大岗山水电站高拱坝内部设置多层廊道［图 3.13（c)］，

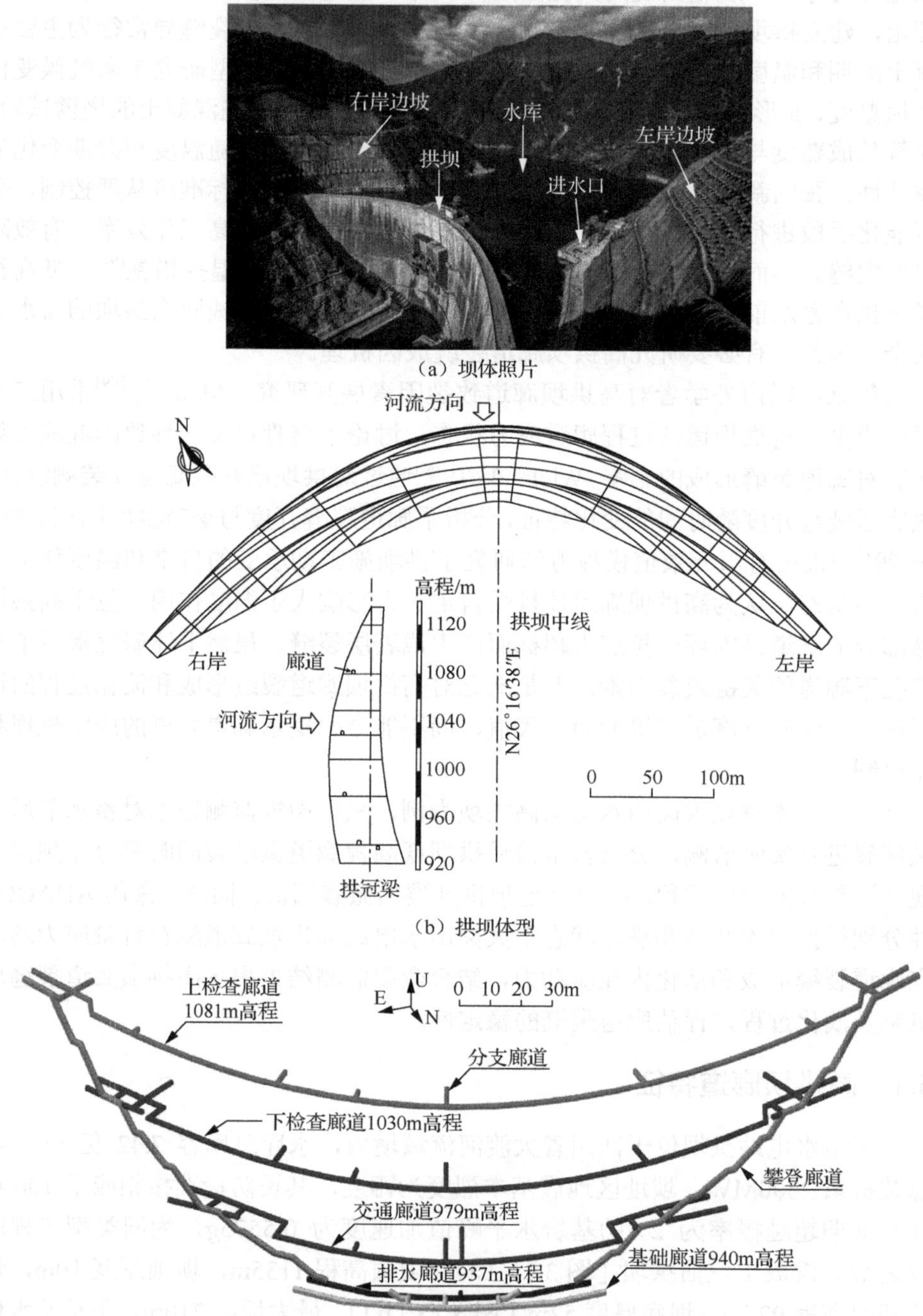

（a）坝体照片

（b）拱坝体型

（c）拱坝廊道

图 3.13　岗山拱坝及内部廊道图

包括上检查廊道、下检查廊道、交通廊道、基础廊道和排水廊道等，廊道交错复杂，满足坝体交通、检查、灌浆和监测等要求。表 3.2 是对大岗山水电站高拱坝主要廊道的信息汇总。5 层廊道高程依次为：上检查廊道（upper inspection gallery，UIG）1081m 高程、下检查廊道（lower inspection gallery，LIG）1030m 高程、交通廊道（acess gallery，AG）979m 高程、基础廊道（foundation gallery，FG）940m 高程和排水廊道（drainage gallery，DG）937m 高程。这 5 层廊道轴线方向均为横河向，截面均为城门洞形。其中，基础廊道截面尺寸为 3.0m（宽）×3.5m（高），排水廊道截面尺寸为 2.0m（宽）×2.5m（高），其余 3 层廊道截面尺寸均为 2.5m（宽）×3.0m（高）。2011 年 9 月拱坝开始浇筑，2014 年 11 月浇筑完成。2014 年 12 月 30 日，导流洞下闸开始蓄水，库水位从 975m 高程开始上升并保持在 1005m 高程。2015 年 5 月 29 日，拱坝导流底孔下闸蓄水，库水位从 1015m 高程上升，至 2015 年 7 月 4 日蓄至死水位 1120m。2015 年 10 月 30 日，蓄至正常蓄水位 1130m 高程，即为满库状态。

表 3.2　廊道信息表

缩写	名称	断面形状	截面尺寸（宽×高）	底部高程/m	轴线方向
UIG	上检查廊道	城门洞形	2.5m×3.0m	1081	横河
LIG	下检查廊道	城门洞形	2.5m×3.0m	1030	横河
AG	交通廊道	城门洞形	2.5m×3.0m	979	横河
FG	基础廊道	城门洞形	3.0m×3.5m	940	横河
DG	排水廊道	城门洞形	2.0m×2.5m	937	横河

大岗山水电站坝址区两岸基岩裸露，两岸山体雄厚，谷坡总体较陡峻、狭窄且对称，呈 V 形河谷，自然坡度一般为 35°～65°。坝址区出露基岩主要为晋宁-澄江期灰白色、微红色中粒黑云二长花岗岩，以块状～次块状结构为主，地应力较高，隐微裂隙发育，岩体沿已有结构面向河谷临空方向卸荷强烈。坝基花岗岩体中穿插发育纵横交错的辉绿岩脉（图 3.14），如左岸岩脉 β21（110°∠70°）、右岸岩脉 β43（280°∠50°）、河床的 β88（300°∠65°）等。坝址无区域断裂切割，构造形式以沿脉岩发育的断层、挤压破碎带和节理裂隙为特征，岩脉内部裂隙发育整体较破碎。由于工程地质条件复杂，坝基采取大量加固措施，包括混凝土垫座、平洞置换和预应力锚索等，用于改善建基面承载性能，保证施工和运营过程中的坝基稳定[102]。

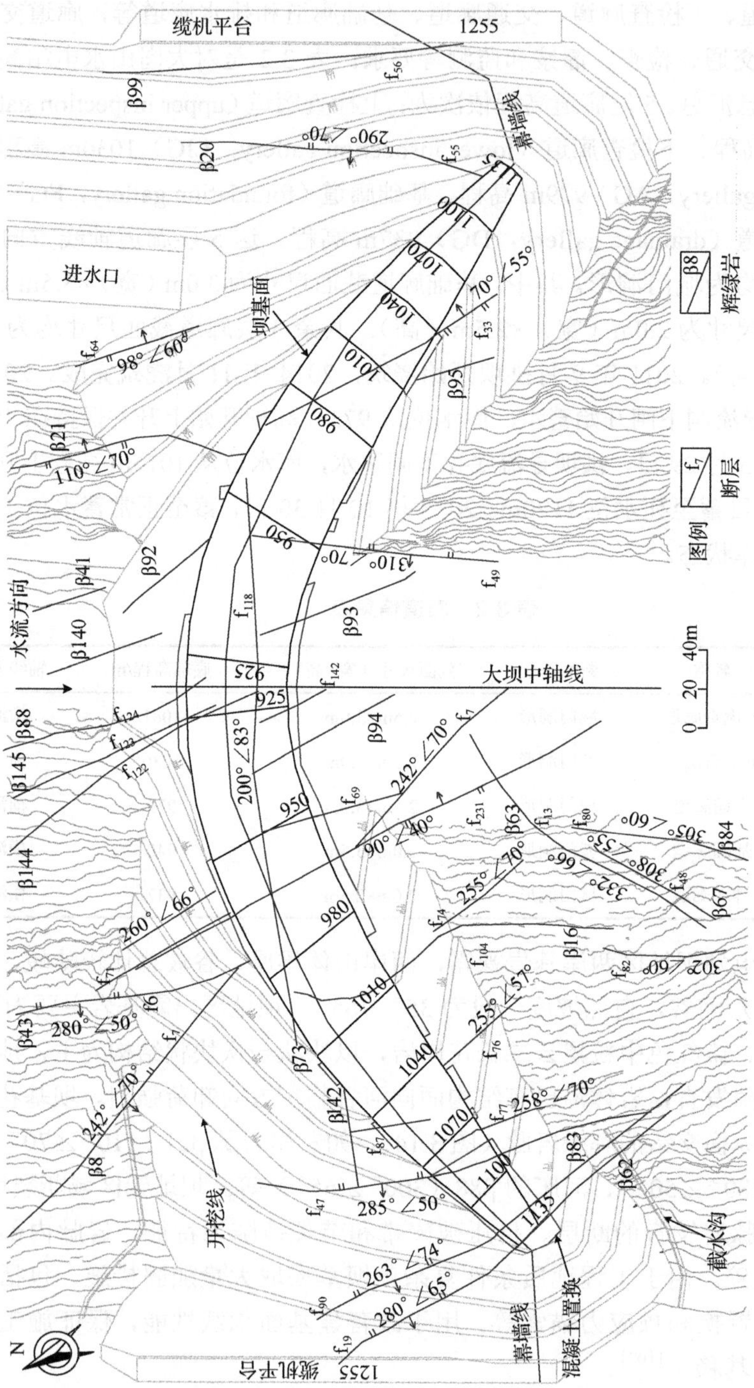

图 3.14 大岗山水电站坝址区地质图

3.6.2　高拱坝廊道裂缝现象

2014 年 12 月 23 日和 24 日，在对大岗山水电站高拱坝内部廊道巡检时发现位于靠近坝踵的 979m 高程交通廊道#11～#19 坝段和 940m 高程基础廊道 #13～#15 坝段的廊道顶拱出现了不同程度的开裂现象。经过现场量测和统计，得到了廊道顶拱裂缝的分布示意图（图 3.15）和裂缝特征统计表（表 3.3）。其中，廊道顶拱裂缝深度主要采用对穿声波测试方法进行检测，部分对穿声波测试无法确定深度的裂缝，则采用骑缝取芯方法确定其深度，裂缝骑缝取芯芯样如图 3.16 所示。拱坝内 979m 高程交通廊道#11～#19 坝段廊道裂缝沿横河方向连续分布于顶拱中心位置，#11 和#19 坝段廊道裂缝长度分别为 5.0m 和 4.2m，其余坝段廊道顶拱裂缝贯穿整个坝段，而且#13～#15 坝段顶拱出现两条横河向裂缝［图 3.15（a)]。裂缝的宽度均小于 0.1mm，裂缝的深度为 0.1～3.7m，#14 和#15 坝段廊道顶拱裂缝深度最大，分别达到 3.7m 和 3.6m。940m 高程基础廊道#13 和#15 坝段廊道顶拱靠#14 坝段位置分别萌生 2.2m 和 2.5m 长的裂缝，#14 坝段廊道裂缝基本贯穿整个坝段顶拱［图 3.15（b)]。940m 高程基础廊道#13～#15 的裂缝宽度均小于 0.15mm，裂缝深度在 1.6～2.4m。混凝土高拱坝浇筑完成后廊道出现如此明显的深部裂缝，势必对蓄水期拱坝廊道结构应力甚至拱坝承载安全产生影响，这在国内高拱坝的建设过程中比较少见。

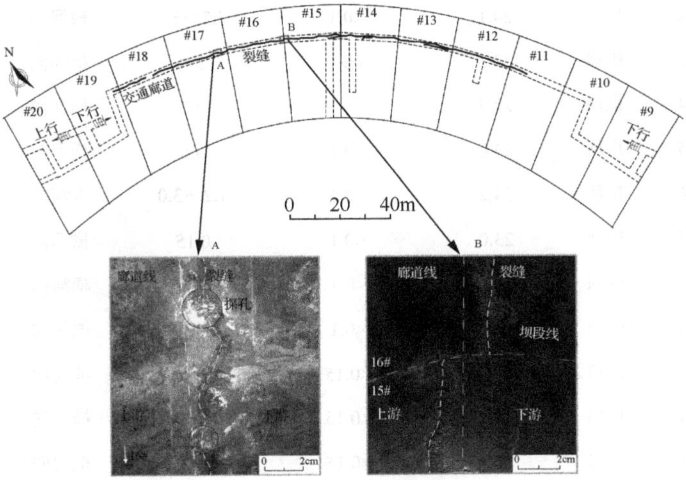

（a）979m高程交通廊道

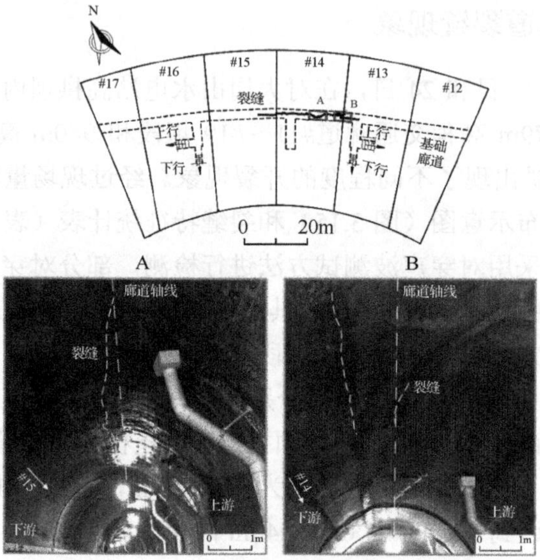

（b）940m高程基础廊道

图 3.15　廊道拱顶裂缝分布示意图

表 3.3　廊道裂缝特征统计表

高程/m	坝段	部位	裂缝长度/m	裂缝宽度/mm	裂缝深度/m	裂缝方向	检查方法
979	#11	拱顶	5.0	<0.1	2.2	横河向	对穿声波测试
979	#12	拱顶	24.1	<0.1	2.2～3.0	横河向	对穿声波测试
979	#13	拱顶	22.3	<0.1	3.0	横河向	对穿声波测试
979	#14	拱顶	22.7	<0.1	3.7	横河向	对穿声波测试
979	#15	拱顶	22.6	<0.1	3.6	横河向	对穿声波测试
979	#16	拱顶	23.2	<0.1	1.2～3.0	横河向	对穿声波测试
979	#17	拱顶	23.0	<0.1	0.15	横河向	骑缝取芯
979	#18	拱顶	23.4	<0.1	2.2	横河向	对穿声波测试
979	#19	拱顶	4.2	<0.1	0.1	横河向	骑缝取芯
940	#13	拱顶	2.2	<0.15	1.6～2.4	横河向	对穿声波测试
940	#14	拱顶	20.7	<0.15	1.6	横河向	对穿声波测试
940	#15	拱顶	2.5	<0.15	1.6～2.4	横河向	对穿声波测试

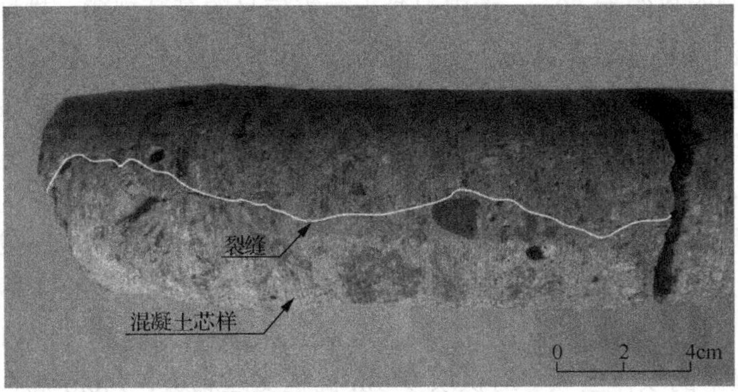

图 3.16　裂缝骑缝取芯芯样图

3.6.3　高拱坝廊道微震监测系统构建

利用材料局部应变能快速释放的被动式声发射监测方法在工程上又称为微震，其通过捕捉微震信号来反演微破裂所发生的时刻和位置，推断工程结构宏观破裂的发展趋势，识别潜在的灾害活动规律，被广泛应用于矿山[103,104]、岩质边坡[105]、地下储库[106]等领域。小尺度混凝土声发射试验主要拾取混凝土结构破坏过程中的高频信号，侧重于震源的参数分析，进而识别混凝土结构的缺陷，评估混凝土结构安全状态[107]。大体积混凝土工程微震监测要覆盖更大的监测范围，监测系统需要采用高灵敏度、低频响应好的传感器，侧重于混凝土微破裂的快速定位和震源强度计算。因此，在构建混凝土高拱坝微震监测系统时，应注意选择宽频响、高灵敏度、快速稳定的监测系统。

混凝土材料单轴压缩过程中的声发射分析表明，受载损伤初期，混凝土声发射优势信号多为 0.1～1MHz 高频信号，随着损伤的加剧，混凝土声发射信号优势频率降低至千赫兹水平以下，甚至更低[108,109]。单轴压缩过程中声发射信号频谱分析表明，C40 以下混凝土试样声发射优势频率在 5000Hz 左右[75]。类比于大体积混凝土微震信号，且考虑随着混凝土尺寸的增加，微震信号频率呈现向低频方向减小的趋势，选用高频响应为 5000Hz 或者更高频率的传感器，可以捕捉拱坝混凝土优势频率微震信号。基于此，构建了混凝土拱坝廊道微震监测系统（图 3.17）。传感器为频响范围在 50～5000Hz 的单轴加速度计，灵敏度为 30V/（m·s）。采集仪为加拿大 ESG 公司生产的信号采集系统，采样频率为 20000Hz，24 位模数转换，采用阈值和 LTA/STA 触发。廊道微震监测系统搭载 MMS-View 远程无线传输和可视化系统，实现拱坝混凝土微震信号的全天候实时采集和远程传输。根据微震监测距离和可测频率关系曲线[75]（图 3.18），混凝土优势微震频率在 5000Hz 时对应的系统监测距离约为 50m，考虑混凝土微震信号的衰减规律，拱坝微震监测系统微破裂震源至传感器距离应小于 50m。因此，结合大岗山水电站拱坝的廊道施工条件，确定传感器布设位置如图 3.17（b）所示。6 支加速度型传感器分别布置在坝踵区的 940m 高程基础廊道和坝趾区的 937m 高程排水廊道内，相邻传感器平均间距约 45m。S1、S3 和 S5 分别垂直向下安装进入廊道底板，S2 水平安装进入 937m 高程排水廊道下游侧边墙，S4 和 S6 均以 45° 角斜向下安装进入 940m 高程基础廊道上游侧边墙。6 通道传感器形成有效空间阵列，保证了微震事件定位解的空间唯一性。大岗山水电站拱坝廊道微震监测系统覆盖#13～#17 坝段，即 980m 高程以下的坝体区域，对拱坝 979m 高程交通廊道、940m 高程基础廊道和 937m 高程排水廊道进行连续监测，实时获取拱坝混凝土微破裂的震源参数。

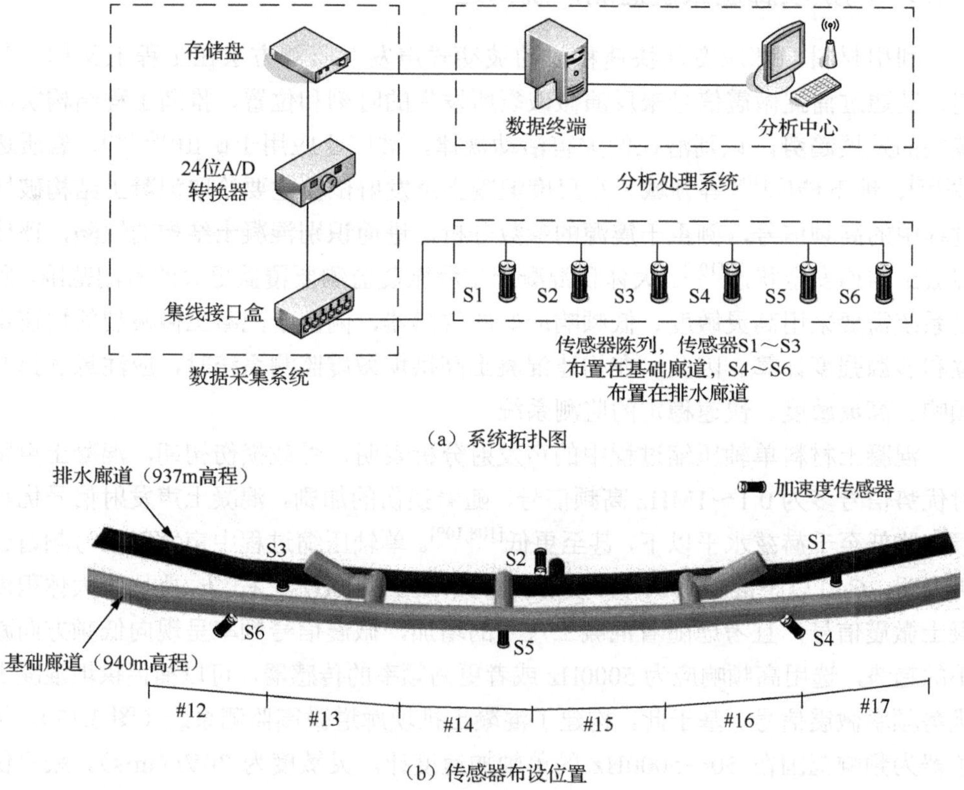

图 3.17　廊道微震监测系统

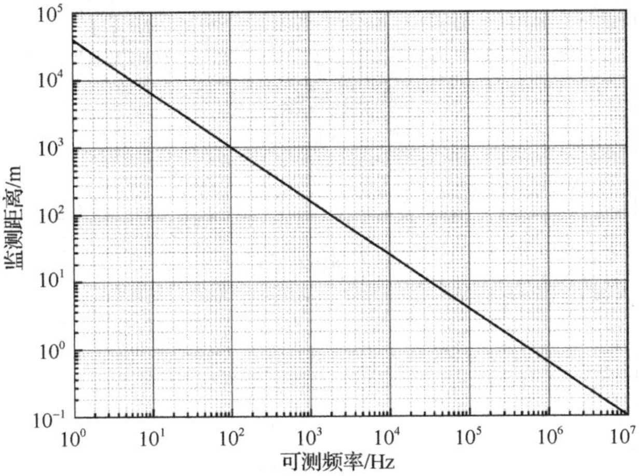

图 3.18　微震监测距离与可测频率关系曲线

3.6.4　高拱坝廊道微震系统精度测试

廊道微震监测系统传感器阵列确定以后，需要进行系统定位精度测试，验证微震监测系统的有效性。2014 年 11 月 24 日，通过对廊道微震监测系统传感器阵列空间内和空间外的 11 个点进行敲击试验，记录敲击试验时间、敲击位置和试验波形。根据大岗山水电站拱坝混凝土波速测定试验结果，分别设定系统 P 波波速为 3700～4800m/s 范围内的 12 种不同的波速，遍历计算不同波速情况下敲击试验的定位误差。当 P 波波速为 4300m/s 时，敲击位置与微震监测系统定位的平均误差最小，达到 5.1m，11 次敲击试验的定位误差控制在 8m 以内[110]。廊道微震监测系统拾取的敲击试验信号和典型微破裂信号的时频特征如图 3.19 所示。敲击试验信号时域内存在两个峰值，主要受弹性波在坝体廊道内反射和折射影响，信号幅值约为 50mV，幅频分布较为分散，主频小于 2500Hz［图 3.19（a）］。典型微破裂信号幅值为 0.6mV，信号尾波较为发育，信号能量主要集中在高频区，主频分布在 4000Hz 左右［图 3.19（b）］。通过分析和统计拱坝不同类型信号的时频特征，确定拱坝微震监测系统事件触发阈值和滤波参数，实现施工噪声信号和背景噪声信号的自动滤除，有效采集和存储混凝土微破裂信号。

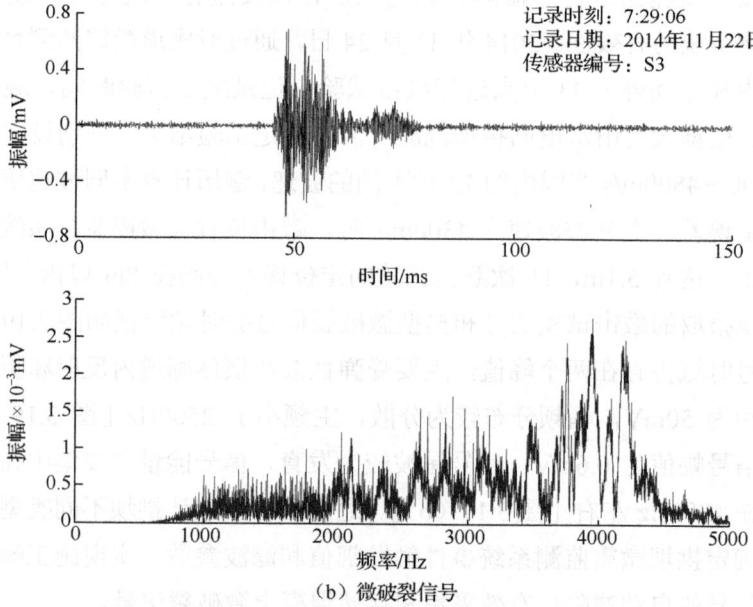

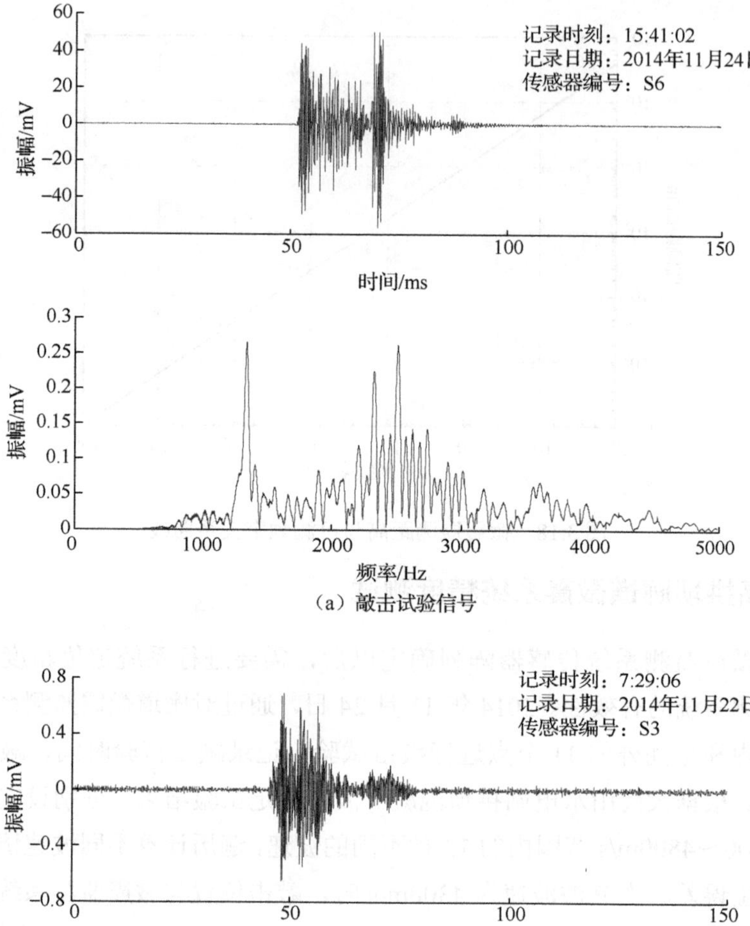

图 3.19　廊道微震监测系统信号时频特征

3.6.5　高拱坝廊道裂缝形成的微震识别

微震监测事件的发生时间段为 2014 年 11 月 22 日至 2015 年 10 月 31 日，对应的大岗山水电站现场工况为拱坝浇筑完毕，坝前库水位自 975m 高程逐步蓄至 1130m 高程。979m 高程交通廊道、940m 高程基础廊道和 937m 高程排水廊道 8m 范围内的微震监测空间分布如图 3.20 所示，图中的圆球代表拱坝混凝土微震事件，圆球颜色表示矩震级，矩震级分布在−3.9～−2.8。在此期间，拱坝 979m 高程交通廊道、940m 高程基础廊道和 937m 高程排水廊道共萌生 287 件微震事件，微震事件主要分布在 940m 高程基础廊道和 937m 高程排水廊道附近。979m 高程交通廊道附近微震事件主要集中在#14～#16 坝段，并在#13 和#17 坝段零星分布，矩震级位于−3.5～−2.8。940m 高程基础廊道#13～#15 坝段及#16 坝段聚集较多的微震事件，并以小于−3.5 级的低震级事件为主。937m 高程排水廊道#14～#15 坝段也是拱坝混凝土微破裂聚集区，矩震级与 940m 高程廊道一致，均小于−3.5。对比三

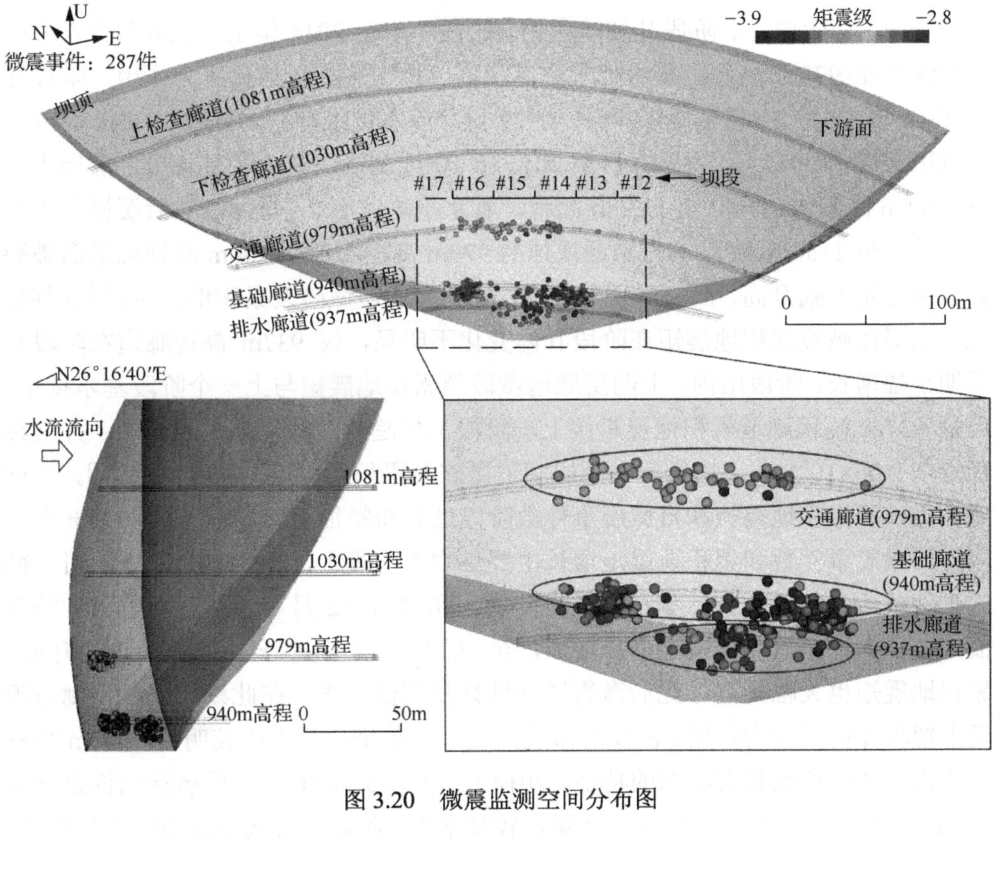

图 3.20　微震监测空间分布图

层廊道微震事件空间分布，廊道微破裂均有分段萌生的特征。979m 高程廊道微破裂矩震级明显高于下两层廊道，但微震事件数较少。因为微震加速度传感器主要阵列布置在 940m 高程廊道和 937m 高程廊道内，致使系统能够拾取到更多的萌生于这两层廊道附近的微破裂信号，而 979m 高程廊道的低震级微震信号由于传播过程中信号衰减，未能被有效拾取，导致该高程廊道微破裂事件矩震级较其他两层廊道偏大。

地震矩是表征一个微震事件强度大小及震源力学状态的基本参数，与微破裂的破裂过程的物理实质直接联系，常用于工程结构体微破裂强度及演化规律的研究[111]。大岗山水电站高拱坝 979m 高程交通廊道、940m 高程基础廊道和 937m 高程排水廊道微震事件数和累积地震矩随时间的变化特征如图 3.21 所示。图 3.21（a）为三层廊道累积地震矩与蓄水水位的关系图，图 3.21（b）～图 3.21（d）分别为三层廊道日微震事件数与累积地震矩的关系图，图中的坐标值断开部分为廊道微震监测系统未采集到有效事件的时间段。2014 年 11 月 22 日至 2015 年 10 月 31 日，三层廊道微震事件累积地震矩与坝前库水位具有明显的相关性，总体上可以分为三个阶段，即阶段Ⅰ、阶段Ⅱ和阶段Ⅲ。阶段Ⅰ表示 2014 年 12 月 30 日之前，库水位维持在 975m 高程，基本处于空库状态，拱坝主要受自重应力作用。阶段Ⅱ为 2014 年 12 月 31 日至 2015 年 5 月 29 日，库水位维持在 1005～1015m 高程。阶段Ⅲ对应于 2015 年 5 月 30 日至 2015 年 10 月 31 日，其中 7 月 4 日之前库水位从 1015m 高程快速升高至 1120m 高程，蓄水平均速率 2.74m/d，然后缓慢蓄水至正常蓄水位 1130m。阶段Ⅰ内靠近坝踵的 979m 高程廊道和 940m 高程廊道微破裂累积地震矩大幅升高，而靠近坝趾的 937m 高程廊道微破裂累积地震矩增长缓慢。三层廊道微破裂累积地震矩在阶段Ⅱ内变化不明显，仅 937m 高程廊道在阶段Ⅱ后期小幅增长。阶段Ⅲ内，上两层廊道微破裂累积地震矩与上一个阶段基本持平，但是 937m 高程廊道累积地震矩接上一阶段上扬趋势，出现显著的增加，并最终稳定在 2.06×10^6N·m，均低于上两层廊道微破裂累积地震矩［图 3.21（a）］。三层廊道微破裂累积地震矩和日微震事件数阶段性分布特征明显。具体地，979m 高程廊道日微震事件数和累积地震矩增长主要集中在阶段Ⅰ，2014 年 12 月 5 日，微震事件数达到每日 5 件，累积地震矩陡增，2014 年 12 月 8 日，日微震事件数降低为每日 2 件，累积地震矩稳步增加，至 2014 年 12 月 23 日，微震活动性升高，累积地震矩也大幅升高，此后微震活动性恢复至低水平。在此期间，拱坝廊道承受上覆坝体自重应力作用，诱发的微震活动性在整个阶段均比较明显。940m 高程廊道微震活动性也具有类似的特征，2014 年 12 月 3 日和 15 日微震活动性显著升高，而且整个阶段Ⅰ中微震活动性保持较高水平，此阶段后微震活动性明显降低，随着水位升高累积地震矩小幅增加。不同的是，937m 高程廊道微震活动性集中在 2014 年 12 月 20 日之前和 2015 年 5 月 30 日之后，而且累积地震矩在 2014 年 12 月 20 日之前增长缓慢，说明阶段 I 内自重应力诱发坝趾区廊道部分小震级微破裂的产生，随着库水位的升高，该层廊道微破裂活动性明显增强。

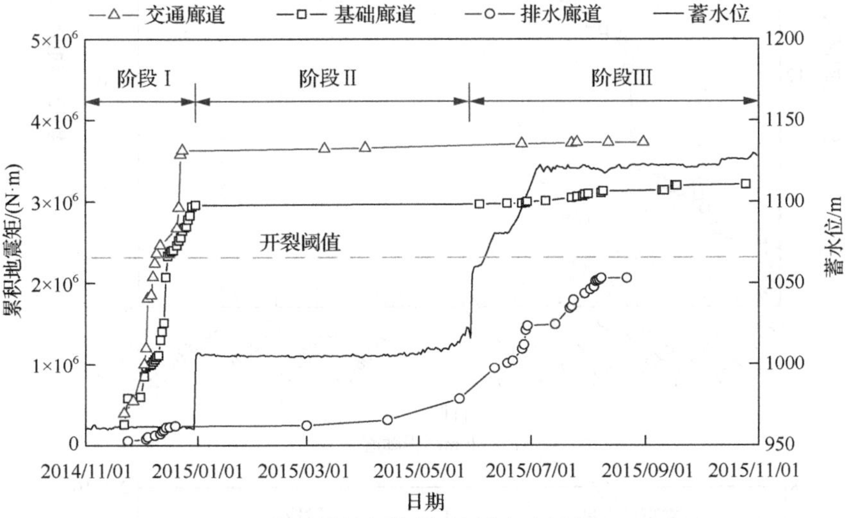

(a) 累积地震矩随时间分布对比图

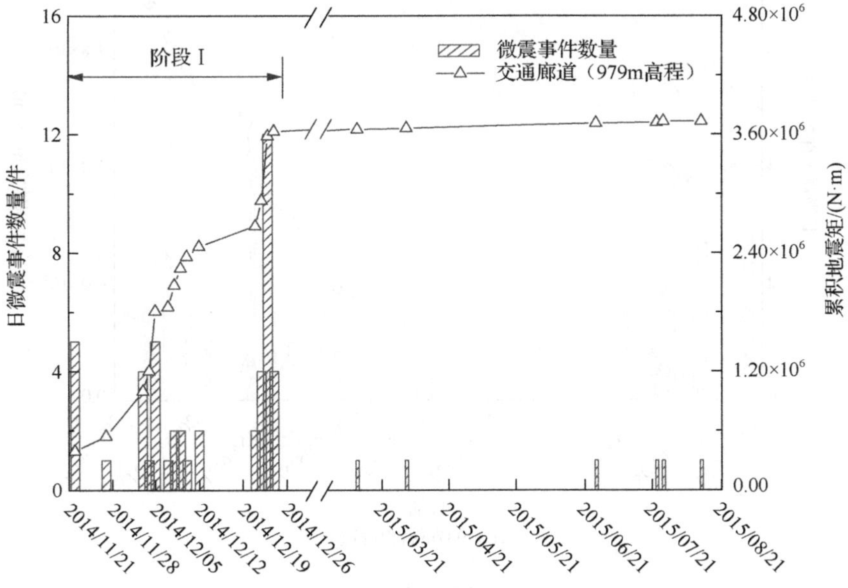

(b) 979m高程廊道

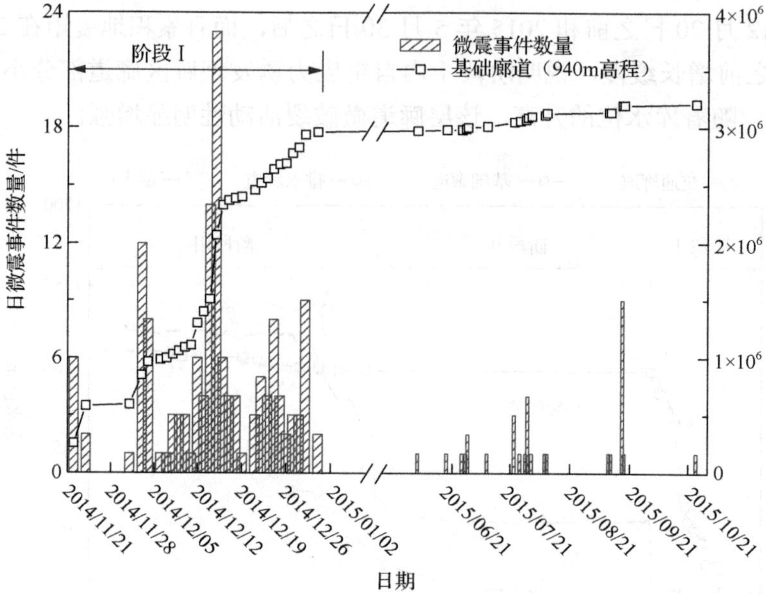

（c）940m高程廊道

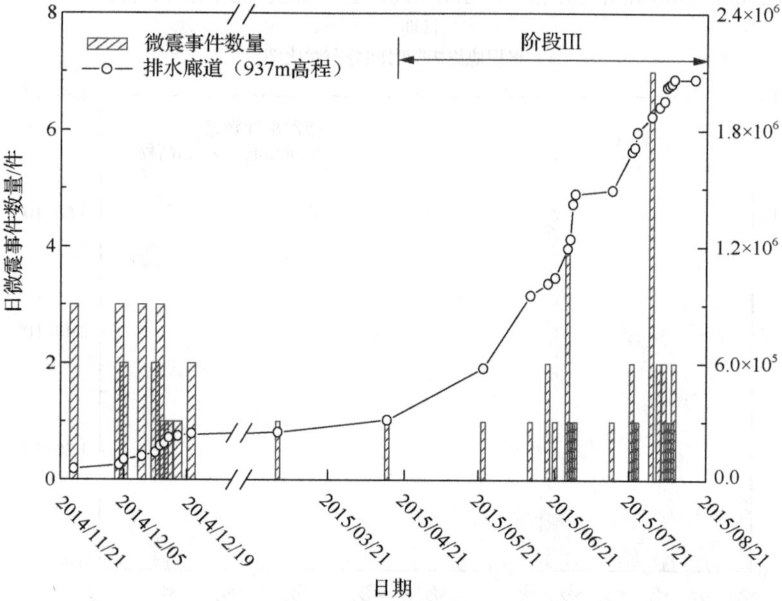

（d）937m高程廊道

图 3.21　廊道微震事件数和累积地震矩随时间分布规律

微震变形是指一定时间内混凝土或者岩体在荷载作用下诱发的平均微震应变，是综合评价混凝土或岩体微破裂特征的重要参数[112]。通过廊道微震监测系统获取的微破裂震源参数，计算一定时间内微破裂的累积地震矩密度，即可求得微震变形[113]。大岗山水电站拱坝蓄水前后廊道微震变形沿拱冠截面分布如图3.22所示。蓄水前对应于2014年12月30日之前，即图3.21（a）中的阶段Ⅰ。蓄水后对应于2014年12月31日至2015年10月31日，坝前水位自975m逐步升高至1130m，对应于图3.21（a）中的阶段Ⅱ和Ⅲ，下同。蓄水前，大坝拱冠高微震变形区分布在靠近坝踵的979m高程廊道和940m高程廊道附近，上层廊道微震变形值明显大于下层廊道［图3.22（a)］。蓄水后，979m高程拱冠坝段廊道附近微震变形显著降低，坝体高微震变形区转移至靠近坝趾的937m高程廊道附近，微震变形量值明显小于蓄水前廊道微震变形值［图3.22（b)］，这与图3.21中蓄水后937m高程廊道累积地震矩的变化特征是一致的。值得一提的是，蓄水前（阶段Ⅰ）拱坝979m高程和940m高程廊道顶拱出现了不同程度的开裂现象，而937m高程廊道在蓄水前后均未出现宏观裂缝，与大岗山水电站拱坝累积地震矩和微震变形的分布及演化特征形成了很好的对应关系。基于此可推断：拱坝廊道在自重作用下，靠近坝踵的979m高程和940m高程廊道应力较高，微破裂不断萌生聚集，形成高微震变形区，诱发廊道顶拱出现宏观裂缝。随着水位的不断升高，微震变形区向坝趾区的937m 高程廊道转移。虽然937m高程廊道混凝土微破裂有所增加，但是尚未达到诱发廊道混凝土宏观裂缝产生的水平。将各阶段的图3.21和图3.22中累积地震矩和微震变形与宏观裂缝的出现时间节点对应起来，则可以尝试推测出蓄水前后大岗山水电站拱坝廊道顶拱开裂对应的累积地震矩和微震变形阈值。假设979m高程廊道和940m高程廊道采用同样的结构措施和施工方法，两层廊道的微破裂发生机制也一致，那么两层廊道顶拱裂缝产生的阈值也应是一样的。基于此，给出廊道顶拱裂缝形成的累积地震矩阈值为2.3×10^{6}N·m［图3.21（a）中的虚线所示］，微震变形阈值为8×10^{-13}。那么，979m高程廊道在12月12日发生廊道顶拱裂缝的开裂，累积地震矩在此之前经历了快速增长，并在之后的一周内增速放缓，说明廊道顶拱裂缝的形成完成了顶拱局部高应力的释放。同样地，940m高程廊道在12月15日出现宏观裂缝，此后累积地震矩的增长放缓。两层廊道的累积地震矩演化过程及其反映的应力积累和释放趋势也在一定程度上验证了所推测的廊道顶拱开裂微震阈值。值得注意的是，不同微震监测系统由于频响范围、系统设置、震源反演方法存在差别，可能会造成微震阈值的明显差异，因此在分析类似问题时应关注微震系统的配置。

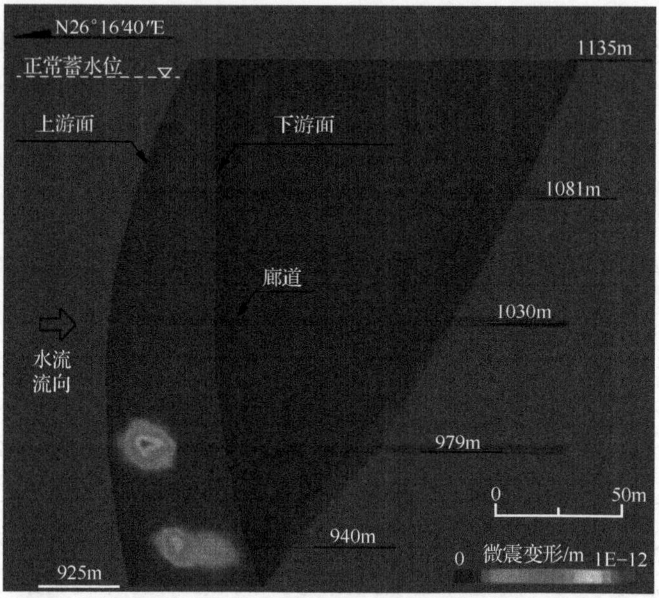

（a）蓄水前

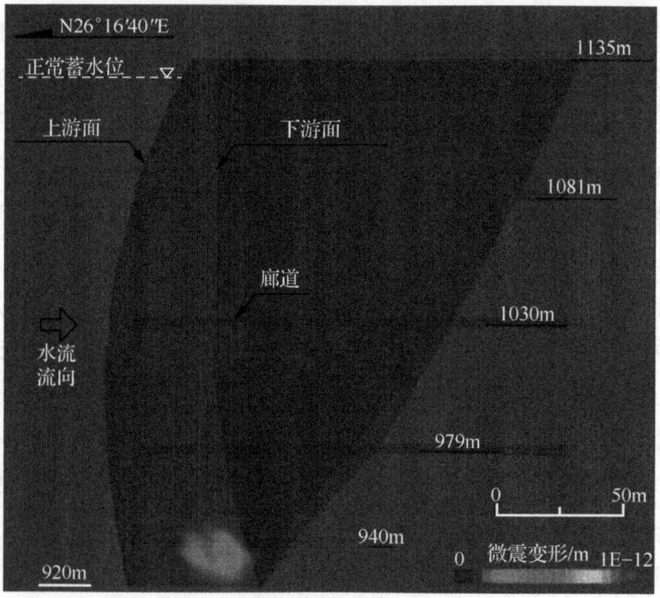

（b）蓄水后

图 3.22　微震变形沿拱冠剖面分布图

1. 979m 高程交通廊道

大岗山水电站拱坝蓄水前后微震变形沿979m高程剖面分布图如图3.23所示，图中将坝体投影到微震变形云图上。蓄水前，大岗山水电站拱坝 979m 高程交通廊道#14～#16 坝段微震活动性较高，形成高微震变形区，为拱坝廊道的潜在危险区域。高微震变形区总体上沿该层廊道轴线方向分布，并呈现向#17 坝段延伸的趋势［图 3.23（a）］，该微震监测结果与 979m 高程交通廊道拱顶裂缝分布基本一致［图 3.15（a）］，通过廊道微震变形可以圈定裂缝的产生区域和可能的扩展轨迹。结合图 3.21（b），该层廊道受上覆坝体自重应力作用影响，廊道累积地震矩快速升高，微震变形不断累积，于 2014 年 12 月 12 日诱发廊道顶拱裂缝的产生，其中#14～#16 坝段裂缝形势最为严重。2014 年 12 月 30 日，大岗山水电站拱坝导流洞下闸蓄水，979m 高程廊道微震活动性明显减弱，微震变形显著降低。此时该层廊道已经进行了凿槽、钻孔、埋管和灌浆处理，并在该层廊道#14 坝段顶拱中部安装顺河向测缝计，测缝计过程线如图 3.24 所示，图中正值表示裂缝张开，负值表示裂缝压缩。廊道裂缝处理完毕后，除安装初始阶段出现小幅度的波动，随着库水位的不断升高，#14 坝段顶拱裂缝不断压缩，并趋于稳定，说明该层廊道裂缝没有进一步扩展，处于稳定状态。

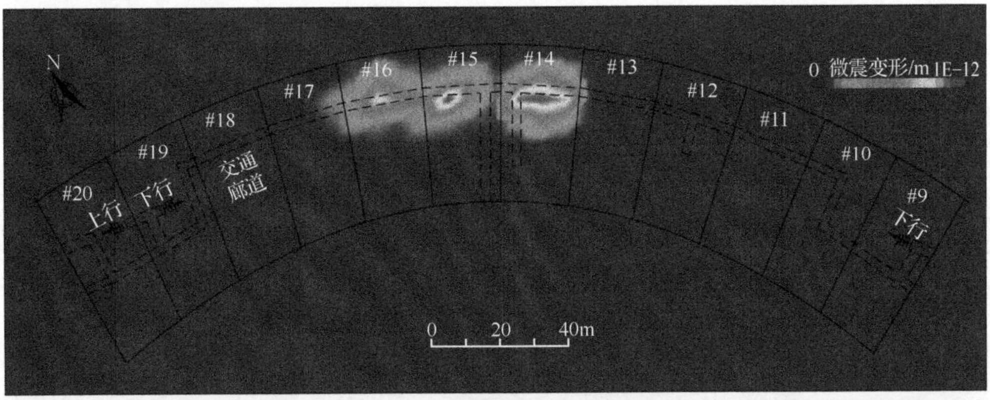

（a）蓄水前

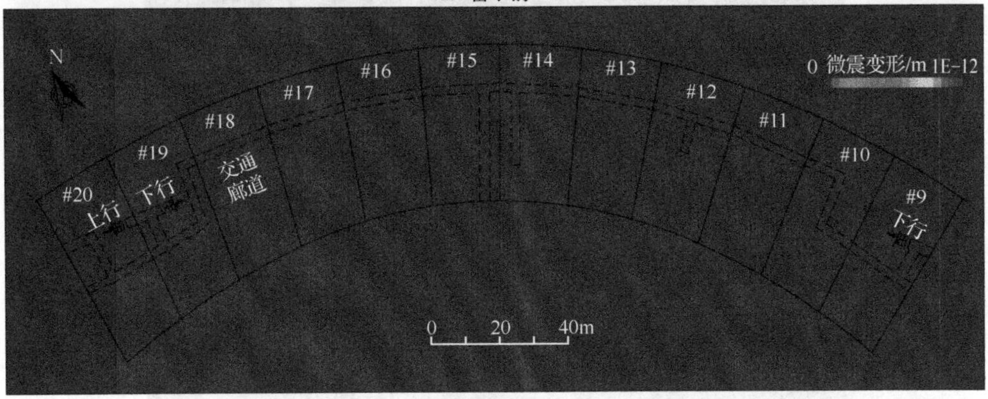

（b）蓄水后

图 3.23　微震变形沿 979m 高程剖面分布图

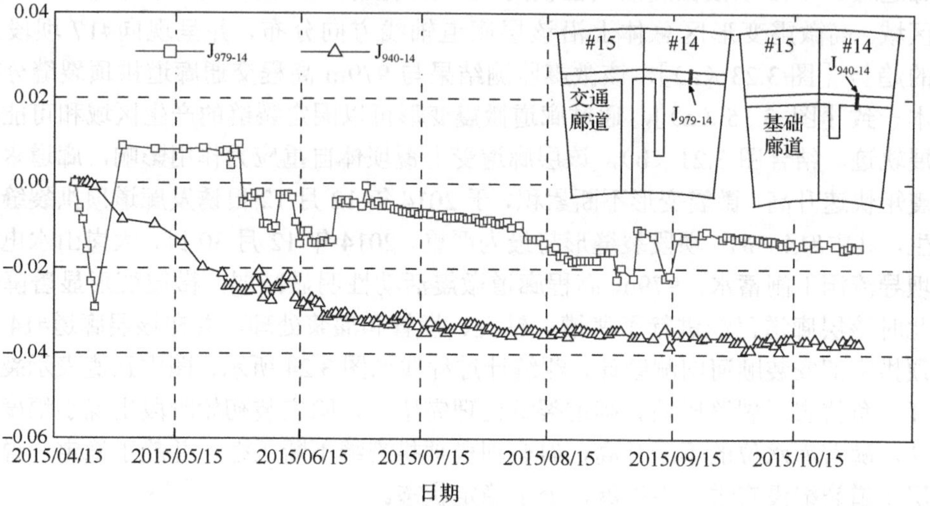

图 3.24　廊道顶拱测缝计过程线

2. 940m 高程基础廊道

940m 高程基础廊道顶拱裂缝的形成和演化机制与 979m 高程交通廊道类似。蓄水前，该层廊道微震变形集中在#13 坝段、#14 坝段和#16 坝段，其中#13 坝段和#14 坝段交界处以及#16 坝段中部是高微震变形分布区［图 3.25（a）］。导流洞下闸蓄水后，该高程廊道混凝土微震活动性明显减弱，微震变形仅分布在靠#13 坝段侧的#14 坝段内，而且微震变形值显著降低［图 3.25（b）］。结合图 3.21（c），蓄水前 940m 高程廊道在上覆坝体自重应力作用下，廊道混凝土微破裂不断萌生

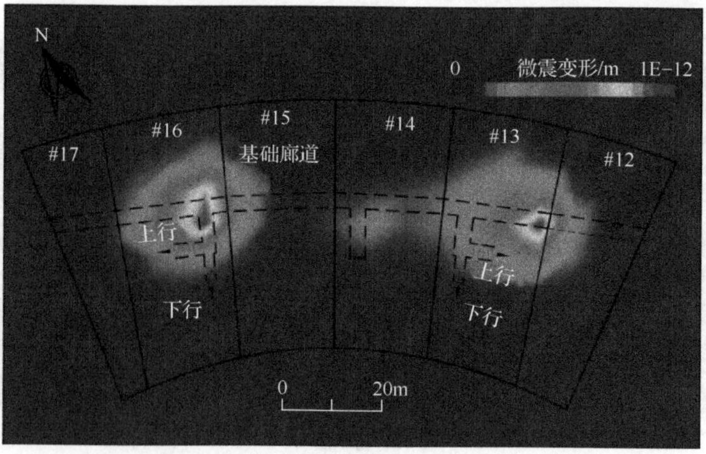

（a）蓄水前

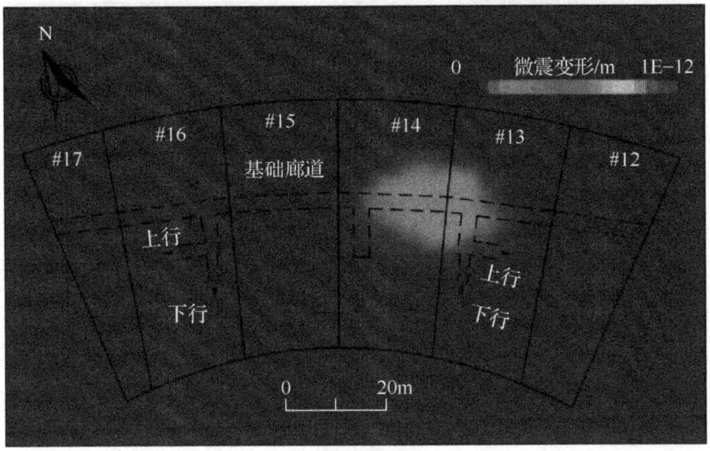

（b）蓄水后

图 3.25　微震变形沿 940m 高程剖面分布图

和累积，于 12 月 15 日在该层廊道#13 坝段和#14 坝段诱发廊道顶拱宏观裂缝的产生，宏观裂缝呈现向#15 坝段发展的趋势。此外，蓄水前 940m 高程廊道#16 坝段微震变形较高，可能是该层廊道斜坡廊道连接应力集中所致。随着库水位的升高，拱坝廊道应力发生明显调整，廊道顶拱裂缝未出现明显扩展，拱坝裂缝较为稳定。图 3.24 中该层廊道#14 坝段顶拱中部测缝计的开度自安装以来一直为负，说明蓄水后该区域顶拱裂缝始终闭合，也说明了该层廊道顶拱裂缝处于较为稳定的状态，与微震变形的分析结果是一致的。

3. 937m 高程排水廊道

937m 高程排水廊道的微震变形的分布和演化特征与 979m 高程交通廊道和 940m 高程基础廊道明显不同。蓄水前，该层廊道#14 坝段和#15 坝段连接处发育少量较低震级的微破裂，微震变形较低［图 3.26（a）］。蓄水后，该处微震变形继续萌生微破裂，并向#14 坝段转移，微震活动性明显升高［图 3.21（d）］，较高微震变形区分布在该层廊道#14 坝段［图 3.26（b）］。无论蓄水前后，937m 高程廊道微震变形均处于产生顶拱开裂的阈值水平以下，廊道尚未出现宏观裂缝。然而，该层廊道在蓄水前后微震变形不断积累和转移，说明其是拱坝在运营过程中需要关注的潜在危险区域。所以应加强对 937m 高程廊道#14 坝段和#15 坝段的监控量测，密切分析该层廊道微破裂的演化规律，进而指导蓄水运营过程中廊道的维护。

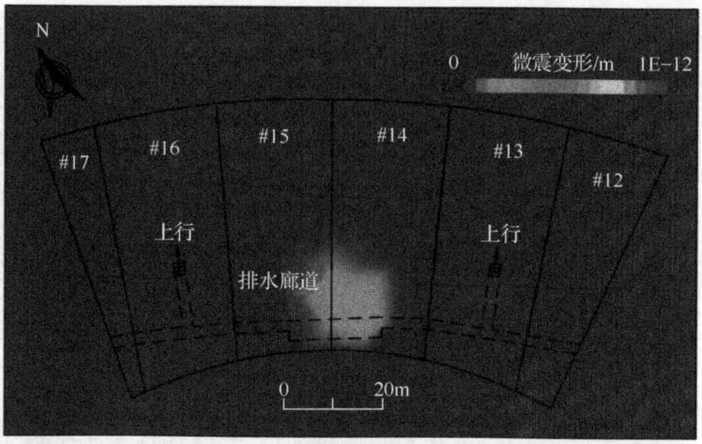

（a）蓄水前

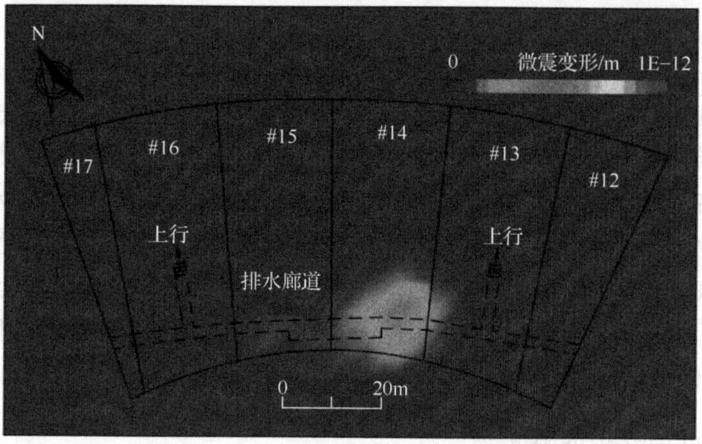

（b）蓄水后

图 3.26　微震变形沿 937m 高程剖面分布图

3.6.6　高拱坝廊道裂缝形成数值模拟

1. 数值模型

为了获取大岗山水电站高拱坝廊道赋存的背景应力场，探究廊道形成及演化的内在驱动力，采用 ABAQUS 软件建立大岗山水电站拱坝三维数值模型（图 3.27）。该模型横河向模拟范围 1200m，竖直方向模拟范围 610m，其中坝顶以上 100m，约 0.5 倍坝高，坝底以下 300m，约 1.5 倍坝高。顺河向方向模拟范围 630m，上下游向外各延伸约 1 倍的坝高。含廊道模型，剖分四面体单元总数为 835802，其中坝体单元数量为 684832。选用理想 Drucker-Prager 本构模型，既能反映混凝土材料的力学特性，还具备良好的收敛性[113]。Drucker-Prager 本构参数由 Mohr-Coulomb

本构参数黏聚力 c 和内摩擦角 ϕ 换算得到[114]，模型参数如表 3.4 所示，其中 $f = \tan\phi$。

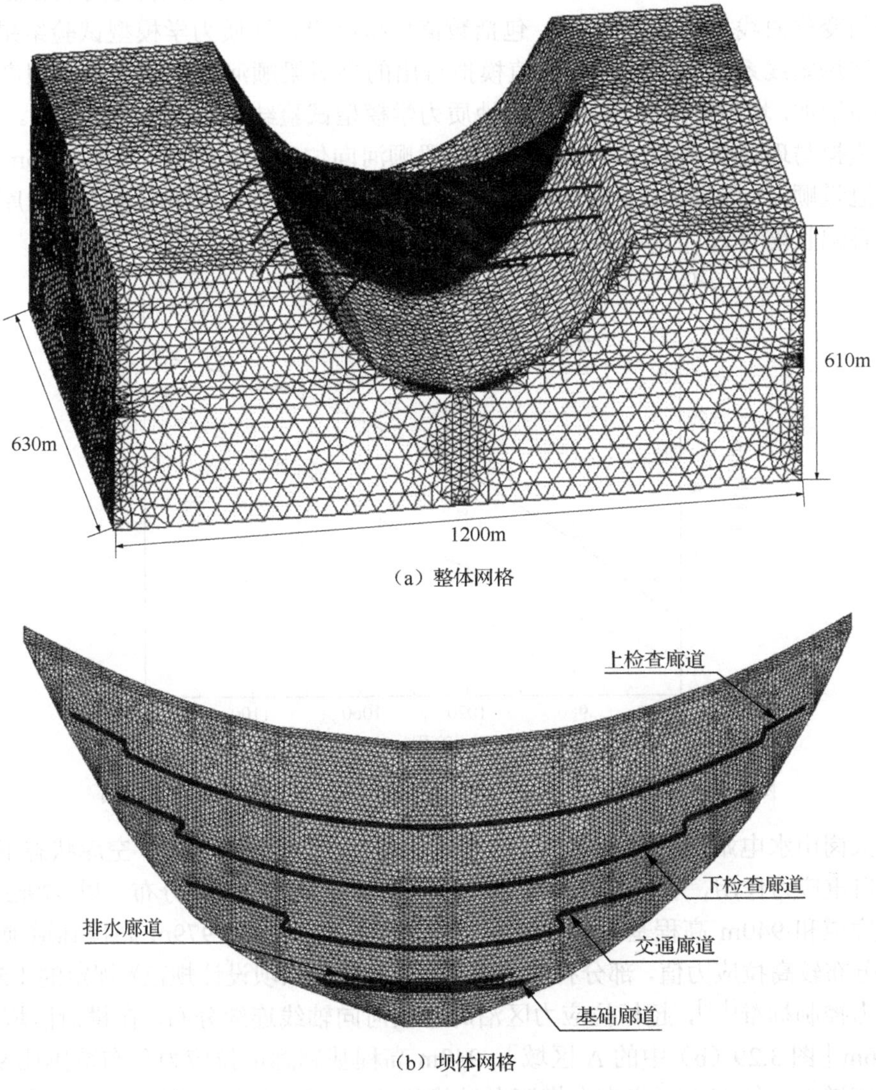

（a）整体网格

（b）坝体网格

图 3.27　大岗山水电站拱坝数值模型图

表 3.4　大岗山水电站拱坝数值模型材料参数

部位	$\rho/(kg/m^3)$	E/GPa	μ	c/MPa	f
坝体	2400	25.2	0.16	2.5	1.7
坝基岩体	2700	16.7	0.25	1.6	1.4

2. 模型验证

大岗山水电站拱坝蓄水至正常蓄水位（1130m）拱冠梁的顺河向位移随拱坝高程的变化曲线如图 3.28 所示，包括数值模拟结果、地质力学模型试验结果[115]，以及现场垂线系统实测位移。数值模拟得出的拱冠梁顺河向位移随着拱坝高程的增加而增加，坝顶的位移最大，这与地质力学模型试验结果的变化趋势一致。同时，数值模拟与现场实测的 1081m 高程拱冠梁顺河向位移非常接近，但是 1135m 高程的拱冠量顺河向实测位移与 1081m 高程相比并没有增加，可能与蓄水后的库盆变形和谷幅收缩有关[14]，而本节的数值模型中未考虑该因素。

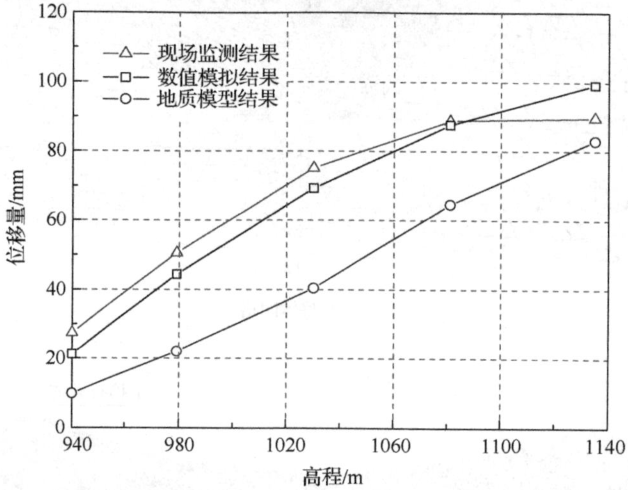

图 3.28　蓄水后拱坝拱冠梁顺河向位移随拱坝高程的变化曲线图

大岗山水电站拱坝廊道空库状态下最小主应力分布见图 3.29。空库状态下，拱坝受自重应力作用，坝体低高程廊道出现了不同程度的拉应力分布，以 979m 高程交通廊道和 940m 高程基础廊道最为显著［图 3.29（a）］。979m 高程廊道顶部和底部分布较高拉应力值，部分拉应力值超过《混凝土拱坝设计规范》规定的 1.5MPa 拉应力控制标准[116]，超标拉应力区沿廊道横河向轴线连续分布，在拱冠区域深度达 1.6m［图 3.29（b）中的 A 区域］。940m 高程基础廊道拉应力分布范围比 979m 高程廊道小，拉应力区集中在横河向轴线的#13～#16 坝段［图 3.29（a）］，拉应力区深度小于 979m 高程廊道［图 3.29（b）中的 B 区域］。这两层廊道的拉应力区位置和现场廊道顶拱裂缝分布区域基本吻合，说明廊道顶拱裂缝形成的本质原因是廊道顶拱出现了超过混凝土抗拉强度的环向拉应力。具体地说，979m 高程交通廊道上覆坝体高度较大，而且位于坝体倒悬部分，廊道上覆自重压应力导致顶拱形成横河向连续的环向拉应力，造成廊道拱顶开裂。940m 高程基础廊道上覆坝体高度最大，但相比于 979m 高程廊道距倒悬的上游坝面较远，开裂程度弱于 979m

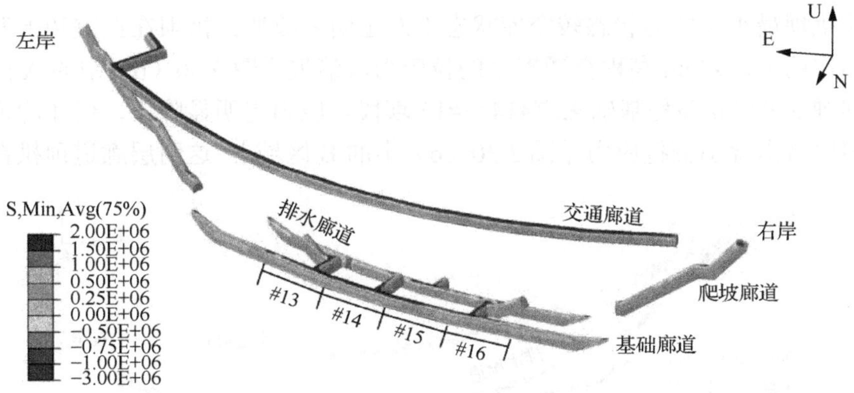

（a）廊道应力

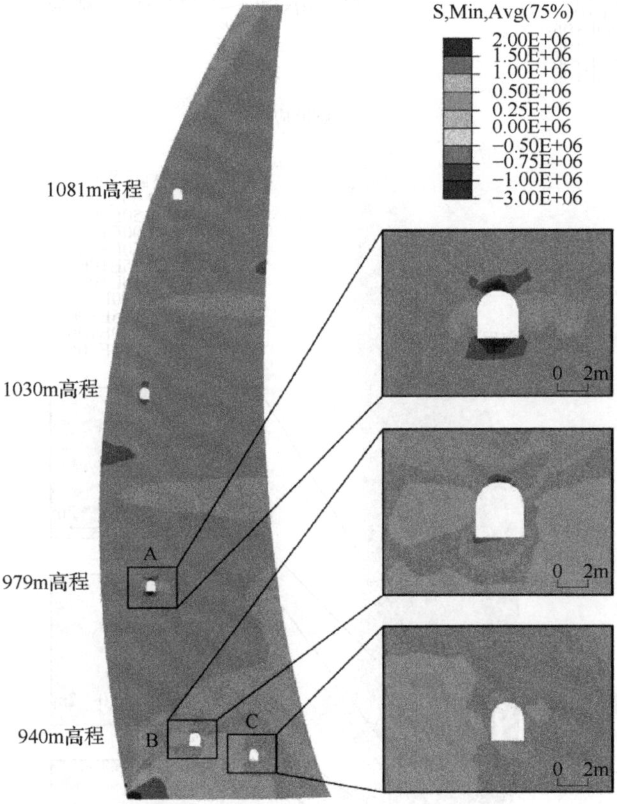

（b）冠梁截面

注：S,Min,Avg(75%)表示默认平均阈值下的最小主应力

图 3.29　空库状态下拱坝最小主应力分布图

高程廊道，廊道微震变形的分析结果也揭示了类似的现象。满库状态下，大岗山

水电站拱坝最小主应力状态较空库状态下发生明显改变。拱坝在自重和上游水荷载共同作用下，979m 高程交通廊道的拉应力区消失［图 3.30（b）中的 A 区域］。靠近坝踵的 940m 高程基础廊道#14～#15 坝段拉应力也明显降低，仅在廊道上游侧坝肩区域出现小幅拉应力［图 3.30（b）中的 B 区域］。这两层廊道顶拱在蓄水

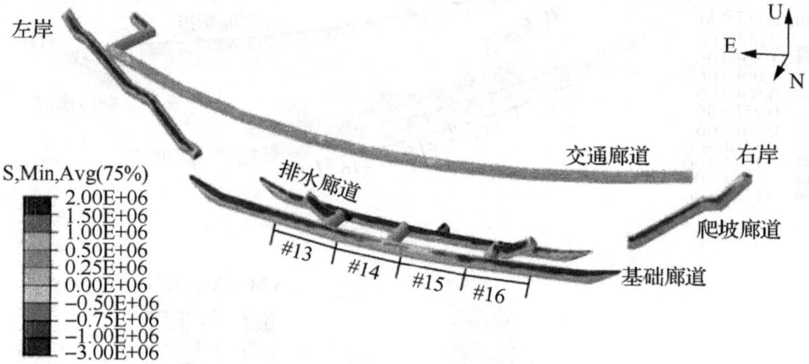

（a）廊道应力

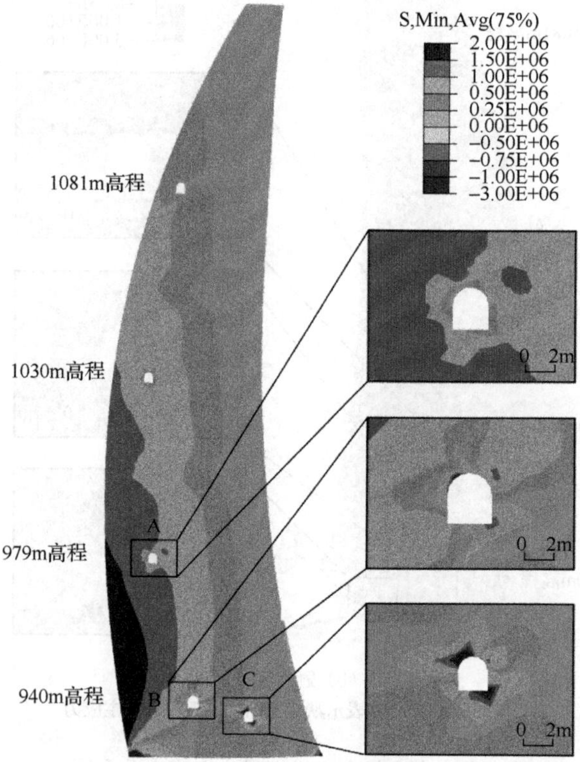

（b）冠梁截面

图 3.30　满库状态下拱坝最小主应力分布图

前拉应力分布明显，导致廊道开裂，蓄水后廊道拉应力大幅降低，表明拱坝自重引起的廊道裂缝可以自行稳定。而靠近坝趾的 937m 高程排水廊道拉应力分布明显，与蓄水前相比拉应力区偏离廊道顶底正中［图 3.29（b）中的 C 区域］，顶部偏向上游，底部偏向下游［图 3.30（b）的 C 区域］，并沿廊道轴线连续分布，表明蓄水后该层廊道存在开裂的可能性。数值模拟得到的廊道拉应力分布区和廊道高微震变形区基本一致，共同揭示了廊道裂缝成因及其演化机制。

3.6.7　小结

通过建立大岗山水电站高拱坝廊道微震监测系统，分析了蓄水前后廊道混凝土微破裂的时空分布规律，研究了廊道顶拱裂缝的形成及演化过程，并结合数值模拟获取大岗山水电站高拱坝廊道赋存的背景应力场，分析裂缝形成和演化的内在驱动力，共同揭示了高拱坝廊道裂缝成因及其演化机制。主要结论如下。

（1）大岗山水电站高拱坝 979m 高程交通廊道、940m 高程基础廊道和 937m 高程排水廊道微震活动特征与坝前库水位具有明显的相关性，并呈现阶段性分布特征。蓄水前，靠近坝踵的 979m 和 940m 高程廊道微破裂累积地震矩大幅升高，而坝趾区的 937m 高程廊道的累积地震矩增长缓慢。蓄水后，上两层廊道微震活动性明显降低，而 937m 高程廊道累积地震矩随库水位的升高先缓慢增长后快速增长。

（2）根据大岗山水电站高拱坝廊道微破裂活动性与廊道顶拱裂缝分布的时空对应关系，确定了大岗山水电站拱坝廊道顶拱开裂的微震阈值，即累积地震矩阈值为 2.3×10^{6}N·m、微震变形阈值为 8×10^{-13}。据此推断出大岗山水电站高拱坝 979m 高程交通廊道和 940m 高程基础廊道顶拱裂缝的萌生时间分别为 2014 年 12 月 12 日和 2014 年 12 月 15 日。

（3）蓄水前，坝踵附近的 979m 高程和 940m 高程廊道萌生高微震变形区，超过顶拱裂缝的触发阈值，诱发顶拱宏观裂缝的产生。随着水位的不断升高，微震变形向坝趾区的 937m 高程排水廊道转移。937m 高程排水廊道微破裂活动性有所增加，虽然尚未达到诱发廊道混凝土宏观裂缝产生的水平，但是该层廊道为拱坝蓄水运营过程中的潜在危险区域。

（4）空库状态下，979m 高程交通廊道和 940m 高程基础廊道在上覆坝体自重应力作用下顶拱出现连续较大环向拉应力分布，超过混凝土拉应力控制标准，超标拉应力区深度高达 1.6m，导致顶拱产生深度较大的宏观裂缝。满库状态下，虽然 979m 高程和 940m 高程廊道拉应力显著降低，但是 937m 高程廊道坝肩分布明显的拉应力，蓄水后该层廊道存在开裂的可能性。

3.7 基于微震监测和数值模拟的高拱坝蓄水初期工作性态研究

在工程中保证拱坝的稳定性是拱坝设计与建设的关键。在混凝土高拱坝全周期中，蓄水期往往是一座拱坝发生危险事故概率较大的阶段[41,43,44]。由于拱坝工程规模大、水位高、蓄水过程受水位变化的影响，上下游水位差急剧增加，可能导致坝基和坝体产生局部的损伤，造成开裂，容易诱发拱坝灾变，造成严重的损失。例如，法国的 Malpasset 拱坝蓄水历时 5 年后于 1959 年 12 月 2 日突然溃坝，就是因为蓄水渗流造成左坝基岩体在全水头压力作用下滑动致使其溃决[50]。奥地利的 Kolnbrein 拱坝在蓄水初期，河床基础发生变形，上游坝踵出现开裂延伸至底部廊道，导致渗流激增，造成拱坝大规模修复[117]。意大利的 Vajoint 拱坝，由于暴雨和库区渗流的影响，在蓄水期造成上游左岸岸坡发生滑坡灾害事件[51]。我国的双河拱坝由于左右岸坡中上高程地基减弱的原因，在未蓄水之前坝身就出现了多条贯通裂缝，蓄水之后更是出现了上部坝肩松动的区域[118]。法国的 Tolla 拱坝[87]初次蓄水时就在坝体出现多处裂缝，不得不在该坝的下游侧增设拱肋和拱圈进行加固。俄罗斯的 Sayano-Shushenskaya 拱坝[53]在蓄水初期，坝踵区域就出现了多处水平裂缝，导致廊道严重渗漏。拱坝蓄水期的安全与稳定，一直是世界各国工程界重点研究的问题，引起了诸多学者的广泛关注。黄岩松等[119]采用有限元模型和物理试验综合分析的方法研究了拉西瓦拱坝的稳定性，确定了该拱坝水荷载安全储备值。张泷等[120]采用三维非线性有限元（TFINE 程序）和室内模型试验综合分析了杨房沟拱坝整体稳定性，总结了拱坝的位移和应力分布规律。李瓒[59]研究了石门拱坝实际发生的坝踵裂缝问题，对裂缝发生的判断、开裂范围、特殊渗流反映及裂隙大坝安全做了讨论。林鹏等[121]建立三维有元限模型，采用 Drucleer-Prager 屈服准则分析了乌东德特高拱坝坝肩结构面对拱坝整体稳定性的影响，提出了坝肩结构面加固的有效措施。周建平等[122]论述了实测方法和计算方法对坝踵应力评价的影响，提出了改进的实测方法与数值计算相结合，为评估高拱坝坝踵应力提供可靠依据。张冲等[65]对溪洛渡特高拱坝蓄水初期工作状态进行评价，指出大坝在自重及蓄水期，坝踵部处于受压状态，整个蓄水过程安全可控，大坝处于正常工作状态。宋子亨等[123]以白鹤滩高拱坝作为工程实例，通过地质力学模型试验和建立三维数值模型，重点研究基础不对称的高拱坝应力、变形及破坏模式的特点。冯帆等[124]以溪洛渡特高拱坝为背景，结合施工期内的各种变形监测数据，提出了一种基于特高拱坝施工期仿真应力的反演分析混合模型，获得与实际接近的弹性模量和变形模量。杨宝全等[125]通过综合分析模型试验和数值计算的成果，对加固处理后的锦屏一级高拱坝整体稳定性开展研究，获得了拱坝在正常工况下的工作性态。

大岗山水电站的高拱坝位于地形、地质条件复杂，河谷陡峻，断层发育，地应力及地应力梯度较高的西南地区，其稳定性的研究一直是诸多学者关注的热点[67]。大岗山水电站拱坝在初期蓄水过程中，在拱坝的廊道顶部出现多条深层裂缝[126]，这对于拱坝的稳定安全是一个潜在隐患，因此及时了解大岗山水电站拱坝的工作性态，掌握其受力状态和变形对研究其整体稳定性至关重要。目前，已有的拱坝整体稳定性问题的研究成果大多建立在常规监测或单一的数值计算基础之上，鲜有将微震监测和数值计算相互佐证共同揭示大坝蓄水期真实工作状态的研究。本章通过建立大岗山水电站高拱坝三维有限元 ANSYS 模型，结合马克等[126]所总结的现场微震监测和位移监测成果，对拱坝在蓄水期的应力状态和位移变化规律进行分析，探究蓄水初期拱坝微震变形演化与坝体应力变化的内在联系，提出基于微震事件判断拱坝受力状态的方法，对拱坝在蓄水初期的真实工作性态进行了研究。

3.7.1　高拱坝蓄水初期微震监测

大岗山水电站拱坝采用了加拿大 ESG 微震监测系统，对蓄水初期拱坝进行了全天候实时监测。图 3.31 为利用微震监测系统获取的拱坝在 2014 年 11 月 22 日至 2015 年 7 月 31 日初期蓄水过程中微震事件的空间分布，圆球代表单个微震事件，颜色代表单个微震事件的矩震级（−4～−2.3）。由图中可以看出微震事件大多集中在 979m 交通廊道及以下区域，其中区域Ⅰ位于交通廊道周围，区域Ⅱ、Ⅴ位于坝体建基面附近，区域Ⅲ位于坝趾区域，区域Ⅳ位于坝踵区域。当岩体或混凝土材料受到外部荷载作用时，其内部会发生应力迁移或应力集中的现象，在应力发生变化的过程中，将会在高应力集中区域发生弹塑性能量聚集现象，当能量聚集到临界值时，就会在材料内部发生微破裂现象，微破裂一旦产生或发育，就会将存储的能量以弹性波或应力波的形式向周围快速释放。每一次微震事件所产生的震动波中都包括 S 波（横波）与 P 波（纵波），S 波（横波）与 P 波（纵波）所释放能量的比值 E_S / E_P 是反映震源处岩体或者混凝土材料应力状态的重要依据。通过分析 E_S / E_P 比值的累积频率分布特征能够大致反映材料是张拉破坏还是压剪破坏。当材料发生张拉破坏时，所释放的 P 波能量较大，此时 E_S / E_P 值较小；当材料发生压剪破坏时，所释放的 S 波能量远大于 P 波能量，此时 E_S / E_P 值较大。本节利用微震监测系统，获取了坝体内部每个微震事件发生时所释放的能量，通

过分析微震事件的 E_S/E_P 累积频率分布特征就可以迅速判断拱坝在蓄水初期的受力状态。

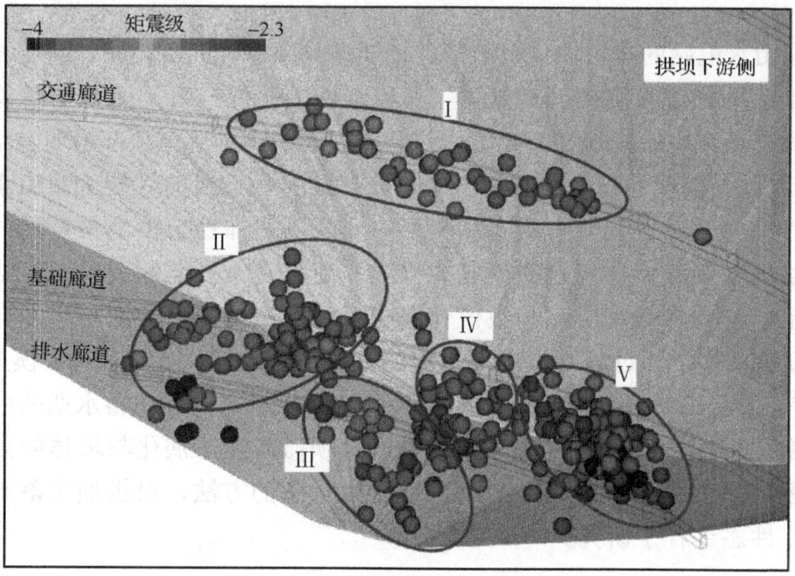

图 3.31　蓄水初期拱坝微震事件的空间分布

本节选取了拱坝 979m 高程以下范围内微震事件，绘制了在蓄水位 975m（蓄水前）时拱坝交通廊道处的微震事件 E_S/E_P 累积频率分布图（图 3.32）。在蓄水

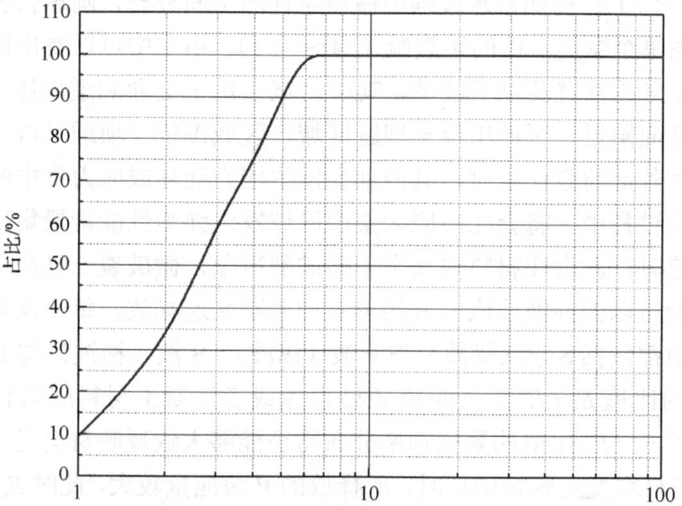

图 3.32　蓄水前交通廊道处微震事件 E_S/E_P 累积频率分布图

位达到 975m 时，交通廊道在拱坝上覆自重荷载作用下，顶拱拉应力超过开裂限值，在廊道顶拱沿廊道轴线出现开裂[126]，此时的微震事件是典型的张拉应力引起的。因此可以确定在张拉应力主导作用下的微震事件 E_S/E_P 值全部小于某一值，而图 3.32 中显示，几乎全部微震事件的 $E_S/E_P \leqslant 6$，因此，认为当 $E_S/E_P \leqslant 6$ 时，拱坝坝体发生张拉破坏，而当 $E_S/E_P > 6$ 时，表示拱坝坝体发生压剪破坏。

大岗山水电站拱坝作为典型的双曲拱坝，其坝趾在蓄水期一直处于受压状态，因此，绘制了蓄水初期坝趾微震事件 E_S/E_P 累积频率分布图（图 3.33）。坝趾处有 40%微震事件 $E_S/E_P > 6$，60%的微震事件 $E_S/E_P \leqslant 6$。显然在坝趾受压区域，存在较大比例的张拉破坏，伴随发生一定比例的压剪破坏，其原因是岩体和混凝土类脆性材料具有抗压不抗拉的基本特性，即使受压应力作用发生变形破坏，却往往需要经历由张拉破坏累积发展为宏观剪切破坏的过程[127]。

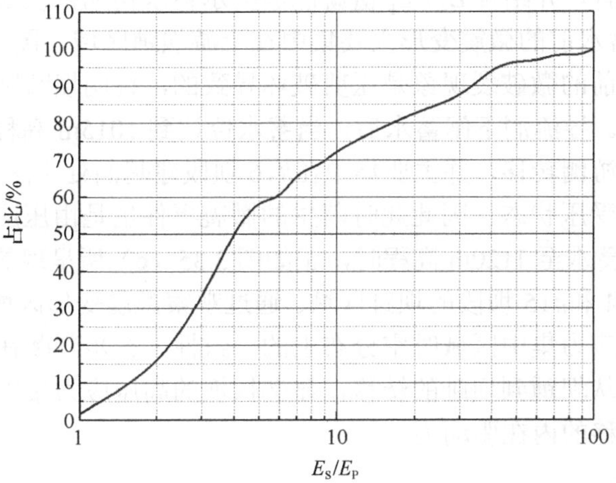

图 3.33　蓄水初期坝趾微震事件 E_S/E_P 累积频率分布图

结合上述对微震事件 E_S/E_P 比值累积频率分布特征的分析，绘制了蓄水前后坝踵微震事件 E_S/E_P 累积频率分布图［图 3.34（a）和 3.34（b）］。蓄水前，如图 3.34(a)所示，坝踵微震事件 $E_S/E_P \leqslant 6$ 占比为 59%，$E_S/E_P > 6$ 占比达到 41%；蓄水后，如图 3.34（b）所示，坝踵微震事件 $E_S/E_P \leqslant 6$ 占比为 57%，$E_S/E_P > 6$ 占比达到 43%。分析推断：拱坝坝踵在蓄水初期一直处于受压状态。验证了微震事件的 E_S/E_P 累积频率分布特征用于判断拱坝受力状态的可行性。

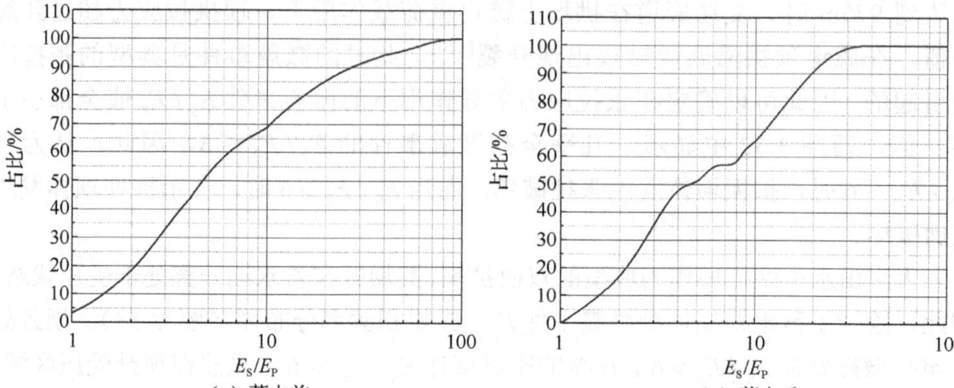

（a）蓄水前　　（b）蓄水后

图 3.34　蓄水初期坝踵微震事件 E_S/E_P 累积频率分布图

图 3.35 为蓄水初期坝踵区域内微震变形分布云图，通过观察不同蓄水位时的微震变形分布位置，并结合 E_S / E_P 值就能够揭示蓄水初期拱坝坝踵应力变化的规律[110]。拱坝在蓄水前的微震变形主要集中在上游坝踵区域，图 3.34（a）已经表明了坝踵在蓄水前的微破裂现象是压剪破坏导致的，说明坝踵区域在蓄水前发生压应力集中现象。导流洞下闸蓄水后，当蓄水位达到 1015m 高程时，微震变形分布区域已经向下游侧转移，并主要集中在#16 坝段建基面处［图 3.35（b）］，由于建基面一直处于受压状态，因此此时萌生的微震事件也是由压应力集中导致的。在导流底孔下闸蓄水至 1120m 高程时，正如图 3.35（c）所呈现的，拱坝的微震变形主要发生在#14 和#15 坝段的坝趾区域。通过观察微震变形区域的改变，结合微震变形区域与高应力集中区域时空分布上的一致性，初步判断在蓄水初期压应力聚集区域完成了从坝踵到坝趾的转移，显然拱坝的高压应力集中和迁移现象是微震事件产生和转移的内在驱动力。

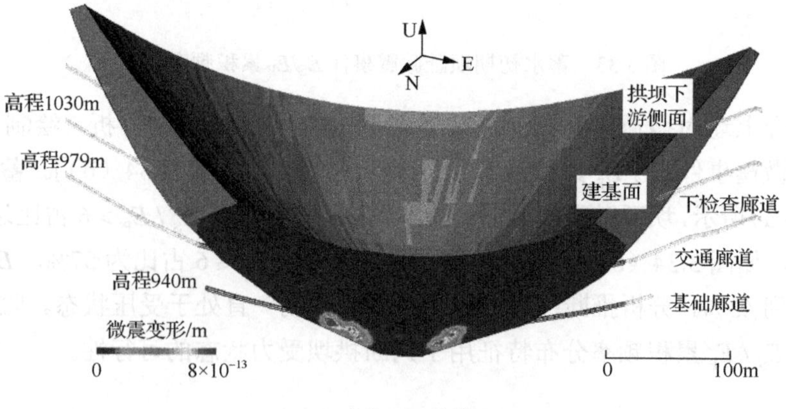

（a）975m水位

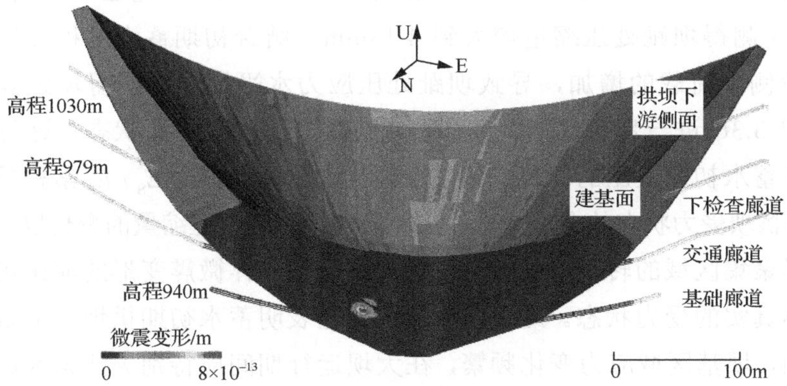

（b）1015m水位

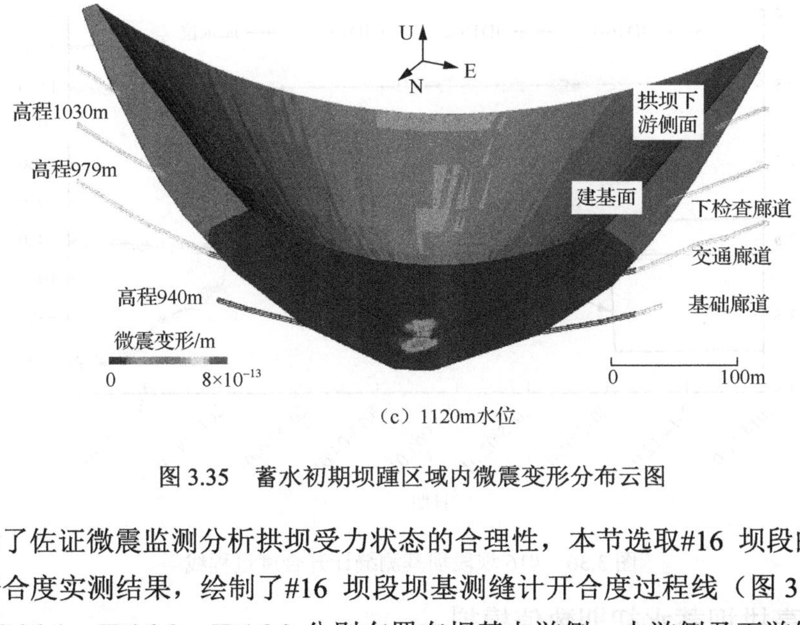

（c）1120m水位

图 3.35　蓄水初期坝踵区域内微震变形分布云图

为了佐证微震监测分析拱坝受力状态的合理性，本节选取#16 坝段的坝基测缝计开合度实测结果，绘制了#16 坝段坝基测缝计开合度过程线（图 3.36）。测缝计 JD16-1、JD16-2、JD16-3 分别布置在坝基上游侧、中游侧及下游侧，测缝计通过测值的正负来表示坝基处接缝的开合，正值表示接缝张开，负值则表示接缝闭合，开合度实测值的变化能够反映坝体真实受力情况。由图 3.36 可见，在导流洞下闸之前，坝基处于闭合状态，上游侧 JD16-1 测缝计测得此时最大的压缩量为 2.71mm，位于坝踵区域，下游侧 JD16-3 测缝计测得这一时期坝趾处的最大压缩量为 2.42mm，略小于坝踵处的压缩量，这说明蓄水前由于拱坝自重荷载的影响，坝体向上游倾斜，坝踵处于压缩状态。随着水位上升，导流底孔下闸蓄水到 1120mm 的过程中，JD16-1 测得的坝踵区域的接缝压缩量略微减小，而 JD16-3 测得坝趾处压缩量增大到 4.13mm，结合初期蓄水过程分析，这是因为上游侧水荷载的增加，导致坝趾处压应力水平增加，使得坝趾处压缩量增大。图 3.36 进一步明确了坝基在蓄水初期一直处于受压状态，这与图 3.34 中坝踵在蓄水初期受压的情况一致，验证了通过微震事件 E_S / E_P 累积频率分布特征判断拱坝受力状态的合理性。图 3.36 坝踵和坝趾处压缩量的变化以及图 3.35 微震变形聚集区域的转移，共同说明了通过观察坝体微震变形的演化规律能够揭示坝体真实的受力状态。此外，上述结果也表明蓄水初期拱坝受上游侧水荷载的影响，坝基区域应力变化频繁，在大坝运行期间应特别关注该区域的安全问题。

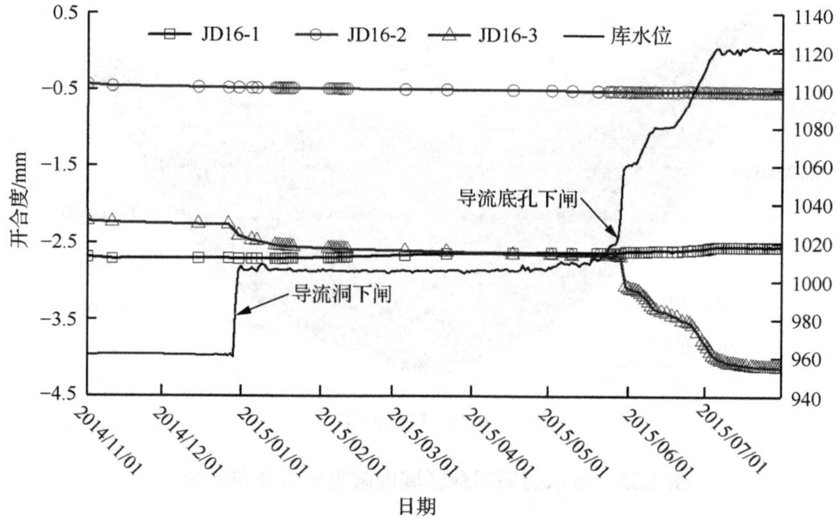

图 3.36 #16 坝段坝基测缝计开合度过程线

3.7.2 高拱坝蓄水初期数值模拟

为了进一步了解大岗山水电站高拱坝应力与位移变形规律，探究微震事件与拱坝工作性态的关联，本节采用 ANSYS 软件建立了大岗山水电站拱坝一定范围内的坝肩（基）岩体和坝体（含廊道）三维有限元数值模型。模型建立范围以拱坝上游面坝顶中心点为基准，沿坝轴线分别向左右岸坡延伸 700m，共计 1400m，模型左右两侧边界距两侧坝肩横河向宽度约为 1.89 倍坝高；沿河流方向向上游延伸 402m，下游延伸 448m，共计 850m，模型上游侧边界距基点顺河向长度约为

1.91 倍坝高，下游侧长度约为 2.13 倍坝高；铅直方向建至底面 715m 高程，两侧岩体顶部高程为 1185m；建基面高程 925m 以下岩体厚度 210m，为 1 倍坝高。三维网格模型见图 3.37（a），坝体内部构造见图 3.37（b）。数值模型包括 1760000 个四面体单元，其中坝体部分单元数量为 941000 个，模型精度满足要求。混凝土拱坝采用理想弹塑性 Drucker-Prager 本构［式（3.1）］，选取 Solid65 单元建立坝体模型，选取三维壳单元建立坝内廊道（图 3.37）。本节主要研究拱坝坝体的应力状态，为了降低计算代价，坝基假设为弹性材料，采用 Solid45 单元，并引入初始地应力。模型以顺河向上游和左岸边坡方向为正方向。拱坝模型材料力学参数如表 3.5 所示。计算工况见表 3.6。

$$f = \alpha I_1 + \sqrt{J_2} - k \leqslant 0 \tag{3.1}$$

式中，I_1 为应力的第一不变量；J_2 为偏应力张量 S_{ij} 的第二不变量；α 和 k 是与材料内摩擦角 ϕ 和黏聚力 c 相关的参数，α 和 k 由式（3.2）和式（3.3）确定。

$$\alpha = \frac{2\sin\phi}{\sqrt{3}(3+\sin\phi)} \tag{3.2}$$

$$k = \frac{6\cos\phi}{\sqrt{3}(3+\sin\phi)} \tag{3.3}$$

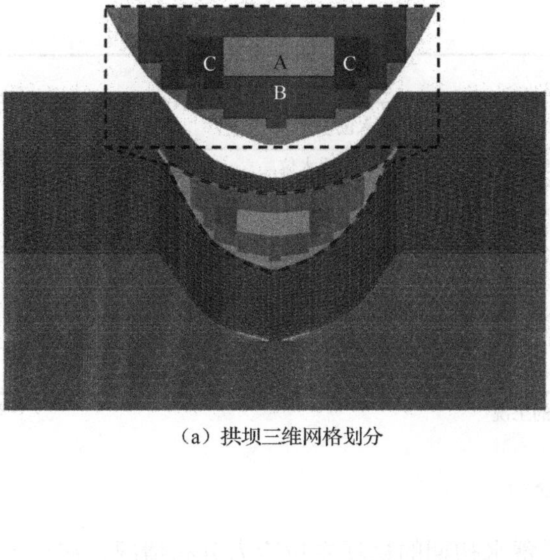

（a）拱坝三维网格划分

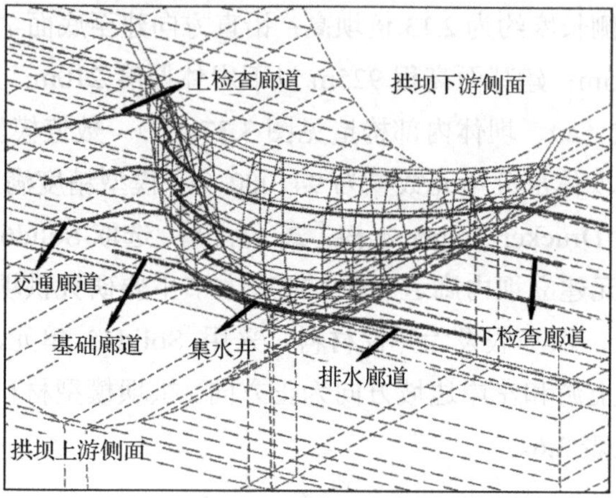

（b）拱坝三维有限元模型

图 3.37　大岗山水电站拱坝三维有限元模型

表 3.5　计算材料力学参数

介质	类型	抗压强度/MPa	劈拉强度/MPa	轴拉强度/MPa	变形模量 E/GPa	泊松比 μ	黏聚力 c/MPa	内摩擦角 ϕ/(°)
坝体（A 区）	混凝土 $C_{180}36$	34.2	2.35	2.78	26.8	0.16	9.75	58
坝体（B 区）	混凝土 $C_{180}30$	32.7	2.28	2.80	25.2	0.15	9.57	57.5
坝体（C 区）	混凝土 $C_{180}25$	20.5	2.12	2.57	23.9	0.15	8.85	57.5
坝基	岩体	—	—	—	15	0.25	—	—

表 3.6　计算工况与荷载组合

计算工况	荷载组合					
	上游水位				自重	下游水位
	蓄水位 975m（空库）	蓄水位 1015m	死水位 1120m	正常蓄水位 1130m		尾水位 960m
1	△				△	△
2		△			△	△
3			△		△	△
4				△	△	△

注：△代表计算选择的工况

1. 拱坝受力分析

图 3.38 给出了蓄水初期的拱坝主拉应力分布情况。在导流洞下闸蓄水前，上

游库区基本处于空库状态，由于双曲拱坝的重心略偏向上游侧，拱坝在自重应力作用下向上游侧倾斜，拱坝主拉应力区域（0.5～2.89MPa）位于左右拱端周围［图 3.38（a）］，最大主拉应力 2.89MPa 产生在左拱端上游侧。在导流洞下闸蓄水至 1015m 高程时，拱坝主拉应力区域（0.5～2.64MPa）虽然仍集中在左右拱端周围［图 3.38（b）］，但受上游侧水荷载的影响，主拉应力区分布范围有所减小，且主拉应力极值略微减小至 2.64 MPa。由图 3.38（c）和图 3.38（d）可以看出，随着蓄水位不断上升，坝踵与坝基相接处拉应力不断增大。导流底孔下闸蓄水至 1120m 高程时，发现主拉应力区（0.5～2.48MPa）转移到上游坝踵处，说明坝体主拉应力区在上游侧水荷载作用下从拱端转移到坝踵。当水位达到正常蓄水位

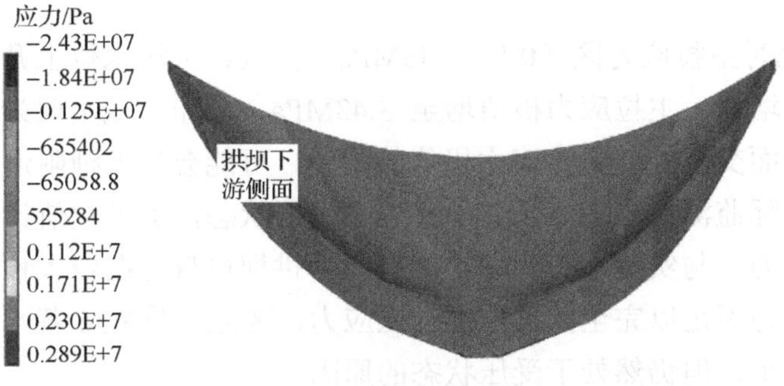

（a）975m水位

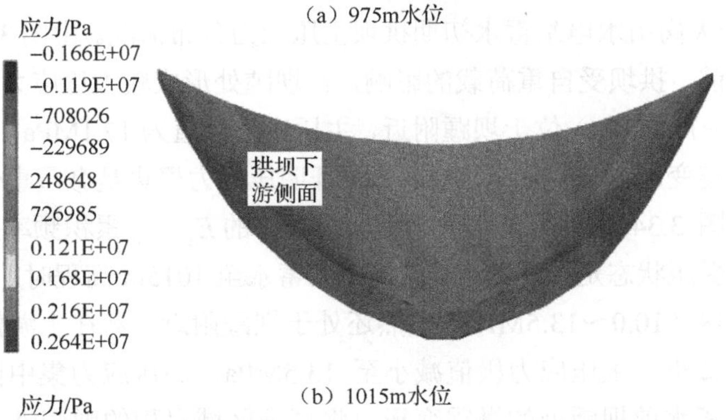

（b）1015m水位

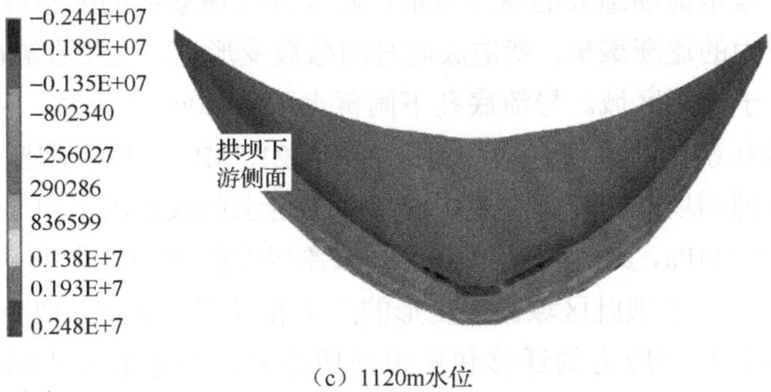

（c）1120m水位

（d）1130m水位

图 3.38　大岗山水电站拱坝最大主拉应力云图

1130m 时，此时主拉应力区（0.5～3.43MPa）扩大，上游水位上升导致坝体主拉应力极值明显增大，主拉应力极值增至 3.43MPa，分布区域主要为坝踵以及坝体上游侧与建基面交界处，主拉应力极值的增大，可能会使坝踵附近区域开裂，应特别注意。实际监测结果中，坝基一直处于受压状态，但是数值计算中坝踵处却存在较大拉应力，与实际不符，这主要是因为拱坝自身存在较大预压应力，坝基处存在的拉应力不足以完全抵消这部分压应力，这也是图 3.36 蓄水初期坝踵处的压缩量虽然减小，但仍然处于受压状态的原因。

图 3.39 为大岗山水电站蓄水初期拱坝主压应力分布情况。由图 3.39（a）可见，导流洞下闸之前，拱坝受自重荷载的影响，在坝踵处形成较大压应力，因此拱坝主要受压区（10～17.1MPa）位于坝踵附近，主压应力极值为 17.1MPa，而图 3.35（a）显示此时的微震变形主要发生在坝踵区域，证明压应力聚集是微震事件发生的内在因素，也说明图 3.34 中利用蓄水前坝踵微震事件的 E_S / E_P 累积频率分布特征判断坝踵区域处于受压状态是合理的。导流洞下闸蓄水至 1015m 高程时［图 3.39（b）］，拱坝主要受压区（10.0～13.5MPa）虽然还处于坝踵附近，却在上游侧水荷载的作用下范围明显减小，主压应力极值减小至 13.5MPa，高压应力集中区域开始向坝趾区域转移，蓄水前坝踵处的微震变形已将坝踵区域累积的弹塑性能释放，而坝趾附近高压应力的逐渐聚集，就造成此时的微震变形主要发生在#16 坝段建基面，而不是仍然处于坝踵区域。导流底孔下闸蓄水至 1120m 高程时，从图 3.39（c）可以很明显地观察到，拱坝主压应力区（10～21.5MPa）位于坝趾处，实现了拱坝压应力由坝踵到坝趾的转移，主压应力在上游水荷载作用下明显增加，主压应力极值达到 21.5MPa，此时坝趾混凝土局部弹塑性能进一步集中并最终释放，导致图 3.35（c）所示的坝趾区域微震变形的产生和发育，验证了坝踵和坝趾区域的微震事件的发育与压应力的迁移和集中密切相关。当蓄水位达到了正常蓄水位

1130m 时，可见坝体的主压应力区（10～23.3MPa）处于坝趾区域，主压应力极值因为蓄水位的进一步上升而增至 23.3MPa。比较不同蓄水位下坝趾处应力数值计算值，坝趾处的压应力值均大于拉应力值，这也印证了蓄水初期坝趾一直处于受压状态，坝踵和坝趾处的微震事件均为压剪破坏引起的。与图 3.33 和图 3.34 所示的通过微震事件的 E_S / E_P 累积频率分布特征得到的结果一致。结果说明，上游侧水荷载的变化是坝体主压应力区从坝踵向坝趾转移的主要原因，高压应力的聚集和转移是微震事件产生的真正原因，通过分析微震变形的时空分布和 E_S / E_P 累积频率分布特征，并与数值模拟相结合，可以全面反映拱坝的受力状态，并对坝体可能发生应力集中的区域进行重点关注，及早发现影响拱坝整体稳定安全的隐患。

（a）975m水位

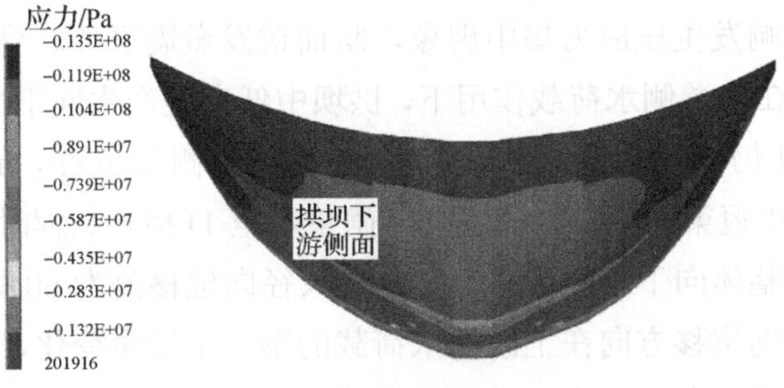

（b）1015m水位

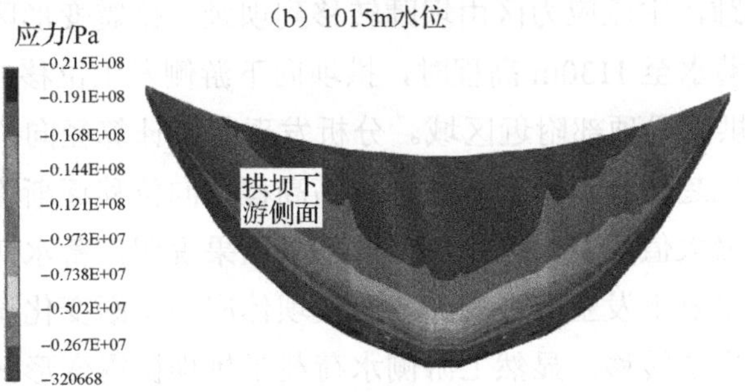

（c）1120m水位

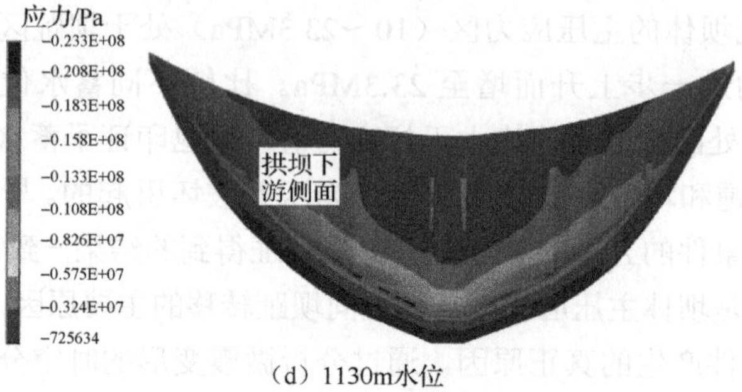

（d）1130m水位

图 3.39　大岗山水电站蓄水初期拱坝主压应力云图

2. 拱坝变形分析

选取了蓄水位 1120m 和 1130m 时的#14 坝段各高程径向位移监测值，绘制了#14 坝段径向位移监测曲线（图 3.40，因现场缺失低水位工况径向位移监测值数据，所以并未给出蓄水位 975m、1015m 时的径向位移监测曲线）。同时选取了蓄水位 975m、1015m、1120m、1130m 时#14 坝段相应高程特征点的径向位移计算值，并绘制了径向位移计算值曲线（图 3.40）。在数值计算中，当导流洞下闸之前，蓄水位达到 975m 时，拱坝发生向上游侧的位移变形，且由低高程向高高程逐渐增加，此时坝体最大径向位移为 24.10mm，位于拱冠梁顶部，此时坝踵区域受坝体自重作用的影响发生压应力集中现象，从而诱发微震事件。导流洞下闸蓄水至 1015m 高程时，在上游侧水荷载作用下，拱坝中低高程产生向下游侧的位移变形，而坝身高高程处仍然在自重的作用下发生向上游侧的位移，最大径向位移为 21.22mm，位于拱冠梁顶部。导流底孔下闸蓄水至 1120m 高程时，在上游侧水荷载作用下，拱坝整体向下游侧位移变形，最大径向位移值为 60.38mm，位于拱冠梁顶部，拱坝径向位移方向在上游侧水荷载的影响下发生变化，这也令拱坝主拉应力区转移到坝踵，主压应力区由坝踵转移到坝趾，微震变形区域也随之从坝踵转移到了坝趾。蓄水至 1130m 高程时，拱坝向下游侧发生位移，最大径向位移为 74.91mm，位于拱冠梁顶部附近区域。分析发现数值计算径向位移值略小于实际监测值，但是变化趋势一致，从低高程到高高程径向位移逐渐增大。拱坝在蓄水初期的径向位移最大值均发生在拱冠梁顶部。结果说明，蓄水初期在坝体自重和上游侧水荷载的影响下发生位移变形，致使坝体应力不断变化调整，微震变形聚集区域也随之发生了转移，显然上游侧水荷载是拱坝微震变形区域改变的外在关键因素。

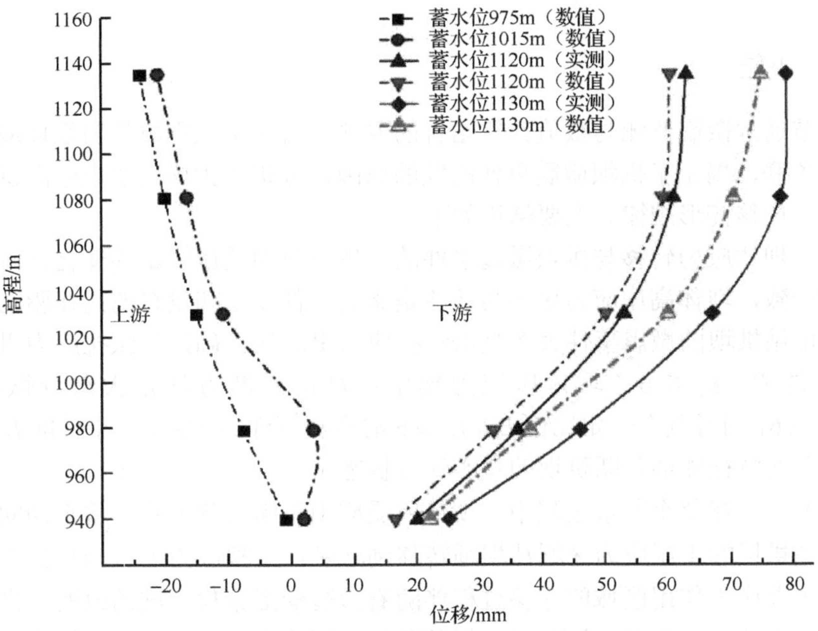

图 3.40 #14 坝段径向位移与数值计算径向位移曲线对比图

拱坝切向位移见表 3.7。导流洞下闸蓄水前，蓄水位在 975m 高程时，拱坝右拱端最大位移为 9.0mm，左拱端最大位移为−9.6mm，左右变形基本对称；导流洞下闸蓄水至蓄水位 1015m 时，拱坝右拱端最大位移为 8.5mm，左拱端最大位移为−9.3mm；蓄水位 1120m 时，拱坝右拱端的最大位移为−21.0mm，左拱端最大位移为 19.9mm，左右拱端切向位移方向发生变化，这与拱坝主拉应力区和主压应力区位置的变化在时间上是一致的，且左、右变形协调；蓄水位达到 1130m 时，拱坝左右拱端最大位移位置均靠近拱顶附近，右拱端的最大位移为−19.7mm，左拱端最大位移为 19.1mm，位移左、右变化基本对称。大岗山水电站拱坝在低水位蓄水高程时，坝体向河床方向发生切向变形，随着蓄水位不断上升，蓄水位达到 1120m 时，拱坝开始向两岸发生切向变形，符合拱坝的一般变形规律，说明拱坝具有良好的变形协调能力。

表 3.7 拱坝切向位移

蓄水位/m	左拱端最大位移/mm	左拱端变形方向	右拱端最大位移/mm	右拱端变形方向
975	−9.6	河床	9.0	河床
1015	−9.3	河床	8.5	河床
1120	19.9	岸坡	−21.0	岸坡
1130	19.1	岸坡	−19.7	岸坡

注：切向位移以指向左岸坡方向为正

3.7.3 小结

本节通过微震监测与数值计算结合的方法，研究了微震事件与坝体应力之间的内在关联，揭示了拱坝微震事件萌发的原因，分析了大岗山水电站高拱坝的应力变化、位移变形规律。主要结论如下。

（1）坝体应力转移与拱坝微震事件的萌生以及坝基压缩量的变化在时空变化上保持一致，坝体高压应力聚集与迁移是微震事件发生和发育的内在驱动力。大岗山水电站拱坝的微震事件大多是由张拉应力引起的，确定了张拉应力引起的微震事件的 $E_S / E_P \leqslant 6$；坝体压应力集中区域的判断方法是大部分微震事件 $E_S / E_P \leqslant 6$，同时具有一定比例 $E_S / E_P > 6$ 的微震事件。利用微震事件的 E_S / E_P 累积频率分布特征能够判断拱坝的真实受力状态。

（2）拱坝在整个蓄水过程中，坝体所受应力不断变化调整。蓄水期间，大岗山水电站拱坝的主压应力区域从坝踵转移到坝趾，主拉应力区域则从拱端转移到坝踵。主要应力作用区域的迁移过程伴随着微震变形聚集区域的改变。拱坝主要受压应力影响，正常蓄水情况下，坝基区域的压应力水平远远高于拉应力水平，坝基处于压缩状态。

（3）拱坝在低水位工况时的径向位移较小，随着蓄水期的增加，径向位移方向从向上游侧改变为向下游侧。在上游侧水荷载作用下，当达到正常蓄水位时，径向位移值达到了 74.91mm。说明了坝体自重和蓄水期的上游侧水荷载变化是坝体位移不断改变的主要原因。大岗山水电站高拱坝的切向位移变形对称协调，符合拱坝切向位移一般变化规律，并且拱坝坝基一直处于受压状态，因此初步认为大岗山水电站拱坝具有较高的稳定性。

3.8 结　论

本章采用微震监测技术，以大岗山水电站高拱坝为研究对象，成功构建了国内首套高拱坝坝踵、廊道微震监测系统，验证了大体积混凝土工程微震监测的可行性，实现了对蓄水初期阶段高拱坝坝踵以及廊道区域微破裂演化的全天候监测。通过对大岗山水电站拱坝坝踵、廊道区域的微震监测研究了高拱坝微破裂产生、演化规律，揭示了坝踵、廊道微震活动与拱坝工作状态的关系，识别和圈定了蓄水期高拱坝潜在危险区域。研究可为高拱坝的建设与施工提供参考。本章主要有以下结论。

（1）根据对大岗山水电站高拱坝坝体结构的分析，考虑到大体积混凝土微震信号有由高频向低频衰减的趋势，确定了微震监测单轴速度计的高频响应为

5000Hz。成功构建了大岗山水电站拱坝坝踵、廊道微震监测系统，并在之后的监测中成功捕捉到蓄水期的拱坝微震信号。

（2）采用设定阈值、滤波处理等方法，成功排除工程现场的信号干扰，同时采用人工敲击法在现场对传感器波速进行优化，最终确定等效 P 波波速为 4300m/s，平均误差为 5.1m。

（3）对蓄水期大岗山水电站高拱坝的微震事件随时间的分布规律进行分析，发现蓄水期大岗山水电站高拱坝坝踵区的微震事件活动率与库水位密切相关。在导流洞下闸蓄水时，水位迅速攀升，坝踵区微震事件明显增加。库水位稳定时，微震活动性也随之大幅度降低。高库水位状态下，坝踵区微震活动性明显增加。坝踵区域微破裂主要发生在拱坝、左右岸坝基以及混凝土垫座的交界区域。

（4）对坝踵微震事件时空分布情况进行研究，发现微震事件存在明显的聚集区域，聚集区域并不固定，而是在蓄水过程中发生转移。在整个蓄水过程中，微震聚集区域从坝踵向下游坝趾进行了转移。在蓄水期，高拱坝坝体应力分布时刻在调整，判断微震事件与拱坝应力转移存在对应关系。

（5）从廊道微震事件空间分布图来看，940m 高程基础廊道中间段为微震事件聚集区域，同时分析该廊道累积地震矩随时间的变化规律，发现空库时期，该廊道微震事件不断产生，可判断在拱坝自重作用下，该高程廊道应力较高，处于应力集中区，导致微破裂增加，最终超过混凝土开裂阈值，产生裂缝。高应力区与高微震变形区域保持一致。通过微震监测，圈定 940m 高程基础廊道#13～#14 坝段为高拱坝潜在危险区域。随着库水位的抬升，靠近坝体下游侧的 937m 高程排水廊道处的微震活动明显增加，证实了廊道处的微震活动性与库水位密切相关。

（6）在微震监测基础上，结合数值模拟方法，对拱坝工作性态与微震事件的内在联系进行研究。蓄水期拱坝坝体内部应力变化与微震事件在时空上保持高度一致性。数值模拟显示，大岗山水电站高拱坝在低水位时，坝踵区域为压应力集中区域，这主要是在自重作用下，拱坝向上游倾斜导致的。随着水位升高，压应力集中区域从坝踵转移到了坝趾区域，微震变形聚集区域与压应力集中区域是一致的，揭示了微震变形区域转移的内在原因，同时再次确认了蓄水期拱坝潜在危险区域，为高拱坝稳定分析与危险预警提供了参考。

参 考 文 献

[1] 冯帆. 基于整坝全过程仿真的特高拱坝施工期工作性态研究[D]. 北京：中国水利水电科学研究院, 2013.

[2] 袁风波，刘建，李蒲健，等. 拉西瓦工程河谷区高地应力场反演与形成机理[J]. 岩土力学, 2007(4): 836-842.

[3] 祁生文，伍法权. 高地应力地区河谷应力场特征[J]. 岩土力学, 2011, 32(5): 1460-1464.

[4] 宋胜武，巩满福，雷承第. 峡谷地区水电工程高边坡的稳定性研究[J]. 岩石力学与工程学报, 2006(2): 226-234.

[5] 钟卫. 高地应力区复杂岩质边坡开挖稳定性研究[D]. 成都：西南交通大学, 2009.

[6] 王仁坤. 特高拱坝建基面嵌深优化设计分析与评价[D]. 北京：清华大学, 2007.

[7] 林鹏, 李庆斌, 周绍武, 等. 大体积混凝土通水冷却智能温度控制方法与系统[J]. 水利学报, 2013, 44(8): 950-957.
[8] 黄建文, 袁华, 周宜红, 等. 基于云模型的高拱坝混凝土温控措施效果评价[J]. 水力发电, 2019, 45(4): 65-69.
[9] 朱伯芳, 许平. 混凝土高坝全过程仿真分析[J]. 水利水电技术, 2002(12): 11-14.
[10] 周维垣, 杨若琼, 剡公瑞. 大坝整体稳定分析系统[J]. 岩石力学与工程学报, 1997(5): 26-32.
[11] 王仁坤. 我国特高拱坝的建设成就与技术发展综述[J]. 水利水电科技进展, 2015, 35(5): 13-19.
[12] Baustadter K, Widmann R. The behavior of the Kolnbrein arch dam[C]//Proceedings of the 15th ICOLD, Lausanne, Switzerland, 1985: 633-651.
[13] 林聪. 高拱坝坝踵开裂与坝基处理加固效果评价及其工程应用[D]. 北京: 清华大学, 2016.
[14] 潘元炜. 蓄水期和运行期库盆变形机制及对高拱坝安全的影响[D]. 北京: 清华大学, 2015.
[15] Zhang G, Liu Y, Zheng C, et al. Simulation of influence of multi-defects on long-term working performance of high arch dam[J]. Science China Technological Sciences, 2011, 54(1): 1-8.
[16] 程立, 刘耀儒, 潘元炜, 等. 基于蓄水期反演的锦屏一级拱坝极限承载力分析[J]. 岩土力学, 2016, 37(5): 1388-1398.
[17] 杨强, 潘元炜, 程立, 等. 蓄水期边坡及地基变形对高拱坝的影响[J]. 岩石力学与工程学报, 2015, 34(增刊 2): 3979-3986.
[18] 林鹏, 刘晓丽, 胡昱, 等. 应力与渗流耦合作用下溪洛渡拱坝变形稳定分析[J]. 岩石力学与工程学报, 2013, 32(6): 1145-1156.
[19] 林聪, 杨强, 王海波, 等. 基于非线性有限元的孟底沟拱坝数值模拟研究[J]. 岩土力学, 2016, 37(9): 2624-2630.
[20] 沈辉, 罗先启, 李野, 等. 乌东德拱坝坝肩三维抗滑稳定分析[J]. 岩石力学与工程学报, 2012, 31(5): 1026-1033.
[21] 周伟, 常晓林, 唐忠敏, 等. 溪洛渡高拱坝渐进破坏过程仿真分析与稳定安全度研究[J]. 四川大学学报(工程科学版), 2002(4): 46-50.
[22] 任青文, 钱向东, 赵引, 等. 高拱坝沿建基面抗滑稳定性的分析方法研究[J]. 水利学报, 2002(2): 1-7.
[23] Linsbauer H N, Ingraffea A R, Rossmanith H P, et al. Simulation of cracking in large arch dam: part I[J]. Journal of Structural Engineering, 1989, 115(7): 1599-1615.
[24] Jeon J, Lee J, Shin D, et al. Development of dam safety management system[J]. Advances in Engineering Software, 2009, 40(8): 554-563.
[25] 黄红女, 周琼, 华锡生. 大坝安全监控理论与技术研究现状综述[J]. 大坝与安全, 2005(2): 54-57.
[26] 赵志仁, 徐锐. 国内外大坝安全监测技术发展现状与展望[J]. 水电自动化与大坝监测, 2010, 34(5): 52-57.
[27] 王举. 基于激光扫描技术的水库大坝三维变形动态监测方法研究[D]. 郑州: 郑州大学, 2015.
[28] 刘满江, 王海军. 锦屏一级水电站拱坝无应力计监测成果分析[J]. 人民长江, 2016, 47(1): 91-94.
[29] 杨庚鑫, 张林, 朱鸿鹄, 等. 光纤光栅传感监测在拱坝地质力学模型试验中的应用[J]. 长江科学院院报, 2012, 29(8): 52-57.
[30] 胡波, 刘观标, 王思敬, 等. 基于原型监测的特高拱坝软弱带置换效果评价[J]. 水利学报, 2011, 42(7): 876-882.
[31] 戴峰, 李彪, 徐奴文, 等. 猴子岩水电站深埋地下厂房开挖损伤区特征分析[J]. 岩石力学与工程学报, 2015(4): 735-746.
[32] 徐奴文. 高陡岩质边坡微震监测与稳定性分析研究[D]. 大连: 大连理工大学, 2011.
[33] 张伯虎, 邓建辉, 高明忠, 等. 基于微震监测的水电站地下厂房安全性评价研究[J]. 岩石力学与工程学报, 2012(5): 937-944.
[34] 李彪, 徐奴文, 戴峰, 等. 乌东德水电站地下厂房开挖过程微震监测与围岩大变形预警研究[J]. 岩石力学与工程学报, 2017(增刊 2): 4102-4112.

[35] 马天辉, 唐春安, 唐烈先, 等. 基于微震监测技术的岩爆预测机制研究[J]. 岩石力学与工程学报, 2016(3): 470-483.
[36] 寇晓东, 周维垣, 杨若琼. 三维快速拉格朗日法进行小湾拱坝稳定分析[J]. 水利学报, 2000(9): 8-14.
[37] 周维垣, 陈欣. 锦屏双曲拱坝整体稳定分析[J]. 华北水利水电学院学报, 2001(3): 31-34.
[38] 黄岩松, 周维垣, 陈欣, 等. 拉西瓦双曲拱坝整体稳定分析[J]. 岩石力学与工程学报, 2002(增刊 2): 2413-2417.
[39] 徐明毅, 薛娈鸾, 汪卫明, 等. 大花水拱坝的块体元法和拱梁分载法耦合分析[J]. 岩石力学与工程学报, 2005(增刊 2): 5281-5286.
[40] 潘元炜, 刘耀儒, 张泷, 等. 白鹤滩拱坝基础垫座方案优化研究[J]. 岩石力学与工程学报, 2014, 33(增刊 1): 2641-2648.
[41] 何柱, 刘耀儒, 邓检强, 等. 基于黏塑性损伤模型的高拱坝长期稳定性评价[J]. 中国科学: 技术科学, 2015, 45(10): 1105-1110.
[42] 邢林生, 周建波. 大坝蓄水初期事故分析[J]. 水力发电, 2015, 1986, 41(1): 31-35.
[43] 汝乃华, 姜忠胜. 大坝事故与安全: 拱坝[M]. 北京: 中国水利水电出版社, 1995.
[44] Okamoto S, Mizukoshi T, Miyata Y. On the observations of microearthquake activity before and after impounding at the Takase Dam. A special report [J]. Physics of the Earth and Planetary Interiors, 1986, 44(2): 115-133.
[45] 罗丹旎, 林鹏, 李庆斌, 等. 溪洛渡特高拱坝初期蓄水工作性态分析研究[J]. 水利学报, 2014, 45(1): 18-26.
[46] 杨强, 潘元炜, 程立, 等. 高拱坝谷幅变形机制及非饱和裂隙岩体有效应力原理研究[J]. 岩石力学与工程学报, 2015, 34(11): 2258-2269.
[47] 周秋景, 张国新, 刘毅. 特高拱坝初次蓄水期工作性态仿真反馈和预测方法研究[J]. 水利学报, 2013, 43(增刊 1): 73-79.
[48] Aleksandrovskay É K. Stress-strain state of the Sayano-Shushenskoe dam during filling of the reservoir[J]. Hydrotechnical Construction, 1986, 20(3): 123-129.
[49] Pemyakova L S, Epifanov A P. Formation of the stress-strain state of the dam at the Sayano-Shushenskaya HPP during 2010 filling of reservoir[J]. Power Technology and Engineering, 2011, 45(3): 188-192.
[50] Londe P. The Malpasset dam failure[J]. Engineering Geology, 1987, 24(1-4): 295-329.
[51] Kiersch G A. Vaiont reservoir disaster[J]. Civil Engineering, 1964, 34(2): 32-39.
[52] 潘坚文, 金峰, 徐艳杰, 等. Kolnbrein 拱坝坝踵开裂探讨及极限承载力分析[J]. 水力发电学报, 2010, 29(3): 148-153.
[53] 陈胜宏, 汪卫明, 徐明毅, 等. 小湾高拱坝坝踵开裂的有限单元法分析[J]. 水利学报, 2003(1): 66-71.
[54] 朱伯芳. 建设高质量永不裂缝拱坝的可行性及实现策略[J]. 水利学报, 2006, 37(10): 1155-1161.
[55] Sun S A, Xiang A M, Ping Z, et al. Gravity change and its mechanism after the first water impoundment in three gorges project[J]. Acta Seismologica Sinica, 2006, 28(5): 485-492.
[56] Tomida N, Sato N, Soda H, et al. Estimation of rockfill dam behavior during impounding by elasto-plastic model[C]//Dams and Reservoirs under Changing Challenges. London: Taylor and Francis Group, 2011: 27-34.
[57] Yuan H, Li D D, Zhang K. Study on security risk of impounding safety in China[C]//Advanced Materials Research. [S. l.]: Trans. Tech. Publications, 2013: 1119-1122.
[58] Zhou Q J, Zhang G X, Liu Y. Prediction of and early warning for deformation and stress in the Xiaowan arch dam during the first impounding stage[C]//Applied Mechanics and Materials, 2013: 2463-2472.
[59] 李瓒. 石门拱坝的坝踵裂缝[J]. 水利学报, 1999(11): 61-65.
[60] 舒涌. 二滩拱坝初次蓄水的变位监测反分析[J]. 水电站设计, 2006, 22(2): 34-41.
[61] 李蒲健, 魏鹏, 张群. 拉西瓦水电站首次蓄水期拱坝主要性态综述[J]. 水力发电, 2009, 35(11): 12-15.
[62] 赵永. 大朝山重力坝蓄水期实测水平变形分析[J]. 大坝与安全, 2004(6): 48-51.
[63] 魏超, 田振华, 张博. 李家峡拱坝水平变形监测资料统计模型对比分析[J]. 河海大学学报(自然科学版), 2010: 38(6): 651-654.

[64] 韩世栋, 赵斌, 廖占勇, 等. 小湾特高拱坝蓄水初期垂线监测成果分析评价[J]. 大坝与安全, 2010, 3: 38-41.
[65] 张冲, 王仁坤, 汤雪娟. 溪洛渡特高拱坝蓄水初期工作状态评价[J]. 水利学报, 2016, 46(1): 85-93.
[66] 董建华, 谢和平, 张林, 等. 大岗山双曲拱坝整体稳定三维地质力学模型试验研究[J]. 岩石力学与工程学报, 2007, 26(10): 2027-2033.
[67] 张泷, 刘耀儒, 杨强, 等. 基于地质力学模型试验的大岗山拱坝整体稳定性分析[J]. 岩石力学与工程学报, 2014, 33(5): 971-982.
[68] 陈兵, 姚武, 吴科如. 声发射技术在混凝土研究中的应用[J]. 无损检测, 2000, 22(9): 387-390.
[69] 纪洪广, 贾立宏, 李造鼎. 混凝土损伤的声发射模式研究[J]. 声学学报, 1996, 2(增刊 4): 601-608.
[70] 唐春安, 朱万成. 混凝土损伤与断裂——数值试验[M]. 北京: 科学出版社, 2003: 13.
[71] 胡少伟, 陆俊, 范向前. 混凝土断裂试验中的声发射特性研究[J]. 水力发电学报, 2011, 30(6): 16-19.
[72] 刘超, 唐春安, 李连崇, 等. 基于背景应力场与微震活动性的注浆帷幕突水危险性评价[J]. 岩石力学与工程学报, 2009, 28(2): 366-372.
[73] Xu N W, Tang C A, Li L C, et al. Microseismic monitoring and stability analysis of the left bank slope in Jinping first stage hydropower station in Southwestern China[J]. International Journal of Rock Mechanics and Mining Sciences, 2011, 48(6): 950-963.
[74] 马克, 唐春安, 梁正召, 等. 基于微震监测的地下水封石油洞库施工期围岩稳定性分析[J]. 岩石力学与工程学报, 2016, 35(7): 1353-1365.
[75] 纪洪广, 侯昭飞, 张磊, 等. 混凝土材料声发射信号的频率特征及其与强度参量的相关性试验研究[J]. 应用声学, 2011, 30(2): 112-117.
[76] Grosse C U, Ohtsu M. Acoustic Emission Testing[M]. New York: Springer, 2008: 31.
[77] Ekstrom G, England P. Seismic strain rates in regions of distributed continental deformation[J]. Journal of Geophysical Research: Solid Earth, 1989, 94(B8): 10231-10257.
[78] Axwell S C, Urbancic T I, Prince M, et al. Passive imaging of seismic deformation associated with steam injection in Western Canada[C]//SPE Annual Technical Conference and Exhibition. Society of Petroleum Engineers, SPE84572, 2003.
[79] Novak P, Moffat A I B, Nalluri C, et al. Hydraulic Structure[M]. 4th ed. London: Taylor & Francis Group, 2007.
[80] Ren Q, Xu L, Wan Y. Research advance in safety analysis methods for high concrete dam[J]. Science in China Series E: Technological Sciences, 2007, 50: 62-78.
[81] Haftani M, Gheshmipour A A, Mehinrad A, et al. Geotechnical characteristics of Bakhtiary dam site, SW Iran: the highest double-curvature dam in the world[J]. Bulletin of Engineering Geology and the Environment, 2014, 73: 479-492.
[82] Wu S Y, Shen M B, Wang J. Jinping hydropower project: main technical issues on engineering geology and rock mechanics[J]. Bulletin of Engineering Geology and the Environment, 2010, 69: 325-332.
[83] Chen Y, Zhang L, Yang B, et al. Geomechanical model test on dam stability and application to Jinping high arch dam[J]. International Journal of Rock Mechanics and Mining Sciences, 2015, 76: 1-9.
[84] Shen X, Niu X, Lu W, et al. Rock mass utilization for the foundation surfaces of high arch dams in medium or high geo-stress regions: a review[J]. Bulletin of Engineering Geology and the Environment, 2017, 76(2): 795-813.
[85] Léger P, Leclerc M. Hydrostatic, temperature, time-displacement model for concrete dams[J]. Journal of Engineering Mechanics, 2007, 133(3): 267-277.
[86] Fu S, He T, Wang G, et al. Evaluation of cracking potential for concrete arch dam based on simulation feedback analysis[J]. Science China Technological Sciences, 2011, 54(3): 565-572.
[87] 李同春, 王仁坤, 游启升, 等. 高拱坝安全度评价方法研究[J]. 水利学报, 2007(增刊 1): 78-83, 105.
[88] Lin P, Zhou W, Liu H. Experimental study on cracking, reinforcement, and overall stability of the Xiaowan super-high arch dam[J]. Rock Mechanics and Rock Engineering, 2015, 48(2), 819-841.

[89] Wang R. Key technologies in the design and construction of 300m ultra-high arch dams[J]. Engineering, 2016, 2(3): 350-359.
[90] Sheibany F, Ghaemian M. Effects of environmental action on thermal stress analysis of Karaj concrete arch dam[J]. Journal of Engineering Mechanics-Asce, 2006, 132(5): 532-544.
[91] Jin F, Zhang G X, Luo X Q, et al. Modelling autogenous expansion for magnesia concrete in arch dams[J]. Frontiers of Architecture and Civil Engineering in China, 2008, 2(3): 211-218.
[92] Jin F, Chen Z, Wang J. Practical procedure for predicting non-uniform temperature on the exposed face of arch dams[J]. Applied Thermal Engineering, 2010, 30(14-15): 2146-2156.
[93] Abdulrazeg A A, Noorzaei J, Jaafar M S, et al. Thermal and structural analysis of RCC double-curvature arch dam[J]. Journal of Civil Engineering and Management, 2014, 20(3): 434-445.
[94] Li Z, Gu C, Wang Z, et al. On-line diagnosis method of crack behavior abnormality in concrete dams based on fluctuation of sequential parameter estimates[J]. Science China Technological Sciences, 2015, 58(3): 415-424.
[95] Santillan D, Salete E, Toledo M A. A methodology for the assessment of the effect of climate change on the thermal-strain-stress behaviour of structures[J]. Engineering Structures, 2015, 92: 123-141.
[96] Li Q, Guan J, Wu Z, et al. Equivalent maturity for ambient temperature effect on fracture parameters of site-casting dam concrete[J]. Construction and Building Materials, 2016, 120: 293-308.
[97] 张国新, 刘有志, 刘毅. 特高拱坝温度控制与防裂研究进展[J]. 水利学报, 2016, 47(3): 382-389.
[98] Liu X, Zhang C, Chang X, et al. Precise simulation analysis of the thermal field in mass concrete with a pipe water cooling system[J]. Applied Thermal Engineering, 2015, 78: 449-459.
[99] Malla S, Wieland M. Analysis of an arch-gravity dam with a horizontal crack[J]. Computers & Structures, 1999, 72(1): 267-278.
[100] Wieland M, Kirchen G F. Long-term dam safety monitoring of punt dal gall arch dam in Switzerland[J]. Frontiers of Structural and Civil Engineering, 2012, 6(1): 76-83.
[101] Chen P P, Zhang G X. Study on the prevention measures and causes of cracks in arch crests of galleries in high concrete dams[J]. Advanced Materials Research, 2014, 919: 813-819.
[102] Zhang L, Liu Y R, Yang Q. Evaluation of reinforcement and analysis of stability of a high-arch dam based on geomechanical model testing[J]. Rock Mechanics & Rock Engineering, 2015, 48(2): 803-818.
[103] Ohtsu M. The history and development of acoustic emission in concrete engineering[J]. Magazine of Concrete Research, 1996, 48(177): 321-330.
[104] Snelling P E, Godin L, Mckinnon S D. The role of geologic structure and stress in triggering remote seismicity in Creighton mine, Sudbury, Canada[J]. International Journal of Rock Mechanics and Mining Sciences, 2013, 58: 166-179.
[105] Ma K, Tang C A, Liang Z Z, et al. Stability analysis and reinforcement evaluation of high-steep rock slope by microseismic monitoring[J]. Engineering Geology, 2017, 218: 22-38.
[106] Zhuang D Y, Tang C A, Liang Z Z, et al. Effects of excavation unloading on the energy-release patterns and stability of underground water-sealed oil storage caverns[J]. Tunnelling and Underground Space Technology, 2017, 61: 122-133.
[107] Behnia A, Chai H K, Shiotani T. Advanced structural health monitoring of concrete structures with the aid of acoustic emission[J]. Construction and Building Materials, 2014, 65: 282-302.
[108] Schiavi A, Niccolini G, Tarizzo P, et al. Acoustic emissions at high and low frequencies during compression tests in brittle materials[J]. Strain, 2011, 47(S2): 105-110.
[109] Krajcinovic D. Damage Mechanics[M]. North-Holland: Elsevier, 1996: 41.
[110] 马克, 金峰, 唐春安, 等. 基于微震监测的大岗山高拱坝坝踵蓄水初期变形机制研究[J]. 岩石力学与工程学报, 2017, 36(5): 1111-1121.

[111] Gibowicz S J, Kijko A. An Introduction to Mining Seismology[M]. San Diego, California: Academic Press Inc., 1994.

[112] Maxwell S C, Urbancic T I, Prince M, et al. Passive imaging of seismic deformation associated with steam injection in Western Canada[J]. Society of Petroleum Engineers, SPE Annual Technical Conference and Exhibition. Society of Petroleum Engineers, SPE84572, 2003.

[113] Liu X Z, Tang C A, Li L C, et al. Microseismic monitoring and 3D finite element analysis of the right bank slope, Dagangshan hydropower station, during reservoir impounding[J]. Rock Mechanics and Rock Engineering, 2017, 50(7): 1901-1917.

[114] Jin F, Hu W, Pan J, et al. Comparative study procedure for the safety evaluation of high arch dams[J]. Computers and Geotechnics, 2011, 38(3): 306-317.

[115] Luo D, Lin P, Li Q, et al. Effect of the impounding process on the overall stability of a high arch dam: a case study of the Xiluodu dam, China[J]. Arabian Journal of Geosciences, 2015, 8(11): 9023-9041.

[116] 中华人民共和国国家发展和改革委员会. 混凝土拱坝设计规范: DL/T 5346-2006[S]. 北京: 中国电力出版社, 2007.

[117] Baustaedter K, Widmann R. The behavior of the Kolnbrein arch dam[C]. Proceeding of the 15th International Commission on Large Dams. Lausanne: [s. n.], 1985: 633-651.

[118] 林鹏, 陈欣, 周维垣, 等. 双河拱坝开裂的反分析数值模拟[J]. 岩土力学, 2003, 24(增刊 2): 53-56.

[119] 黄岩松, 周维垣, 杨若琼, 等. 拉西瓦拱坝稳定性分析和评价[J]. 岩石力学与工程学报, 2006, 25(5): 901-905.

[120] 张泷, 刘耀儒, 杨强, 等. 杨房沟拱坝整体稳定性的三维非线性有限元分析与地质力学模型试验研究[J]. 岩土工程学报, 2013, 35(增刊 1): 239-246.

[121] 林鹏, 石杰, 周华, 等. 乌东德坝肩结构面影响及协调加固稳定性分析[J]. 岩石力学与工程学报, 2016, 35(增刊 2): 3937-3946.

[122] 周建平, 杜小凯, 张礼兵, 等. 高拱坝坝踵应力实测与计算的比较研究[J]. 水力发电学报, 2017, 36(12): 87-94.

[123] 宋子亨, 刘耀儒, 杨强, 等. 高拱坝基础不对称性及其加固效果研究[J]. 岩土力学, 2017, 38(2): 507-516.

[124] 冯帆, 邱信蛟, 张国新, 等. 基于施工期变形监测的特高拱坝力学参数反演研究[J]. 岩土力学, 2017, 38(1): 237-246.

[125] 杨宝全, 张林, 陈媛, 等. 锦屏一级高拱坝整体稳定物理与数值模拟综合分析[J]. 水利学报, 2017, 48(2): 175-183.

[126] 马克, 庄端阳, 唐春安, 等. 基于微震监测的大岗山水电站高拱坝廊道裂缝形成原因研究[J]. 岩石力学与工程学报, 2018, 37(7): 1608-1616.

[127] Tang C A, Liu H, Lee P K K, et al. Numerical studies of the influence of microstructure on rock failure in uniaxial compression—Part I: effect of heterogeneity[J]. International Journal of Rock Mechanics and Mining Sciences, 2002, 37: 555-569.

第 4 章　基于微震监测的煤矿底板突水机制研究

4.1　研究背景与意义

煤炭在世界一次能源消费结构中是仅次于石油的第二大能源资源。我国煤炭地质储量位居世界第三，近年来煤炭年开采量在 35 亿 t 左右，是世界上最大的煤炭生产国和消费国。我国能源资源的禀赋决定了煤炭在相当长的时间内是主要能源。目前，煤炭资源在我国一次性消费结构中占 65%以上，预计 2050 年仍然可以占到 50%[1]。近年来，随着国家经济进入结构性调整期，经济增长对能源依赖程度降低，能源需求强度和增速下降，煤炭需求低速放缓，但煤炭作为我国能源的主体地位不会改变，从中长期看，煤炭仍有很大的发展空间[2]。

由于我国水文地质和构造地质条件复杂，加之 95%的煤炭资源以井工方式开采，使得矿井突水灾害一直是困扰和威胁我国煤矿安全生产的突出问题。据不完全统计，截至 2005 年的 20 年里，我国已有 250 多个矿井发生了突水淹井事故，直接经济损失高达 350 多亿元[3]，造成大量财产损失和严重人员伤亡的同时，也破坏了地下水资源和生态环境。21 世纪初，河北邢台金牛能源公司东庞矿发生了一起特大突水事故，突水量达到峰值时约 $75000m^3/h$，造成经济损失约 8 亿元人民币；2010 年骆驼山煤矿 16 号煤层回风大巷掘进工作面由于遇到煤层下方隐伏陷落柱，承压水突破隔水层，导致底板突水，事故造成 32 人遇难，7 人受伤，直接经济损失 4853 万元；2010 年震惊全国的“3·28”山西王家岭特大突水事故中，由于在掘进过程中意外凿穿小窑老空水，发生突水事故，井下 153 人被困，在耗资近 1 亿元的救援下，最终仍有 38 人不幸身亡，事故的发生给国家和人民造成了严重的损失；2015 年 1 月 30 日安徽淮北矿业集团朱仙庄煤矿发生突水事故，矿井被淹，导致 7 人遇难，7 人轻伤；2017 年 5 月 25 日，淮南矿业集团潘二煤矿 12123 工作面底板联络巷掘进工作面发生奥陶系灰岩突水事故，最大突水量 $14520m^3/h$，造成矿井被淹。大量的突水案例表明，已发生的重大突水事故和淹井事故多数是由于煤层底板巨厚奥陶系及太原组岩溶含水层内的承压水突破底板隔水层的阻隔，进入工作面造成的。据资料统计[4]，至 2001 年华北地区约有 230 多个矿井的主采煤层在不同程度上都受到底板岩溶承压水的威胁，受水威胁的煤炭储量高达 149.7 亿 t，约占总储量的 39%。近年来，随着我国浅部资源的枯竭，各大矿区相继进入深部（800～1500m）煤炭资源开采状态。在深部开采环境下，岩体往往处于“三高一扰动”（高地应力、高温、高岩溶水压和强烈开采扰动）的复杂地质力学环境中，其深部矿井所受的底板突水的威胁更加严峻。因此，底板突水事故已经成为制约我国煤炭资源开采的重要影响因素。

造成煤矿底板突水事故难以遏制的关键问题在于人们对底板突水发生机理的认识尚不够深入，缺乏有效指导底板突水预测和防治的系统理论和方法。从本质上讲，煤矿底板突水是指煤层下伏承压含水层内的承压水突破底板岩层的阻隔，沿底板采动裂隙带以滞发、缓发或突发的方式向上涌入回采工作面的一种现象。由于采矿活动不可避免地打破原岩应力场的平衡，进而造成底板岩体发生损伤和破裂，这种损伤和破裂提高了岩体的渗透性能，进而导致底板承压水发生渗流。这种底板渗流场的改变又会以渗透力和水物理化学作用（冲刷运移、软化等）的方式反作用于岩体，进一步促进了底板损伤破裂的发展。这种水岩耦合的作用不断发展演化，并呈不断加速的状态。最终当底板形成了和采掘工作面贯通的“突水通道”时，就引发了煤层底板突水灾害。岩体损伤与断裂是发生突水灾害的根本原因，也是研究“承压水安全采煤”这一课题的核心，尤其对于底板岩体的一些地质构造在水岩耦合这种多场相互作用的环境中，更容易发生破坏，形成突水通道。由此可知，想要深入揭示煤层底板突水机理，就必须在全面考虑原岩应力、采动应力、水压力以及地质构造的基础上，重点关注岩体微破裂的萌生和发展，研究底板岩体变形、损伤及断裂演化规律。

在能源科学领域中，“岩体工程地质灾害控制与防治”是国家中长期科技发展纲要的优先主题，也是“十三五”科技发展规划的重点支持对象。在这样的背景下，针对我国煤炭资源目前所面对的问题，开展底板突水灾害的机理、预警、控制等相关理论课题的研究便具有十分重要的战略意义。为此，本章立足于解放受突水威胁的煤炭资源、实现安全生产这一目的，以陕西陕煤澄合矿业有限公司董家河煤矿 22517 工作面为研究背景，将高精度微震监测技术引入工作面回采过程中，并从具体工程实际情况中简化出力学模型，综合运用弹性力学、结构力学，结合微震数据和数值模拟，分别研究了董家河煤矿 22517 工作面初次来压时的底板应力场分布特征、破坏深度以及在工作面过断层前后断层处的应力、位移、渗流情况，从理论上分析了微破裂的成因，并圈定底板岩体潜在危险区域，以期为实现“底板有地质构造的情况下，在承压水上安全采煤”提供一定的理论支撑。

4.2 国内外研究现状及分析

采场底板突水是一种复杂的地质及采动影响现象，是开采煤层下伏的承压水冲破底板隔水层，以滞发、缓发或突发的形式进入工作面造成矿井涌水量增加或淹井的自然灾害[5]。长期以来，国内外许多学者通过理论分析、相似模型试验、数值模拟和现场监测等方法对底板采动应力场、底板岩体损伤和承压水渗流场特征等进行了大量的研究，并对底板突水的预测预报方法进行不断的尝试和创新，在底板突水通道形成及突水灾变机理方面取得了诸多有益的成果。

4.2.1　突水机理国外研究现状

国外对于煤矿底板突水灾害的研究已有一百多年的历史，对煤矿底板岩层结构、变形与破坏规律的研究较早[6,7]。其中，由于煤系地层水文地质条件的差异，国外煤矿开采过程中，只有欧洲的主要采煤国在不同程度上受到底板突水的威胁[8]。因此，有关底板突水的研究也主要集中在欧洲主要的采煤国。

20 世纪 40～50 年代，匈牙利学者韦格 • 弗伦斯首次提出了底板“相对隔水层”的概念，建立了水压、隔水层厚度与底板突水的关系，后来被很多国家直接或间接采用[9,10]。

20 世纪 50～60 年代，苏联学者 Sresalev[11]首次将煤层底板视为两端固定承受均布载荷作用的梁结构，开始用静力学观点来研究煤层底板在承压水作用下的变形破坏机制，并运用岩体强度理论推导出了底板突水的理论安全水压力计算公式，为底板防治水工作提供了参考。匈牙利学者以底板完整岩层带为中心，并特别注意采动过程中底板应力状态的变化以及底板破坏特征。

20 世纪 70～80 年代，苏联和南斯拉夫等国家学者考虑了采动应力和承压水的水流作用对底板相对隔水层的破坏作用[12]。苏联学者 Mironenko 等[13]采用理论分析和现场实测进行研究，指出底板突水是开采扰动下岩体应力场、裂隙场和静水压力变化的综合结果。意大利学者 Sammarco[14,15]对煤矿井下突水事故进行研究，发现突水发生时会伴随着含水层水位和瓦斯涌出量的改变，揭示了煤矿多灾害耦合发生底板事故的现象，并提出可利用该类前兆信息来实现矿井突水的有效预测。

20 世纪 90 年代，波兰学者 Motyka 等[16]通过对矿井底板大量钻孔资料的调研，查明了该区域岩溶发育规律，同时认识到造成矿井突水灾害最直接的原因是采动裂隙导通了岩溶含水层。苏联学者 Kuznetsov 等[17]通过建立水-岩耦合地质力学模型，认识到矿井突水与地下岩体的结构有关。苏联学者 Mironenko 等 [13]对矿井突水的水文地质机理进行了研究，认为矿井突水过程是一个地下水与地下岩体结构在煤层开采影响下的复杂作用过程，同时提出了防治矿井突水和岩体破坏的方法。

进入 21 世纪以来，国外煤炭资源开采量逐渐减少，水文地质条件复杂的煤层开采较少，加之发达国家对于地下水的严格保护，目前在产矿井中发生底板突水的甚少，对于底板突水的研究基本处于停滞状态。相反，由于我国经济快速发展，对煤炭资源开采需求增大，矿井突水研究在我国得到持续发展。

4.2.2　突水机理国内研究现状

我国关于煤矿突水的研究起源较晚，这是由于采矿初期，煤层埋深较浅，煤系地层水文地质条件简单，很少发生煤矿突水事故。20 世纪 80 年代以来，随着煤矿开采强度和开采深度加大，底板突水事故日趋严重，底板突水防治及其理论研究逐渐受到科研人员的关注。通过理论分析、数值模拟、相似模型试验以及现场观测等研究手段，我国经历了从学习借鉴国外研究经验和成果到自主创新的成长阶段，相继提出了各具特色的经典理论与假说。

1. 突水系数

20 世纪 60 年代初，河南焦作、河北峰峰、山东淄博等矿区总结出了预测底板突水的经验公式。1964 年，焦作矿区水文地质大会战期间，一些学者参考了国外的底板相对隔水层概念，将底板单位隔水层厚度所承受的水压大小定义为突水系数[18]。此后，在实际生产使用过程中，通过对底板破坏深度、承压水导升高度、底板隔水层的不同岩层组成，以及承压水导升过程中的水头损耗等因素进行分析，对突水系数进行了多次修正[19-21]，修正矛盾的焦点主要在于有效隔水层厚度的确定。

2. “下三带”理论

1988 年，山东科技大学的李白英等[22]通过对底板破坏进行大量的现场实测和实验研究，认为开采煤层底板存在着隔水性质不同的“三带”，将采动影响下底板岩层划分为底板导水破坏带、完整岩层带（或有效保护层带）和承压水导升带（或隐伏水头带），提出了底板突水的“下三带”理论。施龙青等[23]基于损伤力学、断裂力学和矿山压力理论提出了底板突水的“下四带”理论，将完整岩层带进一步细分为新增损伤带和原始损伤带，推导了各带厚度的计算公式，并给出了底板突水的判别方法。

3. “薄板结构”理论

1989 年，煤炭科学研究总院张金才等运用弹塑性力学相关理论方法提出了底板突水的薄板模型，其将底板隔水层等效为四周固支受均布载荷作用的薄板，研究还基于 Mohr-Coulomb 强度理论和 Griffith 强度理论，采用半无限体一定长度上受均匀竖向荷载的弹性解，分别求得了底板采动裂隙发育的最大深度[24-26]。

4. 底板“关键层”理论

自 1996 年以来，Xu 等[27]和黎良杰等[28]借鉴顶板关键层理论将承压含水层上方承载能力最强的底板岩层视为底板关键层，认为关键层是控制底板突水的主要原因，建立了底板突水的关键层理论。该理论根据底板层状岩体结构特点，指出了底板坚硬岩层、隔水层分别在底板防突水过程中的作用，揭示了矿山压力和水压力耦合作用下底板岩层结构损伤破坏机理。

5. 脆弱性指数法

武强、宋振骐等认为采场底板突水是一种受各种因素和复杂形成机理控制的非线性动力现象，基于多源信息集成理论和“环套理论”，采用层次分析法和地理信息系统提出了底板突水的脆弱性指数法，并引入变权模型反映突水主控因素指标值内部的差异性，对煤层底板突水进行研究[29-31]。

此外，国内学者在底板突水的理论分析、数值模拟、室内试验等方面做了大量的工作。在理论分析方面，宋振骐等[31]从理论上分析矿山压力对底板突水的影响，建立了跨断层开采的突水预测控制力学模型，制订了相关的控制准则。郭惟嘉等[32]对深部高承压水条件下复杂地质构造诱发底板突水问题进行了分析，将深井底板突水问题分为完整底板裂隙扩展型、原生通道导通型和隐伏构造滑剪型，并建立了相应的突水判据。鲁海峰等[33]运用极限平衡理论，推导了底板断层突水的水压力解析式，分析了断层倾角、工作面推进方向等因素对临界突水水压的影响规律。Zhou 等[34]采用扩展有限元和断裂力学方法，对隐伏断层活化诱发底板突水进行数值模拟，定量评估了断层尖端应力场的应力集中强度，分析了采深、承压水水压、断层倾角及长度对断层活化的影响。Hua 等[35]基于突变理论建立了一种非动力现象的数学模型，通过对地质因素、断层参数和开采因素的分析，结合断层活化突水样本库，构建了断层活化引起突水的危险性评价体系。Hu 等[36]根据采场底板在支承压力作用下应力场的分布规律，建立了一个简化的力学模型，研究正应力和剪应力对断层活动性和断层有效剪应力分布的影响。

在数值模拟方面，李连崇等采用 RFPA 软件对底板突水过程中底板损伤过程进行了数值模拟，分析了底板突水通道发育过程中底板应力场、渗流场的响应特征，揭示了采动底板和含断层底板突水通道形成机制[37, 38]。Liu 等[39]采用 FLAC^{3D} 软件模拟了隐伏断层突水过程，指出了隐伏断层中承压水的抬升高度和断层破碎带塑性区发育高度。Cheng 等[40]和刘伟韬等[41]应用 FLAC^{3D} 对含断裂构造底板的滞后突水进行了大量模拟研究。杨天鸿等[42]和陆银龙等[43]应用 COMSOL 系统数值分析工具模拟研究了煤层底板突水机制。

在室内试验方面，李振华等[44]采用相似模拟试验方法研究了采动影响下底板隔水层的动态破坏过程，提出了正断层活化诱发底板突水的前兆信息。张士川和孙文斌等研制了深部采动高水压底板突水相似模拟试验系统，该系统能够有效地模拟深部开采突水现象与应力渗流耦合问题[45-47]。许延春等[48]针对深部巷道发生底鼓突水灾害进行了相似模拟试验研究，结合现场增压注水试验，发现了巷道底鼓突水的突变性规律。

4.2.3 底板突水监测技术研究现状

底板突水是多种因素影响下底板岩体损伤破坏过程，且随工作面推进煤岩体发生动态损伤，仅依靠理论分析和室内试验很难准确反映工程实际。因此，需要对开采过程中底板岩体损伤进行现场监测，目前主要通过钻探注水（注浆）、地球物理探测方法实现。

地球物理探测技术应用较多的是地质雷达探测技术、震波 CT 成像技术、直流电阻率法等。程久龙等[49]利用岩体波速测试岩体的状态，得出底板破坏导水裂隙发育范围，在进行声波 CT 观测的同时，利用单孔声波和分段注水测量进行了动态过程测试，获得其底板最大破坏深度。张平松等[50]采用震波 CT 探测技术，结合煤层工作面中孔—巷间形成的探测剖面，进行不同时期震波 CT 数据采集、反演与资料处理，获得裂隙带发育最大深度。刘志新等[51]设计了环工作面电磁法底板突水监测系统，总结了不同空间位置的地质异常体的响应特征，提出了突水系数阈值的概念。刘盛东等[52]研究了岩体导水过程中电场参数的空间瞬态变化特征，采用电位、电流等时线和视电阻率等时面参数进行突水监测，并进行了相应的现场验证。

4.3 存在的问题

（1）目前传统的岩石地下工程监测主要以变形量、变形速度、加速度等宏观信息作为其监测对象。对于具体的煤矿底板突水问题而言，以变形为主的位移监测方法在煤矿突水的预警问题上无法监测出底板出现宏观破坏前岩体内部发生的微破裂活动特性，也无法对煤层开采过程中导水通道进行“动态”的破裂贯通实时监测。而岩体的微破裂正是底板发生突水事故的前兆，传统的检测手段无法感知其岩体内部的微破裂活动特性，更无法揭示底板突水机理的本质。

（2）由于采场周围岩体具有非均质、非连续、非线性等特性，且围岩受载荷及边界条件复杂影响，目前还无法用数学力学的方法精确地求解出岩体内的应力场分布。但是结合采矿工程的特点，近似求解工作面周围的应力状态，对于深入了解底板变形及突水灾害是十分有益和非常必要的。然而，有关选取合适的底板突水力学模型的探讨较为欠缺，运用多种力学对底板突水机理进行的研究还不够深入，特别是断层等构造滞后突水机理研究不足。这是目前煤矿防治水效果有限的主要原因。

4.4 研 究 内 容

煤层底板突水的本质就是隔水岩层在采动应力和渗流耦合作用下煤岩体损伤演化造成突水灾变的问题，回采过程中煤层下方的岩体应力场发生变化，新的裂隙发育，与自然裂缝相结合，形成突水通道。本章通过建立现场微震监测系统对底板突水通道孕育过程进行实时动态监测，结合不同的力学模型，研究其形成过程中的动态演化特征，揭示底板突水灾变机理和微破裂前兆信息。主要包括以下几部分内容。

（1）底板突水通道孕育过程中煤岩体微震活动特征分析。

通过微震监测系统采集开采过程中煤岩体微破裂信息，实现了对煤岩体损伤过程的实时动态监测。通过对监测数据进行处理和分析，获取大量煤岩体渐进破裂到失稳、弥散微破裂到串级贯通，完整再现了突水通道萌生、扩展和贯通形成突水通道的全过程。结合微震事件空间分布、震级和能量分布规律，分析工作面推进过程中底板损伤过程及其范围的时空演化特征。通过 E_S/E_P 值分析底板煤岩体损伤破坏形式，分析突水通道发育过程中拉伸、剪切破坏累计规律。

（2）底板突水通道孕育过程的力学分析与数值模拟研究。

基于上述研究，结合弹性力学、结构力学分别研究了工作面初次来压时走向的底板应力场分布特征，以及工作面过断层前后断层处的应力、位移情况。同时采用数值模拟方法再现底板突水通道孕育过程，研究不同类型底板突水灾害孕育过程中煤岩体微破裂和损伤的演化规律。重点关注采掘条件下煤岩体微破裂和损伤在突水灾害发生前的响应特征，对比不同类型突水灾害突水通道萌生、演化和贯通规律，揭示煤岩体采动破裂、断层和陷落柱等地质缺陷形成突水通道的共性特征和前兆规律，探究突水通道形成机理，揭示煤矿突水灾变孕育的静态力学机制。

研究煤矿突水的灾变机理和前兆规律，最重要的就是追踪突水通道的孕育过程，寻找突水通道形成过程中的前兆信息。本章通过微震监测技术捕捉煤岩体损伤过程中的微破裂信息，完整再现底板突水通道萌生、扩展和贯通形成的全过程。通过将微震监测、力学分析与数值模拟相结合，研究底板采动破裂形成突水通道的静态力学机制，揭示断层滞后突水机理，对底板突水危险性进行评价，建立基于微震监测的采动底板突水灾变机理与前兆规律研究方法。本章内容对于揭示底板突水本质、明晰突水破坏形成的条件，以及动态预警预报，都具有重要的科学意义和工程实用价值。

4.5　基于弹性力学的底板应力场及破坏特征研究

底板赋存的奥陶系灰岩水是中国华北型煤田主要的突水源，矿井开采诱发底板奥陶系灰岩水突涌对安全高效开采构成了极大的威胁[26, 53]。实现安全带压开采的关键在于认清矿山压力和水压力共同作用下底板隔水层的破坏机制[37, 54]，该问题迫使学者加快对底板破坏机制及预警加固领域的研究。

目前针对底板破坏特征的研究方法主要分为理论分析、数值模拟、现场监测三大类。理论分析指导工程实践。许多学者已提出多种地板破坏分析理论，如李白英等根据采动作用下底板不同层位的岩体破坏特征提出了“下三带”理论，将底板岩层从上到下划分为底板导水破坏带、完整岩层带和承压水导升带[55, 56]。Liu 等[57]根据弹性力学中半无限体理论建立了沿煤层倾斜方向底板破坏的力学模型，计算了倾斜煤层底板采动最大破坏深度，阐明了矿山压力和水压力共同作用下底板塑性区分布特征。Lu 等[58]应用弹性力学薄板理论推导了底板关键层破坏的力学判据，分析了关键层的破坏模式并通过蒙特卡罗方法计算了不同破坏模式下的可靠性概率。总结发现以上学者在理论分析中均将水压力考虑为具有一定长度的均布荷载，但这种假设的可靠性还有待商榷。

数值模拟是解决许多与采矿有关的地下水问题的有力工具。Lu 等[59]提出了一种基于损伤-渗流耦合的微观力学模型，应用有限元方法研究了底板破坏过程中裂隙和底板水渗流的渐进发展过程，再现了采动过程中底板应力分布、声发射演化、裂缝扩展、渗透性变化和突水通道形成过程。Liu 等[39]运用 $FLAC^{3D}$ 模拟了蠕变-渗流耦合下底板破坏诱发隐伏断层滞后突水的过程，基于差分流变理论的塑性区发展高度和亚临界裂纹扩展理论，提出了潜在突水通道的时间效应。Wang 等[60]模拟了深部采场底板采动变形破坏特征，探究了采场底板的水平应力、垂直应力、剪应力、水平位移、垂直位移和塑性区分布特征。然而，这些数值模拟研究很少能够完整地体现围岩渐进破坏过程，底板煤岩体微裂隙的萌生、扩展、贯通及相互作用是研究底板破坏特征的关键。

现场监测是了解煤岩体破坏及失稳的最直接的手段，Zhou 等[61]采用分布式光纤传感技术和三维电阻率法对深部超厚煤层底板破坏带进行了现场监测，得出了煤层底板变形破坏的特征及破坏深度。Li 等[62]开发了一套包括瞬态电磁法、钻井、注水试验和数值模拟的综合方法，依次得到了地下水分布、含水层厚度和底板损伤厚度。Xu 等[63]通过观测岩石角位移反映煤层底板是否发生弯曲破坏，得出了底板岩体破坏深度和角位移的变化规律并在此基础上设计了突水预警系统。这些方法可以对底板煤岩体已发生的宏观变形或破裂进行有效的监测，却难以感知突水通道形成前煤岩体内部微破裂及其演化规律。

上述学者针对工作面底板破坏特征做了许多卓有成效的工作。然而，底板隔水层岩体的变形破坏过程受到煤和岩体的不均匀性、由开挖引起的地应力重分布、流固耦合等作用的影响，运用一种或两种方法进行研究难以全面地评价底板的破坏特征及演化规律。为此，需要进一步深化多种方法之间的交叉与融合，提出全面、高效的采动煤层底板破坏特征综合方法。

本节针对董家河煤矿典型工作面初次来压期间底板采动应力演化和破坏规律，首先，根据底板承压水的特点推导了由承压水产生的底板应力分量表达式，从理论上求解了底板应力分布规律和破坏特征。然后，结合数值模拟和微震监测再现了底板煤岩体内部微破裂萌生、扩展、贯通的演化过程，研究了底板煤岩体渐进破坏特征。最后，在综合对比分析的基础上，提出了多手段优势融合分析的方法，以期为煤矿底板突水灾害的防治及突水机理研究等方面提供一定的参考。

4.5.1　工程概况

董家河煤矿隶属于澄合矿区，位于中国陕西省渭南市澄城县西南约 3.5km 处，如图 4.1 所示。地层从新到老依次为：第四系、二叠系、石炭系、奥陶系。主要开采山西组 5 号煤层，赋存稳定，平均厚度 3.3m。主要采用综合机械化长壁采煤工艺开采，全部垮落法管理顶板。典型工作面（以工作面 22157 为例）西高东低、南高北低，东西向最大高差 50m，南北向最大高差 20m。工作面走向方向长度为

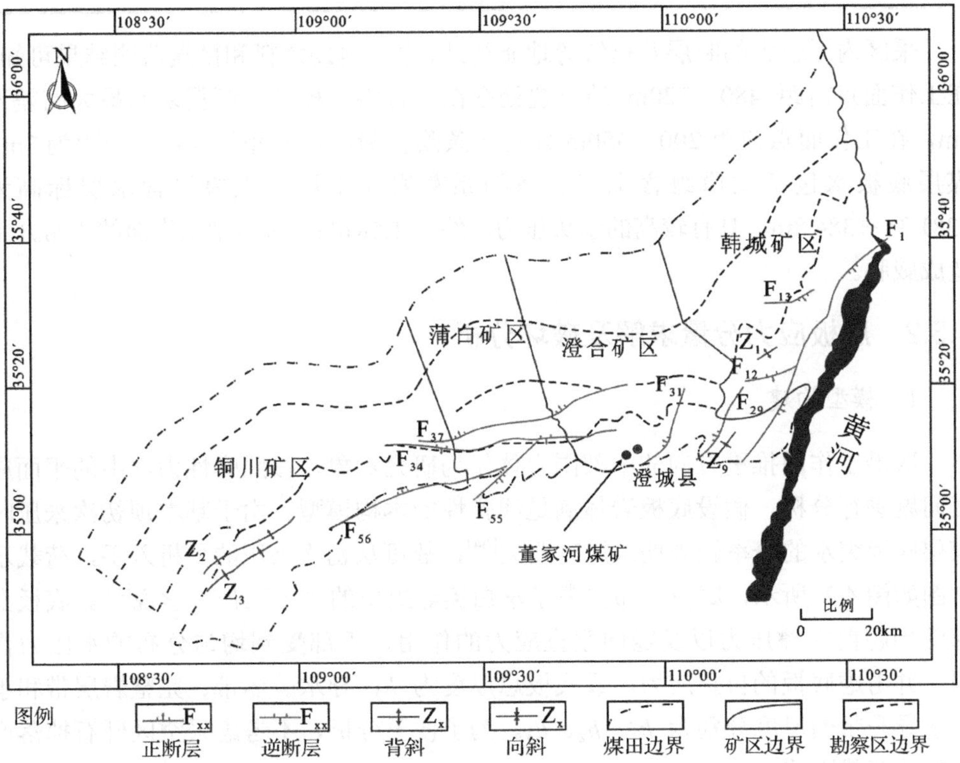

图 4.1　董家河煤矿地理位置及构造地质图

1217m，倾向方向长度为 185m，倾角大约在 3°，可近似看成水平煤层，底板标高在+225～+275m，平均标高+250m。自东向西开采，开切眼位于点前距 1217m，停采线位于点前距 100m，工作面部分推进进度见表 4.1。

表 4.1 工作面 22157 部分推进进度表

时间	点前距/m	时间	点前距/m
2014/12/23	1005	2015/09/08	615
2015/01/09	981	2015/09/19	603
2015/02/09	885	2015/10/09	578
2015/03/09	779	2015/11/09	514
2015/04/09	750	2015/12/09	457
2015/05/08	730	2015/12/18	443
2015/06/09	700	2016/01/08	410
2015/07/09	681	2016/01/30	379
2015/08/08	657	2016/02/05	369

采区内无较大的断层及褶皱等地质构造，根据地勘资料和微震监测结果可知，在工作面点前距 480～720m 的位置处存在一背斜，核部与两翼之间最大高差为 4m，在工作面点前距 200～350m 处有一条隐伏断层，倾角约 73°，断距为 3m。煤层底板水包括太原组含水层和奥陶系灰岩含水层，太原组含水层标高为+381.3～+384.8m，具有较高的水头压力，约为 1.5MPa，对典型工作面的正常开采造成威胁。

4.5.2 底板应力分量求解及破坏分析

1. 模型构建

取沿工作面推进方向的中部围岩体作为研究对象，按照弹性力学中的平面应变问题进行分析，假设底板岩体满足线弹性的本构模型。由于基本顶初次来压时煤层底板突水的概率较周期来压时要大[64]，故可从初次来压的分析入手，荷载示意图如图 4.2 所示，底板分布参考了李白英等提出的“下三带”学说[55]。底板上部受到超前支撑压力以及竖向垂直应力的作用，下部受到均匀分布的水压力作用，并考虑底板的自重应力。设底板总厚度为 h，导水破坏带、完整岩层带和承压水导升带的厚度分别为 h_1、h_2、h_3。为了便于分析，不考虑采空区矸石掉落产生的动荷载影响。

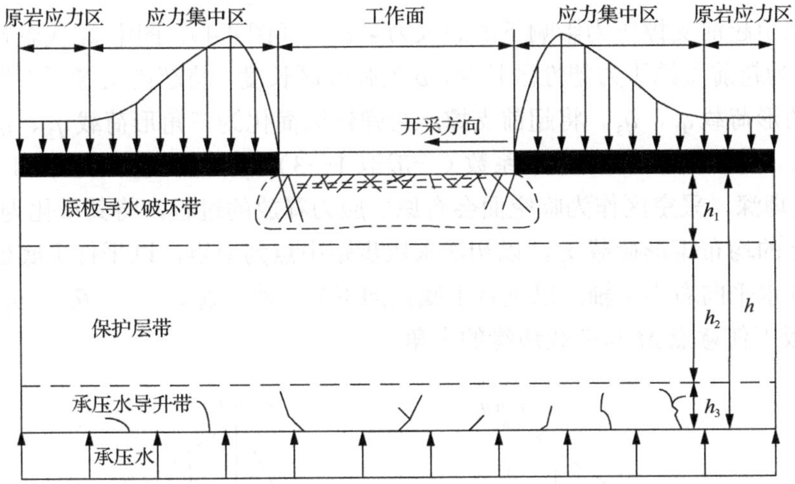

图 4.2 初次来压时承压水上开采工作面走向底板荷载示意图

2. 超前支撑压力引起的底板应力分量

首先计算由超前支撑压力引起的底板应力分量。由弹性理论可知，半平面体在边界上受法向分布力时（图 4.3），M 处的应力分量分别为[65]

$$\left.\begin{aligned}\sigma_x&=-\frac{2}{\pi}\int_{-b}^{a}\frac{q(\xi)x^3\mathrm{d}\xi}{\left(x^2+(y-\xi)^2\right)^2}\\\sigma_y&=-\frac{2}{\pi}\int_{-b}^{a}\frac{q(\xi)x(y-\xi)^2\mathrm{d}\xi}{\left(x^2+(y-\xi)^2\right)^2}\\\tau_{xy}&=-\frac{2}{\pi}\int_{-b}^{a}\frac{q(\xi)x^2(y-\xi)\mathrm{d}\xi}{\left(x^2+(y-\xi)^2\right)^2}\end{aligned}\right\}\tag{4.1}$$

式中，荷载 q 是 ξ 的函数，各应力分量可通过积分求得。

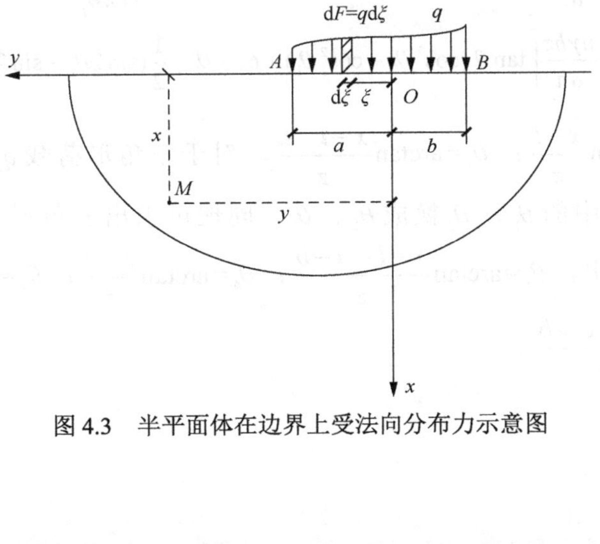

图 4.3 半平面体在边界上受法向分布力示意图

建立由超前支撑压力影响下的底板力学模型（图 4.4），图中 $2l$ 代表初次来压步距，a 为超前支撑压力塑性区长度，b 为弹性区长度，将超前支撑压力塑性区简化为三角形荷载 q_1、q_3，将超前支撑压力弹性区简化为三角形荷载 q_2、q_4，最大值为 $n\gamma h$，其中，n 为应力集中系数（一般取 1～3），γ 为上覆岩土体的平均容重，h 为煤层埋深。采空区作为临空面会有原岩应力释放的过程，将其量化为 γh，竖直方向上的均布矩形荷载 q_5。以初次来压步距中点为原点，以平行于底板且沿煤岩交界处水平向右为 x 轴，以垂直于底板向下为 z 轴，θ_1、θ_2、θ_3、θ_4、θ_5、θ_6 为底板下任意点 M 与荷载边缘的夹角。

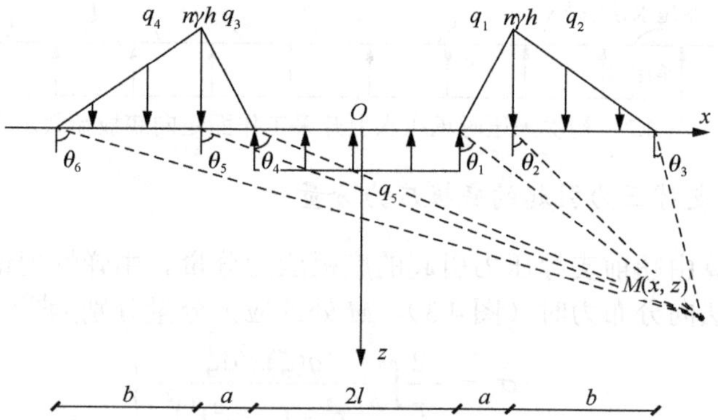

图 4.4　超前支撑压力力学模型示意图

由三角形荷载 q_1 引起的底板应力分量为

$$\left.\begin{aligned}
\sigma_{z1} &= \frac{n\gamma hz}{a\pi}\left[\tan\theta_1(\theta_1-\theta_2)-\frac{1}{2}\tan\theta_1\sin 2\theta_2+\sin^2\theta_2\right]\\
\sigma_{x1} &= \frac{n\gamma hz}{a\pi}\left[\tan\theta_1(\theta_1-\theta_2)+\frac{1}{2}\tan\theta_1\sin 2\theta_2+2\ln\frac{\cos\theta_1}{\cos\theta_2}-\sin^2\theta_2\right]\\
\tau_{xz1} &= \frac{n\gamma hz}{a\pi}\left[\tan\theta_1(\cos^2\theta_2-\cos^2\theta_1)+\theta_2-\theta_1-\frac{1}{2}(\sin 2\theta_2-\sin 2\theta_1)\right]
\end{aligned}\right\}\tag{4.2}$$

式中，$\theta_1=\arctan\dfrac{x-l}{z}$；$\theta_2=\arctan\dfrac{x-l-a}{z}$。对于三角形荷载 q_2 的应力分量只需将式（4.2）中的 θ_1、θ_2 换成 θ_3、θ_2，同理可求出三角形荷载 Q_3、Q_4 的应力分量。其中，$\theta_3=\arctan\dfrac{x-l-a-b}{z}$；$\theta_4=\arctan\dfrac{x+l}{z}$；$\theta_5=\arctan\dfrac{x+l+a}{z}$；$\theta_6=\arctan\dfrac{x+l+a+b}{z}$。

由矩形荷载 q_5 引起的底板应力分量为

$$\left.\begin{aligned}\sigma_{z5} &= -\frac{n\gamma h}{2\pi}\left[2(\theta_4-\theta_1)+(\sin 2\theta_4-\sin 2\theta_1)\right]\\ \sigma_{x5} &= -\frac{n\gamma h}{2\pi}\left[2(\theta_4-\theta_1)-(\sin 2\theta_4-\sin 2\theta_1)\right]\\ \tau_{xz5} &= \frac{n\gamma h}{2\pi}(\cos 2\theta_1-\cos 2\theta_4)\end{aligned}\right\} \tag{4.3}$$

3. 承压水引起的底板应力分量

当推导水压力对底板岩体产生的应力分量时，可将其简化为均布荷载，但其作用的长度具有不确定性。以往大多数学者只考虑超前支撑压力范围的水压力，但作用在超前支撑压力范围以外的水压力对底板的应力状态也会产生影响[37,54,56]。本节先将水压力等效为无限宽广的均布荷载，运用一种半解析的方法求出完整承压水作用下的底板应力分量，其计算简图如图 4.5 所示，以平行于底板且沿煤岩交界处水平向右为 x 轴，以垂直于底板向下为 z 轴，底板厚度为 H，水压力等效为一无限宽广的均布荷载作用于底板处，大小为 p。

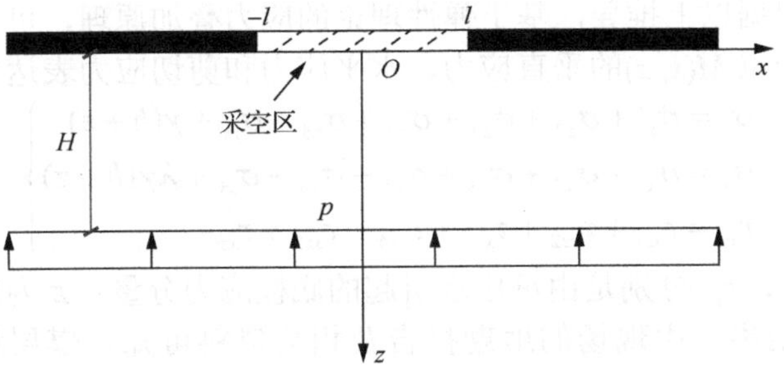

图 4.5　水压力力学模型示意图

在单独分析承压水对底板产生的应力分量时，由于承压水只对底板的承压水导升带产生影响，且初次来压期间工作面底板产生的底鼓量相对底板的厚度较小，故可将煤岩交界处视为固定边界。由对称性可知，位移 $u_x=0,u_y=0,u_z=w(z)$，体应变 $\varepsilon_v=\dfrac{\partial u_x}{\partial x}+\dfrac{\partial u_y}{\partial y}+\dfrac{\partial u_z}{\partial z}=\dfrac{\mathrm{d}w}{\mathrm{d}z}$，代入以位移表示的张量形式的平衡方程：

$$G\nabla^2 u_i+(\lambda+G)u_{j,ji}+f_i=0 \tag{4.4}$$

式中，∇^2 为 Laplace 算子；λ 为 Lame 常数；G 为剪切模量；f_i 为 i 方向上的体力，在式（4.4）中此项为 0。经过化简得出 $w=Bz+A$，其中 A、B 为任意常数，

由位移计算应力得

$$\left.\begin{aligned}
&\sigma_x = 2G\frac{\partial u_x}{\partial x} + \lambda\varepsilon_v = B\lambda \\
&\sigma_y = 2G\frac{\partial u_y}{\partial y} + \lambda\varepsilon_v = B\lambda \\
&\sigma_z = 2G\frac{\partial u_z}{\partial z} + \lambda\varepsilon_v = 2GB + B\lambda \\
&\tau_{zx} = \tau_{zy} = \tau_{xy} = 0
\end{aligned}\right\} \tag{4.5}$$

由边界条件$[\sigma_z]_{z=H} = -p$，而在式（4.5）中σ_z为常量，故$\sigma_z = -p$，再将B解出代入式（4.6）求出$\sigma_x = \sigma_y = -[\lambda/(2G+\lambda)]p$，$A$由$[w]_{z-0} = 0$求得。并以压为正，得出承压水引起的底板应力分量：$\sigma_z = p, \sigma_x = \dfrac{\lambda}{2G+\lambda}p, \tau_{zx} = 0$。这种方法忽略底鼓位移，将水压力看作是无限宽广的均布荷载，所得垂直应力和水平应力在底板任意一点处为定值，且不产生剪应力，较为符合实际情况，形式简单。

4. 底板的应力分布规律

底板下总的应力分量等于由超前支撑压力、水压力以及原岩应力产生的应力分量的总和，根据以上推导，基于弹性理论的应力叠加原理，可以求出初次来压时底板下任意一点$M(x, z)$的垂直应力、水平应力和剪切应力表达式：

$$\left.\begin{aligned}
&\sigma_z = \sigma_{z1} + \sigma_{z2} + \sigma_{z3} + \sigma_{z4} + \sigma_{z5} + \sigma_{zs} + \gamma(h+z) \\
&\sigma_x = \sigma_{x1} + \sigma_{x2} + \sigma_{x3} + \sigma_{x4} + \sigma_{x5} + \sigma_{xs} + \lambda\gamma(h+z) \\
&\tau_{xz} = \tau_{xz1} + \tau_{xz2} + \tau_{xz3} + \tau_{xz4} + \tau_{xz5} + \tau_{xzs}
\end{aligned}\right\} \tag{4.6}$$

式中，σ_{zs}、σ_{xs}、τ_{xzs}分别是由承压水引起的底板应力分量；z为底板内一点与工作底面的垂直距离。由现场的地勘报告及相关资料可知，煤层埋深 355m，初步来压步距 40m，弹性区长度 15m，塑性区长度 5m，底板厚度为 30m，上覆岩土体平均容重 24.5kN/m^3，n取 1.5，通过数学计算软件 MATLAB 得出其应力等值线图。

在上覆岩体自重应力的作用下，靠近超前支撑压力的煤岩体所受的竖直应力较大，竖直应力向下沿四周形成应力泡向外扩散，而采空区下方岩体受超前支撑压力的影响相对较弱，且竖直应力随深度的增加逐渐增大，这主要是受到自重应力的影响［图 4.6（a）］。水平应力的变化趋势大致与竖直应力等值线相同，而在靠近采空区下方底板附近出现拉应力，这是由于在超前支撑压力下方的两个方向上都产生较大的压应力。由广义胡克定律可知$\varepsilon_x = (\sigma_x - v\sigma_z)/E$，支撑压力下方岩层会产生局部$x$方向的压应变，而采空区处的垂直应力较小，为了保持水平方向的变形协调，采空区下方岩体会出现拉应力，而随着深度增加，支撑压力下方的应力逐渐扩散减小，采空区下方岩体不再产生压应力［图 4.6（b）］。剪切应力在对称结构对称荷载的作用下，塑性区超前支撑压力和弹性区超前支撑压力下方分别产生两个大小相等、方向相反的应力泡向外扩散［图 4.6（c）］。

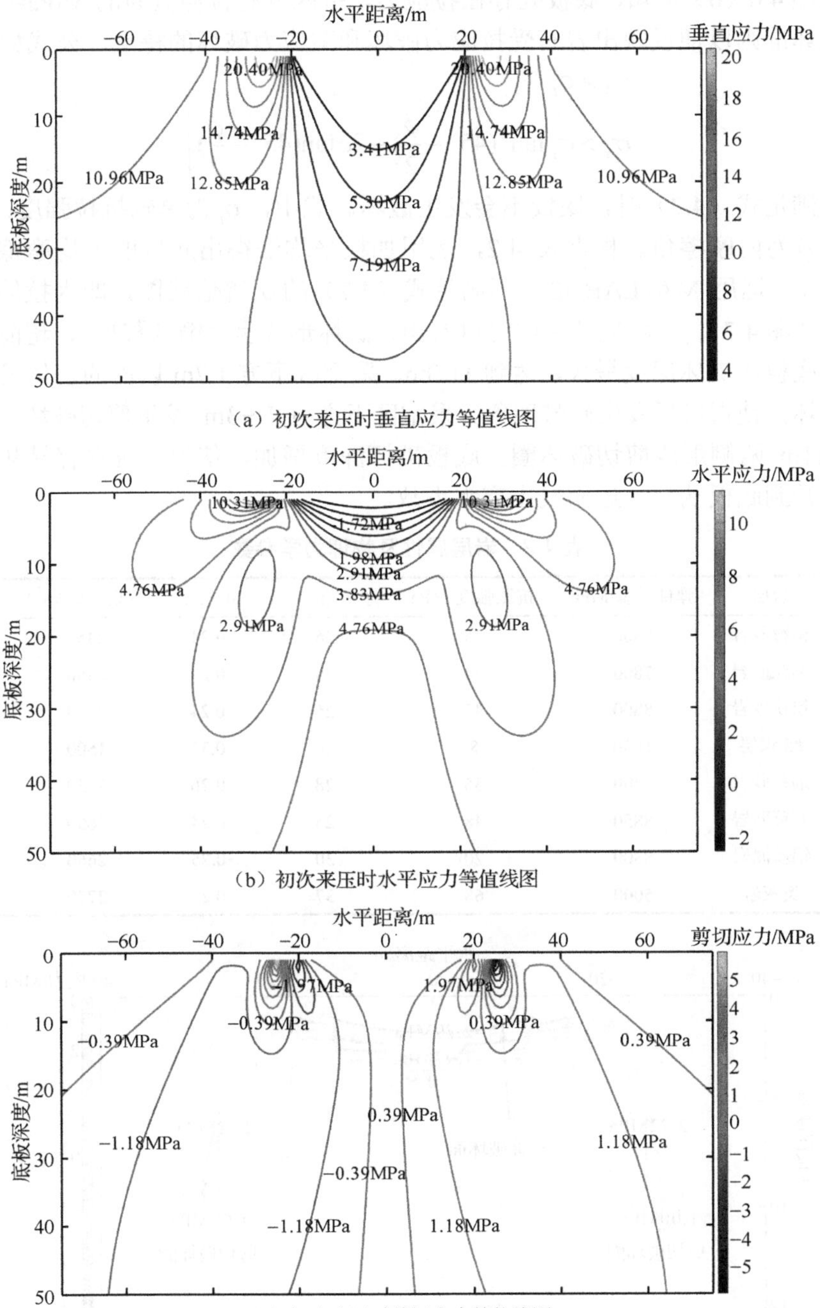

（a）初次来压时垂直应力等值线图

（b）初次来压时水平应力等值线图

（c）初次来压时剪切应力等值线图

图 4.6　应力分量云图

5. 破坏深度及破坏特性分析

由图 4.6（b）可知，底板处存在拉应力，引入具有拉伸截断的 Mohr-Coulomb 修正破坏准则以便反映出岩石受拉应力破坏和剪应力破坏的特点。公式如下：

$$\left.\begin{aligned}&\sigma_3>\sigma_t\\&\sigma_3>\sigma_1\tan^2\left(45^\circ-\frac{\phi}{2}\right)-2c\tan\left(45^\circ-\frac{\phi}{2}\right)\end{aligned}\right\} \tag{4.7}$$

当满足式（4.7）时，底板不会发生破坏。式中，σ_t为单轴抗拉强度；c 为黏结力；ϕ为内摩擦角。根据表 4.2，运用加权平均法得出底板的平均摩擦角φ和黏结力 c，运用 MATLAB 给出不满足式（4.7）的σ_3等值线图，即为拉伸和剪切破坏区（图 4.7）。由底板破坏图可以看出，破坏形式呈“倒马鞍形”，超前支撑压力下方底板的破坏深度最大，达到 11.0m。采空区下方 1.7m 以内的岩体发生的是张拉破坏，使得底板发生底鼓现象。采空区下方 1.7～3m 发生剪切破坏，底板下方 5～11m 两侧形成剪切破坏圈，底板破坏深度增加，使得承压水容易从剪切破坏圈导升到底板端部，进而发生突水事故。

表 4.2　岩层属性及物理力学参数

层号	岩层	弹性模量/MPa	抗压强度/MPa	摩擦角/（°）	泊松比	容重/（kg/m³）	厚度/m
1	粗粉砂岩	8800	45	26	0.24	2450	23
2	细粒砂岩	7800	24	29	0.28	2450	10
3	粗粉砂岩	8800	45	26	0.24	2450	4
4	#5 煤层	1650	8	36	0.32	1500	4
5	细粉砂岩	8200	35	28	0.26	2450	13
6	石英砂岩	8850	48	25	0.24	2650	17
7	铝质泥岩	8800	20	30	0.25	2660	4
8	奥灰岩	5000	68	37	0.24	2770	25

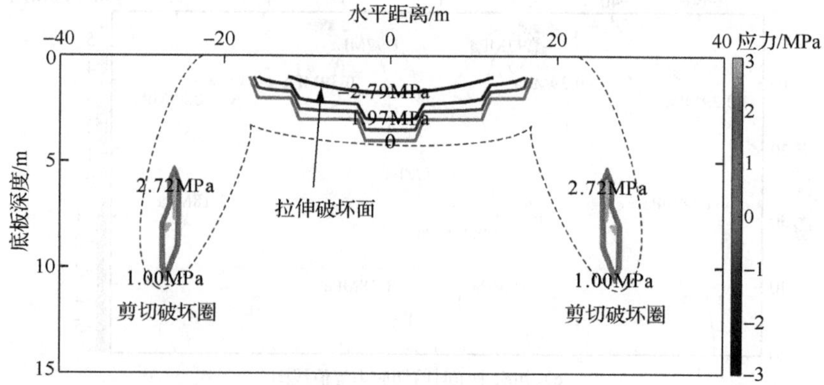

图 4.7　底板破坏应力图

下面分析各个荷载对底板破坏深度的影响。由图 4.8（$2c$ 表示水压的作用长度；L 代表工作面推进长度；inf 代表无穷大）可得，当集中应力系数为定值时，随着水压力的增加，底板破坏深度减小，水压力对底板破坏起抑制作用，说明突水系数法对于具有完整隔水层的底板突水不适用，这与文献[66]给出的结论一致。此外，集中应力系数表征超前支撑压力大小，在水压力不变的情况下，随着超前支撑压力的增加，底板破坏深度增加，表明超前支撑压力与底板破坏深度呈正相关，超前支撑压力是决定破坏深度的重要荷载。当集中应力系数为 1.5，水压力为 2.4MPa 时，底板破坏深度迅速下降，这是由于最大破坏深度主要由剪切破坏圈所控制，经计算在此条件下不再产生剪切破坏圈，仅有采空区下方的张拉破坏和剪切破坏。而当底板破坏产生剪切破坏圈时，底板的破坏深度近似呈线性下降，其斜率与超前支撑压力无关。在实际工程中，对于煤层较高的工作面，可以对底板采用注浆加固、锚杆支护等手段来降低超前支撑压力对底板的破坏影响，以降低底板突水的风险。

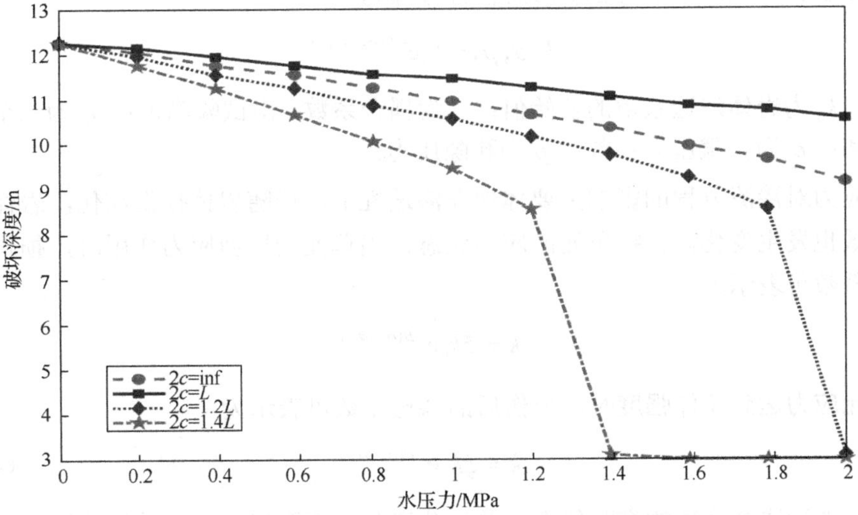

图 4.8　不同条件下的底板破坏深度图

本节通过半无限体弹性理论推导了底板应力分量解析解，运用 MATLAB 生成应力云图，引入具有拉伸截断的 Coulomb 修正破坏准则对底板破坏深度与破坏性质进行了分析。理论分析的优点是可以很方便地通过表达式对参数的敏感性进行分析，由此得出煤层底板破坏深度的影响因素及其作用规律，其缺点是假设较多，需要对模型进行简化，底板岩体本构模型假设为线弹性本构模型，将水压力考虑为矩形均布荷载，忽略了底板承压水渗流的影响。

4.5.3 数值模拟

1. $RFPA^{2D}$-flow 基本原理

本节采用 $RFPA^{2D}$-flow 对承压水上采动煤岩体渐进破坏过程进行模拟。$RFPA^{2D}$-flow 是依据岩石应力-应变-渗透率全过程实验结果，基于渗流-应力-损伤耦合原理开发的岩石破裂过程分析软件[67]。能够初步进行岩石破裂过程渗流与损伤耦合机制分析，近年来在水压致裂[68,69]、煤矿突水[3]等领域得到广泛应用。$RFPA^{2D}$-flow 软件采用如下基本假设[67]：①岩石材料介质中的渗流过程遵循 Biot 渗流理论；②在加载和卸载过程中满足弹性损伤理论；③通过最大拉伸强度和 Mohr-Coulomb 准则作为单元损伤阈值的判别条件；④加载过程中，材料的应力-渗透率系数以负指数方程描述，材料破坏后渗透系数显著增加；⑤所有单元的弹模、强度可以按一定的概率分布赋值，如 Weibull 分布等。

$RFPA^{2D}$-flow 采用的应力-渗流耦合方程为

$$k(\sigma,p)=k_0\mathrm{e}^{-\beta(\sigma_{ii}/3-\alpha p)} \tag{4.8}$$

式中，k_0 为岩体渗透系数的初始值；β 为耦合系数，由试验确定；σ_{ii} 为三个主应力之和；α 为孔隙压力系数；p 为孔隙压力。

应力对渗流方程的影响主要体现在渗透性上。伴随岩体损伤演化，岩体的渗透系数也发生变化。根据单元的应力状态，当单元受压剪应力作用时，损伤后的渗透系数可表示为

$$k=\xi k_0\mathrm{e}^{-\beta(\sigma_1-\alpha p)} \tag{4.9}$$

当单元应力达到拉伸强度时，损伤后的渗透系数可表示为

$$k=\xi k_0\mathrm{e}^{-\beta(\sigma_3-\alpha p)} \tag{4.10}$$

式中，ξ 为渗透系数的突跳倍数，单元分离时，可取值 100，单元接触时，可取值 0.01，亦可根据试验确定。

2. 模型构建

建立典型煤矿工作面开挖二维数值分析概化模型，模型长 200m、高 100m，模型共划分为 400×200=80000 个单元，一个单元代表实际尺寸为边长 0.5m 的小正方形，数值模型如图 4.9 所示，在满足计算模型准确的前提下，对物理力学性质相似的相邻岩层进行了合并，模型从上到下依次为粗粉砂岩、细粒砂岩、粗粉

砂岩、#5 煤层、细粉砂岩、石英砂岩、铝质泥岩及奥灰岩，其中粗粉砂岩作为直接顶，细粉砂岩作为基本顶，其物理力学性质及厚度如表 4.2 所示。边界条件为：两侧水平位移为 0，可发生竖向位移，底板固定，上边界自由。荷载条件为上边界施加 6.6MPa 的竖向均布荷载，用于模拟上覆岩层的自重。将其简化为平面应变问题。为消除边界效应的影响，距右边界 80m 向左连续分步开挖，煤层厚度 4m，一次采全高，第一步为自重应力计算过程，从第二步起，每步开挖 10m，共计开挖 4 步。在奥灰岩层施加 150m 水头，用于模拟水压为 1.5MPa 的承压水层。

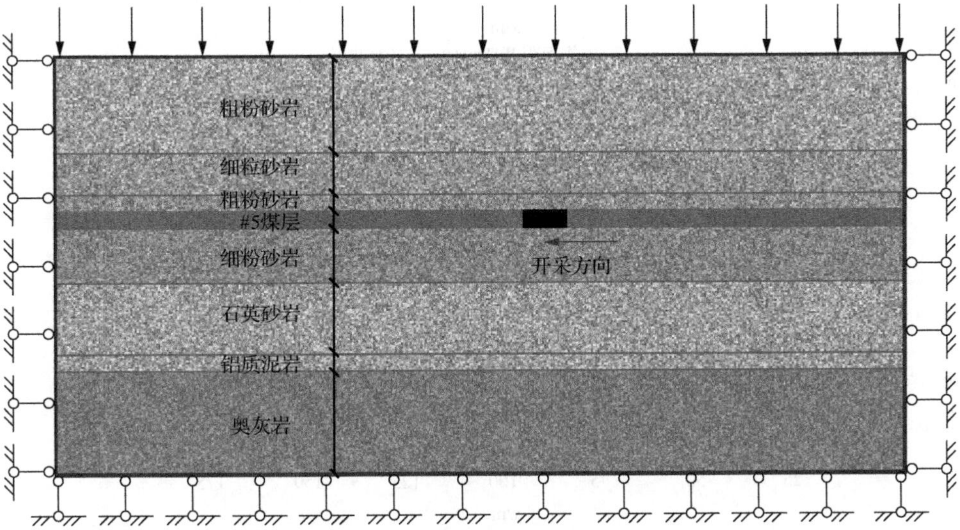

图 4.9　底板破坏数值模型图

3. 数值模拟结果分析

在 RFPA^{2D}-flow 计算中对于达到屈服极限强度的单元做弱化处理，使其强度和弹性模量趋近于 0，在剪应力图中显示为黑色，由此来反映岩体的破坏情况。下面选取在动态开挖过程中煤层附近单元的剪应力及单元破坏情况（图 4.10），随着工作面推进距离的增加（推进距离为 0～30m 时），采空区的四个拐角及短边周围出现明显的应力集中，底板只出现少量破坏深度较浅的裂缝，当工作面推进距离达到 40m 时，基本顶与直接顶之间出现离层且已经达到极限跨距发生断裂，初次来压形成。底板下方出现贯通裂缝并向下延伸，超前支撑效应显现。

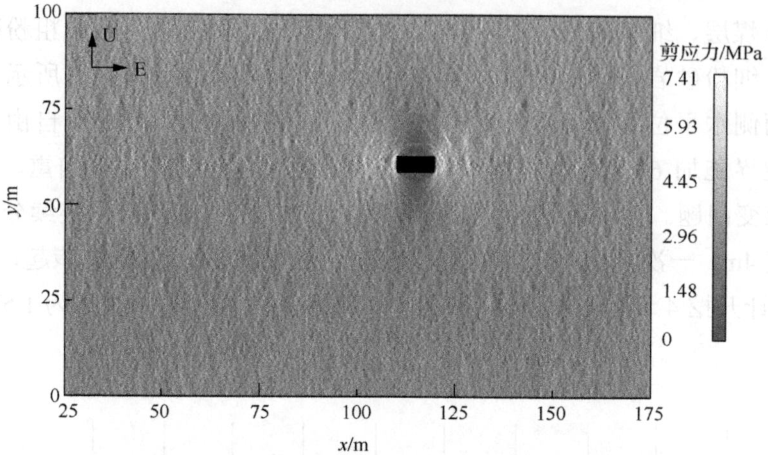

(a) 工作面距开切眼10m（计算步2）

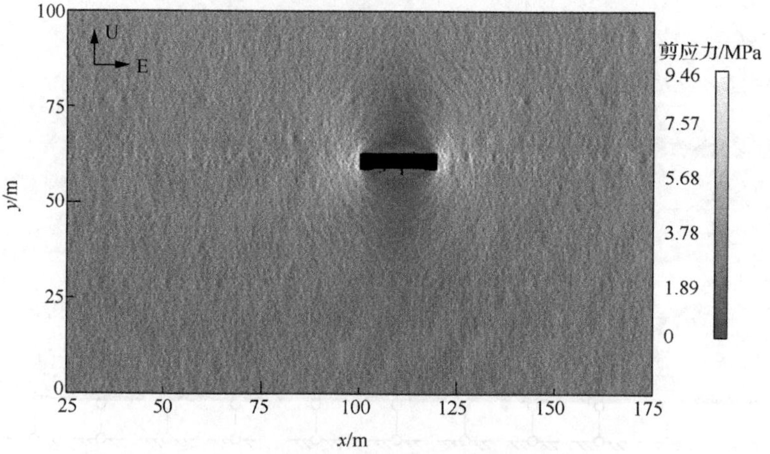

(b) 工作面距开切眼20m（计算步3）

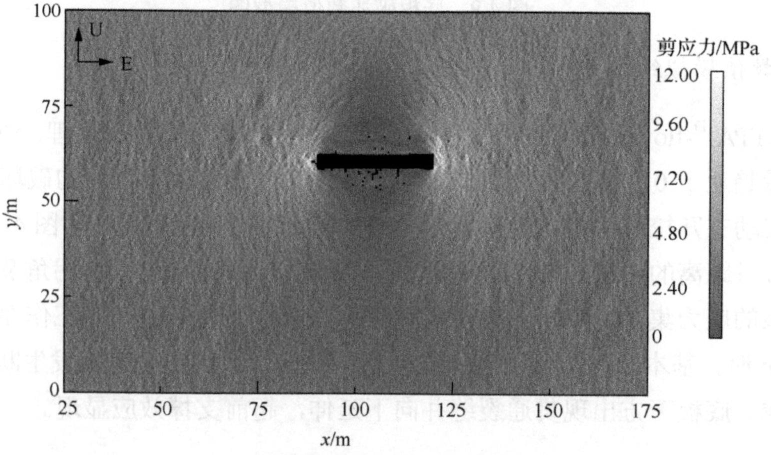

(c) 工作面距开切眼30m（计算步4）

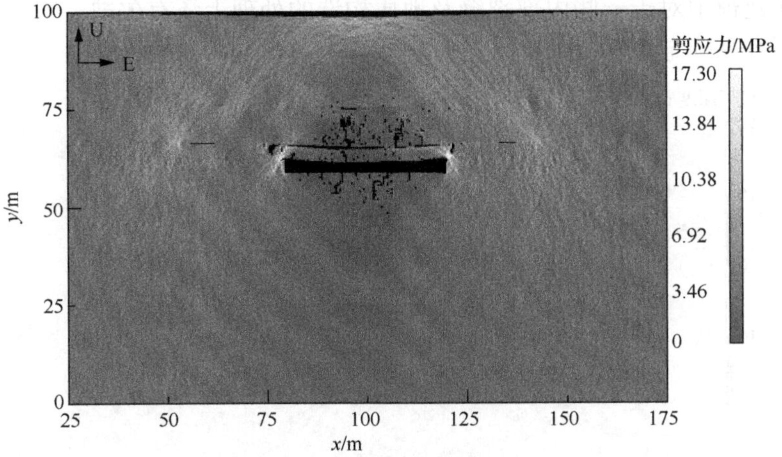

（d）工作面距开切眼40m（计算步5）

图 4.10　底板剪应力演化图

大量实验表明，岩石类材料在荷载的作用下，会积聚应变能，当积聚的应变能达到一定阈值时，会引起材料内微破裂的产生或扩展，并以应力波的形式释放应变能，这一过程被称为声发射。RFPA^{2D}-flow 假设单元发生损伤时伴随着声发射信号的产生[70]，且不同的颜色表征不同的破坏类型，白色代表单元发生剪切破坏，红色代表单元发生张拉破坏，黑色表示先前计算步累积的单元破坏。由图 4.11 可知，工作面和开切眼斜下方岩体主要发生剪切破坏，而底板浅部岩体主要发生累积的张拉破坏，这一破坏特征与先前理论分析所得到的底板破坏特征相吻合。经统计，最深的声发射信号发生在距底板 10.5m 处，表明通过 RFPA^{2D}-flow 计算所得的底板破坏深度为 10.5m。

在 RFPA^{2D}-flow 的应力计算过程中，其假设单元之间满足位移协调方程，即单元之间求得的位移是连续光滑的，通过刚度矩阵与求出单元的位移矢量相乘得到应力，由于所有单元的弹性模量按照 Weibull 分布赋值，故应力分量曲线不是连续光滑的。如图 4.12 所示，对底板下方 2m 处的单元应力进行分析，采空区底板下方水平应力近似呈 V 形分布，采空区中点下方附近的水平应力最小，为 −3MPa。结合声发射图（图 4.11），此时底板围岩在拉应力的作用下发生张拉破坏。沿着采空区下方中心左右两个方向上水平应力逐渐增大，在靠近采空区端部附近水平应力急剧上升，由拉应力转变为压应力，其原因主要是受到超前支撑压力影响。

本节运用数值模拟的方法，主要通过 RFPA^{2D}-flow 提供的声发射图对底板的破坏深度及破坏规律做了有益探讨。数值模拟方法是解析方法的重要补充，对于一些难以求解的偏微分方程组给出数值解，且对于影响因素的考虑较为全面，其缺点是在建模中对于一些内部裂缝及地质构造的处理上还有欠缺，对于一些参数的取值不容易确定。

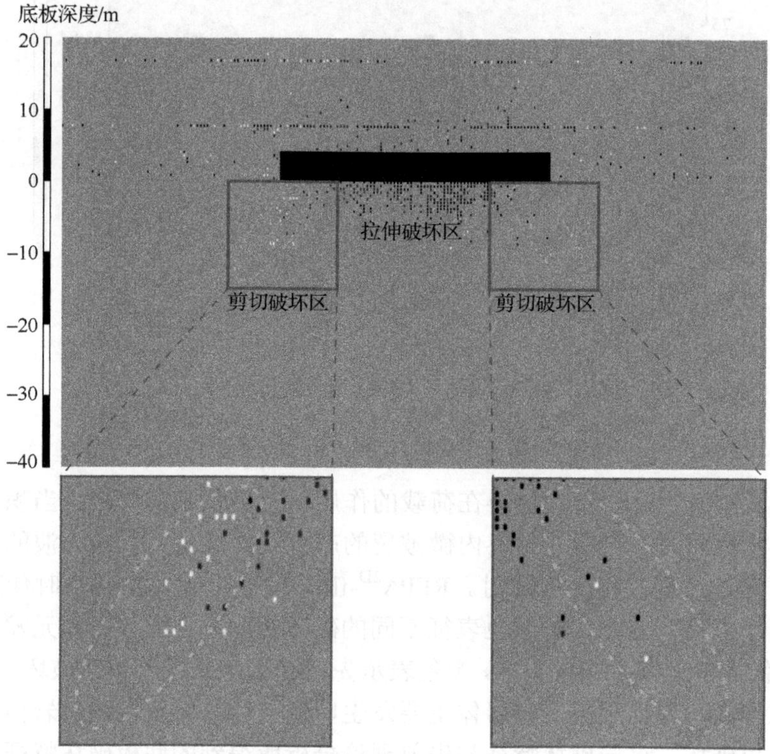

图 4.11　底板声发射图（计算步 5）

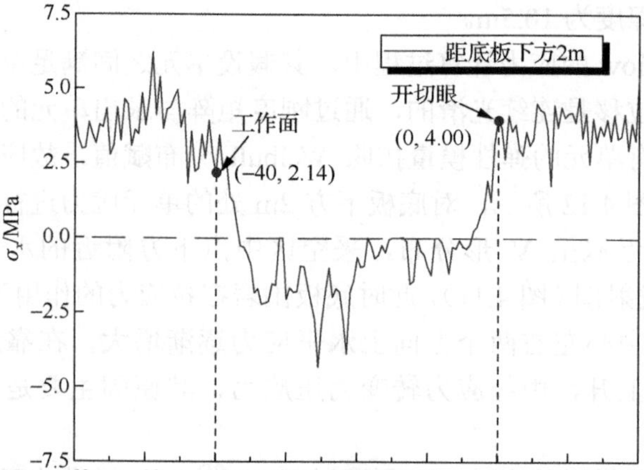

图 4.12　水平应力变化图

4.5.4 微震监测

1. 微震监测原理

岩石或岩体微震、天然地震和上一节所表述的声发射这三种现象的本质是相同的，均为岩石类材料积聚的应变能在产生微破裂或扩展时所释放的应力波的传播现象[71]。不同的是，地震、微震和声发射所对应的地质体尺度以及传感器所接收的信号频率有明显差异，在本节所研究的采矿工程领域中，微震一般由开挖活动诱发，能量范围在 0～10^{10}J，对应里氏地震震级 0～4.5 级。研究表明[72]，岩体在发生宏观失稳破坏之前，内部将产生许多微破裂（微震），如果微震事件继续增多聚集，此区域将发生失稳破坏。因此，通过分析传感器接收到的微震事件的分布特征和演化趋势，推断岩石材料的力学行为，确定岩体破裂尺度及其性质，从而有针对性地开展岩体工程的预警与防治，这种方法近年来被广泛应用于矿山[58]、岩质边坡[73]、地下储库[74]、地下厂房[75]等大型岩石工程项目中。

2. 微震监测系统构建

工作面采用加拿大 ESG 微震监测系统，系统主要由微震传感器、Paladin 数据接收系统、Hyperion 数据处理系统组成。布置在巷道底板的传感器接收到以弹性波形式释放的微震信号，经电缆传输至 Paladin 数据接收系统，再经光纤传输将电信号转换为数字信号，储存在 Hyperion 数据处理系统供现场人员进行数据分析及事件定位，以互联网实施数据传输和交互。微震传感器类型采用地震检波器，传感器的响应频率范围在 15～1000Hz，灵敏度为 43.3V/（m·s），其拓扑结构如图 4.13 所示。

3. 微震监测结果分析

典型工作面于 2014 年 10 月 5 日投入生产，为了探究底板微震事件分布规律及损伤破坏情况，微震监测系统于 2014 年 11 月 25 日开始运行，对煤层底板岩体进行全天候的监测与分析。根据董家河煤矿典型工作面推进进度，选取 2014 年 12 月 23 日至 2015 年 5 月 19 日、点前距 600～1000m 的底板微震事件进行分析，这段时间内工作面位置与褶皱和隐伏断层等地质构造有一定距离，可不计地质构造的影响。其整体模型及走向 600～1000m 煤层底板微震事件如图 4.14 所示。本节主要探究微震事件的定位及其分布规律，在模型显示中对地层进行了简化，从上到下依次为煤层顶板、煤层巷道、煤层底板、承压水层。其中图中深色的部分表示巷道，北边的巷道为运输巷，南边的巷道为轨道巷。模型长 1400m、宽 520m、高 250m，对应的标高在+132～+382m。图中的小球代表微震事件，小球颜色代表微震事件的矩震级。经统计，在这段时间内，微震系统在底板共监测到 29 件微震事件，其中在点前距 600～1000m 内共有 12 件微震事件，均分布在承压含水层以上，初步判断截止到 2015 年 5 月 19 日并没有底板突水事件发生。

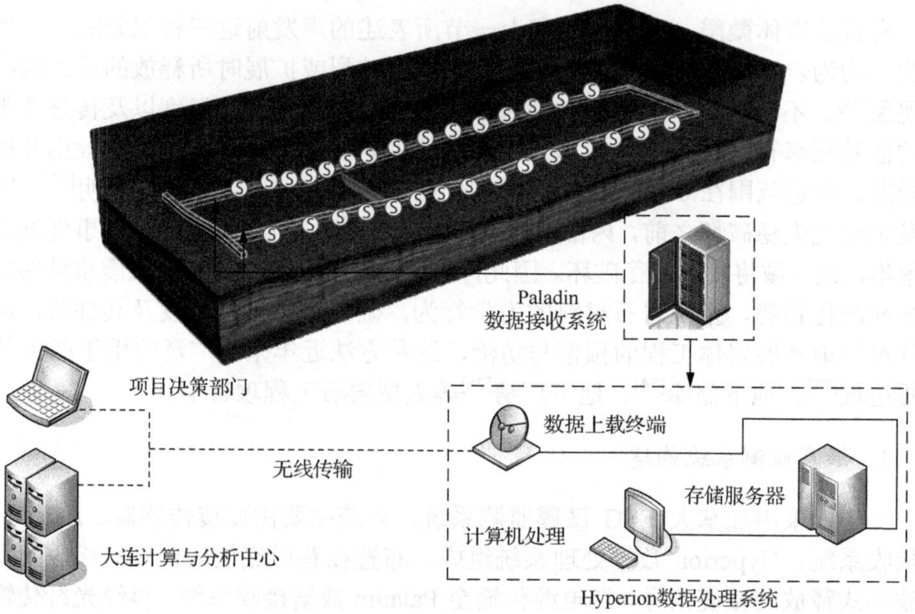

图 4.13　微震监测系统网络拓扑图

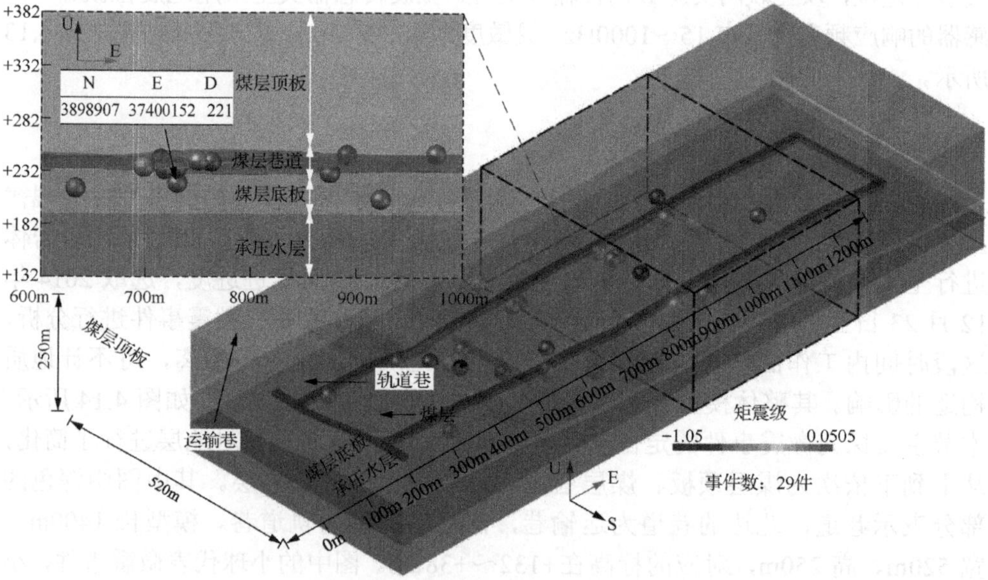

图 4.14　微震事件图

结合现场工作面涌水量数据（图 4.15），这段时间内工作面涌水量相对较稳定，均值在 60m^3/h 左右，且工程报告显示，2015 年 3 月～2015 年 5 月工作面涌水量略有增加，原因是工作面过薄煤带，采煤方式由综合机械化采煤变为炮采。根据现场数据判断截至 2015 年 5 月 24 日并未发生底板突水事故。

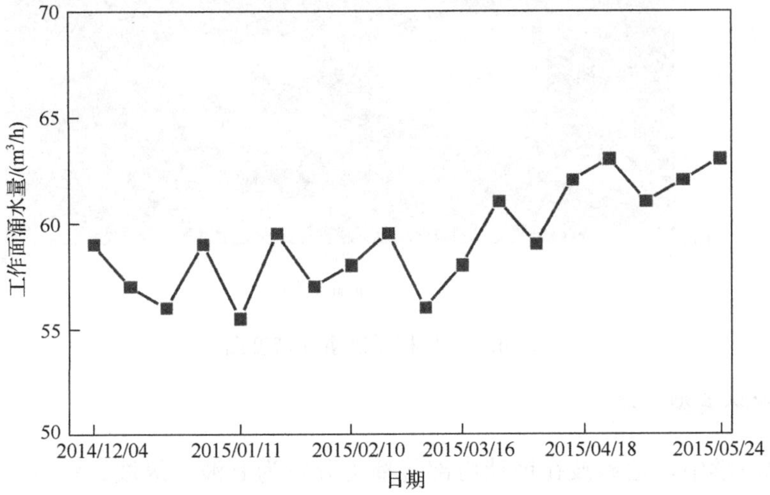

图 4.15　工作面涌水量变化图

对点前距 600～1000m 的底板微震事件密度进行分析，如图 4.16 所示，其中两条白色虚线代表煤层与上下岩层之间的分界线，白色实线代表承压水层与煤层底板的分界线。图中标出了微震事件密度较大的区域，在点前距 726m 左右微震事件较密集，表明该区域岩体微破裂聚集，有形成贯通裂缝的趋势。图 4.14 描绘了微震事件的矩震级信息，矩震级标度是一个绝对力学标度，对于大震、小震、微震甚至极微震、深震均可测量，并且可以反映形变规模的大小[76]，其公式表达为

$$M_w = \frac{2}{3}\lg M_0 - 6.033 \tag{4.11}$$

式中，M_w 为矩震级；M_0 为地震矩。该区域内标高最低的微震事件矩震级较大，可以认为该区域已经形成贯通裂缝。通过 ESG 软件提供的微震事件的定位信息得出该微震事件的标高为+221m，此处底板标高为+234m，取此微震事件与底板的标高之差为底板的最大破坏深度，得出破坏深度为 13m。

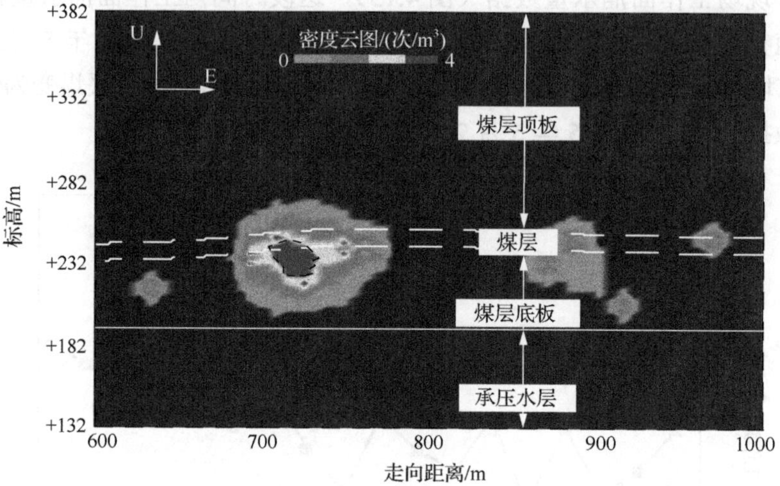

图 4.16　底板微震事件密度图

4. *破坏类型分析*

在地震学中，地震波在地球内部传播可分解为 P 波（纵波）和 S 波（横波）两种基本类型，且 P 波与 S 波释放的能量比值 E_S / E_P 是对地震震源机制分析的一个有力指标。通常情况下 P 波波速要大于 S 波波速，故在微震系统中可以通过这一特性来拾取 P 波和 S 波。Gibowicz 等[77]通过对大量的微震信息进行研究和统计得出以下结论：当 $E_S / E_P \geqslant 10$ 时，即 S 波能量远大于 P 波能量，微震事件由断层或剪切破坏诱导；当 $E_S / E_P \leqslant 3$ 时，微震事件由非剪切类型破坏诱导，例如，应变型岩爆、张拉破坏等；当 $3< E_S / E_P < 10$ 时，微震事件由复合型破坏诱导。Hudyma 等[78]通过对硬岩矿山的微震事件中 E_S / E_P 进行统计，得出矿山内部不同 E_S / E_P 所对应的破坏类型与实际监测情况相符。Xu 等[79]通过对中国锦屏一级水电站左岸斜坡进行微震监测，统计了 E_S / E_P 的分布情况，现场监测得到的岩体破坏模式与数值模拟的结果相吻合。

对点前距 600～1000m 的底板微震事件的 E_S / E_P 进行整理，图 4.17 给出了微震事件标高与 E_S / E_P 分布特征。从图中可以看出，标高在+230～+250m 范围内，大部分微震事件的 $E_S / E_P \leqslant 3$，这一范围内的煤层底板标高大约在+235m，说明煤层下 5m 的微震事件大部分是由张拉破坏诱导的，而在+205～+220m 范围内，微震事件 $E_S / E_P \geqslant 10$，说明煤层下方 15m 以下的微震事件由剪切破坏诱导，其规律与理论分析和数值模拟中煤层底板的破坏机制相似。

本节运用微震监测手段，结合定量地震学的相关知识研究了底板的最大破坏深度及破坏类型。微震监测作为一种三维空间监测手段，克服了传统监测手段“点”“线”式局部监测以及难以捕捉岩体内部微破裂的局限，可以较真实地反映待测区域的状态。但其缺点同样明显：首先在确定 P 波波速上将岩体视为均匀、各向同性介质；其次，所测得的微震事件时空演化并不能完全表征破坏的全部过程[80]；最后，其定位精度技术和数据处理速度还有待提高。

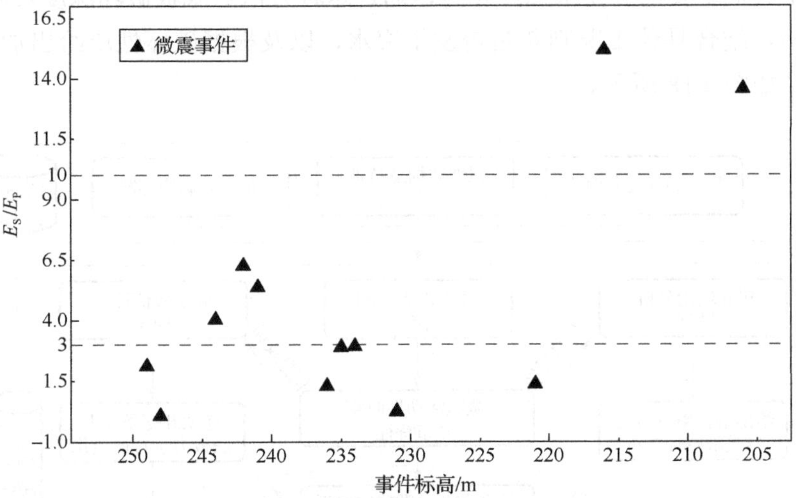

图 4.17　底板围岩微震事件 E_S/E_P 散点图

4.5.5　综合方法

针对底板的破坏深度与破坏性质等问题，由于实际工程的复杂性，以上运用三种方法通过对比得出运用单一方法进行分析往往具有一定的局限性。为此，本节综合了理论分析、数值模拟、现场监测的特点，提出了多手段优势融合分析的方法。

该方法主要服务于底板破坏性质及破坏深度的研究，需要进行的前期工作包括：首先，掌握矿区的典型特征，例如工程地质构造（断层、节理、岩性）、岩层物理力学参数，对水文地质条件进行勘察、布置微震传感器。其次，结合不同方法的优点，对底板破坏深度及破坏特征进行分析。通过模型的简化，对开挖过程中初次来压时的底板应力进行求解，并对荷载的敏感性进行分析，引入带有拉伸截断的 Coulomb 修正破坏准则，得出底板的破坏深度及破坏性质，作为数值模拟和微震监测的理论指导和有力补充。数值模拟方法是弥补解析方法不足的重要工具，在模拟连续开挖的过程中，可以通过应力云图把握其应力变化趋势，结合声发射图对理论分析进行验证，同时也可以近似作为微震事件定位精度的检验工具。通过处理传感器接收到的微震波形，探究微震活动性时空分布规律，还可通过微震事件的分布规律发现未被揭露的地质构造，以作为理论分析和数值模拟的补充，并通过微震信息定位得到底板最大破坏深度。三种方法所得的底板破坏深度及破坏性质结果相互验证，结合现场涌水量数据，说明其结果具有可靠性。此外，对于其他重要的开挖节点，也可以通过这种方法对底板破坏深度及破坏性质进行分析，结合具体工况判断是否发生突水，以及根据破坏性质给出加固方案，其流程图如图 4.18 所示。

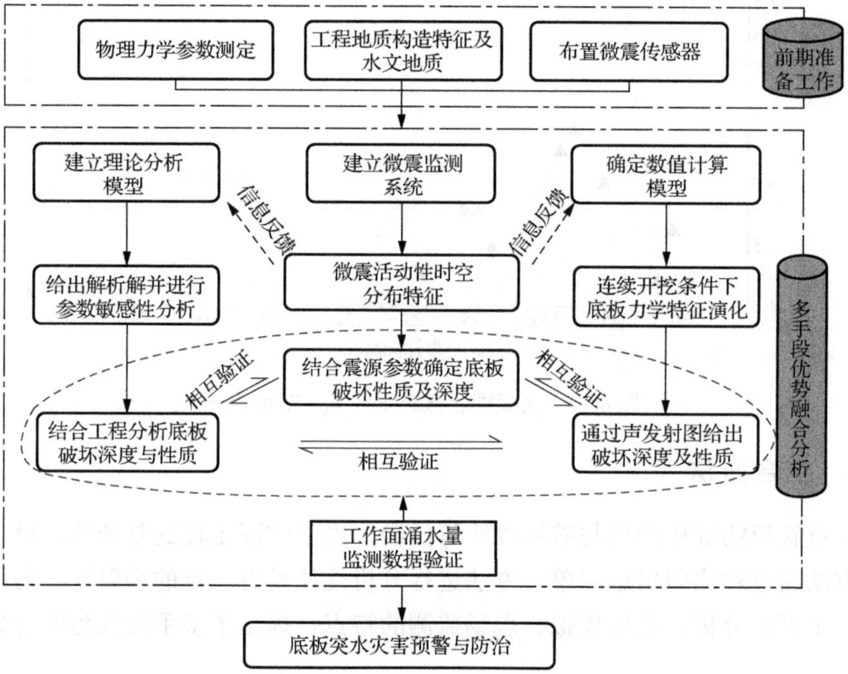

图 4.18 多手段优势融合分析路线图

4.5.6 小结

本节通过构建董家河煤矿典型工作面底板力学模型，运用半解析的方法推导了承压水引起的底板应力分量，分析了采动煤岩底板应力状态，并结合 RFPA^{2D}-flow 数值模拟和微震监测分析，探究了煤岩底板破坏特征及破坏深度。主要得出以下结论。

（1）运用弹性理论和带截断拉伸的 Coulomb 准则分析了董家河煤矿底板的破坏特征，初次来压时采空区下方 1.7m 以内的岩体发生张拉破坏，底板下方 5～11m

处两侧形成剪切破坏圈。在具有完整隔水层的条件下，底板破坏深度与超前支撑压力大小呈正相关，与水压力大小呈负相关。

（2）通过 RFPA^{2D}-flow 再现了董家河典型工作面初次来压时煤岩体的渐进破坏过程。工作面推进过程中，底板浅部岩体主要发生张拉破坏，工作面和开切眼斜下方岩体主要发生剪切破坏。煤层底板破坏形式呈“倒马鞍形”，破坏深度为 10.5m。

（3）通过在典型工作面上构建微震监测系统，对底板微震事件的分布密度、矩震级、能量参数进行分析，得出底板最大破坏深度为 13.0m，煤层下方 5m 的微震事件大部分是由张拉破坏诱导，煤层下方 15m 以下的微震事件由剪切破坏诱导，并结合工作面涌水量数据对结果进行了验证。

（4）理论分析的思路清晰明确但假设较多，数值模拟考虑得较全面但无法还原实际工程背景，微震监测可以反映实际工程背景但其存在定位误差。本节提出的多手段优势融合分析方法克服了单一方法的局限性，各个手段互相验证，最大限度地确保底板破坏特征分析的准确性，更全面地对底板的破坏性质及深度进行了评估，可以为底板突水灾害的预警及加固措施选择提供参考。

4.6　基于微震监测的董家河煤矿底板突水通道孕育机制研究

随着华北、华东地区煤矿转向深部开采，矿井底板突水问题日益突出。煤矿底板突水过程为底板岩体受扰动和渗透耦合作用引起的损伤破裂过程，其作用机理复杂，严重影响煤矿安全开采，引起诸多学者的广泛关注。宋振骐等[31]从理论上分析矿山压力对底板突水的影响，建立了跨断层开采的突水预测控制力学模型，制订了相关的控制准则。武强等[81, 82]引入变权模型反映突变情况下突水主控因素指标值和各主控因素之间组合关系的变化，提出了主控因素变权区间阈值和调权参数的确定方法，构建了底板突水问题预测评价的变权模型。施龙青等[83]将主成分分析、模糊数学、粒子群算法及支持向量机理论相结合提出了一种底板突水危险性评价模型，在实际运用中得到了准确的预测结果。胡巍等[84]采用底板实际岩体强度和折减后岩体破坏时强度的比值进行突水风险评价，并分析了其影响因素。He 等[85]从力学角度综合考虑含水层水压力、含水层厚度和含水层比产量等因素，建立了与时间相关的评价底板突水的函数，阐述了地下采矿的突水机制。张培森等[86]采用相似材料试验及数值试验方法，研究了采动影响下底板断层损伤活化规律，揭示了采动应力场和渗流场作用下底板突水通道的形成过程。高玉兵等[87]通过建立裂隙力学模型，从微观角度分析微裂隙扩张过程，通过薄板理论从宏观角度研究承压水对隔水层的作用机理，揭示了矿压和底板水压对围观裂隙扩张和隔水层断裂的影响机制。目前，对于煤矿底板断层突水的研究大多采用理论分析、数值模拟和相似材料试验，提出了一些具有实用价值的底板突水危险性评价的判据。然而，底板岩体力学性质的多样性对其参数的选择造成一定的困难，往往无法准确获取岩体的相关参数，难以有效描述采动影响下煤岩体导水裂隙带孕育演化过程，造成突水判据的失效。近年来，微震监测技术已经被广泛应用于煤矿[88-91]、金属矿山[92,93]、水电站引水隧洞[94, 95]、地下厂房[96,97]、水电边坡[98]、石油洞库[99]等大型岩体工程分析中，并取得了良好的效果。在煤矿微震波形特征、震源定位、矿震活动性规律、冲击地压监测预警等方面取得了一系列研究成果[100,101]，但将微震监测技术用于底板突水通道孕育过程的研究还鲜见报端。

本节通过构建董家河煤矿 22517 典型工作面微震监测系统，对底板断层区域岩体损伤破裂进行实时监测，研究过断层前后底板岩体内部微破裂萌生演化规律。并将现场微震监测结果和岩石破裂过程分析系统 RFPA^{2D} 相结合，通过微破裂信息直观反映开采扰动下煤岩体损伤演化过程，再现了煤矿底板导水裂隙带萌生、扩展及发育的全过程，分析突水通道孕育过程中应力场的变化规律。

4.6.1 董家河煤矿典型工作面概况

董家河煤矿 22517 工作面位于二水平二采区皮带下山东部，南北均为未开采煤层。主采山西组 5 号煤层，赋存稳定，煤厚 2.5～4.1m，平均厚度 3.3m，煤层总体向北东方向倾斜，西高东低，南高北低，东西方向最大高差 50m，南北方向最大高差 20m，整个工作面倾倒在 3° 左右，属近水平煤层。工作面走向 1217m，倾向 185m，自东向西开采（即从点前距 1217m 向点前距 0m 方向开采），开切眼位于点前距 1217m 位置，停采线位于点前距 100m 位置。煤层伪顶为 0.6m 厚泥岩，直接顶为 0.65～1.66m 的粗粉砂岩，顶部夹细粒砂岩薄层及条带，基本顶为 5.7～11.77m 厚的中、细粒砂岩，直接底为 0.8～1.72m 厚的石英砂岩，致密坚硬，裂隙发育，基本底为 0.89～3.23m 厚的细粉砂岩。

根据微震监测结果及三维地震勘探结果，在轨道巷点前距 200～350m 处有一条小型逆断层，断层倾角约 73°，断距 3m。工作面点前距 480～720m 位置存在一背斜，背斜的核部与两翼之间的最大高差为 4m。工作面部分推进进度见表 4.3。5 号煤层底板含水层主要包括太原组灰岩（砂岩）含水层和奥陶纪灰岩承压含水层。太原组灰岩（砂岩）含水层在工作面底板相变为石英砂岩。中奥陶统峰峰组二段灰岩含水层是 5 号煤层开采最重要的底板突水水源。成分以方解石为主，溶蚀裂隙、岩溶发育，裂隙率达 4%。钻进中峰峰组二段单位涌水量为 0.2～1.51L/（s·m），矿化度为 0.000563g/L，水温 25.5℃。该段含水层厚度一般为 150m，最大为 180m。奥灰水水位稳定在+375m 左右，最大水压力约 1.5MPa，是富水性强的岩溶裂隙承压含水层，有淹没工作面的危险。

表 4.3　22517 工作面部分推进进度表

日期	点前距/m	日期	点前距/m
2015/10/19	553	2016/01/08	410
2015/10/30	530	2016/01/18	397
2015/11/09	514	2016/02/05	369
2015/11/18	499	2016/02/18	357
2015/11/29	476	2016/02/28	330
2015/12/09	457	2016/03/09	310
2015/12/18	443	2016/03/18	300
2015/12/30	426	2016/03/29	281.2

4.6.2　工作面突水通道的微震监测分析

1. 微震监测系统的构建

采用加拿大 ESG 微震监测系统，对工作面回采影响区煤岩体破裂进行实时监测、定位及分析。系统组成主要包括微震传感器、Paladin 信号采集系统、Hyperion 数据处理系统以及由力软科技（大连）股份有限公司开发的基于远程网络传输的三维可视化软件。微震传感器选用地震检波器，响应频率范围为 15～1000Hz，灵敏度为 43.3V/（m·s）。结合工作面开采及地质情况，将地震检波器分别布置在待监测区域轨道巷和运输巷煤层底板，沿走向方向在非开采帮区域每间隔 100m 布设一个传感器，在轨道巷和运输巷沿工作面走向方向和竖直方向上呈交错布置，如图 4.19 所示。

对采空区电缆进行套管和填埋保护，确保采空区塌陷后仍能保证信号传输，轨道巷和运输巷内的传感器将信号通过电缆传输到井下各工作站，通过光缆将每个传感器收集到的数据经 7 号联络巷和 5 号联络巷上传至地面注浆站的数据处理服务器、数据存储和传输服务器，经现场工作人员处理后向科研单位和甲方单位进行发送，微震监测系统构成的拓扑结构如图 4.20 所示。

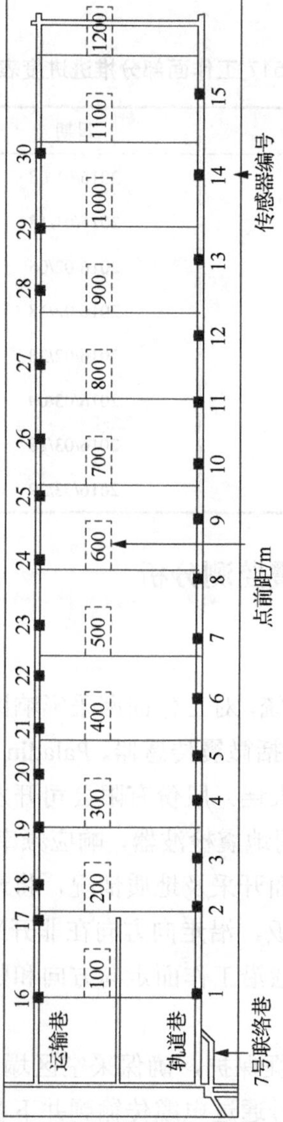

图 4.19 工作面传感器布置平面投影图

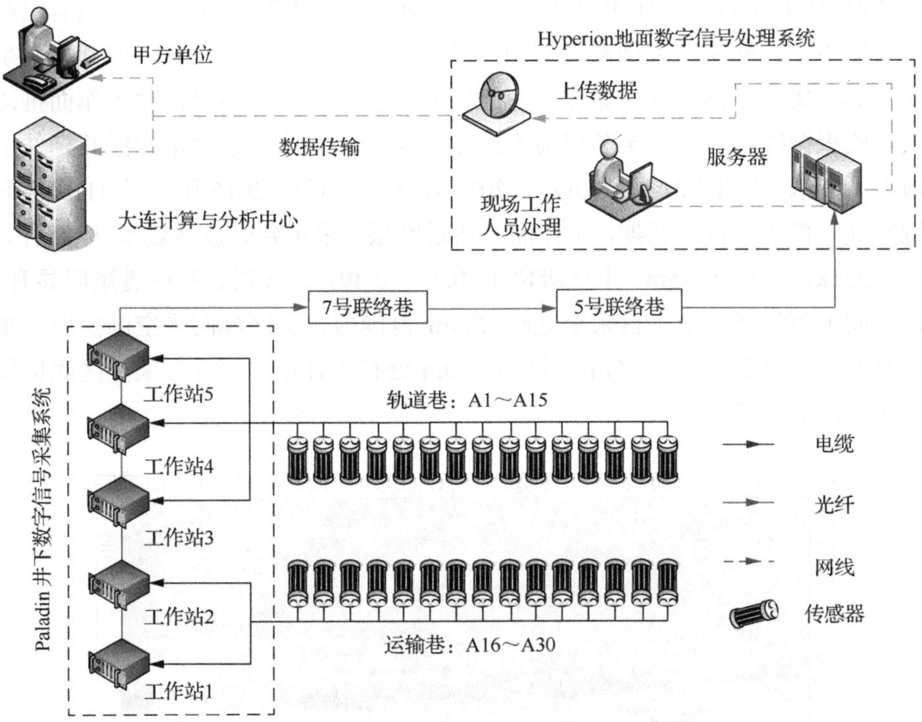

图 4.20　微震监测系统构成的拓扑结构

2. 导水裂隙带分布规律

22517 工作面于 2014 年 10 月 5 日投入生产，微震监测于 2014 年 11 月 25 日开始进行至 2016 年 10 月 10 日，为研究过断层期间底板微震事件分布规律及断层围岩损伤破坏情况，选取 2015 年 12 月 1 日至 2016 年 3 月 31 日期间底板微震事件进行分析。该时间段内底板导水裂纹发育主要受断层影响，从工作面走向方向分析过断层前后微震事件活动性规律，探究底板宏观导水裂隙带的孕育过程。微震事件分布图中圆形小球代表岩体损伤破坏产生的微震事件，圆球颜色代表微震事件矩震级。

如图 4.21（a）所示，2015 年 12 月 24 日，工作面距断层约 85m，底板断层围岩在开采扰动作用下开始产生微震事件；2015 年 12 月 31 日，工作面距断层约 76m 时，在底板下方约 25m 范围内采集到底板微震事件 8 件，矩震级位于−1.03～−0.02。微震事件聚集在图中所示的 I 区域，走向长 50m，竖直方向上集中在底板下方 25m 附近，事件分布较为分散，断层围岩局部损伤破坏。此外，在断层前方约 120m 的底板岩层损伤破裂较为集中，形成一个 35m×15m 的微破裂集中区Ⅱ。

如图 4.21（b）所示，2016 年 1 月 1 日至 2016 年 2 月 29 日期间底板围岩只产生零星微震事件。断层附近微破裂集中区域 I 的分布范围基本不变，但其内部事件分布更加密集。走向方向上微破裂有逐渐向采空区延伸的趋势，随工作面推进至断层，底板微震事件扩展至断层前方约 200m 的采空区。事件集中区 II 延伸至断层前方 150m。如图 4.21（c）所示，2016 年 3 月 1 日至 2016 年 3 月 31 日期间底板围岩处于微震事件活跃期，工作面已通过断层，采集到底板微震事件 32 件，并进一步向深部延伸至 35m。矩震级位于−0.73～0.49，微破裂累积地震矩明显升高。走向方向上事件延伸至上盘采空区约 220m 范围内，I 区域向采空区扩展，走向扩展至 80m，深度扩展至 35m，其中在 40m 处有 1 件微震事件。采空区底板损伤程度和范围进一步加剧。

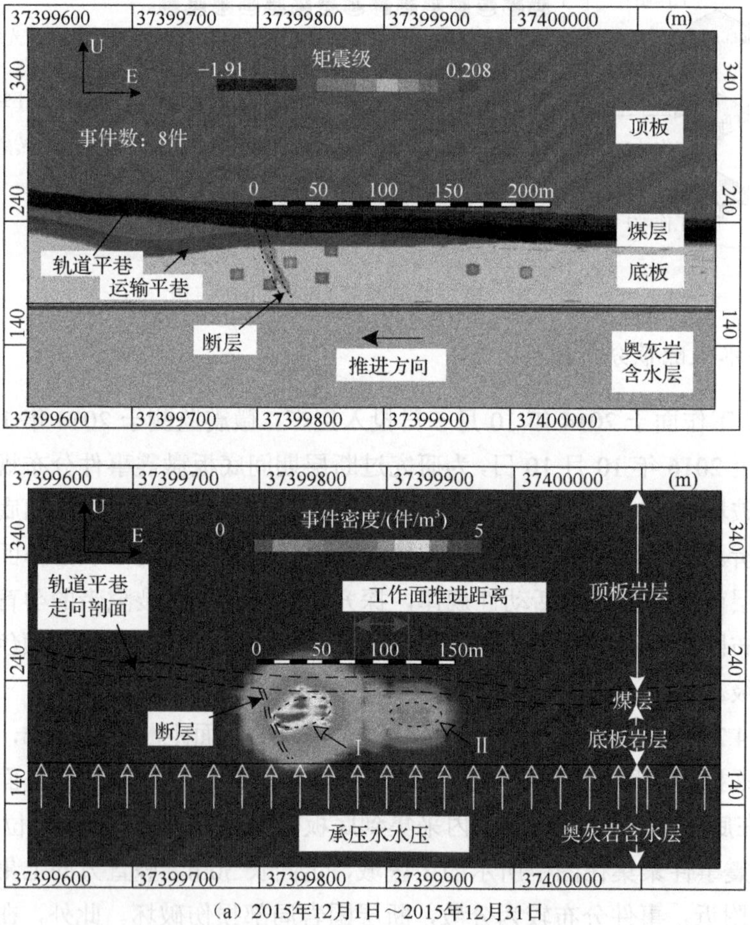

（a）2015年12月1日～2015年12月31日

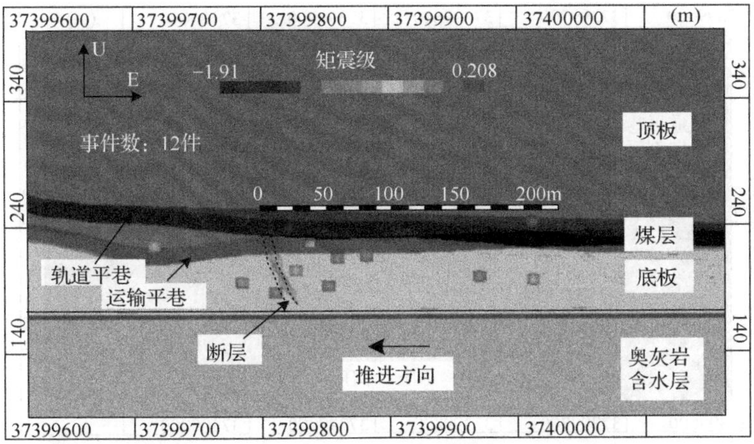

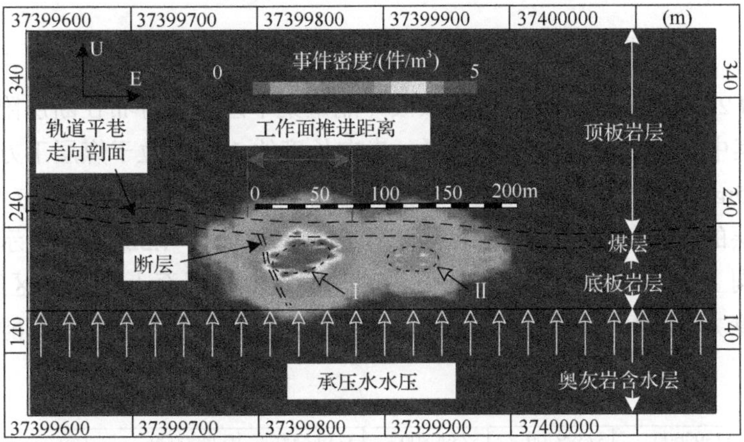

(b) 2015年12月1日～2016年2月29日

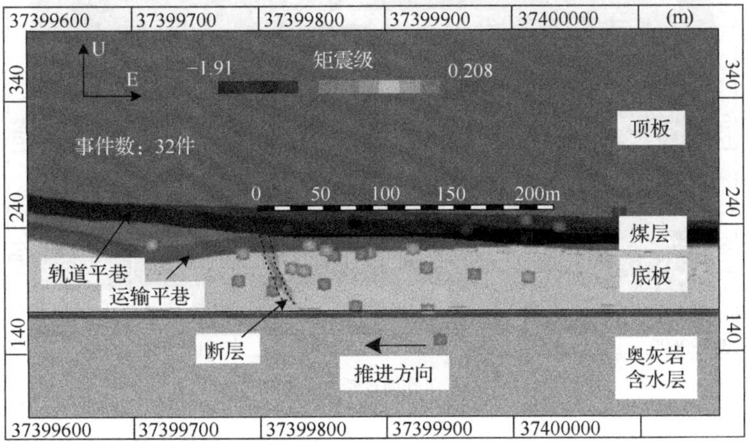

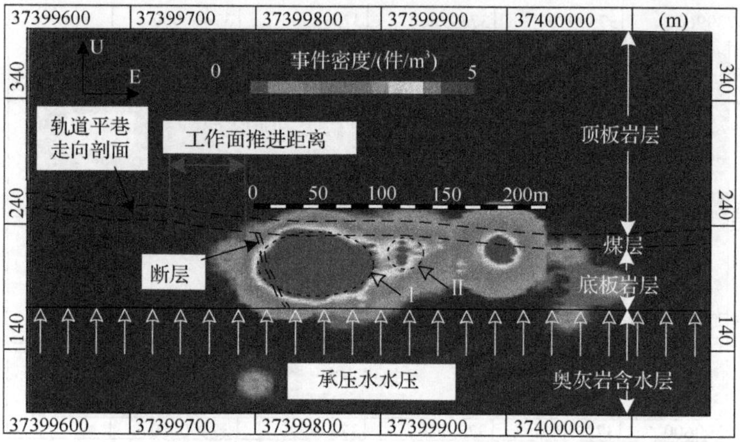

（c）2015年12月1日～2016年3月31日

图 4.21　煤层底板微震事件随时间变化走向分布图

如图 4.22（a）所示，过断层前微破坏能量集中区主要分布在断层附近约 30m 范围内，其中 I 区域为高能量密度区，走向长度约 15m，位于煤层下方 5～25m，煤层下方 5m 岩层处于次高能区。断层损伤破坏主要集中在煤层下方 5～25m，而紧邻煤层的 5m 范围内的断层仍处于稳定状态。如图 4.22（b）所示，过断层后高能区向上盘采空区及深部扩展。沿工作面走向扩展至上盘采空区约 80m 范围内，深度方向扩展至煤层下方 35m，底板裂隙发育并贯通，有可能形成底板突水通道。

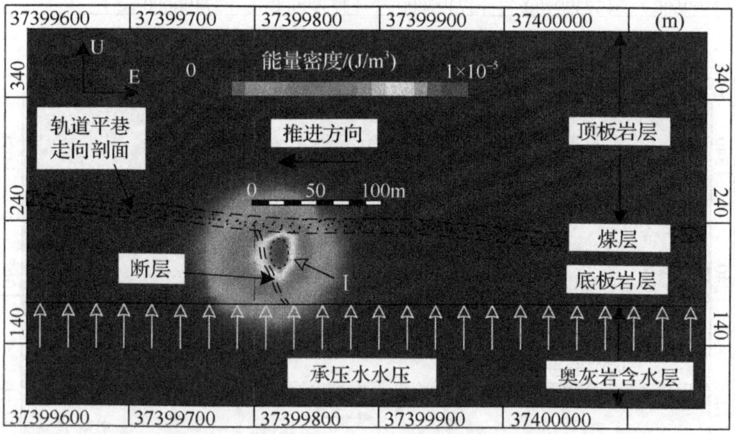

（a）工作面过断层前

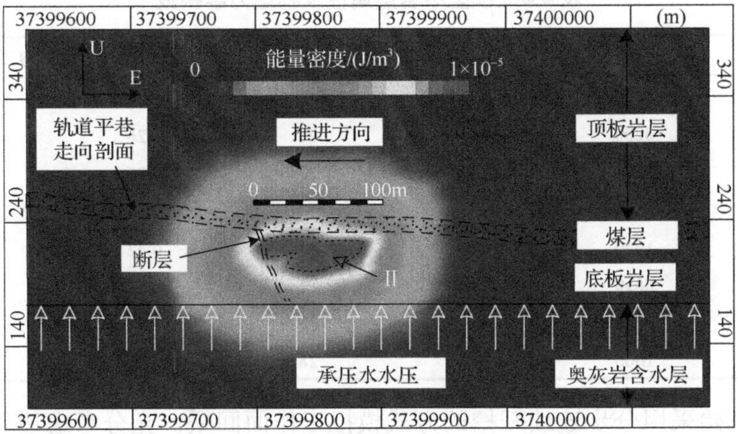

（b）工作面过断层后

图 4.22　底板岩体微震能量密度分布图（线框圈定灰色区域为工作面位置）

4.6.3　突水通道附近应力变化机理研究

采用 RFPA^{2D} 模拟采动影响下断层围岩微破裂萌生、发展及形成导水通道的渐进过程。模型走向长 500m，高 200m，煤层厚度 4m，模型共划分为 500×200=100000 个单元，如图 4.23 所示。模型两侧边界水平位移约束，底面垂直位移约束，上部边界施加 4MPa 的均布载荷模拟上覆岩层自重并考虑模型自重，屈服准则为 Mohr-Coulomb 准则。各岩层物理力学参数见表 4.4，岩层 1、4、6、12、14、16 为细粉砂岩；岩层 2、7、17 为粗粉砂岩；岩层 3、9、18、22 为中粒砂岩；岩层 5、8、10 为细粒砂岩；岩层 11 为煤层；岩层 13、15、19 为石英砂岩，岩层 20 为铝质泥岩；岩层 21、23 为石灰岩。其中，岩层 20、21 和 23 为奥灰岩层。模型中，采用力学性质较弱的单元模拟断层，倾角为 73°，如图 4.23 中虚线所示。

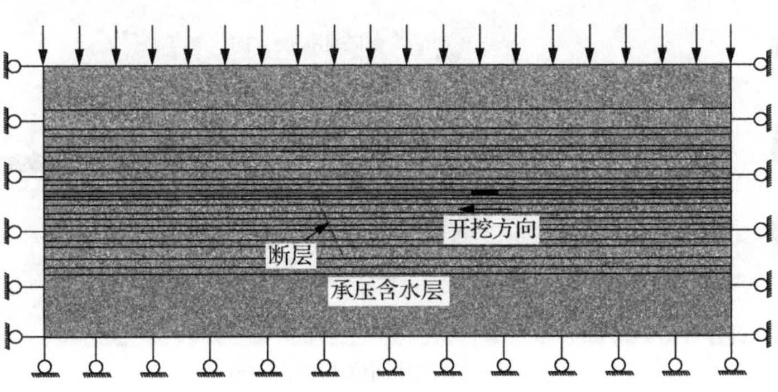

图 4.23　底板突水数值模型图

表 4.4　模型中岩层属性及物理力学参数

岩层	弹性模量/MPa	抗压强度/MPa	摩擦角/（°）	泊松比	容重/（kg/m^3）
粗粉砂岩	8800	45	26	0.24	2450
细粉砂岩	8200	35	28	0.26	2450
中粒砂岩	8500	29	28	0.26	2450
细粒砂岩	7800	24	29	0.28	2450
煤层	1650	8	36	0.32	1500
石英砂岩	8850	48	25	0.24	2650
奥灰岩	5000	68	30	0.24	2770
断层	1000	7	28	0.26	2000

然后开始采用分步连续开挖的方式模拟工作面回采。充分考虑边界效应的影响，距离模型右侧边界 170m 处开挖，步距为 10m。模型顶部和底部为隔水边界，设定顶部为 0m、底部为 150m 高的定水头边界，模拟奥灰岩承压水 1.5MPa 的水压，水压通过边界传递到煤层下覆含水层中。

声发射事件图中灰色表示拉破坏，白色表示压破坏，黑色表示累积的声发射破坏。如图 4.24（a）所示，工作面自上盘接近断层过程中，底板下方约 25m 附近断层围岩首先产生声发射事件，并逐渐向上扩展，沿倾向产生零星声发射事件且以压破坏事件为主，每次开挖所产生的声发射能量均小于 2000J，断层围岩发生局部损伤破坏，微破裂有分段萌生的特征。如图 4.24（b）所示，过断层后煤层附近断层围岩声发射事件聚集，微破裂逐渐贯通形成宏观裂缝，并沿断层倾向向深部扩展。工作面推过断层 35m 时，声发射信号主要分布在底板下方 35m 范围内且以拉破坏事件为主，其中 20m 范围内形成贯通。如图 4.25 所示，工作面推过断层 15m 时，声发射能量激增至 6305J，声发射累积数增至 35 件，微破裂事件逐渐形成贯通，断层围岩损伤加剧，易形成突水通道，与微震监测结果一致。

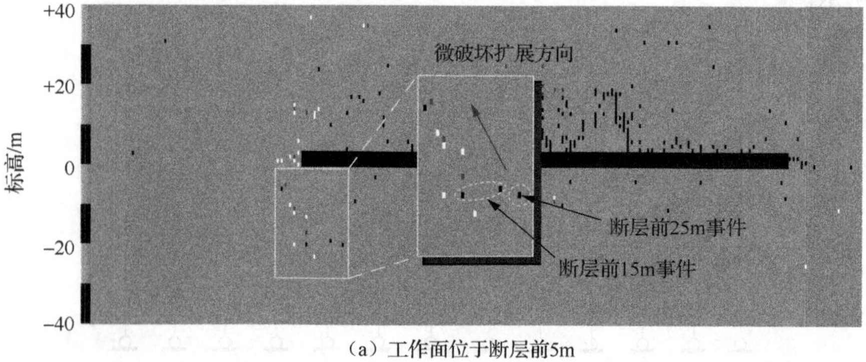

（a）工作面位于断层前5m

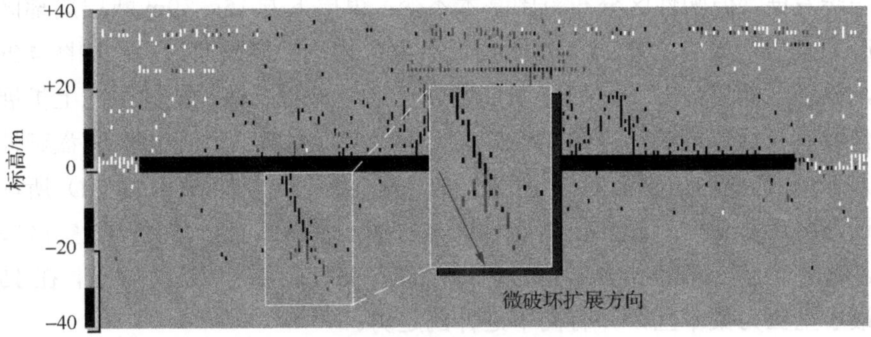

（b）工作面过断层后35m

图 4.24　突水通道声发射事件分布图

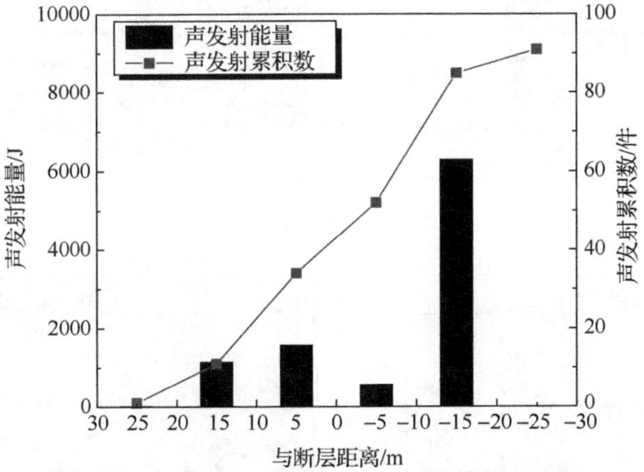

图 4.25　底板断层围岩声发射事件数及能量统计

4.6.4　断层围岩应力场演化规律

如图 4.24 所示，工作面位于上盘时，断层处压破坏声发射事件较多，零星分布有拉破坏声发射事件，断层围岩主要发生压破坏；推进至下盘时，基本以拉破坏声发射事件为主。说明工作面位于上盘时，断层处于压应力区，主要发生压剪破坏。过断层后应力重新调整，断层附近出现拉应力区，围岩在拉应力作用下损伤破坏加剧。

如图 4.26（a）所示，开采扰动下煤层下方 15～35m 段断层围岩首先出现了塑性区，工作面推进至断层前方 25m 时，最小主应力分布边界①处局部扩展至煤层下方 15m 断层处。如图 4.26（b）所示，当推进至断层前方 15m 时，断层围岩变形进一步发展，但塑性区分布范围基本不变；煤层下方 15～30m 断层局部区域最小主应力集中，煤层下方 15m 范围内最小主应力逐渐向断层扩展。如图 4.26（c）所示，推进至断层前方 5m 时，断层围岩变形进一步发展，塑性区向上扩展，有与工作面底板导通的趋势；最小主应力分布边界①处随工作推进向下盘延伸，煤层下方 15m 范围内出现沿断层零散分布的应力集中区。如图 4.26（d）所示，工作面过断层后 5m 时，断层围岩塑性区与底板塑性区重合，均处于采空区底板卸压区。煤层下方 15m 范围内断层围岩发生局部微破裂，造成应力释放，在 15m 处形成最小主应力集中区，并有向下延伸的趋势。

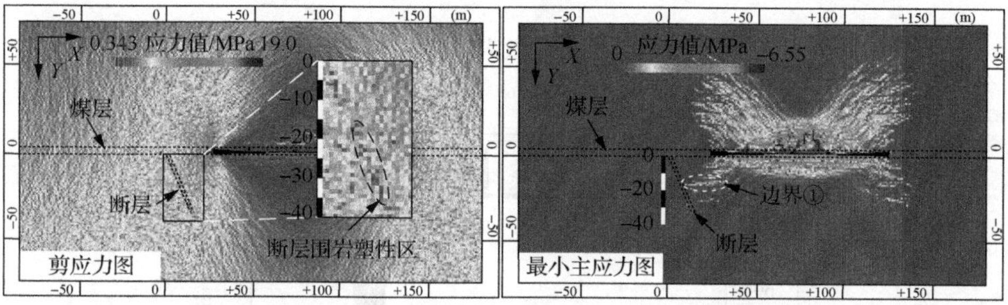

（a）距断层25m

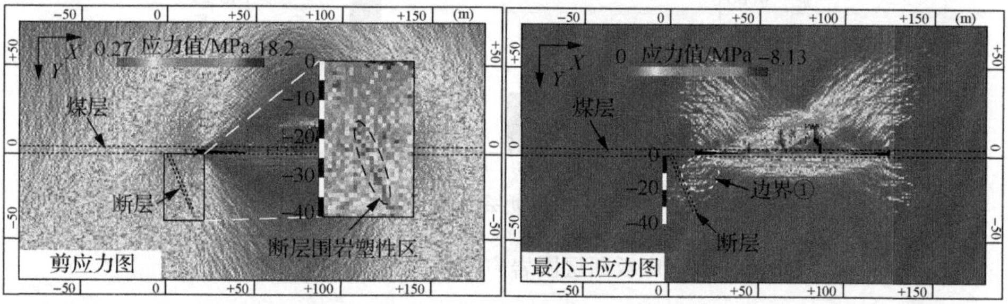

（b）距断层15m

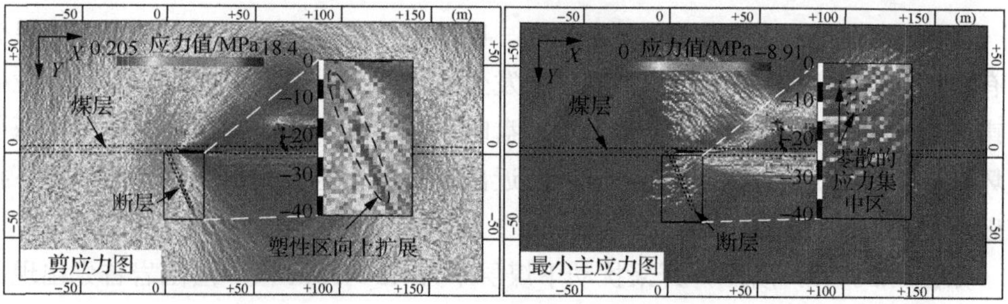

（c）距断层5m

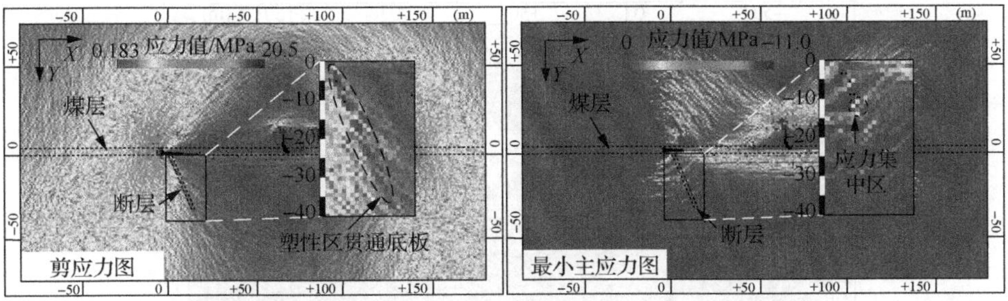

（d）距断层−5m

图 4.26　突水通道应力分布图

"−"表示工作面推过断层

如图 4.27（a）所示，工作面推过断层 15m 时，最小主应力集中区仍分布在煤层下方 15m 处，但其分布范围小幅增大，且上方断层局部破坏增加。如图 4.27（b）所示，推过断层 25m 时，应力集中区沿断层向下扩展至 20m，破坏区域随之向下延伸并逐渐贯通。如图 4.27（c）所示，推过断层 35m 时，应力集中区向下扩展至 25m，煤层下方 15m 范围内发生开裂，且有进一步向下延伸与含水层导通的趋势，有发生突水的危险。

模型计算完成后，沿断层倾向方向分别取距煤层垂直距离为 2m、10m、20m、30m 处断层剪应力进行定量分析。如图 4.28 所示，工作面推进至断层前方 5m 过程中，煤层下方 2m 处断层剪应力为负值且逐渐减小，越靠近断层剪应力变化越快，最小值为−4.37MPa；推过断层 5m 时，应力值为+1.49MPa，剪应力方向反转；随工作面继续推进，断层损伤破坏，应力值降低至 0MPa。沿断层倾向其他测点

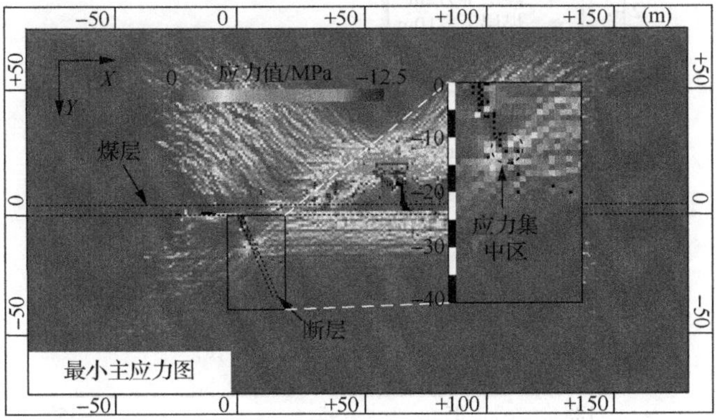

（a）距断层−15m

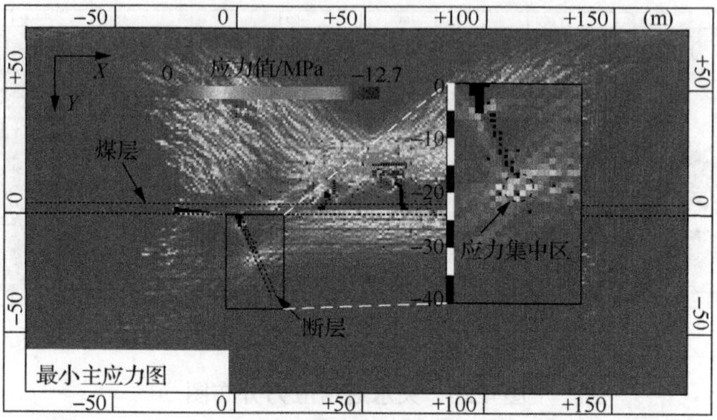

（b）距断层−25m

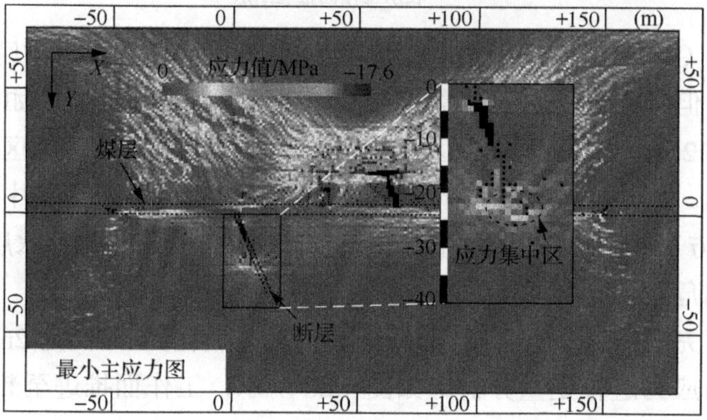

（c）距断层−35m

图 4.27　过断层后突水通道最小主应力图

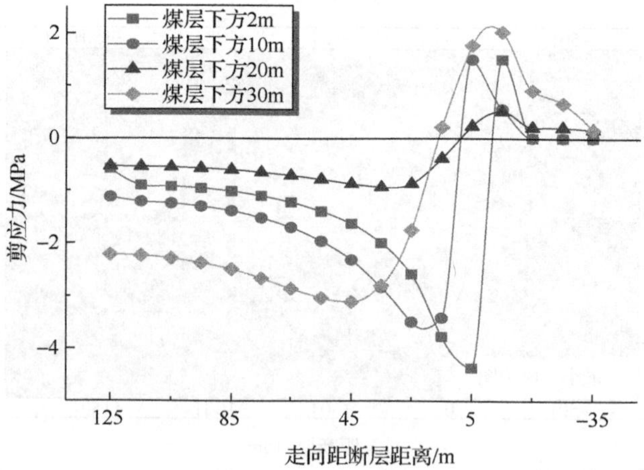

图 4.28　断层剪应力图

剪应力变化趋势相似。煤层下方 10m、20m 和 30m 处断层剪应力分别在工作面推进至距断层 25m、35m 和 45m 处降至最小，底板断层面上深部剪应力绝对值先达到最大，超过围岩承载能力后先破坏，声发射事件自下而上扩展；煤层下方 10m、20m 和 30m 处断层剪应力分别距断层 5m、5m 和 15m 时应力方向反转；分别距断层-15m、-15m 和-35m 时，应力值降至 0MPa，应力反转后底板断层面上浅部 20m 范围内剪应力先降低，浅部断层发生开裂破坏，损伤破坏方向转变为自上而下向深部扩展。

工作面自上盘临近断层过程中剪应力为负值且逐渐减小，断层有向下滑移趋势。过断层期间，剪应力为正值，应力方向反转，断层上盘运动趋势转变为向上。将底板视为梁结构，煤层下方 20m 剪应力值及其变化幅值最小，因此煤层下方 20m 附近为底板弯曲变形的中性层。结合底板岩层赋存情况，该测点上方为厚度大、强度高的石英砂岩，对底板变形起关键作用，符合底板变形的中性层特征。

断层作为天然的断裂面，对上下盘之间应力传递起到隔断作用，上下盘围岩变形存在较大差异，导致断层损伤滑移。为研究工作面过断层后断层自上而下的开裂并形成导水通道的应力变化规律，沿工作面底板作剖面，读取底板随工作面推进的应力变化曲线。如图 4.29（a）所示，工作面正常推进期间，采空区底板水平应力分布呈“U”形，采空区底板中间区域拉应力为 3MPa，两侧边缘 10m 范围内拉应力逐渐降低，在采空区外侧实体煤支撑区域转变为压应力并具有超前支撑效应。断层围岩处于压应力影响区，随工作面临近受超前支撑作用影响，断层围岩发生压破坏。工作面位于下盘时，断层受采空区底板拉应力影响，且在其附近形成水平拉应力升高区。工作面推过断层 15m 时，距断层 25m 的上盘底板岩层拉应力增大，最大值约 8MPa。此时，断层围岩发生拉破坏，在高应力作用下损伤破坏加剧。

随距离煤层深度增加，底板水平应力状态具有较大差异。如图 4.29（b）所示，工作面推过断层 25m 时，煤层下方 20m 断层附近出现拉应力升高区，最大值约 1.6MPa。如图 4.29（c）所示，工作面推过断层 35m 时，煤层下方 30m 的断层附近出现拉应力升高区，最大值约 1.1MPa。这是由于靠近煤层的底板断层首先发生开裂破坏，对下方岩层载荷降低，深部断层围岩附近产生拉应力，裂纹逐渐向深部扩展。由于深部断层围岩仍受上方载荷作用，拉应力较小，因此损伤破坏程度较小，只产生少量的声发射破坏，煤层下方 30m 以下岩层的微破裂并未形成贯通。

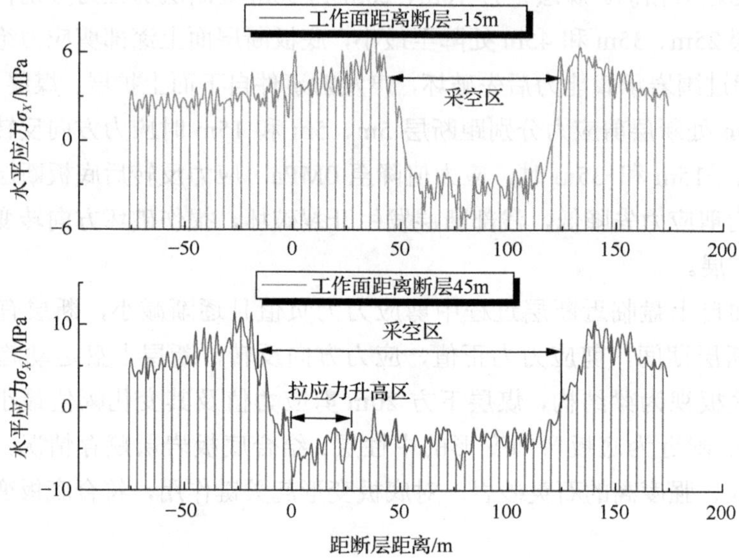

（a）煤层下方2m

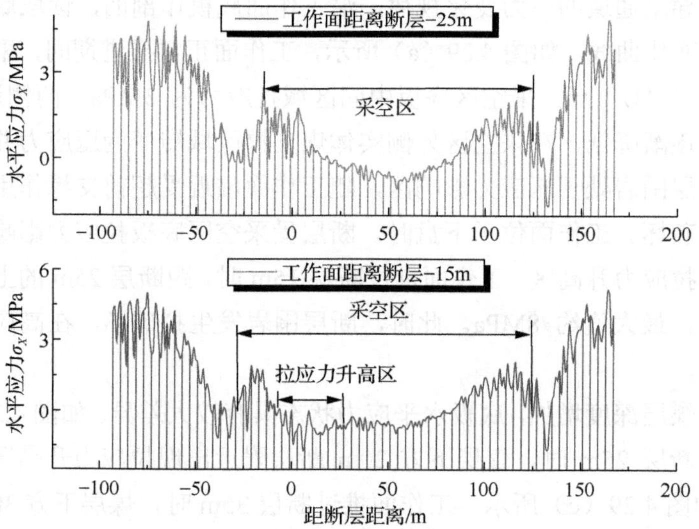

（b）煤层下方20m

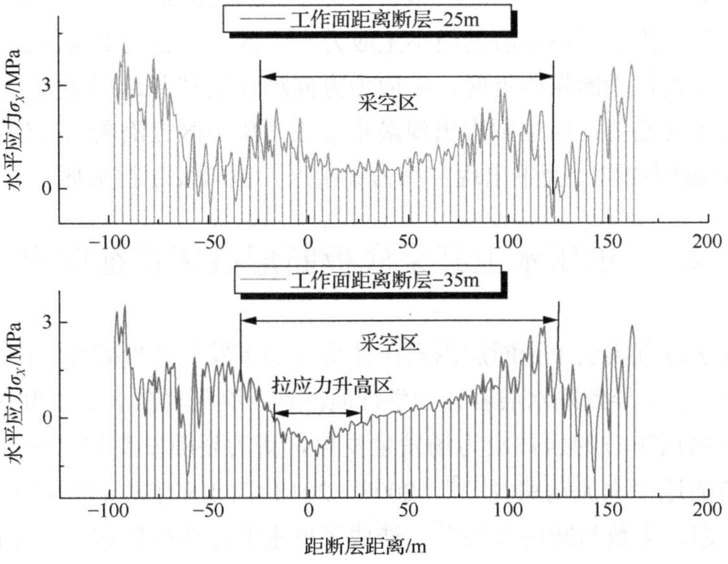

（c）煤层下方30m

图 4.29　工作面走向方向水平应力变化图

4.6.5　小结

通过构建董家河煤矿 22517 工作面突水通道微震监测系统，并结合真实岩石破裂过程分析系统 RFPA^{2D}，对底板岩体微破裂信息进行研究，得到以下结论。

（1）利用微震监测技术对底板断层区域围岩破坏特征进行连续动态监测，追踪突水通道的孕育过程，同时结合数值模拟分析围岩渐进破坏过程中的应力变化，丰富了底板断层区域突水通道形成的研究手段。

（2）通过微震活动性时空分布特征，圈定了底板断层围岩损伤区域。工作面位于断层前方 85m 时，底板断层开始发生微破裂。过断层前断层附近微破坏深度达到 25m，微破裂具有分段局部破坏特征；过断层后，最大微破坏深度为 35m，微破裂逐渐贯通，更容易形成导水通道诱发采空区突水。

（3）基于微震监测和数值模拟分析，将底板突水通道扩展过程分为过断层前和过断层后两个阶段。过断层前煤层下方 25m 附近断层围岩首先发生微破裂，并沿断层向上扩展，煤层下方 5～25m 发生局部微破裂但并未形成贯通，底板有分段局部损伤特征；过断层后微破裂自上而下扩展并逐渐贯通，形成突水通道。

（4）过断层前，断层剪应力方向沿倾向向下，上盘在超前支承压力和底板水压作用下有向下滑移趋势，其绝对值自下而上先后达到最大，围岩主要发生压剪破坏；同时断层附近形成分散的最小主应力集中区，围岩发生局部拉破坏。

（5）工作面位于断层附近时，剪应力方向迅速反转并达到最大，上盘在承压水作用下有上升趋势；断层围岩出现最小主应力集中区且沿断层向深部扩展，断层附近 25m 范围内自上而下出现拉应力集中区，围岩发生拉破坏。

4.7　承压水上开采底板断层破坏特征研究

断层突水过程实质上为断层围岩在开采扰动下发生变形破坏，围岩破坏区逐渐向含水层扩展，导致隔水层岩体力学性质减弱，承压水在水压作用下涌入断层。回采过程中煤层下方的岩体应力场发生变化，新的裂隙发育与自然裂缝相结合，可以创造新的地下水流动路径[102]。2008～2018 年间国有重点煤矿发生重特大突水事故 52 起，多数与断层有关[32]，造成了严重的经济损失和许多死亡事故。断层不仅改变了岩体的力学性质、应力场的分布及其演化特征，其作为天然裂缝，在矿压和承压水水压耦合作用下进一步损伤破坏，裂隙逐渐扩展形成突水通道。在底板突水现场监测方面，武强等[81,82]认为采场底板突水是一种受各种因素和复杂形成机理控制的非线性动力现象，提出了一种基于层次分析法和地理信息系统的脆弱性指数法，并引入变权模型反映突水主控因素指标值内部的差异性，对煤层底板突水进行了预测。张平松等[50]采用震波 CT 技术收集了不同时期底板探测数据，获得了回采过程中底板破坏的动态发育规律及特征。吴荣新等[103]利用地面钻孔并行三维电法探测底板地质异常体，对富水区进行定位，有力地指导了注浆钻孔的设计与钻孔注浆的施工。研究煤矿突水灾变机理最重要的就是追踪突水通道的孕育过程，在突水过程演变方面，Qian 等[104]对突水事故的演变过程进行研究，将断层突水分为流量稳定增长阶段、快速增长阶段、下降阶段和稳定阶段，指出前两个阶段是由于渗透破坏导致渗透性的增加，而后两个阶段受含水层水位的影响。Zhang 等[45]在流固耦合力学和固体材料研究的基础上，物理模拟了底板突水通道是由构造岩石区和底板破坏带联通形成的，揭示了应力场和渗流场作用下底板滞后突水机理。Liu 等[39]采用 $FLAC^{3D}$ 模拟了隐伏断层突水过程，指出了隐伏断层中承压水的抬升高度和断层破碎带塑性区发育高度，揭示了隐伏断层突水的时间效应。然而，以上研究很少关注含断层底板结构变形方式对断层破坏的影响，工作面过断层前后超前支承压力越过断层，底板结构变形方式发生明显改变，从而影响断层围岩破坏位置及破坏性质。此外，常规监测手段难以实时监测岩体内部损伤并判别其破坏性质，难以对理论分析成果进行验证。

本节以董家河煤矿典型工作面开采为研究背景，建立底板断层损伤的力学模型，理论求解了过断层前后断层应力分布及其变化规律，研究底板结构变形方式对断层破坏及其破坏性质的影响。采用数值模拟研究工作面过断层前后底板不同结构变形方式下，断层位移、应力和渗流演化特征。同时，采用微震监测技术对底板微破裂信号进行捕捉，圈定过断层前后断层损伤破坏区域，进而判别围岩破坏性质，验证理论模型和数值模拟的正确性、可行性，为矿井防治水提供了一定的参考。

4.7.1　断层破坏力学分析

断层附近构造应力场复杂，且工作面推进过程中断层面应力方向和大小随之发生变化。刘伟韬等[105]运用岩体极限平衡理论，综合考虑断层本身性质和矿山压力中应力降低区的作用，得出了底板隔水层的极限水压解析式。鲁海峰等[33]将含断层底板视为半无限体推导了断层应力的弹性力学解，进而推导出断层影响下底板突水的水压力解析式。陈忠辉等[106]建立了底板隐伏断层突水的简化断裂力学模型，推导了导水断层发生劈裂破坏的临界水压力及影响因素。然而，这些方法忽略了底板结构变形方式对底板及断层应力的影响，为研究过断层前后底板结构演化对断层损伤的影响，在不考虑构造应力影响的情况下，本节取单位宽度的采场中部围岩作为研究对象，将工作面底板近似简化成梁结构分析断层应力变化及破坏过程。

4.7.2　模型构建

工作面开切眼处距离断层区域约 900m，该处支承压力很难影响断层活动，将其视为固定端。在断层未破坏之前忽略断层对计算模型的影响，可将计算模型简化为两端固支的梁模型。工作面走向剖面应力分布如图 4.30 所示，底板所受的超前支承压力等效为竖向均布荷载 $k\gamma H/2$（H 为煤层埋深；γ 为上覆岩层平均容重；k 为超前支承应力集中系数，一般取 3～4），其长度 m 为工作面到应力峰值距离的两倍，承压水水压力简化为均布荷载 q，l 为固支梁跨距，x 为上盘梁跨距，m 为超前支承应力作用长度。不考虑采空区冒落矸石的重量，同时由于断层落差小，也不考虑落差的影响。

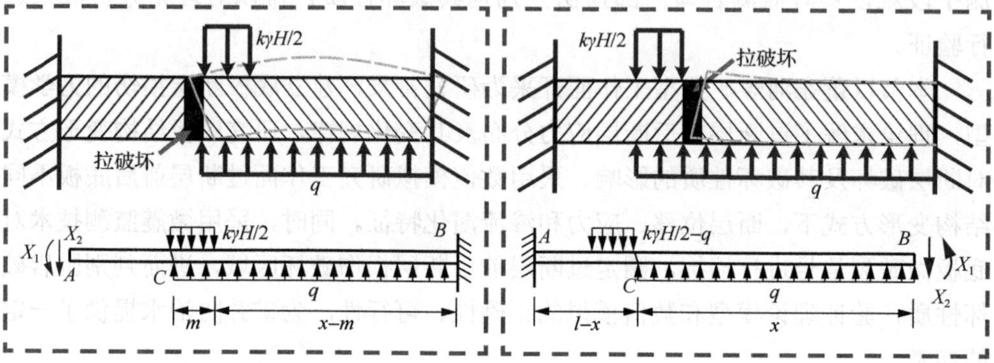

（a）过断层前　（b）过断层后

图 4.30　承压水上开采含断层底板受力及其断层破坏示意图

4.7.3　断层面应力求解

根据力学模型选择运用力法原理，且不考虑梁的轴向变形，根据叠加原理，取图 4.30 所示的基本结构，X_1 代表 A 支座处所受的弯矩，X_2 代表 A 支座处所受的剪力，并使基本结构满足相应的变形协调条件。力法典型方程、方程中的柔度系数及自由项如下：

$$\begin{cases}\delta_{11}X_1+\delta_{12}X_2+\varDelta_{1p}=0\\ \delta_{21}X_1+\delta_{22}X_2+\varDelta_{2p}=0\end{cases} \tag{4.12}$$

式中，$\delta_{11}=\dfrac{l}{EI}$；$\delta_{12}=\delta_{21}=\dfrac{l^2}{2EI}$；$\delta_{22}=\dfrac{l^3}{3EI}$；

$$\varDelta_{1p}=\int\frac{\overline{M}\cdot M_p}{EI}\mathrm{d}s=\frac{q_1-q}{12EI}\cdot m^3+\frac{1}{EI}\left[\frac{mq_1}{2}(x^2-xm)-\frac{q}{12}(x^3-m^3)\right]；$$

$$\begin{aligned}\varDelta_{2p}&=\int\frac{\overline{M}\cdot M_p}{EI}\mathrm{d}s\\&=\frac{1}{EI}\left\{\frac{q_1-q}{16}\left[(l-x+m)^4-(l-x)^4\right]+\frac{q_1-q}{6}(x-l)\left[(l-x+m)^3-(l-x)^3\right]\right.\\&\quad+\frac{q_1-q}{8}(x-l)^2\left[(l-x+m)^2-(l-x)^2\right]+\frac{mq_1}{3}\left[l^3-(l-x+m)^3\right]\\&\quad+\left(\frac{mq_1x}{2}-\frac{m^2q_1}{4}-\frac{mq_1l}{2}\right)\left[l^2-(l-x+m)^2\right]-\frac{q}{16}\left[l^4-(l-x+m)^4\right]\\&\quad\left.-\frac{2(x-l)}{3}\left[l^3-(l-x+m)^3\right]-\frac{(x-l)^2}{2}\left[l^2-(l-x+m)^2\right]\right\}。\end{aligned}$$

其中，E 代表煤岩体弹性模型；I 代表煤岩体惯性矩。

由 Cramer 法则解得弯矩：

$$X_1 = \frac{\Delta_{2p}\delta_{12} - \Delta_{1p}\delta_{22}}{\delta_{11}\delta_{22} - \delta_{12}^2}$$

$$X_2 = \frac{\Delta_{1p}\delta_{12} - \Delta_{2p}\delta_{11}}{\delta_{11}\delta_{22} - \delta_{12}^2}$$

如图 4.30（a）所示，过断层前，上盘断层段处于实体煤承载区域，受工作面超前支承应力作用，上盘向上发生弯曲变形，断层处受到逆时针方向的弯矩作用，中性层上方断层受挤压，而中性层下方断层拉伸，若围岩强度不足，中性层下方断层围岩首先发生张拉破坏。取 AC 段为研究对象，可知断层处受弯矩 $M_1 = X_1 + X_2(l-x)$ 作用，根据材料力学公式，断层处所受到的最大正应力为 $\sigma_{\max} = M_1 / W_z$，式中 W_z 称为弯曲截面系数。断层处的破坏准则为 $\sigma_{\max} \geqslant [\sigma]$，式中，$[\sigma]$ 为断层围岩允许拉应力；$\sigma_{\max}$ 为断层面上实际最大拉应力。当 $\sigma_{\max} \geqslant [\sigma]$ 时，断层处即产生强度破坏，且与中性层的距离越大，断层处拉应力越大，断层围岩自深部开始发生破坏，并沿断层向上扩展。同理，如图 4.30（b）所示，过断层后工作面超前支承应力移动到下盘实体煤承载区域，而上盘梁结构完全处于采空区，失去超前支承应力作用，在承压水水压力作用下向上翘起，断层处受到顺时针方向的弯矩作用，断层浅部受拉应力作用，断层深部受压应力作用。由如图 4.30（b）所示的基本结构求出断层处所受弯矩为 M_2，断层处所受到的最大正应力为 $\sigma_{\max} = M_2 / W_z$。当 $\sigma_{\max} \geqslant [\sigma]$ 时，断层围岩发生强度破坏。此时，断层处微破裂自上而下向深部扩展，与工作面过断层前断层微破坏扩展方向相反。

4.7.4　突水通道形成过程的数值模拟研究

1. 底板突水渗流模型

建立底板突水的 RFPA^{2D} 平面应变模型，如图 4.31 所示，设置模型尺寸为水平方向长 500m，垂直方向长 200m，共划分为 500×200=100000 个单元，每个单元代表实际岩层 1m。在满足计算模型准确性的前提下，考虑计算的简便性，对岩性相近或厚度较小的岩层进行了合并。模型中，岩层 1、4、6、12、14、16 为细粉砂岩；岩层 2、7、17 为粗粉砂岩；岩层 3、9、18、22 为中粒砂岩；岩层 5、8、10 为细粒砂岩；岩层 11 为煤层；岩层 13、15、19 为石英砂岩；岩层 20 为铝质泥岩；岩层 21、23 为石灰岩。其中，20、21 和 23 层为奥灰岩层。采用力学性质较弱的单元模拟断层，倾角为 73°，由于断层落差较小建模过程中不考虑落差的影响。各岩层物理力学参数见表 4.5。

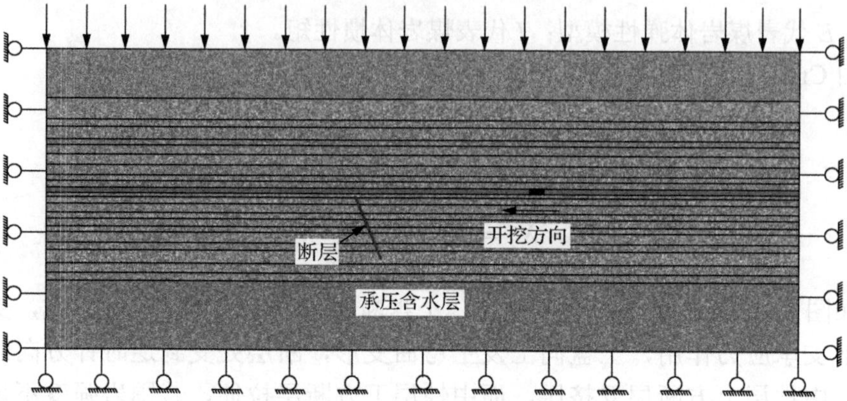

图 4.31　底板突水数值模型图

表 4.5　模型中岩层物理力学参数

岩层	弹性模量/MPa	抗压强度/MPa	摩擦角/（°）	泊松比	容重/（kg/m^3）
粗粉砂岩	8800	45	26	0.24	2450
细粉砂岩	8200	35	28	0.26	2450
中粒砂岩	8500	29	28	0.26	2450
细粒砂岩	7800	24	29	0.28	2450
煤层	1650	8	36	0.32	1500
石英砂岩	8850	48	25	0.24	2650
奥灰岩	5000	68	30	0.24	2770
断层	1000	7	28	0.26	2000

模型左右两侧为水平位移约束，模型底部为垂直方向位移约束，在模型顶部施加 4MPa 的均布载荷模拟除模型以外的上覆岩层自重。模型顶部和底部为隔水边界，设定顶部为 0m、底部为 150m 高的定水头边界来模拟承压水水压（1.5MPa），水压通过边界传递到煤层下覆含水层中，岩体只承受自重应力和水压力。

对模型进行弹塑性假设，计算时采用 Mohr-Coulomb 准则作为屈服准则。第二步开始采用分步连续开挖的方式模拟工作面回采，开挖步距为 10m。充分考虑边界效应的影响，距离模型右侧边界 170m 处开始向左开挖。

2. *断层处位移变化特征*

模型计算完成后，提取过断层前后断层与上盘接触单元的位移信息，选取过断层前计算步 13-1 和过断层后计算步 14-1、计算步 14-30、计算步 14-33 的水平和垂直方向位移进行分析，沿断层深度方向每间隔一个单元数据进行绘图，如图 4.32 所示（*X* 方向位移向右为“+”，*Y* 方向位移向下为“+”）。

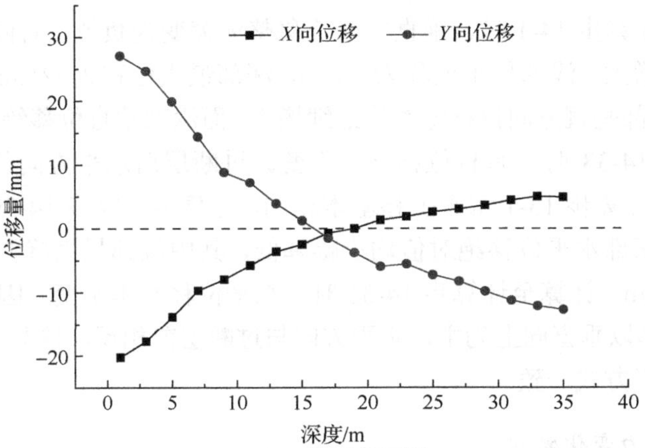

（a）工作面过断层前

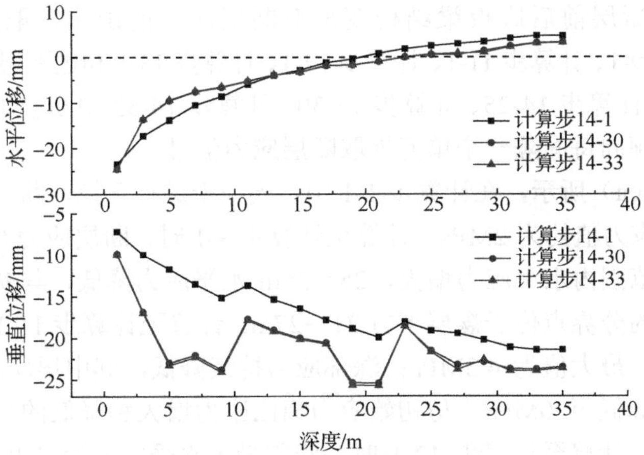

（b）工作面过断层后

图 4.32　上盘断层端位移变化曲线图

如图 4.32（a）所示，工作面过断层前，断层深部垂直方向位移为负值，浅部垂直方向位移为正值，且其绝对值均随工作面接近断层逐渐增大。计算至计算步 13-1 时，深部最大垂直位移为-13mm，而浅部最大垂直位移为 27mm，断层上盘以煤层下方 15m 为界，上方垂直位移向下，下方垂直位移向上。此外，深部水平位移为正值，浅部水平位移则为负值，且其绝对值均随工作面接近断层逐渐增大。计算至计算步 13-1 时，深部最大水平位移为 5mm，而浅部最大水平位移为-20mm，断层上盘以煤层下方 17m 为界，上方水平位移向左，下方水平位移向右。因此，工作面过断层前，断层上盘以煤层下方 15～17m 为界，深部最大位移与水平方向夹角为 17° 斜向右上方，浅部最大位移与水平方向夹角为 197° 斜向左下方，与 4.7.3 节中过断层前梁结构变形方式一致。

如图 4.32（b）所示，工作面过断层后，断层与上盘交界处垂直方向位移发生突变，计算至计算步 14-1 时，垂直方向位移整体突变为负值，且随埋深位移的增大绝对值逐渐增大，浅部最小位移为-7mm，深部最大位移为-21mm。计算至计算步 14-30 时，浅部垂直方向位移绝对值继续增大，而深部垂直位移绝对值增幅较小。计算至计算步 14-33 时，垂直位移基本不变。过断层后水平方向位移变化较小，计算步 14-1 与计算步 13-1 水平位移基本相同，计算至计算步 14-30 时，浅部水平位移绝对值和深部水平位移绝对值均小幅降低，其中浅部最大降幅为 4mm，深部最大降幅为 2mm。计算至计算步 14-33 时，水平位移基本不变。因此，过断层后，上盘断层端变形以垂直向上为主，水平方向与过断层前相反，这与 4.7.3 节中过断层后梁结构变形方式一致。

3. *断层应力变化特征*

为研究过断层前后底板梁结构变形对断层应力的影响，取过断层前计算步 1-1、计算步 9-1、计算步 11-1、计算步 12-1、计算步 13-1 和过断层后计算步 14-1、计算步 14-20、计算步 14-25、计算步 14-30、计算步 14-33 中断层单元的计算结果进行分析，沿倾向每间隔一个单元提取断层应力信息。

如图 4.33（a）所示，在计算步 1-1 中，模型未进行开挖，断层水平应力未受到采动影响，应力值约为 2MPa。计算至计算步 9-1 时，断层应力开始变化，煤层下方 0～21m 范围内水平应力增大，25～35m 水平应力降低，与初始应力相比应力增大和降低的分界点位于煤层下方 21～27m。计算至计算步 11-1 时，浅部水平应力持续增大，最大值为 4.3MPa；深部应力持续降低，其中煤层下方 31m 附近断层水平应力降低至 0MPa，与初始应力相比应力增大和降低的分界点位于煤层下方 15～17m。计算至计算步 12-1 时，浅部最大水平应力为 5.4MPa，深部水平应力继续降低，其中煤层下方 15～35m 范围内局部区域断层水平应力小于 0MPa，断层可能发生张拉破坏，应力增大和降低的分界点位于煤层下方 9～13m。计算至计算步 13-1 时，断层应力并不完全呈现深部降低浅部增大趋势，浅部水平应力最大值降低为 4.5MPa，煤层下方 5～20m 范围内局部区域水平应力小于 0MPa，可能发生拉升破坏，而深部 20～35m 水平应力开始增大。这是由于此时工作面距离断层 5m，依据 4.7.3 节所述，工作面位于上盘和下盘时底板结构变形趋势不同，此时超前支承压力已逐渐移动到下盘，上盘断层端逐渐卸载，导致底板结构变形趋势逐渐发生改变，导致此时断层应力复杂，同时具有过断层前后水平应力变化特征。综上，开挖过程中，随工作面向断层推进，深部断层水平应力降低，而浅部断层水平应力升高，且应力升高和降低的分界点逐渐向上移动。这与 4.7.3 节过断层前断层应力变化规律一致。如图 4.33（b）所示，工作面推过断层 5m，超前支撑压力完全移动到下盘。计算至计算步 14-1 时，断层水平应力值近似为 1MPa，

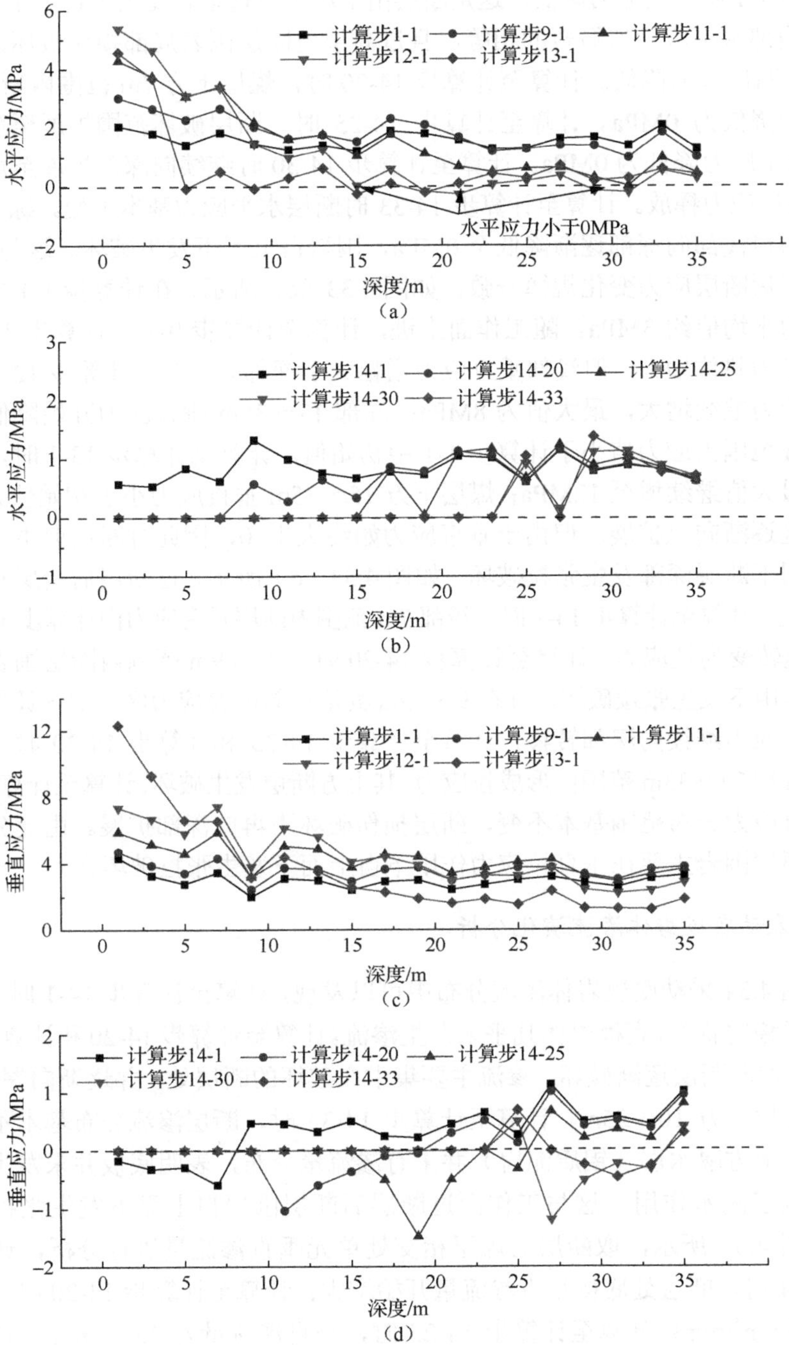

图 4.33　过断层前后断层面应力变化曲线

较计算步 1-1 中断层应力降低，这是断层由上压下拉逐渐转变为上拉下压过程中，深部和浅部水平应力值短暂的相等，且过断层前断层围岩局部损伤破坏，故较计算步 1-1 断层应力降低。计算至计算步 14-20 时，煤层下方 7m 范围内断层破坏，水平应力降低为 0MPa。计算至计算步 14-25 时，断层破坏范围扩展至煤层下方 15m，水平应力降低为 0MPa。计算至计算步 14-30 时继续向深部扩展至煤层下方 23m，断层应力释放。计算至计算步 14-33 时断层水平应力基本不变。综上，断层水平应力自浅部向深部逐渐降低至 0MPa，围岩自上而下发生破坏。这与 4.7.3 节中过断层后断层应力变化规律一致。如图 4.33（c）所示，在计算步 1-1 中，断层垂直应力平均值约 3MPa。随工作面推进，计算至计算步 9-1 和计算步 11-1 时，断层面应力整体增大，但浅部垂直应力增幅大于深部。计算至计算步 12-1 时，浅部垂直应力继续增大，最大值为 8MPa；深部 17～35m 垂直应力开始降低，其中 29～35m 范围内应力值小于计算步 1-1 中初始值。计算至计算步 13-1 时，浅部垂直应力最大值继续增至 12MPa；煤层下方 15～35m 垂直应力小于初始值，垂直应力降低区逐渐向上扩展。但由于垂直应力始终大于 0，因此过断层前主要在水平应力作用下断层深部发生张拉破坏。如图 4.33（d）所示，过断层后断层垂直应力发生突变。计算至计算步 14-1 时，浅部 7m 范围内断层垂直应力由计算步 13-1 中压应力迅速转变为拉应力。计算至计算步 14-20 时，浅部 9m 范围内断层围岩在垂直拉应力作用下发生张拉破坏，并在 9～19m 处形成新的拉应力区。继续计算时，断层垂直拉应力继续向深部转移，计算至计算步 14-25 和计算步 14-30 时，分别在 19～27m 和 27～33m 范围内形成拉应力，其上方断层发生破坏。计算至计算步 14-33 时，垂直应力分布范围基本不变，断层损伤破坏不再向深部扩展。由此分析，过断层后断层围岩主要在垂直拉应力作用下自上而下发生张拉破坏。

4. *采动底板岩体渗流演化分析*

由图 4.34 采动底板岩体渗流分布中可以发现，计算至计算步 14-1 时，断层围岩仍处于稳定状态，底板岩体几乎未发生渗流。计算至计算步 14-20 和计算步 14-30 过程中，随着断层逐渐破坏，渗流主要集中在破坏的断层处，并逐渐向深部扩展，分布为煤层下方 10～25m。计算至计算步 14-33 时，断层渗流分布基本不变，承压含水层上方隔水层（铝质泥岩）并未有渗流量分布，表明底板并未发生失稳破坏且起到了隔水作用。这与工作面过断层后断层围岩自上而下发生张拉破坏相符。如图 4.35 所示，取断层与煤层相交处单元垂直渗流量进行分析，计算至计算步 14-1 时，断层处底板垂直渗流量开始增大；计算至计算步 14-20 时，垂直渗流量为 5.6m^3/min；计算至计算步 14-25 时，垂直渗流量为 7.6m^3/min；计算至计算步 14-30 时，垂直渗流量为 11.3m^3/min；计算至计算步 14-33 时，垂直渗流量为 11.6m^3/min。垂直渗流量基本稳定在 11m^3/min 左右，与断层破坏及应力变化规律一致。此外，工作面过断层前（计算步 2-1～计算步 13-1），随工作面逐渐临近断层，渗流量逐渐减小且其斜率逐渐增大。这是由于过断层前上盘结构变形过程中，浅部上盘岩层与下盘岩层之间形成挤压，使浅部断层围岩渗透率降低，渗流量减小，且工作面与断层距离越小，渗流量减小的速率越快。

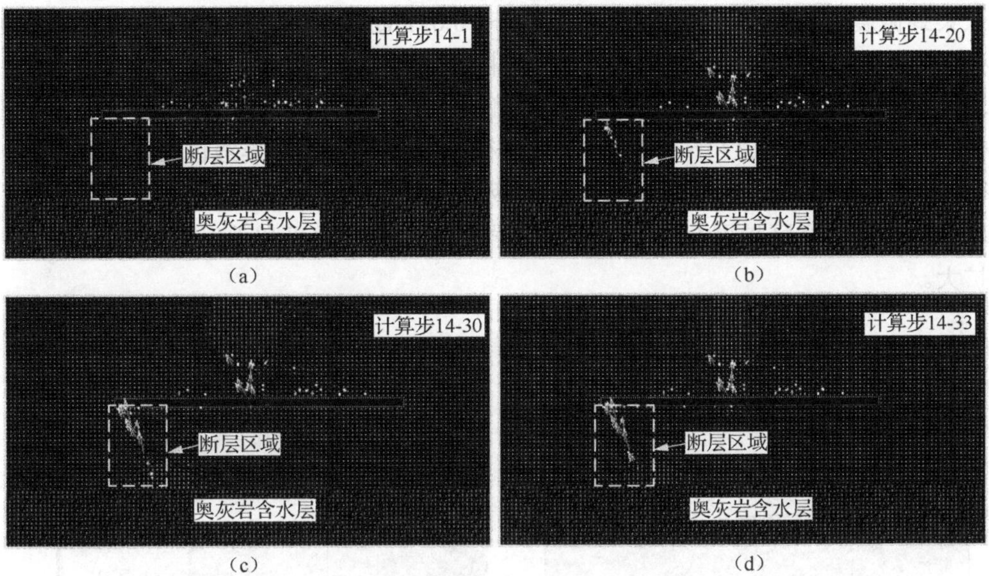

图 4.34　采动底板岩体渗流分布

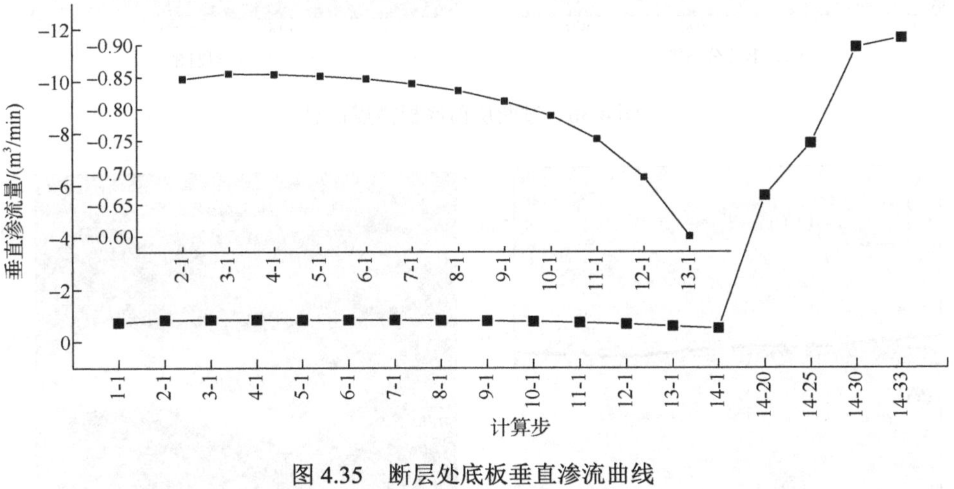

图 4.35　断层处底板垂直渗流曲线

4.7.5　底板断层损伤的微震活动特征

选取 2015 年 12 月 20 日至 2016 年 3 月 31 日期间 22517 工作面底板微震事件，

将其投影到工作面走向剖面，分析过断层前后微震事件活动性规律，如图 4.36 所示（微震事件分布图中圆球代表岩体损伤破坏产生的微震事件，圆球颜色代表微震事件矩震级）。

结合图 4.36（a）和图 4.36（b）可以发现，工作面过断层前在底板断层区域采集到微震事件 8 件，矩震级位于−1.03～−0.02，断层区域微震事件高程主要聚集在煤层下方 10～25m。将断层分为上、中、下三段，其中损伤破坏主要分布在中段，上段和下段断层仍处于稳定状态。工作面过断层后，底板断层微震活动性规律发生突变，如图 4.37 所示，采集到底板微震事件 24 件，矩震级位于−0.73～0.49，微破裂累积地震矩明显升高。断层上下两段开始产生微震事件，且微破裂集中区域沿走向向采空区扩展至 80m。断层围岩损伤区域在水平和垂直方向上均进一步扩大。

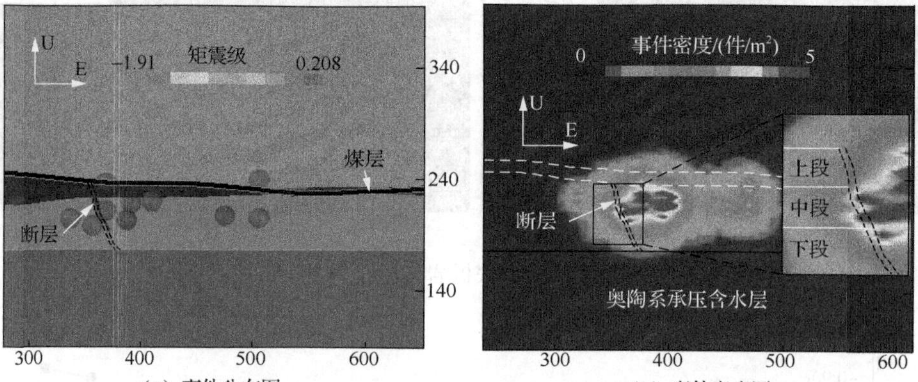

（a）事件分布图　（b）事件密度图

图 4.36　过断层前底板微震信息

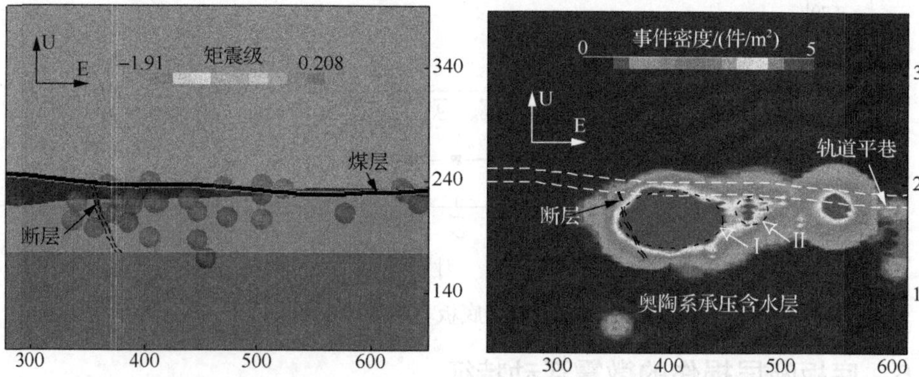

（a）事件分布图　（b）事件密度图

图 4.37　过断层后底板微震信息

结合微震事件时间分布特征进行分析，过断层前微震事件主要集中在 2015 年 12 月，此时距断层 75～85m，与工作面超前支承压力分布范围基本一致，梁结构 C 处载荷最大，上盘底板结构在超前支承压力和承压水水压力共同作用下，上盘弯矩最大，断层面受力达到最大。但由于断层下段为厚度大的铝质泥岩，围岩稳定。而中段为厚度小强度低的岩层，围岩首先发生微破坏。随工作面继续推进至断层，2016 年 1 月 1 日至 2016 年 2 月 20 日期间工作面超前支承压力区逐渐由上盘移动到下盘，上盘梁结构弯矩逐渐减小，断层面受力逐渐减小。底板围岩只产生零星微震事件，断层附近微破裂集中区域的分布范围基本不变。工作面过断层后，2016 年 2 月 21 日至 2016 年 3 月 31 日期间，超前支承压力影响区完全移动至下盘，上盘梁结构在承压水水压力作用下向上翘起，逐渐与下盘分离，断层围岩损伤程度及范围均扩大，采集到大量微震事件。

如图 4.38（a）所示，过断层前断层损伤主要集中在断层中段，且位于断层附近，并没有向上盘进一步延伸。如图 4.38（b）所示，过断层后高能区向上盘采空区及深部扩展。沿工作面走向扩展至上盘采空区约 80m 范围内，深度方向扩展至煤层下方约 35m。基于能量耗散原理可知，一次岩石微破裂的发生代表一次轻微的岩体损伤，随着微震事件的发生，围岩内部能量不断释放引起围岩力学参数逐渐降低，通过微震能量释放区域圈定围岩损伤区域。对比工作面过断层前后，底板损伤区域由断层附近向采空区扩展，表明底板结构变形方式发生改变。

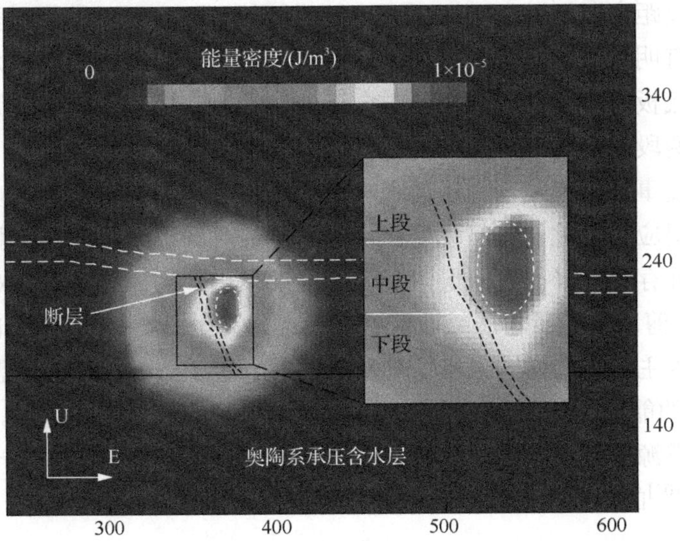

（a）过断层前

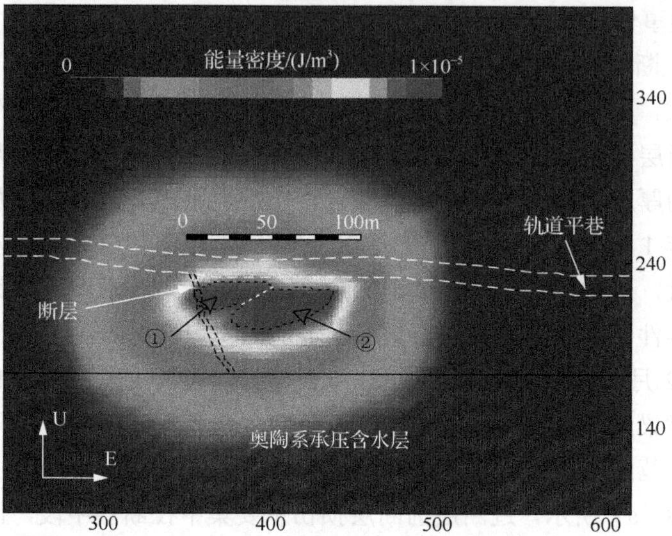

（b）过断层后

图 4.38　能量密度图

工作面临近断层过程中，上盘梁结构向上弯曲，断层处中性层上方围岩受压应力，下方受拉应力，断层中段发生局部微破坏。由于此时断层仍处于实体煤下方且其损伤区位于深部，围岩变形受周围岩体约束，高能量密度区集中在断层附近，并未沿走向向采空区扩展。图 4.38（b）中底板高能区可沿白线划分为①②两段，其中①段距离断层 0～50m，②段距离断层 50～100m。①②两段高能量密度区分布高程有明显差异。过断层后①段底板上方完全卸荷，在水压力作用下向上翘起，上盘底板变形范围向采空区方向延伸，②段底板随之损伤破坏，形成高能量密度区。两段底板具有不同的变形机制。

断层微震事件聚集是开采扰动和底板水压耦合作用的结果，反映了工作面推进过程中断层应力变化及其显现规律，过断层前后底板结构变形机制不同，断层损伤破坏特征存在差异。以断层附近微震事件聚集区为研究对象，对聚集区震源参数 E_S/E_P（剪切波能量与压缩波能量之比）进行分析。以便准确地掌握过断层前后不同因素主导下的微震聚集特性及断层围岩潜在破坏特征。地震学上，P 波与 S 波释放的能量比值 E_S/E_P 是反映地震震源机理的一个重要特征。由于传感器站点可能距震源非常近，因此震源可作近场处理，把地震波阵视为半球面，根据 Gibowicz 等[107]的研究工作，P 波和 S 波地震能量为

$$E = 4\pi\rho c r^2 \frac{J_c}{F_c^2} \tag{4.13}$$

式中，E 表示一次微破裂事件释放的能量，J；ρ 为岩体密度，kg/m^3；c 为岩体中弹性波的速度，m/s；r 为传感器与震源间的距离，m；J_c 表示质点运动速度的积分，m；F_c 表示地震波辐射类型的经验系数。

对于断层滑移或剪切类型诱发的地震事件，S 波能量要远远高于 P 波能量，一般 $E_S/E_P \geqslant 10$，Gibowicz 等[77]通过研究也同样发现开挖诱发的剪切破坏型微震事件 E_S/E_P 较大；而对于非剪切类型如应变型岩爆、拉伸或体积应力变化诱发的地震事件，P 波能量较大，一般 $E_S/E_P \leqslant 3$。Cai 等[108]建立了拉伸模型估计断裂尺寸，发现在 804 件微震事件中，78%的 $E_S/E_P < 10$，这与围岩原位张拉破坏相吻合。通过分析微震事件的 E_S/E_P 值判别岩石介质的破坏性质，对于断层破坏机理研究具有重要的参考价值。微震事件 E_S/E_P 值和高程分布如图 4.39 所示，工作面过断层前，断层微震事件 E_S/E_P 值大多在 3～10，且主要分布在煤层下方 10～25m，即断层中段。由此分析，过断层前断层破坏形式并非剪切破坏，按照上述 Cai 等的研究成果也可以定性为张拉破坏。$E_S/E_P > 3$ 原因在于断层中段处于拉压破坏的过渡区，根据 4.7.3 节理论分析结果，张拉破坏区为断层下段，然而下段铝质泥岩强度高、厚度大，并未发生破坏。根据 E_S/E_P 值与高程分布特征可以发现，随深度增加 E_S/E_P 值减小，断层深部为潜在的张拉破坏区。工作面过断层后，断层微震事件 $E_S/E_P < 3$，且相对于过断层前微震事件高程分布在断层上段，表明断层区主要发生张拉破坏。

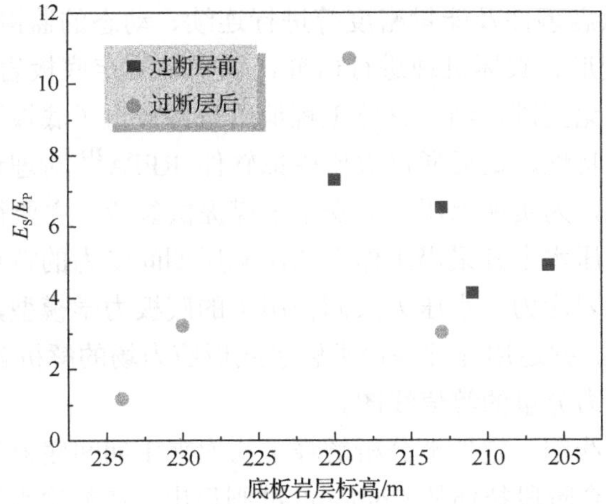

图 4.39　断层围岩微震事件 E_S/E_P 比值散点图

4.7.6　小结

（1）考虑底板结构变形方式对断层破坏及其破坏性质的影响，建立底板断层损伤的力学模型，确定了工作面过断层前后底板断层拉应力分布区域，并推导了断层的应力解析式。工作面过断层前，断层浅部受压应力作用，深部受拉应力作用发生张拉破坏，并沿断层向上扩展。工作面过断层后，由于底板结构变形差异，断层破坏突变为深部受压应力作用，浅部受拉应力作用发生张拉破坏，并沿断层向下扩展。

（2）通过 $RFPA^{2D}$ 数值模拟研究了断层位移、应力和渗流演化规律。过断层前，上盘与断层接触单元位移方向与断层近似垂直，过断层后主要发生垂直方向位移。过断层前后应力负值分别为水平应力和垂直应力，分别沿断层向上和向下扩展。过断层前后底板变形影响断层围岩渗透特征，工作面临近断层过程中断层处渗流量小幅降低，过断层后随断层破坏迅速增大。

（3）通过微震活动性时空分布特征，圈定了底板断层围岩损伤区域，通过 S 波和 P 波能量的比值判别断层围岩微破坏性质。工作面过断层前煤层下方 10～25m 发生微破坏，该区域位于张拉破坏和压破坏过渡区，微震事件 E_S/E_P 值位于 4～8。过断层后，断层最大微破坏深度为 35m，其中 20m 范围内形成贯通，微震事件 $E_S/E_P<3$，围岩发生张拉破坏。

4.8　结　　论

本章将高精度微震监测技术应用到董家河煤矿 22517 工作面回采过程中，通过对底板区域的微震事件及能量密度等进行连续、动态的监测，结合结构力学、弹性力学模型对变形、破坏机理进行研究，识别和圈定底板岩体潜在危险区域，为微震监测提供理论基础，结合具体工程地质条件分析了底板下方隐伏断层处的微破裂事件及力学特性，最后通过数值模拟软件 $RFPA^{2D}$ 对理论分析及微震监测的结果进行了验证，为实现承压水上安全采煤提供参考。主要得到如下结论。

（1）通过对承压水上开采沿工作面初次来压期间受力的特点进行分析，构建了由采动应力、原岩应力、水压力共同作用下的底板力学模型，推导了水压力作用下底板应力公式，并运用弹性理论求解了底板应力场的解析解，通过 MATLAB 编程给出了底板应力分量的等值线图。

（2）结合等值线图，定性地分析解释了初次来压期间底板下方产生水平拉应力的原因，由此结合阶段拉伸的 Coulomb 准则得出：在初次来压期间，走向方向采空区下方 4m 以内的岩体发生张拉破坏，底板下方 5m 至 11m 处两侧形成剪切破坏圈，造成了底板的破坏，其破坏深度为 11m。

（3）结合 RFPA 有限元软件模拟了董家河煤矿 22517 工作面走向方向初次来压时底板的破坏情况，通过声发射图得出底板的破坏形式呈“倒马鞍形”，工作面斜下方为突水危险区域，并得到破坏深度为 10.2m，微震监测的破坏深度为 11.22m，与理论计算的破坏深度大致吻合。

（4）通过微震活动性时空分布特征，圈定了工作面推进过程中底板断层附近围岩的损伤区域。过断层前，断层附近底板微破坏深度达到 25m 左右，微破裂具有分段局部破坏特征；过断层后，微破裂逐渐向下延伸，微破坏深度达到 35m，断层处容易形成导水通道，发生突水事故。

（5）通过数值模拟与微震监测相结合，将底板突水通道扩展过程分为过断层前与过断层后两个阶段。过断层前，断层处剪应力逐渐减小且有向下滑移趋势，微破裂沿断层向上扩展，附近围岩主要发生压剪破坏；过断层后，微破裂自上而下扩展，围岩发生拉破坏，有发生突水的危险。

（6）结合底板结构变形方式及断层结构面的力学性质，将含断层底板简化为两个悬臂梁固接的结构，分别建立了过断层前和过断层后的力学模型，通过力法求得其内力，结合其变形特征得出，断层的破坏及其应力分布具有分段特征。工作面过断层前，断层上部受压下部受拉；工作面过断层后，断层上部受拉下部受压。

（7）监测期间，研究了微震活动性时空分布特征，圈定了底板断层围岩损伤区域。通过 S 波和 P 波能量的比值判别了断层围岩微破坏的性质，验证了底板结构演化过程中断层分段破坏特征及变形破坏机制。

本章综合运用了弹性力学、结构力学模型，结合现场微震监测结果，并利用数值模拟再现其破坏过程，从现场微震数据出发，分别研究了董家河煤矿 22517 工作面走向方向初次来压时的破坏深度及底板应力场的分布特征，以及在工作面过断层前后，断层处的应力、位移、渗流情况，丰富了关于底板突水产生的机理研究，为接下来实现在底板有地质构造缺陷的承压水上安全采煤提供了一定的理论依据。

参 考 文 献

[1] 中国能源战略研究小组. 中国可持续能源发展战略专题研究[M]. 北京: 科学出版社, 2006.
[2] 贺佑国, 叶旭东, 王震. 关于煤炭工业“十三五”规划的思考[J]. 煤炭经济研究, 2015, 35(1): 6-8.
[3] 虎维岳. 矿山水害防治理论与方法[M]. 北京: 煤炭工业出版社, 2005.
[4] 王连国, 宋扬. 底板突水的非线性特征及预测[M]. 北京: 煤炭工业出版社, 2001.
[5] 张金才, 刘天泉. 煤层底板突水影响因素的分析与研究[J]. 煤矿开采, 1993(4): 37-41.
[6] 彭苏萍, 王金安. 承压水体上安全采煤[M]. 北京: 煤炭工业出版社, 2001.
[7] 赵阳升, 胡耀青. 承压水上采煤理论与技术[M]. 北京: 煤炭工业出版社, 2004.
[8] 施龙青, 韩进. 底板突水机理及预测预报[M]. 徐州: 中国矿业大学出版社, 2004: 6.
[9] Reibiec M C. Hydrofracturing of rock as a method of water, mudmand gas inrush hazards in underground coal mining[C]. 4th IMWA, Belgrade, Yugoslavia, 1992.

[10] Booth C J. A numerical model of groundwater flow associated with an underground coal mine in the appalachian plateau[D]. Pennsylvania State: Pennsylvania State University, 1984.

[11] Sresalev B. 水体安全采煤的条件[C]//国外矿山防治水技术的发展与实践. 鞍山: 冶金工业部鞍山黑色冶金矿山设计院, 1983.

[12] 多尔恰尼诺夫. 构造应力与井巷工程稳定性[M]. 赵惇义, 译. 北京: 煤炭工业出版社, 1984: 227.

[13] Mironenko V, Strelsky F. Hydrogeomechanical problems in mining[J]. Mine Water and the Environment, 1993, 12(1): 35-40.

[14] Sammarco O. Spontaneous inrushes of water in underground mines[J]. International Journal of Mine Water, 1986, 5(3): 29-41.

[15] Sammarco O. Inrush prevention in an underground mine[J]. International Journal of Mine Water, 1988, 7(4): 43-52.

[16] Motyka J, Bosch A P. Karstic phenomena in calcareous-dolomitic rocks and their influence over the inrushes of water in lead-zinc mines in Olkusz region(South of Poland)[J]. International Journal of Mine Water, 1985(4): 1-12.

[17] Kuznetsov S V, Trofimov V A. Hydrodynamic effect of coal seam compression[J]. Journal of Mining Science, 1993(12): 35-40.

[18] 沈光寒, 李白英, 吴戈. 矿井特殊开采的理论与实践[M]. 北京: 煤炭工业出版社, 1992.

[19] 杨天鸿, 刘洪磊, 朱万成, 等. 基于有效应力概念的矿井临界突水系数修正及应用[J]. 岩石力学与工程学报, 2011, 30(增刊 2): 4011-4018.

[20] Shi L Q, Qiu M, Wei W X, et al. Water inrush evaluation of coal seam floor by integrating the water inrush coefficient and the information of water abundance[J]. International Journal of Mining Science and Technology, 2014, 24(5): 677-681.

[21] 刘钦, 孙亚军, 徐智敏. 改进型突水系数法在矿井底板突水评价中的应用[J]. 煤炭科学技术, 2011, 39(8): 107-109.

[22] 李白英, 沈光寒, 荆自刚, 等. 预防采掘工作面底板突水的理论与实践[J]. 煤矿安全, 1988(5): 47-48.

[23] 施龙青, 韩进. 开采煤层底板"四带"划分理论与实践[J]. 中国矿业大学学报, 2005, 34(1): 16-23.

[24] 张金才, 刘天泉. 论煤层底板采动裂隙带的深度及分布特征[J]. 煤炭学报, 1990, 15(2): 112-114.

[25] Zhang J C, Shen B. Coal mining under aquifers in China: a case study[J]. International Journal of Rock Mechanics and Mining Sciences, 2004, 41(4): 629-639.

[26] Zhang J C. Investigations of water inrushes from aquifers under coal seams[J]. International Journal of Rock Mechanics and Mining Sciences, 2005, 42(3): 350-360.

[27] Xu J L, Qian M G. Study and application of mining-induced fracture distribution in green mining[J]. Journal of China University of Mining and Technology, 2004, 32(2): 141-144.

[28] 黎良杰, 钱鸣高, 李树刚. 断层突水机理分析[J]. 煤炭学报, 1996, 21(2): 119-123.

[29] 武强, 张志龙, 张生元, 等. 煤层底板突水评价的新型实用方法Ⅱ——脆弱性指数法[J]. 煤炭学报, 2007(11): 1121-1126.

[30] Wu Q, Liu Y, Liu D, et al. Prediction of floor water inrush: the application of GIS-based AHP vulnerable index method to Donghuantuo coal mine, China[J]. Rock Mechanics and Rock Engineering. 2011, 44(5): 591-600.

[31] 宋振骐, 郝建, 汤建泉, 等. 断层突水预测控制理论研究[J]. 煤炭学报, 2013(9): 1511-1515.

[32] 郭惟嘉, 张士川, 孙文斌, 等. 深部开采底板突水灾变模式及试验应用[J]. 煤炭学报, 2018(1): 219-227.

[33] 鲁海峰, 沈丹, 姚多喜, 等. 断层影响下底板采动临界突水水压解析解[J]. 采矿与安全工程学报, 2014(6): 888-895.

[34] Zhou Q, Herrera J, Hidalgo A. The numerical analysis of fault-induced mine water inrush using the extended finite element method and fracture mechanics[J]. Mine Water and the Environment, 2018, 37(1): 185-195.

[35] Hua X, Zhang W Q, Jiao D Z. Assessment method of water-inrush risk induced by fault activation and its application research[J]. Procedia Engineering, 2011, 26: 441-448.

[36] Hu X, Wang L, Lu Y, et al. Analysis of insidious fault activation and water inrush from the mining floor[J]. International Journal of Mining Science and Technology, 2014, 24(4): 477-483.
[37] Li L C, Yang T H, Liang Z Z, et al. Numerical investigation of groundwater outbursts near faults in underground coal mines[J]. International Journal of Coal Geology, 2011, 85(3): 276-288.
[38] 李连崇, 唐春安, 李根, 等. 含隐伏断层煤层底板损伤演化及滞后突水机理分析[J]. 岩土工程学报, 2009, 31(12): 1838-1844.
[39] Liu S, Liu W, Yin D. Numerical simulation of the lagging water inrush process from insidious fault in coal seam floor[J]. Geotechnical and Geological Engineering, 2017, 35(3): 1013-1021.
[40] Cheng J L, Sun X Y, Zheng G, et al. Numerical simulations of water-inrush induced by fault activation during deep coal mining based on fluid-solid coupling interaction[J]. Disaster Advances, 2013, 6(11): 10-14.
[41] 刘伟韬, 武强. 范各庄矿 F0 断层滞后突水数值模拟[J]. 岩石力学与工程学报, 2008, 27(增刊 2): 3604-3610.
[42] 杨天鸿, 陈仕阔, 朱万成, 等. 矿井岩体破坏突水机制及非线性渗流模型初探[J]. 岩石力学与工程学报, 2008, 27(7): 1411-1416.
[43] 陆银龙, 王连国. 基于微裂纹演化的煤层底板损伤破裂与渗流演化过程数值模拟[J]. 采矿与安全工程学报, 2015, 32(6): 889-897.
[44] 李振华, 翟常治, 李龙飞. 带压开采煤层底板断层活化突水机理试验研究[J]. 中南大学学报(自然科学版), 2015, 46(5): 1806-1811.
[45] Zhang S C, Guo W J, Li Y, et al. Experimental simulation of fault water inrush channel evolution in a coal mine floor[J]. Mine Water & the Environment, 2017, 36(3): 443-451.
[46] 张士川, 郭惟嘉, 孙文斌, 等. 深部开采隐伏构造扩展活化及突水试验研究[J]. 岩土力学, 2015, 36(11): 3111-3120.
[47] 孙文斌, 张士川. 深部采动底板突水模拟试验系统的研制与应用[J]. 岩石力学与工程学报, 2015, 34(增刊 1): 3274-3280.
[48] 许延春, 陈新明, 李见波, 等. 大埋深高水压裂隙岩体巷道底臌突水试验研究[J]. 煤炭学报, 2013, 38(增刊 1): 124-128.
[49] 程久龙, 于师建, 宋扬, 等. 煤层底板破坏深度的声波 CT 探测试验研究[J]. 煤炭学报, 1999, 24(6): 576-580.
[50] 张平松, 吴基文, 刘盛东. 煤层采动底板破坏规律动态观测研究[J]. 岩石力学与工程学报, 2006, 25(增刊 1): 3009-3013.
[51] 刘志新, 王明明. 环工作面电磁法底板突水监测技术[J]. 煤炭学报, 2015, 40(5): 1117-1125.
[52] 刘盛东, 王勃, 周冠群, 等. 基于地下水渗流中地电场响应的矿井水害预警试验研究[J]. 岩石力学与工程学报, 2009, 28(2): 267-272.
[53] Huang Z, Jiang Z, Tang X, et al. In situ measurement of hydraulic properties of the fractured zone of coal mines[J]. Rock Mechanics and Rock Engineering, 2016, 49(2): 603-609.
[54] Yang T H, Liu J, Zhu W C, et al. A coupled flow-stress-damage model for groundwater outbursts from an underlying aquifer into mining excavations[J]. International Journal of Rock Mechanics and Mining Sciences, 2007, 44(1): 87-97.
[55] 李白英. 预防矿井底板突水的“下三带”理论及其发展与应用[J]. 山东矿业学院学报(自然科学版), 1999(4): 11-18.
[56] 高延法, 李白英. 受奥灰承压水威胁煤层采场底板变形破坏规律研究[J]. 煤炭学报, 1992(2): 32-39.
[57] Liu W, Mu D, Xie X, et al. Sensitivity analysis of the main factors controlling floor failure depth and a risk evaluation of floor water inrush for an inclined coal seam[J]. Mine Water and the Environment, 2018, 37(3): 636-648.

[58] Lu H, Liang X, Shan N, et al. Study on the stability of the coal seam floor above a confined aquifer using the structural system reliability method[J]. Geofluids, 2018(22): 1-15.

[59] Lu Y, Wang L. Numerical simulation of mining-induced fracture evolution and water flow in coal seam floor above a confined aquifer[J]. Computers and Geotechnics, 2015, 67: 157-171.

[60] Wang L, Wu Y, Sun J. Three-dimensional numerical simulation on deformation and failure of deep stope floor[J]. Procedia Earth and Planetary Science, 2009, 1(1): 577-584.

[61] Zhou W, Zhang P, Wu R, et al. Dynamic monitoring the deformation and failure of extra-thick coal seam floor in deep mining[J]. Journal of Applied Geophysics, 2019, 163: 132-138.

[62] Li H, Bai H, Wu J, et al. A set of methods to predict water inrush from an ordovician karst aquifer: a case study from the Chengzhuang mine, China[J]. Mine Water and the Environment, 2019, 38(1): 39-48.

[63] Xu J P, Sui W H, Gui H, et al. Utilizing angular displacement to monitor failure of coal seam floor[J]. Procedia Earth and Planetary Science, 2009, 1(1): 943-948.

[64] Yin H, Wei J, Lefticariu L, et al. Numerical simulation of water flow from the coal seam floor in a deep longwall mine in China[J]. Mine Water and the Environment, 2016, 35(2): 243-252.

[65] Timoshenko S P, Goodier J N. Theory of Elasticity[M]. New York: Mc GRAW-HILL Book Company, 1970.

[66] 郭惟嘉, 刘杨贤. 底板突水系数概念及其应用[J]. 河北煤炭, 1989(2): 56-60.

[67] Tang C A, Tham L G, Lee P K K, et al. Coupled analysis of flow, stress and damage(FSD)in rock failure[J]. International Journal of Rock Mechanics and Mining Sciences, 2002, 39(4): 477-489.

[68] Li T J, Li L C, Tang C A, et al. A coupled hydraulic-mechanical-damage geotechnical model for simulation of fracture propagation in geological media during hydraulic fracturing[J]. Journal of Petroleum Science and Engineering, 2019, 173: 1390-1416.

[69] Yan F, Lin B, Zhu C, et al. A novel ECBM extraction technology based on the integration of hydraulic slotting and hydraulic fracturing[J]. Journal of Natural Gas Science and Engineering, 2015, 22: 571-579.

[70] Tang C A, Tham L G, Wang S H, et al. A numerical study of the influence of heterogeneity on the strength characterization of rock under uniaxial tension[J]. Mechanics of Materials, 2007, 39(4): 326-339.

[71] Zhuang D Y, Ma K, Tang C A, et al. Study on crack formation and propagation in the galleries of the Dagangshan high arch dam in Southwest China based on microseismic monitoring and numerical simulation[J]. International Journal of Rock Mechanics and Mining Sciences, 2019, 115: 157-172.

[72] Mendecki A J. Seismic Monitoring in Mine[M]. London: Champman & Hall, 1997.

[73] Tang C A, Li L C, Xu N W, et al. Microseismic monitoring and numerical simulation on the stability of high-steep rock slopes in hydropower engineering[J]. Journal of Rock Mechanics and Geotechnical Engineering, 2015, 7(5): 493-508.

[74] Ma K, Tang C A, Wang L X, et al. Stability analysis of underground oil storage caverns by an integrated numerical and microseismic monitoring approach[J]. Tunnelling and Underground Space Technology, 2016, 54: 81-91.

[75] Dai F, Li B, Xu N, et al. Deformation forecasting and stability analysis of large-scale underground powerhouse caverns from microseismic monitoring[J]. International Journal of Rock Mechanics and Mining Sciences, 2016, 86: 269-281.

[76] Aki K, Richards P G. Quantitative Seismology[M]. 2nd ed. California: University Science Books, 2002.

[77] Gibowicz S J, Young R P, Talebi S, et al. Source parameters of seismic events at the Underground Research Laboratory in Manitoba, Canada: scaling relations for events with moment magnitude smaller than -2[J]. Bulletin of the Seismological Society of America, 1991, 81(4): 1157-1182.

[78] Hudyma M, Potvin Y H. An engineering approach to seismic risk management in hardrock mines[J]. Rock Mechanics and Rock Engineering, 2010, 43(6): 891-906.

[79] Xu N W, Dai F, Liang Z Z, et al. The dynamic evaluation of rock slope stability considering the effects of microseismic damage[J]. Rock Mechanics and Rock Engineering, 2014, 47(2): 621-642.

[80] Lockner D. The role of acoustic emission in the study of rock fracture[J]. International Journal of Rock Mechanics and Mining Sciences & Geomechanics Abstracts, 1993, 30(7): 883-899.

[81] 武强, 李博, 刘守强, 等. 基于分区变权模型的煤层底板突水脆弱性评价——以开滦蔚州典型矿区为例[J]. 煤炭学报, 2013(9): 1516-1521.

[82] 武强, 李博. 煤层底板突水变权评价中变权区间及调权参数确定方法[J]. 煤炭学报, 2016(9): 2143-2149.

[83] 施龙青, 谭希鹏, 王娟, 等. 基于 PCA_Fuzzy_PSO_SVC 的底板突水危险性评价[J]. 煤炭学报, 2015(1): 167-171.

[84] 胡巍, 徐德金. 有限元强度折减法在底板突水风险评价中的应用[J]. 煤炭学报, 2013, 38(1): 27-32.

[85] He J, Li W, Qiao W. *P-H-q* evaluation system for risk assessment of water inrush in underground mining in North China coal field, based on rock-breaking theory and water-pressure transmission theory[J]. Geomatics, Natural Hazards and Risk, 2018: 524-543.

[86] 张培森, 颜伟, 张文泉, 等. 固液耦合模式下含断层缺陷煤层回采诱发底板损伤及断层活化突水机制研究[J]. 岩土工程学报, 2016, 38(5): 877-889.

[87] 高玉兵, 刘世奇, 吕斌, 等. 基于微观裂隙扩张的采场底板突水机理研究[J]. 采矿与安全工程学报, 2016(4): 624-629.

[88] Liu Z, Cao A, Guo X, et al. Deep-hole water injection technology of strong impact tendency coal seam: a case study in Tangkou coal mine[J]. Arabian Journal of Geosciences, 2018, 11(2): 1-9.

[89] He J, Dou L, Gong S, et al. Rock burst assessment and prediction by dynamic and static stress analysis based on micro-seismic monitoring[J]. International Journal of Rock Mechanics and Mining Sciences, 2017, 93: 46-53.

[90] Xin L, Wang Z, Wang G, et al. Technological aspects for underground coal gasification in steeply inclined thin coal seams at Zhongliangshan coal mine in China[J]. Fuel, 2017, 191: 486-494.

[91] 王桂峰, 窦林名, 李振雷, 等. 冲击矿压空间孕育机制及其微震特征分析[J]. 采矿与安全工程学报, 2014(1): 41-48.

[92] 唐礼忠, 潘长良, 杨承祥, 等. 冬瓜山铜矿微震监测系统及其应用研究[J]. 金属矿山, 2006(10): 41-44.

[93] 董陇军, 孙道元, 李夕兵, 等. 微震与爆破事件统计识别方法及工程应用[J]. 岩石力学与工程学报, 2016(7): 1423-1433.

[94] 张文东, 马天辉, 唐春安, 等. 锦屏二级水电站引水隧洞岩爆特征及微震监测规律研究[J]. 岩石力学与工程学报, 2014, 33(2): 339-348.

[95] Tang C A, Wang J, Zhang J. Preliminary engineering application of microseismic monitoring technique to rockburst prediction in tunneling of Jinping II project[J]. Journal of Rock Mechanics and Geotechnical Engineering, 2010, 2(3): 193-208.

[96] 徐奴文, 李韬, 戴峰, 等. 基于离散元模拟和微震监测的地下厂房围岩稳定性研究[J]. 四川大学学报(工程科学版), 2016(5): 1-8.

[97] 张伯虎, 邓建辉, 高明忠, 等. 基于微震监测的水电站地下厂房安全性评价研究[J]. 岩石力学与工程学报, 2012(5): 937-944.

[98] 马克, 唐春安, 李连崇, 等. 基于微震监测与数值模拟的大岗山右岸边坡抗剪洞加固效果分析[J]. 岩石力学与工程学报, 2013, 32(6): 1239-1247.

[99] 马克, 唐春安, 梁正召, 等. 基于微震监测的地下水封石油洞库施工期围岩稳定性分析[J]. 岩石力学与工程学报, 2016, 35(7): 1353-1365.

[100] Lu C, Dou L, Zhang N, et al. Microseismic and acoustic emission effect on gas outburst hazard triggered by shock wave: a case study[J]. Natural Hazards, 2014, 73(3): 1715-1731.

[101] 李楠, 王恩元, Ge M C. 微震监测技术及其在煤矿的应用现状与展望[J]. 煤炭学报, 2017(增刊 1): 83-96.
[102] Huang Z, Jiang Z Q, Zhu S Y, et al. Characterizing the hydraulic conductivity of rock formations between deep coal and aquifers using injection tests[J]. International Journal of Rock Mechanics and Mining Sciences, 2014, 71: 12-18.
[103] 吴荣新, 刘盛东, 张平松, 等. 地面钻孔并行三维电法探测煤矿灰岩导水通道[J]. 岩石力学与工程学报, 2010(增刊 2): 3585-3589.
[104] Qian Z W, Huang Z, Song J G. A case study of water inrush incident through fault zone in China and the corresponding treatment measures[J]. Arabian Journal of Geosciences, 2018, 11(14): 1-7.
[105] 刘伟韬, 刘士亮, 廖尚辉, 等. 断层影响下底板突水通道研究[J]. 煤炭工程, 2015(12): 85-88.
[106] 陈忠辉, 胡正平, 李辉, 等. 煤矿隐伏断层突水的断裂力学模型及力学判据[J]. 中国矿业大学学报, 2011(5): 673-677.
[107] Gibowicz S J, Kijko A. An Introduction to Mining Seismology[M]. New York: Academic Press, 1994.
[108] Cai M, Kaiser P K, Martin C D. A tensile model for the interpretation of microseismic events near underground openings[J]. Pure and Applied Geophysics, 1998, 153: 67-92.

第5章 抽水蓄能电站地下厂房微震监测与稳定性分析

5.1 研究背景与意义

水电是技术成熟、运行灵活的清洁低碳可再生能源，其经济、社会、生态效益显著。19世纪末，随着瑞士第一座地下水电站费纳雅茨电站的建成，地下厂房的布置方式在水电工程中得到广泛应用[1]。水电工程利用地下厂房将水能转化为电能以解决能源短缺问题并实现社会经济的绿色可持续发展[2,3]。近年来，中国水电建设蓬勃发展，逐步成为世界水电规模体系最大的国家，一些大型水电站已投入使用或正在建设，未来也将建设一大批水电站[4-6]。“十二五”期间，中国着力构建安全、稳定、经济、清洁的现代能源产业体系，新增水电投产装机容量10348万kW，到2015年底，中国水电总装机容量达到31954万kW，其中抽水蓄能只占2303万kW。随着经济建设和社会文明的不断进步，能源消耗急剧增加，新能源迅速发展和能源结构转型升级需要加速抽水蓄能建设，水电发展“十三五”规划明确指出“科学有序开发大型水电，严格控制中小水电，加快建设抽水蓄能电站”，预计2025年新增抽水蓄能6000万kW[7]。中国抽水蓄能电站建设起步虽然较晚，与1882年世界上第一座抽水蓄能电站——瑞士奈特拉抽水蓄能电站间隔近80年，但有以往大规模常规水电站建设积累的经验以及工业技术的进步，中国抽水蓄能电站起点高，已建成世界上单电站装机规模最大的广州抽水蓄能电站。在水电开发力度加大和相关工程技术提高的背景下，中国水电站地下厂房的建设呈现单洞室断面尺寸大、洞室群规模大且布置复杂的发展趋势，“大跨度、高边墙、多洞室”的规模在世界上均属第一，我国水电站地下厂房洞室群无论是变形量级还是破坏规模都是世界罕见的[8-10]。地下厂房深埋于山体中，地应力显著，水文地质条件复杂，开挖过程中岩爆、大变形与大面积塌方等围岩失稳问题是水电工程建设面临的一大挑战，诸多工程问题频繁出现在各大水电站地下厂房施工过程中[11-13]。例如，大岗山水电站主厂房围岩辉绿岩岩脉塌方，塌方规模达2000m^{3}以上，这是我国水电站地下厂房首次出现如此大规模的塌方事故[14,15]。锦屏Ⅰ级水电站地下厂房开挖过程中主厂房围岩出现远超预期值的大变形，时效性特征明显，且多处出现开裂破坏现象[16,17]。与常规水电站相比，抽水蓄能电站地下厂房有其特殊性，大容量、高水头、特殊运行工况等特点使得抽水蓄能电站地下厂房对施工期及运行期的围岩稳定及防渗要求更加严格[18]。西龙池抽水蓄能电站地下厂房在开挖施工期间暴露出渗水问题，主厂房顶拱特别是断层、裂隙发育部位渗水现象明显[19]。蒲石河抽水蓄能电站地下厂房排水廊道围岩渗水现象明显，研究发现高水头压力作用下，断层破碎带和岩体内的微裂隙、节理等软弱结构面形成渗流通道，导致围岩发生渗水[20]。水电站选址地质条件复杂。围岩变形破坏因素多，不能仅仅借鉴已有的工程经验和技术。因此，在我国抽水蓄能电站加速发展的阶段，开展有针对性、满足工程建设安全需要的抽水蓄能电站地下厂房围岩稳定问题的研究具有重要的工程价值和现实意义。

地下厂房大多建造于岩性条件较好的山体内，洞室群错综复杂，其稳定性受地应力、地质构造、地下水等因素的影响明显，具有典型的大型地下洞室的工程特征。洞室结构薄弱部位和岩体内原生缺陷存在区域受应力集中和施工扰动影响发生损伤，导致围岩岩体力学性能劣化和承载能力下降，进而影响地下厂房整体或局部稳定性，岩体损伤的存在成为国内外学者研究围岩稳定性问题的热点[21-23]。开挖扰动引起的围岩损伤不仅会威胁到地下厂房的稳定性，还易在断层、节理等裂隙带形成渗流通道，为地下厂房的建设与运营带来隐患[24-26]。抽水蓄能电站为了实现调峰填谷的功能，地下厂房长期反复处于高水头、高外水压力作用下，围岩发生二次损伤（开挖损伤形成后再次发生的损伤）的概率增加，其建设期和运营期的稳定性分析尤为重要。围岩变形失稳现象往往都是围岩内部岩石微破裂萌生、发育、扩展直至贯通的最终结果，基于能量耗散原理，伴随能量释放的微破裂演化规律可以很好地揭示岩体内部动态的损伤演化过程[27,28]。近年来，微震监测技术能够有效地捕捉岩体内发生的微破裂信号，被广泛应用于煤矿[29]、地下水封石油洞库[30]、隧道[31]、边坡[32]等大型岩体工程灾害监测预警中，取得了十分显著的效果。Dai 等[33]和李昂等[34]将微震监测技术应用于白鹤滩、乌东德水电站地下厂房开挖围岩稳定性的监测中，并基于微震监测结果对地下厂房开挖过程围岩损伤识别和变形稳定性分析进行了相关研究。通过微震监测这一岩体微破裂三维空间监测技术来识别和分析围岩岩体损伤与稳定性将成为地下厂房安全建设的重要手段。

本章基于开挖扰动条件下地下厂房围岩岩体劣化诱发岩石微破裂从而造成围岩损伤这一认识，以黑龙江荒沟抽水蓄能电站地下厂房为研究对象，突破传统的点、面式的二维监测信息的局限性，以微震监测和数值模拟为研究手段，对开挖扰动条件下地下厂房围岩的损伤区域和损伤演化规律进行研究，通过微破裂的时空演化规律建立施工动态、断层构造与微震活动的内在联系，识别和圈定地下厂房围岩的潜在危险区域。研究结果可为抽水蓄能电站地下厂房开挖过程的围岩稳定性分析提供思路，同时为后续的施工和支护提供一些参考。

5.2　国内外研究现状及分析

5.2.1　地下厂房围岩稳定性分析

凌影[35]利用 $FLAC^{3D}$ 有限差分软件以三种开挖方式进行地下洞室群的开挖模拟，对开挖引起的应力位移重分布以及塑性破坏区域分布情况进行分析，并验证了采用分层开挖系统支护方案的优越性。Gehrels[36]通过 ANSYS 建模导入 $FLAC^{3D}$ 对开挖过程中的地下厂房围岩位移和塑性区进行了分析研究。祁德庆等[37]借助三维弹塑性有限元方法对有无支护和不同开挖顺序后的地下厂房围岩稳定性进行了分析评价，基于数值模拟结果对现场施工方案和锚固措施可行性进行反馈。张练等[38]采用三维有限差分法，对水布垭地下洞室群围岩稳定性进行了分析，通过多种方案计算和比较，论证了局部软岩置换、支护型式优化、支护参数优化的合理性。张勇慧等[39]基于反演分析法用 $FLAC^{3D}$ 对大岗山水电站地下厂房厂区的三维地应力场进行了计算，结果表明厂区地应力场受构造应力、地质构造和地形地貌的综合影响。Hao 等[40]采用离散元软件 UDEC 研究了节理岩体中断层对地下洞室围岩稳定性的影响，反分析计算了断层倾角、抗剪强度等断层参数，并成功应用于地下厂房的围岩稳定性分析中。邬爱清等[41]以清江水布垭水电站地下厂房为例，应用非连续变形分析方法从地应力水平、锚固、岩体结构及强度等角度对地下厂房围岩变形和破坏特征进行了模拟研究。随着岩石力学问题向着深部发展以及计算机技术的飞速进步，数值模拟分析方法已经成为分析评价地下厂房围岩稳定性的有效工具。综上所述，国内外众多学者从施工、支护措施、地质条件、应力状态等多个角度研究了地下厂房开挖过程围岩稳定性问题，为地下厂房开挖过程洞室围岩稳定的分析预警提供了基础和工程经验。

5.2.2　地下厂房围岩稳定性的常规监测

施工期是影响地下厂房围岩稳定的关键时期，我国地下厂房的建设规模正朝着大跨度、高边墙、多洞室的方向快速发展，大型地下厂房洞室群开挖施工是一个动态变化的过程，围岩的变形、应力等信息随着施工进度始终处于变化当中，因此现场监测信息的实时采集对围岩稳定分析评价尤为重要[42]。传统的现场安全监测方法在软弱结构面或工程结构重要特殊断面埋设监测设备（多点位移计、锚杆应力计、锚索测力器等），通过处理分析监测点的监测信息进而判断围岩的稳定状态[43-46]。赵瑜等[47]基于泰安电站地下厂房围岩的变形监测数据，引入突变理论，建立围岩变形速率尖点突变模型，对地下厂房围岩的稳定性分析进行了研究。魏进兵等[48]结合锦屏 I 级水电站地下厂房监测、物探、施工和地质资料，对高地应力条件下施工期地下厂房围岩的变形破坏特征进行了分析，认为围岩变形的时效性应理解为围岩破坏的渐进扩展过程。Maejima 等[49]基于施工过程的监测成果反馈优化后续的施工行为，通过抽水蓄能电站施工过程的应力、位移、应变等常规监测数据对施工的设计和支护提供了建议。覃卫民等[50]首次将全站仪和滑动测微计应用在国内大型水电站地下厂房施工期的围岩监测当中，基于围岩表面和深部岩体的变形监测数据对地下厂房施工进行了指导。王克忠等[51]通过西龙池电站地下厂房洞室群围岩位移观测数据和数值模拟计算结果对比分析，对地下厂房围岩稳定性进行了综合评价。甘孝清等[52]利用施工期和运行期安全监测成果，分析研究了白莲河抽水蓄能电站地下厂房围岩变形、支护锚杆应力、锚索锚固力、格构梁钢筋应力等的变化过程和相互影响规律，并对地下厂房围岩的稳定性进行了综合评价。沈伟[53]阐述狮子坪水电站地下厂房监控量测方案及相关工作实施情况，列举典型断面近年的监控量测数据，对围岩稳定性做出初步分析和判断，并总结出地下洞室顶拱变形规律。以上方法大部分都基于应力、位移等传统常规监测手段与地质、物探、数值模拟等方法结合对地下厂房围岩稳定性进行分析和评价。常规监测方法只能反映特定位置或者断面的围岩变形特征，往往都是围岩已经发生大变形甚至宏观失稳才能监测到的数据，其在施工期对现场施工行为进行实时互馈或者预测预警存在很大的局限性。

5.2.3　地下厂房围岩稳定性的微震监测

地下洞室围岩变形失稳问题往往都是围岩内部岩石微破裂萌生、发育、扩展直至贯通的最终结果，岩石微破裂可以很好地揭示岩体内部动态损伤演化过程。近年来，微震监测技术作为一种新的三维空间体监测方法能够有效地捕捉到深部岩体内发生的岩石微破裂信号，在煤矿[29]、地下水封石油洞库[30]、隧道[54]、大坝[55]等岩石工程中被广泛应用于岩石动力灾害监测和预警。水电工程中，微震监测技术越来越多地被应用于地下洞室开挖过程的监测当中。张伯虎等[56]在大岗山水电站地下厂房塌空区域建立 ISS 微震监测系统，基于微震震源参数对地下厂房整体稳定性评价方法和安全性评价预测方法进行了研究。Xu 等[57]在微震监测基础上结合数值模拟和常规监测对猴子岩水电站地下厂房开挖过程微震活动与岩体损伤关系进行了分析，验证了微震活动的有效性。戴峰等[58]构建微震监测系统，覆盖白鹤滩水电站主厂房，研究了微震活动与施工动态、地质构造、围岩变形的联系，提出用视应力和累积视体积作为围岩变形预警指标的变形预测方法。

5.3　存在的问题

（1）抽水蓄能电站地下厂房具有高水头差、机组淹没深度大和安装高程低等特点，其防渗要求较高，开挖过程中地下厂房围岩在宏观变形乃至失稳破坏现象发生之前已经存在不同程度的损伤，有效监测抽水蓄能电站地下厂房的围岩损伤是关系到整个施工和运行成败的主要问题。传统的抽水蓄能电站地下厂房监测主要以围岩变形量与应力值为监测对象，难以准确实时连续地反映施工动态下的围岩损伤演化过程，更难以揭示抽水蓄能电站地下厂房围岩微破裂萌生、扩展、贯通诱发宏观失稳过程的失稳本质。

（2）微震监测结果不仅可以从微破裂的角度揭示地下厂房围岩损伤区域的范围和形态，还可以通过震源参数对围岩损伤区域的微破裂机制进行分析。施工期开挖卸荷引起应力回弹和应力重分布是地下厂房围岩发生变形失稳破坏的主要原因。然而，微震监测无法得到地下厂房围岩的应力场变化。基于微震监测结果，开展不同因素影响下的围岩损伤演化规律数值模拟研究，对深入认识围岩损伤区域力学机制具有重要意义。

5.4　研 究 内 容

本章总结前人对地下厂房围岩稳定性做的大量研究，基于微震监测系统在大型岩土工程稳定性监测及预警的优势，2017 年 9 月 30 日在黑龙江荒沟抽水蓄能电站尝试构建了国内首套应用于抽水蓄能电站地下厂房的微震监测系统。运用微震监测和数值模拟相结合的方法，再现了开挖扰动作用下地下厂房围岩微破裂萌生、发育、扩展的渐进过程，揭示了围岩损伤演化规律及其机制，圈定了围岩的潜在风险区域，为后续施工和支护提供借鉴和参考。通过数值模拟进一步探讨了不同侧压力系数和不同位置陡倾角断层对地下厂房围岩损伤演化规律的影响。本章具体研究内容如下。

（1）优化设计适用于荒沟地下厂房的传感器三维空间阵列台网，构建地下厂房微震监测系统。通过人工定点敲击试验，确定等效 P 波波速模型，控制定位误差精度。运用阈值设定、频谱分析和人工识别等方法剔除噪声信号，建立荒沟微震监测的典型波形库。

（2）通过微震事件时空演化规律，建立施工动态、地质构造与微震特征之间的内在关系，基于微震能量、密度、横波与纵波能量比等震源参数，揭示开挖过程围岩微破裂的渐进演化过程及其破裂机制，识别并圈定地下厂房围岩潜在危险区域。

（3）利用可模拟岩石真实破裂过程的 RFPA 有限元，对地下厂房围岩损伤演化规律进行模拟研究。选取地下厂房 0+60m 剖面进行模拟，并将数值结果与微震监测结果进行对比验证，揭示地下厂房围岩损伤演化规律及其机制。在此基础上，对不同侧压力系数和陡倾角断层位置影响下的地下厂房围岩损伤演化规律进行模拟分析。

5.5 荒沟抽水蓄能电站地下厂房微震监测系统

5.5.1 工程及施工概况

黑龙江荒沟抽水蓄能电站位于黑龙江省牡丹江市海林市三道河子乡境内，在三道河子右岸山间洼地修建总库容（1161×104）m^3的上水库，利用已建成的莲花水库为下水库，最大水头 445.6m，总装机容量 1200MW。其枢纽建筑物主要由上水库挡水主坝、库尾垭口挡水副坝、输水隧洞、上下游调压井和中部地下厂房等组成。地下厂房系统位于输水隧洞中部上方的山体内，埋深约 310m（图 5.1）。

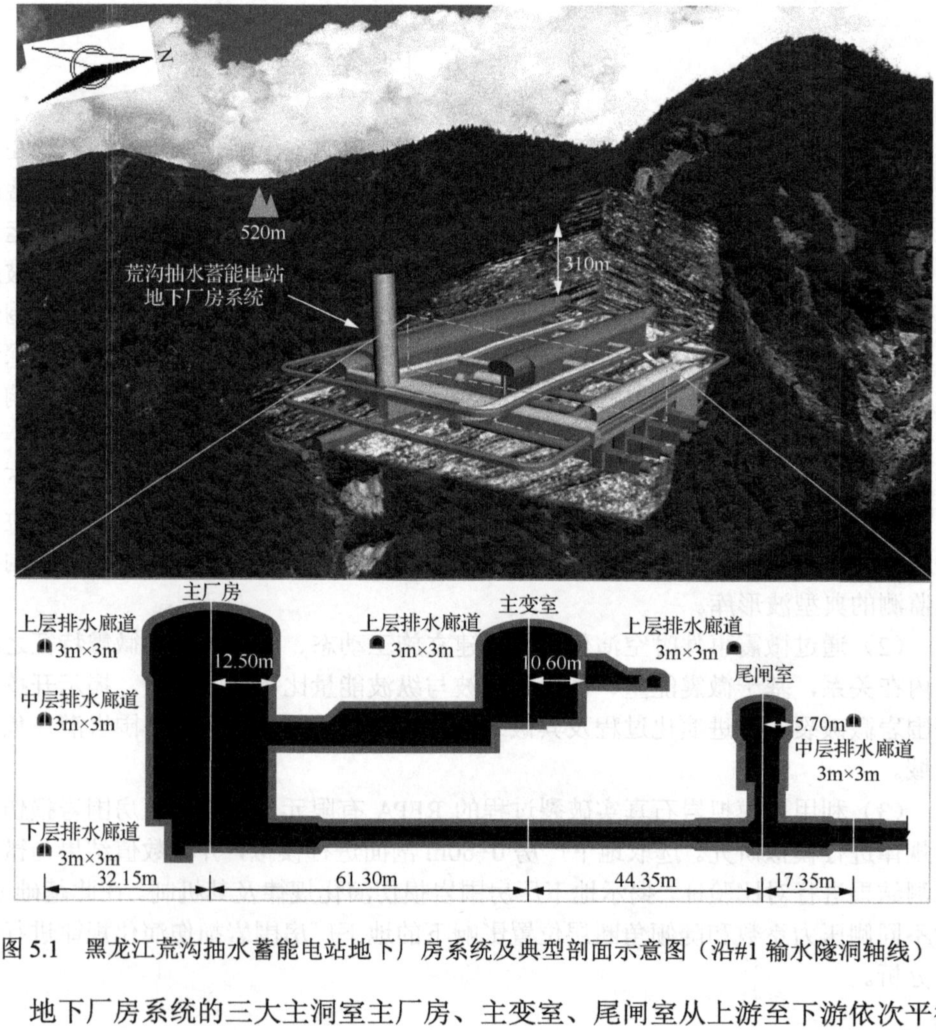

图 5.1 黑龙江荒沟抽水蓄能电站地下厂房系统及典型剖面示意图（沿#1 输水隧洞轴线）

地下厂房系统的三大主洞室主厂房、主变室、尾闸室从上游至下游依次平行布置，洞轴线方位 NW311°。主厂房开挖尺寸 143.00m×26.50m×55.30m（长×宽×高，下同），副厂房尺寸 19.50m×25.00m×45.60m，开挖全长 163.20m，拱顶高程 178.60m。主变室开挖尺寸 127.10m×21.20m×28.10m，拱顶高程 175.20m。尾闸室开挖尺寸 94.90m×11.40m×20.30m，拱顶高程 159.20m。主厂房与主变室之间通过四条垂直厂房纵轴线的母线洞相连，洞室间岩体厚度 37.45m，尾闸室与主变室之间岩体厚度 28.05m，三层排水廊道环绕三大洞室，形成“高边墙、大跨度、多洞室”交叉的复杂地下洞室群（图 5.2）。

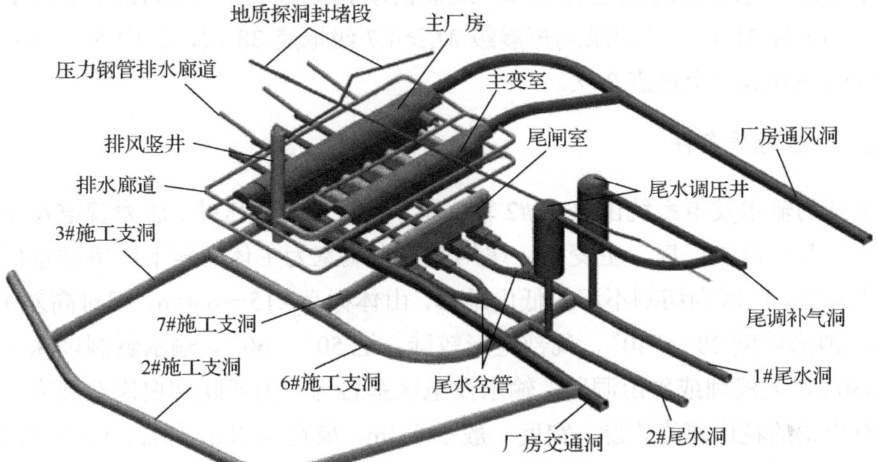

图 5.2　黑龙江荒沟抽水蓄能电站地下厂房洞室群布局

1. 地貌地质概况

工程场址位于张广才岭东北部，属构造侵蚀中低山地及河流山谷间的小型构造盆地地形。山体高程一般为 500～1184m，相对高差一般为 300～500m，山体坡度一般为 20°～45°，山谷间分布有小型构造盆地，沿江（河）多见陡壁。牡丹江及支流河谷常发育有 I、II 级阶地，其中 I 级阶地高出江水位 2～8m，II 级阶地高出江水位 8～28m。局部地段有规模不大的崩塌堆积。工程区内出露的地层主要为新元古界的变质岩，零星分布有中生界侏罗系的火山岩，并有大面积元古代混合花岗岩、华力西晚期白岗花岗岩及燕山期花岗岩侵入体，地表覆盖有第四系松散堆积层，由老至新分别为新元古界、古生界、中生界和新生界。侵入岩又分为三期：元古代侵入岩、华力西晚期侵入岩（岩脉有花岗斑岩岩脉）、燕山早期侵入岩。在大地构造上，工程区处于天山-兴安地槽褶皱区吉黑褶皱系张广才岭隆起带。区内构造以断裂构造为主，发育较早的为近南北向构造，伴随区域构造运动，下元古界麻山群出现了强烈的变质作用，形成大面积的混合岩，并有大面积的花岗岩浆侵入。早古生代中期地壳处于动荡时期，形成火山岩建造和浅海沉积，随后发生南北向褶皱和区域变质作用。华力西晚期，工程区内构造运动十分强烈，老构造进一步活动，并有大面积花岗岩浆侵入，南北向构造继元古代末期又得到了进一步发展。燕山运动时期，形成北北东向断裂，同时出现了近东西、北东、北西向断裂，南北向构造有明显的继承性活动，局部有花岗岩浆侵入，伴有大面积的火山喷发，形成了侏罗系中统火山岩构造。工程场地区域范围位于松辽盆地及周边地区的东部，地震活动相对较弱：自 1918 年 1 月 1 日至 2004 年 12 月 31 日，共记录到矩震级 $M_s \geqslant 4.7$ 级地震 38 次，其中 5.0～5.9 级地震 22 次，6.0 级以上地震 3 次。

2. 工程地质条件

电站的输水发电系统由#1 和#2 输水隧洞、上下游调压井、压力管道及发电系统组成，其中以主厂房、主变室、尾闸室三大洞室为主体的地下厂房洞室群构成了发电系统。厂区为切割不深的低山地形，山体标高 215～680m，相对高差 100～150m，地形坡度 20°～40°，局部地形较陡，达 50°～60°。输水隧洞埋深一般为 60～430m，无浅埋或傍山洞段。输水发电区基岩为华力西晚期白岗花岗岩，后期穿插有少量的花岗斑岩岩脉，宽度一般小于 lm，最宽为 20m 左右。白岗花岗岩岩质坚硬，岩体较完整。新鲜岩石的饱和抗压强度达 120MPa。据波速测试，弱风化白岗花岗岩纵波波速为 3～4km/s，微风化岩石的纵波波速为 4.5～5km/s，新鲜岩石的纵波波速为 5～5.3km/s。在输水发电区已经发现存在 80 条断层（其中探洞揭露 34 条，多未延至地表），主要为近南北向和近东西向两组，多属逆断层，少数为平移断层或正断层，倾角 55°～85°，宽度一般为 0.5～l.5m，少数为 2～5.6m，多由碎裂岩及岩屑夹泥组成。另据钻孔和探洞揭露，尚发现有 20 余条缓倾角断层，宽度一般为 0.1～0.5m，少数断层主要由碎裂岩及岩屑夹泥组成。节理主要为近南北向和近东西向陡倾角两组，延伸较长。近东西向的缓倾角节理普遍分布，且有时密集出现，但多延伸不长，断续分布，节理间距一般为 1～2m，密集地段为 5～25cm，延伸长度多为 4～7m，少数为十余米。在位于地下厂房洞室区部位的探洞内选取 4 个测点进行了应力解除法的地应力测量，实测最大主应力总体方向为近东西向，应力量值大都在 5～10MPa，这与该区域地质构造所表征区域的应力场比较吻合。最大水平主应力方向约 N71°W，量值为 12.2MPa，中间主应力和最小主应力大小接近，分别为 6.5MPa 和 5.7MPa，属于中等地应力量级，测量结果见表 5.1[59]。厂房系统各洞室布置于输水隧洞中下部的山体内，最大埋深

310m，围岩多为新鲜白岗花岗岩，岩石的 RQD 值达 90%～100%，岩质坚硬、完整，抗风化能力强，没有发现不良蚀变现象，属于 II 类围岩。据地下厂房岩体变形试验成果，新鲜白岗花岗岩岩体变形模量为 23.7～30.1GPa。由于地下厂房埋藏较深，岩体新鲜完整，实测最大主应力值为 12.2～13.38MPa，开挖中可能出现轻微的岩爆现象，需加防范。

表 5.1　地下厂房区地应力测量结果

测点编号	最大主应力			中间主应力			最小主应力		
	数值/MPa	方向	倾角/（°）	数值/MPa	方向	倾角/（°）	数值/MPa	方向	倾角/（°）
D_1	14.1	N60°W	−7	8.4	N29°E	11	7.9	N63°E	−77
D_2	14.7	N47°E	3	7.0	N32°W	−74	5.1	N44°W	16
D_3	11.1	N70°E	−39	8.7	N51°W	−32	6.3	N3°E	34
D_4	15.7	N65°W	0	4.8	N26°E	−67	1.8	N25°E	23
D_4'	13.7	N83°W	4	5.8	N6°E	−11	4.7	N29°E	79
厂区综合	12.2	N71°W	3	6.5	N13°E	−67	5.7	N20°E	23

3. 断层及节理

地下厂房断层地质勘探结果见表 5.2，主厂房发现有 f_{33}、f_{34} 两条裂隙状小断层，宽仅 3～5mm，延伸不长。主变室通过有 f_{31}、f_{32}、f_{33} 三条高陡倾角断层。其中断层 f_{31} 走向 EW，倾向 S，倾角 80°，宽 0.3～1.1m；f_{32} 断层走向 N15° W，倾向 NE，倾角 70°，宽 0.05m；f_{33} 断层走向 N21°～30° W，倾向 NE，倾角 80°，宽 0.005m，f_{33} 主要由碎裂岩及岩屑夹泥组成。尾闸室通过有 f_{31}、f_{32} 两条高陡倾角断层。其中，断层 f_{32}、f_{33} 具有明显的水平擦痕，表明该区应力场受构造作用显著。通风洞、交通洞内出露的断层多为与洞轴线呈大角度斜交的陡倾角断层，断层规模多数较小。岩体中节理不甚发育，主要发育四组节理：①走向 N75°～85° W，倾向 NE 或 SW，倾角 60°～80°；②走向 N45°～50° E，倾向 NW，少量倾向 SE，倾角 60°～70°；③走向 N75°～85° E，倾向 NW，倾角 50°～60°；④走向 N75°～85° E，倾向 NW，倾角 10°～20°。节理间距一般为 0.5～2.5m，多呈闭合状态。其中①组和②组节理最为发育，③组和④组节理不发育。①组节理与厂房轴线交角 26°～36°，交角较小，其他三组节理与厂房轴线交角较大。缓倾角节理只偶有分布，延伸不长。主厂房边墙主要结构面赤平投影图及地下厂房节理玫瑰图见图 5.3[60]。

表 5.2　厂区断层地质勘探结果

编号	产状			宽度/m	性质	构造岩特性
	走向	倾向	倾角/(°)			
f_{31}	EW	S	80	0.3～1.1	逆断层	组成物为碎屑夹泥，影响带宽度3.5m，节理密集，锈蚀严重
f_{32}	N15°W	NE	70	0.05	平移断层	组成物为碎屑夹泥，影响带宽度4m，岩石呈15cm的块状，具明显水平擦痕和阶步
f_{33}	N21°～30°W	NE	80	0.005	平移断层	组成物为碎屑夹泥，断层面有严重的锈蚀现象，具水平擦痕
f_{34}	N55°～67°W	SW	70	0.003	平移断层	组成物为碎屑夹泥，断层面较平直

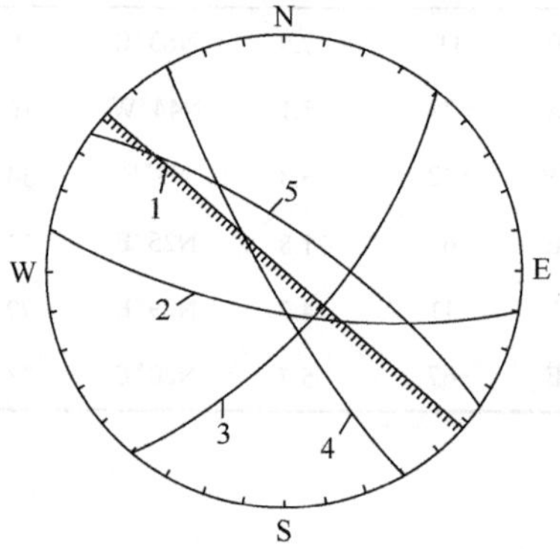

编号	倾角/(°)	倾向/(°)	类型
1	90	41	主厂房边墙
2	70	190	节理
3	65	130	节理
4	80	240	断层f_{33}
5	70	35	断层f_{34}

（a）主厂房边墙主要结构面赤平投影图

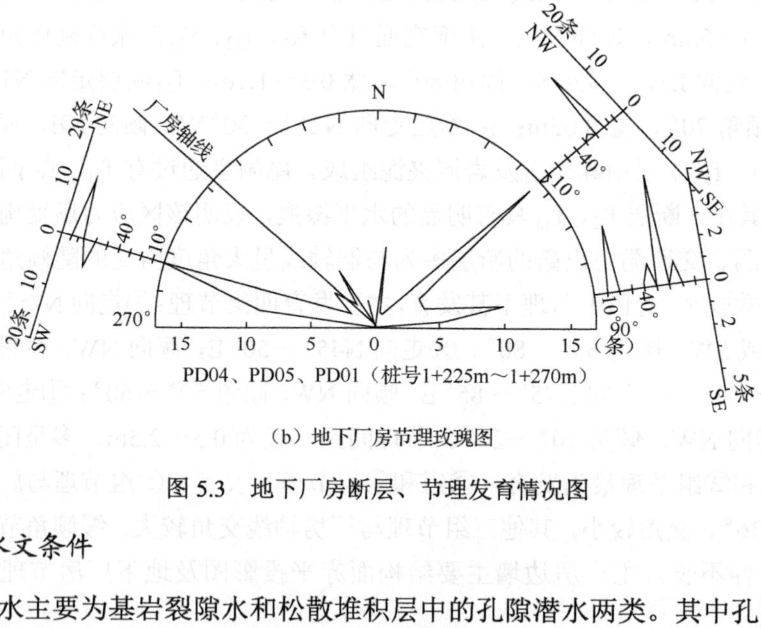

（b）地下厂房节理玫瑰图

图 5.3　地下厂房断层、节理发育情况图

4. 水文条件

地下水主要为基岩裂隙水和松散堆积层中的孔隙潜水两类。其中孔隙潜水主要埋藏于河谷冲洪积层及谷坡中的坡积、崩塌堆积层中，含水层厚度不等，受大

气降水补给，向河流排泄；基岩裂隙水主要埋藏于基岩裂隙中，其透水性取决于裂隙发育程度和基岩的性质。工程区大部分为火成岩构成的山体，裂隙虽较发育，但随着深度增加而逐渐趋于闭合，透水性一般较弱。据钻孔压水试验资料，厂房区围岩多属弱微岩体。厂区地下水高于顶拱约 290m，为减小外水压力产生的不利影响，设计上应采取必要的排水减压措施，同时应根据实际情况做好施工期和运行期的渗水和排水设计。

5. 施工概况

地下厂房系统的各廊道、洞室开挖主要采用钻爆法施工，排水廊道以全断面施工为主，地下厂房因断面大而采用分步开挖，中部采用梯段爆破开挖，周边采取光面爆破或预裂爆破开挖。主厂房分七层逐层开挖，顶部至底部开挖高度依次为 10m、8m、8.1m、6.6m、7.4m、7.5m、6.2m。2017 年 9 月 30 日微震监测系统构建完成时，地下厂房的施工进度如图 5.4 所示。主变室、尾闸室已开挖至接近设计高程，中层、上层排水廊道和交通洞、通风洞已基本开挖完成，母线洞开挖至接近主厂房下游侧边墙。微震监测期间，主厂房主要完成 III 层的开挖，从高程 154m 开挖至高程 152m，开挖方向为安装间—主机间—主副厂房，开挖宽度 19m，两侧预留 3m 宽的保护层以减小施工对厂房边墙及岩壁吊车梁混凝土的影响[61]。同时，压力钢管上部排水廊道、下层排水廊道也在进行开挖。现场地质预报资料显示，地下厂房开挖过程中多处出现片帮、掉块等局部围岩失稳现象，甚至发生轻微岩爆，不仅威胁着施工安全，还严重制约了施工进度。针对地下厂房开挖卸荷过程中围岩的稳定问题，2017 年 9 月 30 日在黑龙江荒沟抽水蓄能电站地下厂房成功构建微震监测系统，对开挖卸荷过程中地下厂房围岩的微破裂进行全天候实时监测。在实地搭建微震监测系统过程中，发现中层排水廊道和下层排水廊道已开挖的部分区域出现严重的片帮掉块甚至轻微岩爆的现象，具有明显的片状剥落的特征（图 5.4）。

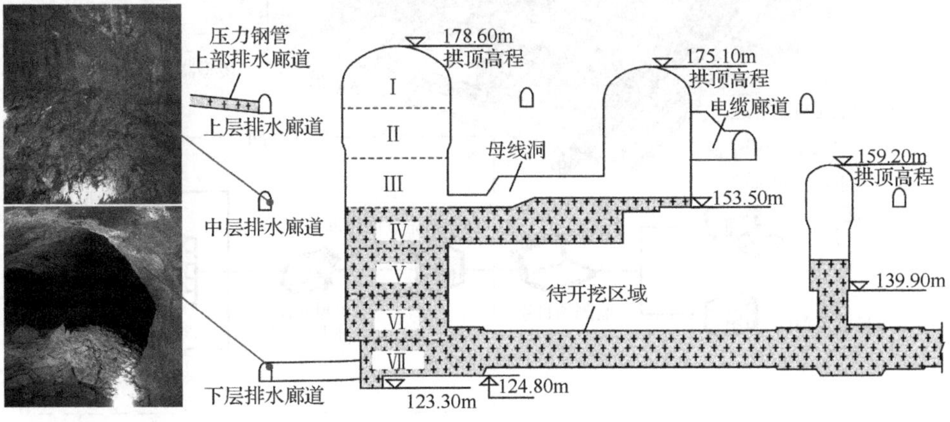

图 5.4　地下厂房施工进度示意图

5.5.2　微震系统构建

基于地下厂房高边墙、大跨度、多洞室错综复杂、工作面众多等工程特征，根据实地踏勘情况和后续开挖进度，结合加拿大 ESG 微震监测系统要求，布置如图 5.5 所示的地下厂房微震监测系统。地下厂房微震监测系统主要由加速度传感器（S01～S18）、Paladin 信号采集系统和 Hyperion 数据处理系统三部分组成。布置在地下厂房洞室围岩内的传感器接收到岩石微破裂释放的弹性波信号后经电缆传输至 Paladin 信号采集系统，电信号被转换为数字信号存储于 Hyperion 数据处理系统供用户处理分析，借助网络实现分析中心和决策部门的实时信息交互。采用的 G1030 检波传感器为不锈钢材质的单分量信号接收探头，直径和长度分别为 32mm、146mm，灵敏度为 30V/（m·s），频率响应范围为 50～5000Hz，能更好地适应黑龙江荒沟抽水蓄能电站中等地应力特点。Paladin 信号采集系统采样频率 20000Hz，24 位模数转换，采用阈值触发。微震监测系统对开挖卸荷作用下地下厂房围岩内岩石微破裂事件进行 24h 的连续监测，通过滤波处理、时频分析、人工识别等方法排除噪声事件，并对采集到的微震信号进行分类，对岩石微破裂的微震信号进行有效识别和处理，分析其波形和时频图，反演微破裂的时空分布、震级、能量等震源参数信息。

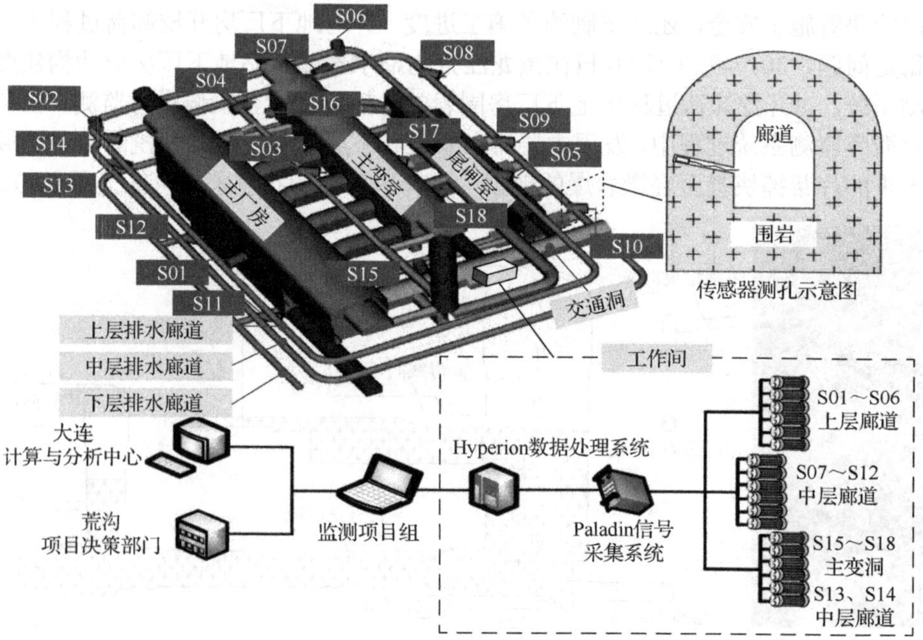

图 5.5　微震监测系统网络拓扑图

结合现场施工进度情况和微震监测系统要求，在基本开挖完的上、中层排水廊道和主变室不同高程边墙上安装 18 个加速度传感器，高密度传感器空间阵网覆盖地下厂房三大洞室。上层排水廊道安装 6 个传感器，中层排水廊道安装 8 个传感器，其余 4 个传感器布置在主变室上下游边墙以及主变室与交通洞交汇处，采用三维空间阵列式分布。为了实现传感器的重复使用，设计了一套可回收式的传感器安装方案。传感器安装钻孔孔径至少为 32mm，考虑到围岩变形和施工扰动影响，设计传感器安装孔径 40mm，孔深 3.5m 左右，角度近水平，开口朝下，以保证传感器安装环境干燥。安装时通过拧紧螺栓（不宜过紧，影响后期回收传感器）将传感器与底部开孔的一次性纸杯串联起来，将调试好的环氧树脂和凝固剂充填于纸杯内，用传感器安装杆将传感器与纸杯迅速稳定地滑向钻孔底部，顺着钻孔按紧安装杆以保证纸杯与钻孔底部紧密接触（图 5.6）。固定 10min，待树脂反应凝固充分后，小心移除安装杆，传感器与电缆线串联，检查偏压是否处于 18～22V，确定传感器电路相通。微震监测工作结束后，监测组的工作人员将现场安装的 18 个传感器成功回收。工程经验证明，该套可回收式的传感器安装方案适用于地下厂房开挖过程的微震监测当中，具有很好的工程经济价值。

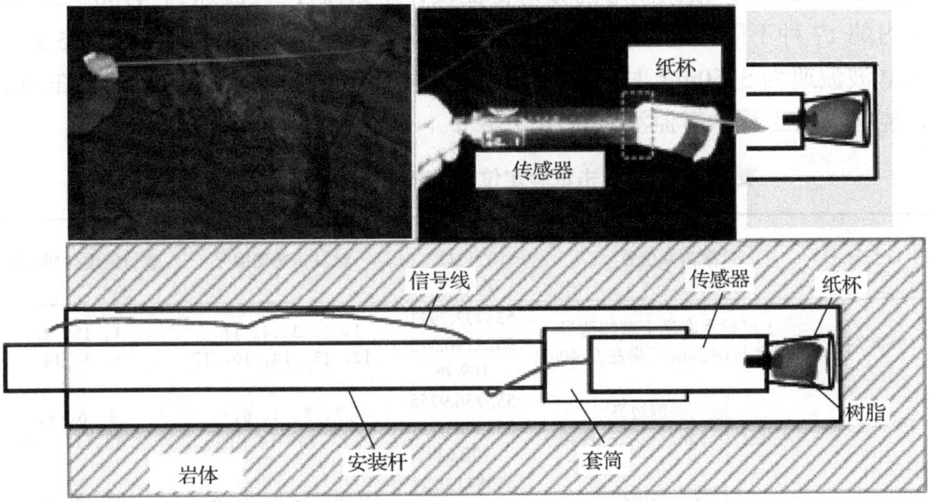

图 5.6　传感器的安装方法

5.5.3　微震系统定位误差和波形识别

微震监测技术是通过捕捉岩体微破裂产生的微震信号来分析评价岩体工程中岩体稳定性的一种地球物理实时监测技术[62]。精确的震源定位是微震监测系统能够有效应用于工程监测的基础，其定位精度受传感器空间坐标、波形到时、波速模型、微震台网阵列等关键因素的影响，而波速模型是微震震源定位的先决条件[63]。大型岩土工程的地质条件复杂，加上岩石的非均匀性和开挖造成的空洞区的影响，监测区域岩体的真实波速很难界定区别[64,65]。目前，国内大部分岩土工程的微震监测系统都采用一定简化的波速模型，其定位误差都能控制在 10m 以内[66,67]。水电站地下厂房具有典型的“高边墙、大跨度、多洞室”交叉的结构特征，地质构造和岩性构成复杂，使得开挖卸荷作用下地下厂房围岩岩石微破裂产生的弹性波的传播路径和速度极其复杂，如何有效地确定弹性波在监测区域内岩体中的传播速度对于地下厂房微震监测系统的定位精度和震源参数计算显得尤为重要。黑龙江荒沟抽水蓄能电站地下厂房微震监测系统根据整体简化的波速模型，假定监测区域内微震信号的传播速度等效为一系列的整体波速模型，采用人工定点敲击试验，对监测区域内岩体波速模型进行精确的测定。参考黑龙江荒沟抽水蓄能电站地下厂房岩土勘察报告资料，厂区新鲜白岗花岗岩的纵波波速为 5.0～5.3km/s。2017 年 9 月 28 日、29 日，在地下厂房微震监测系统传感器阵列空间内选取了 9 个点进行人工敲击试验，记录下敲击时间、敲击位置、捕获的敲击波形，其中敲击点位置、每次敲击触发的传感器的个数及编号、参与定位的传感器的个数及编号见表 5.3。根据波形的频谱特征设计了系统 P 波波速为 4700～5500m/s 范围内的 17 种不同波速，计算不同 P 波波速下敲击试验的定位误差（图 5.7）。当系统 P 波波速为 5150m/s 时，系统定位误差均值为 5.4m（表 5.4），控制在 6m 以内，能够满足工程微震监测定位精度要求。

表 5.3　人工敲击试验定位信息表（2017 年 9 月 28 日）

时刻（时:分:秒）	敲击点位置	*X*（E） *Y*（N） *Z*（U）	触发传感器编号	参与定位传感器编号
19:28:24	上层排水廊道上游侧边界 厂房上 0+34m 厂房左 0+40m	553772.7973 5022990.515 169.78	1、2、3、4、11、 12、13、14、16、17	1、11、2、 13、3、14、4
19:34:53	通风洞侧边界 厂房上 0+34m 厂房左 0+40m	553736.9755 5023083.731 170.61	2、3、4、6、 8、13、14、16	4、6、8、 13、14、16
20:08:10	上层排水廊道边墙 厂房下 0-97m 厂房左 0+62m	553841.0221 5023102.533 170.45	3、4、5、6、7、8、 9、10、16、17、18	17、8、6、 3、10、18
21:20:36	主厂房安装间边墙 厂房下 0-11m 厂房右 0-13m	5022988.876 553841.5977 160.5	1、3、4、10、11、 12、13、15、18	15、12、11、 10、4、13
21:22:33	主厂房安装间边墙 厂房下 0-11m 厂房左 0+7m	5023001.997 553826.5035 160.5	1、3、4、10、11、 12、13、15、16、18	4、11、13、 15、16、18、10

续表

时刻（时:分:秒）	敲击点位置	*X*（E） *Y*（N） *Z*（U）	触发传感器编号	参与定位传感器编号
21:48:25	中层排水廊道边墙 厂房下 0-48m 厂房左 0+119m	5023103.739 553766.5453 151.4	2、3、4、6、8、 12、13、14、16、17	16、13、2、 6、12、8、17、3
21:57:07	中层排水廊道拐角边墙 厂房下 0-120m 厂房左 0+116m	5023155.205 553815.2587 153.54	2、4、6、7、8、9、10、 13、14、16、17	6、8、10、 4、16、17
21:59:50	中层排水廊道下游侧边界 厂房下 0-120m 厂房左 0+50m	5023111.905 553865.0695 154.18	4、5、6、7、8、 9、10、17、18	17、10、6、 7、18、4

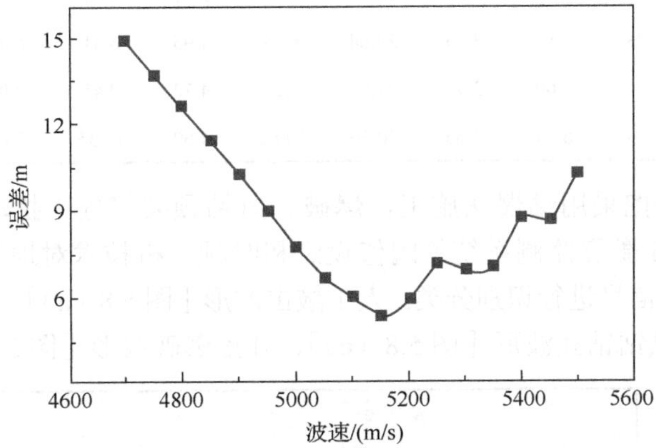

图 5.7　不同 P 波波速下敲击点与定位结果误差关系曲线

表 5.4　P 波波速 5150m/s 的人工敲击定位误差表

波速/（m/s）	P 波波速 5150m/s 的敲击点定位误差/m										误差均值/m
	2017 年 9 月 28 日								2017 年 9 月 30 日		
	19:28:24	19:33:45	20:08:00	21:20:26	21:22:33	21:48:14	21:57:57	21:59:44	16:51:57	17:01:46	
4700	10.45	22.89	18.97	23.24	15.73	9.39	17.16	15.42	5.31	10.74	14.9
4750	8.66	20.99	18.01	21.63	14.18	8.93	15.88	14.40	4.89	9.59	13.7
4800	7.38	19.03	17.06	20.03	12.57	8.48	14.93	13.38	4.59	8.61	12.6
4850	6.23	16.93	16.13	18.42	10.67	8.03	13.65	12.36	4.35	7.65	11.4
4900	5.25	14.85	15.21	16.42	8.87	7.36	12.63	11.33	4.10	7.03	10.3
4950	3.91	12.74	12.44	14.82	6.96	6.80	11.55	10.31	4.00	6.63	9.0
5000	3.53	10.75	9.15	13.26	4.67	6.32	9.99	9.26	4.00	6.47	7.7
5050	3.67	8.97	8.22	11.29	2.68	5.74	8.25	8.19	4.00	6.53	6.8

续表

波速/（m/s）	P 波波速 5150m/s 的敲击点定位误差/m										误差均值/m
	2017 年 9 月 28 日								2017 年 9 月 30 日		
	19:28:24	19:33:45	20:08:00	21:20:26	21:22:33	21:48:14	21:57:57	21:59:44	16:51:57	17:01:46	
5100	3.62	7.62	7.29	9.87	2.70	5.08	5.81	7.09	4.10	6.66	6.0
5150	4.31	6.67	6.39	8.60	4.19	5.25	1.03	5.99	4.37	6.92	5.4
5200	5.02	5.97	11.12	6.89	6.36	4.70	2.75	4.89	4.71	7.40	6.0
5250	5.50	5.63	10.29	5.96	21.27	4.06	4.18	2.07	5.04	7.80	7.2
5300	6.16	5.40	9.48	4.54	18.88	3.28	5.75	2.50	5.50	8.14	7.0
5350	6.75	5.34	8.68	4.03	17.66	3.08	5.27	5.01	5.94	8.82	7.1
5400	7.24	6.28	7.89	3.74	29.64	3.44	4.95	8.31	6.48	9.18	8.7
5450	5.04	6.74	7.09	3.94	29.87	3.16	4.72	9.45	7.00	9.45	8.6
5500	5.59	7.19	6.33	3.65	30.30	10.62	4.60	17.35	7.60	9.73	10.3

地下厂房开挖采用钻爆法施工，爆破、风钻预裂等施工扰动产生大量噪声信号，运用 ESG 微震监测系统的阈值设定和时频分析技术对地下厂房开挖过程中采集到的微震信号进行识别分类：人工敲击波形［图 5.8（a)］、岩石微破裂波形［图 5.8（b)］、风钻钻孔波形［图 5.8（c)］、开挖爆破波形［图 5.8（d)］。

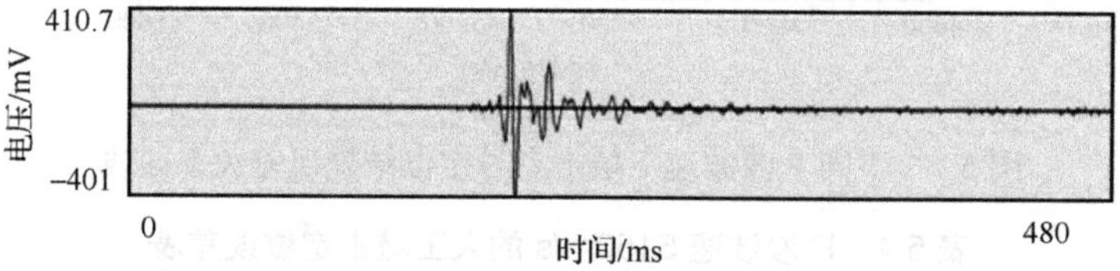

（a）人工敲击波形

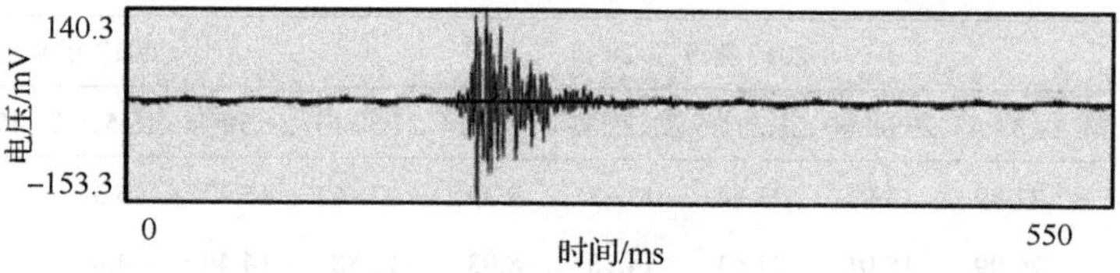

（b）岩石微破裂波形

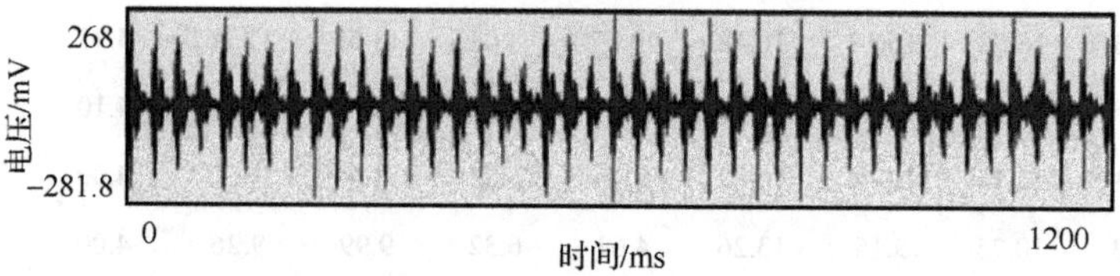

（c）风钻钻孔波形

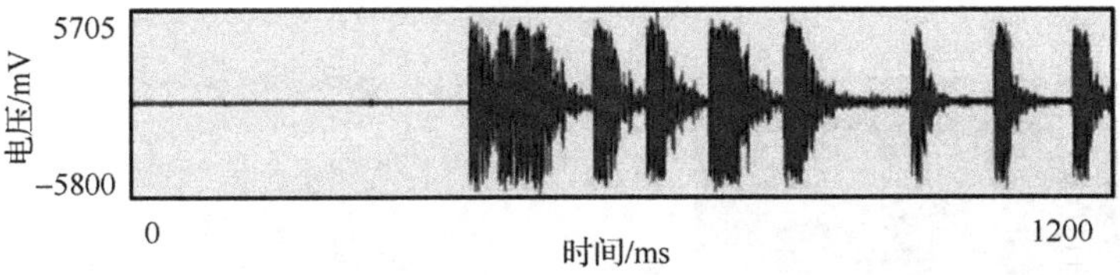

（d）开挖爆破波形

图 5.8　典型事件波形识别

5.5.4　微震活动规律

荒沟抽水蓄能电站地下厂房微震监测系统于 2017 年 9 月 30 日调试完成，并进行监测。截至 2017 年 12 月 31 日，在有效空间范围内总共监测到微震（岩石微破裂）事件 339 件，爆破事件 126 件。强开挖卸荷作用下地下厂房围岩内岩体诱发的微震事件主要集中在两个区域：一个（微震聚集区 I）位于主厂房上游侧边墙与中层排水廊道下游侧边墙之间，在桩号厂左 0+20m 至桩号厂左 0+80m 段呈条带状聚集；另一个（微震聚集区 II）位于主厂房下游侧边墙，顺着边墙下部零星分布，且在安装间与交通洞交汇处底部有小范围的集聚分布［图 5.9（a)］。微震事件主要集中在主厂房上游侧边墙的围岩内，微震事件聚集密度最大且沿着边墙呈现条带状的演化规律［图 5.9（b）和图 5.9（c)］。结合现场实地踏勘情况和地质资料分析发现，中层排水廊道桩号厂左 0+45m 处有断层 f_{34} 出露和节理发育，主厂房上游侧边墙围岩内存在一条陡倾角断层 f_{34}，主厂房上游侧的微破裂聚集区域的条带状分布形态与该断层的空间走向较一致，说明厂房强卸荷开挖过程中断层破碎带附近的岩体产生了损伤［图 5.9（d)］。

自 2017 年 9 月 30 日荒沟地下厂房微震监测系统正常监测运行以来，截止到 2017 年 12 月 31 日，实现了对开挖卸荷过程中的地下厂房围岩全天候监测，监测到有效事件 465 件，其中微震（岩石微破裂）事件 339 件，爆破事件 126 件（图 5.10）。从图 5.10 可以看出，10 月份地下厂房处于停工期，微破裂事件很少发生；11 月初恢复施工，对主厂房中部安装间进行开挖，微破裂事件增多，频率小于 10 件/d；12 月初主厂房持续开挖爆破，同时母线洞和#1 上层压力钢管也在进行开挖，施工强度大，微震事件频率出现激增，最大达到 24 件/d。12 月下旬厂房施工以边墙支护修边为主，微震事件频率有所降低。微震事件累计数与爆破事件累计数呈正相关关系，持续开挖爆破事件越多，微震事件累计数增长趋势越快，微震活动频繁。这说明荒沟抽水蓄能电站地下厂房开挖过程围岩的微震活动受施工扰动影响明显，施工扰动是地下厂房围岩内产生微震事件的主要影响因素之一。

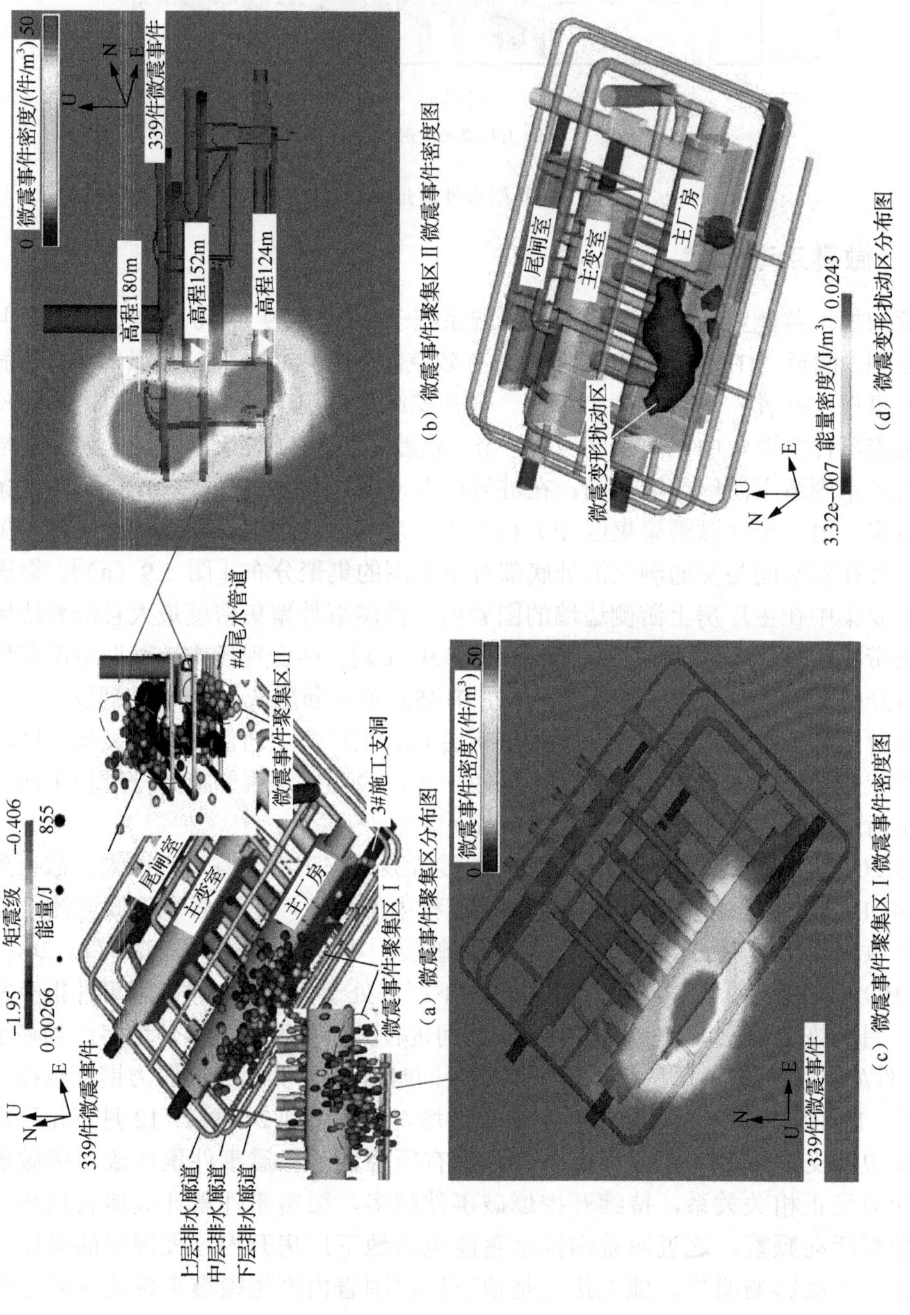

图 5.9　微震事件空间分布规律

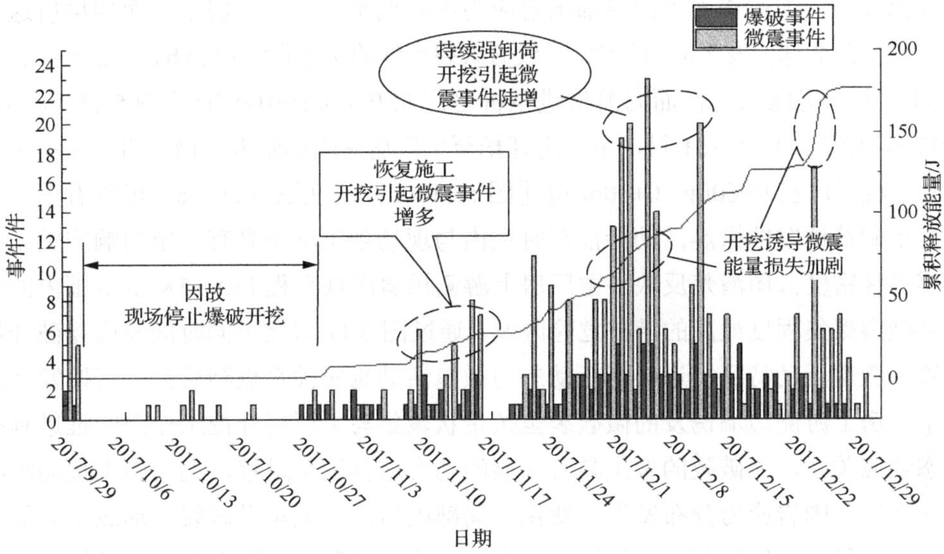

图 5.10　微震活动时间分布规律

5.5.5　基于微震活动的围岩稳定性评价

开挖卸荷作用下，围岩应力发生调整，应力重分布产生应力集中，进而诱发岩石微破裂事件，岩石微破裂萌生、发展直至贯通这一演化的最终结果就是围岩发生宏观的失稳破坏[68]。地下洞室的开挖需要采用爆破的施工方法，施工扰动对围岩应力状态改变和力学性能下降影响很大，而围岩赋存的地质条件复杂，多有断层、节理等地质缺陷，其对微破裂的产生有着重要作用[69,70]。基于微震监测结果，分析微震活动性与施工扰动、地质构造的联系，进而对岩土工程局部稳定性进行研究评价，能够更好地认识围岩损伤背后的机制[71,72]。

1. *施工动态与微震活动性的关系*

图 5.11 为不同监测时间段的地下厂房施工动态与微震事件聚集的空间对比图。微震事件多发生在施工爆破点附近临空面的围岩内，其迁移演化规律与施工作面推进一致。少量微震事件在#3 尾水管道、#4 尾水管道和#3 施工支洞与主厂房交汇处小范围聚集，主要是由开挖扰动导致的，微震事件发生位置与爆破施工位置相一致［图 5.11（a)]。2017 年 11 月中旬主厂房开挖工作恢复，2017 年 11 月 15 日～30 日主厂房桩号厂左 0+0m 至厂左 0+40m 段进行开挖工作，微震事件在同样桩号区间内的主厂房上游侧边墙拱肩与拱顶临空面聚集成核，由于主厂

房开挖爆破，卸荷作用引起局部围岩应力不断调整，在主厂房临空面的拱肩这一洞室结构薄弱部位发生应力集中，导致微破裂事件的聚集[图 5.11（b）]；12 月 1 日～10 日，主厂房施工工作面向前推进至桩号厂左 0+40m～0+80m［图 5.11（c）］；2017 年 12 月 11 日～31 日，主厂房开挖至主厂房左端墙附近，微震事件呈条带状分布于桩号厂左 0+60m～0+80m 段［图 5.11（d）］。从图 5.11（e）可以看出，频繁开挖卸荷诱发的微震活动特征在时空内与现场施工动态具有一定的响应关系，微震事件密度云图清楚反映了主厂房上游侧拱肩区域高程 150～180m 范围内的围岩是微震聚集程度最高的潜在危险区域。通过图 5.11 对比不同时间段内爆破开挖位置与微震活动特征，进行施工动态与微震活动响应关系机制研究，可以发现，地下厂房上游侧边墙诱发的微破裂呈条带状聚集与主厂房开挖工作面的推进具有动态响应关系，微破裂的聚集具有明显的动态迁移演化过程，说明施工扰动影响下地下厂房围岩应力分布发生了变化，局部围岩产生大量微破裂，形成了高能量释放区，导致围岩局部损伤加剧。地下厂房这种多洞室大断面结构的开挖是一个分层分步施工的系统工程，在持续强开挖卸荷过程中，洞室围岩的应力始终处于动态调整的过程。因此，通过对施工扰动影响区域的岩体进行微破裂实时监测，研究施工动态与微震活动性的关系，可以明晰施工扰动对围岩损伤及其稳定性的影响，可以为后续的施工和支护提供参考。

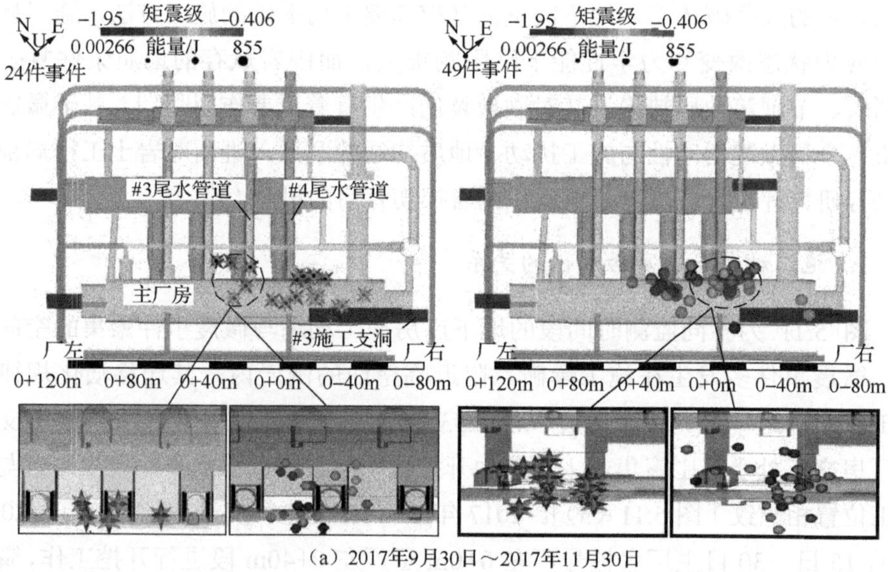

（a）2017年9月30日～2017年11月30日

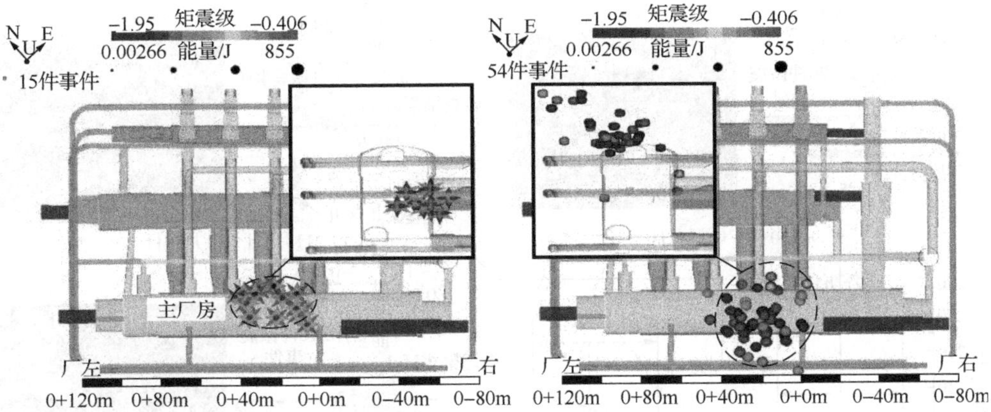

（b）2017年11月15日～2017年11月30日

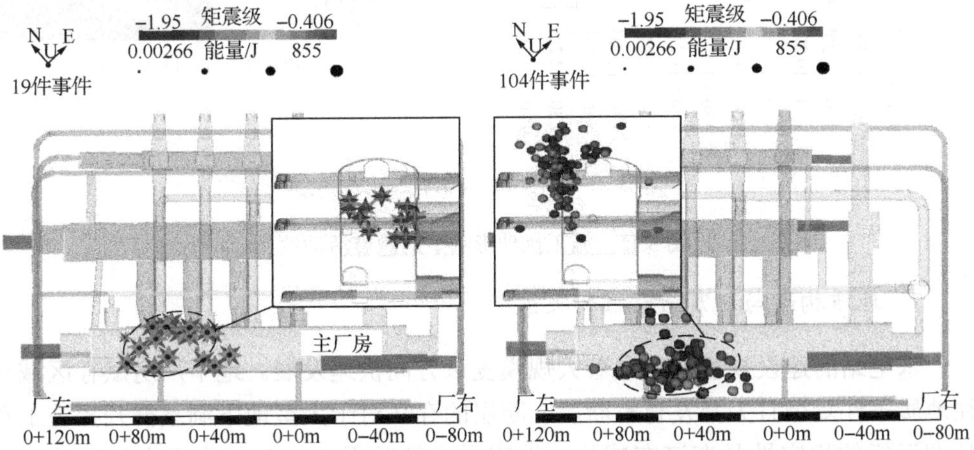

（c）2017年12月1日～2017年12月10日

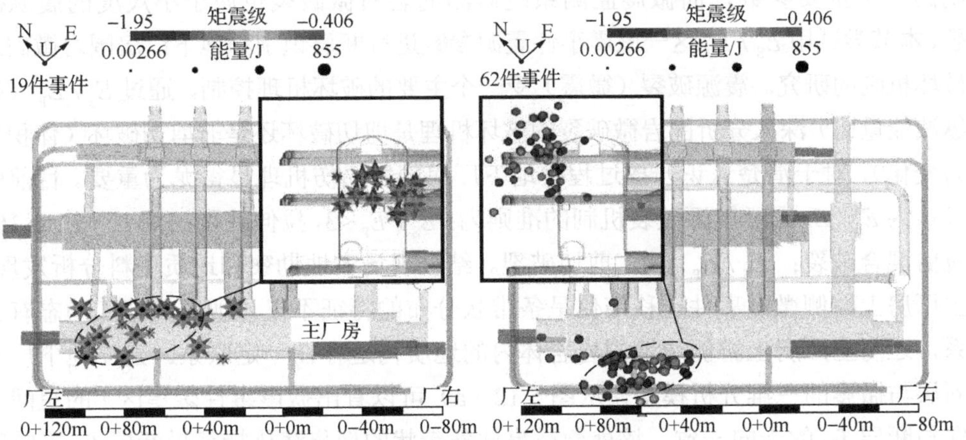

（d）2017年12月11日～2017年12月31日

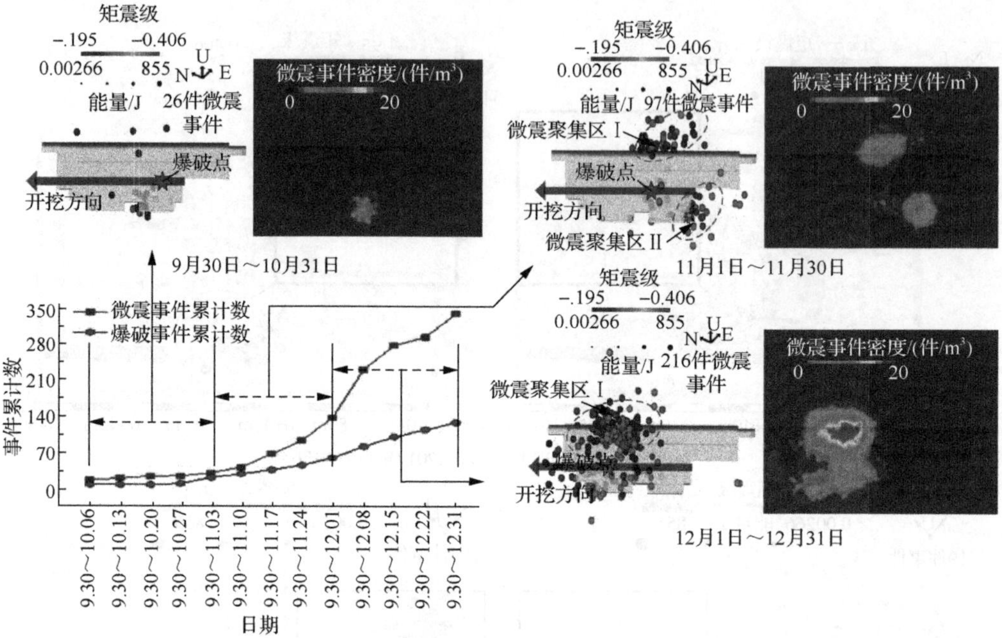

（e）微震的时空演化规律

图 5.11　施工扰动影响下的微震活动性

2. 地质构造与微震活动性的关系

水电站的建设规模愈发向着大规模复杂方向快速发展。地下厂房赋存区域往往地质条件复杂且大都发育有断层，断层的存在对于大型地下洞室群开挖施工和长期运行的稳定性具有潜在威胁。地震学里常常用 E_S / E_P 作为研究震源破裂机制的一个重要参数，而微震监测系统监测的岩石微破裂也属于小尺度的震源破裂，本节尝试用 E_S / E_P 这一微震事件震源参数进行断层识别和地下厂房围岩微破裂破坏机制的研究。震源破裂（微震）受一个主要的破坏机理控制，通过 E_S / E_P（横纵波能量比）深入分析围岩微破裂的破坏机理是剪切破坏还是非剪切破坏（体积应力变化），对于清楚认识开挖过程中地下厂房围岩损伤机理显得尤为重要。目前研究认为 E_S / E_P 揭示震源破裂机制的准则为：$E_S / E_P<3$，拉伸破裂；$3\leqslant E_S / E_P \leqslant 10$，拉剪混合破裂；$E_S / E_P>10$，剪切破裂。结合现场实地勘察和地质资料分析发现：主厂房上游侧微震事件迁移演化呈条带状分布的特征不仅与现场的施工动态有关系，还与主厂房上游侧边墙围岩岩体内的地质构造存在一定联系。建立地下厂房断层与微震的三维分析模型，从图 5.12（a）可以看出微震事件聚集区 I 的空间走向与断层 f_{34} 的走向一致，该处微震事件条带状的聚集演化特征受断层 f_{34} 影响明显。地震学和地质学观测表明，断层带的力学和物理特性并不是均匀的，其局部应力场与区域应力场差别较大，应力作用下断层带上的填充物和破碎体容易产生滑动摩擦发生剪切破坏。图 5.12（b）给出了 $E_S / E_P > 10$ 的微震事件在三维断层分析模型中的空间分布位置以及厂区高程 172m 断层分布图，可以看出，剪切破坏控制的岩石微破裂事件的条带状空间分布特征与地质勘探报告给出的断层 f_{34} 走向一致，剪切破坏类型的微破裂都分布在断层带上。这说明荒沟地下厂房开挖过程

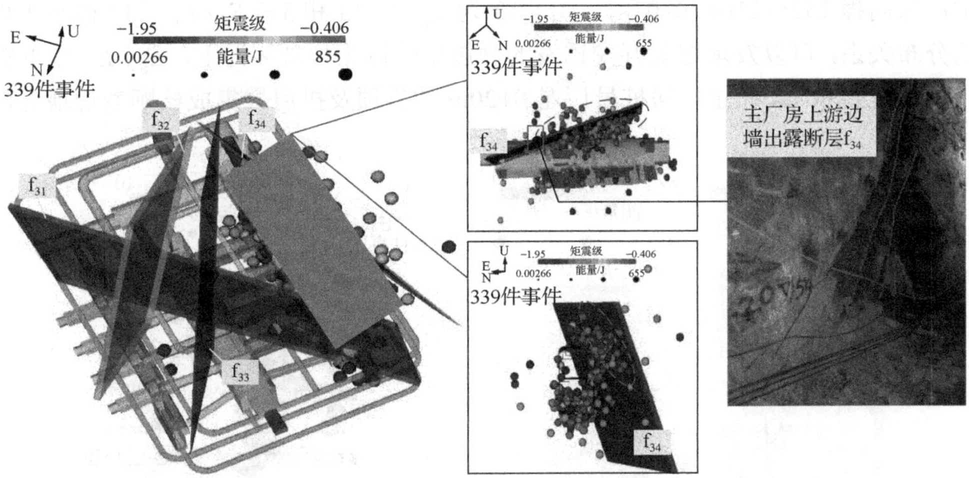

（a）微震事件分布与断层位置关系

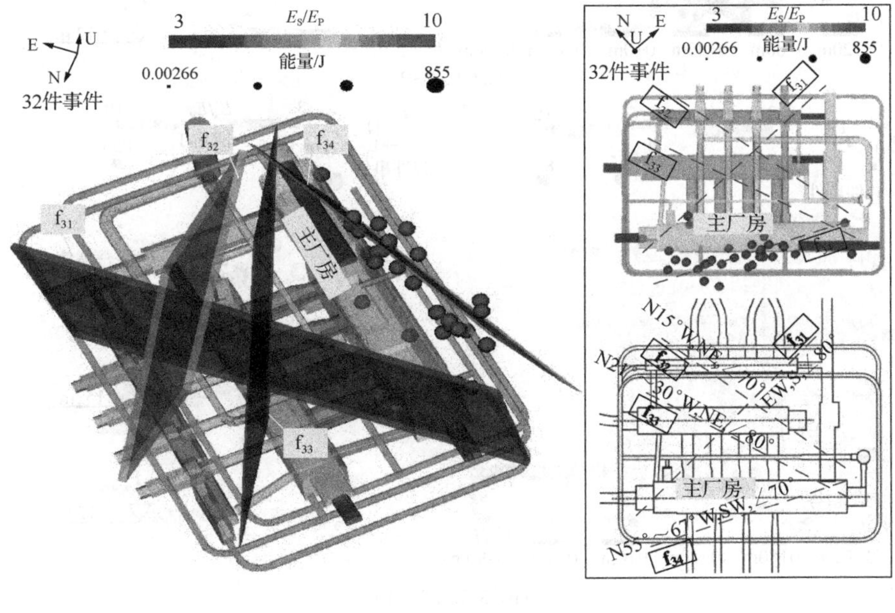

（b）E_S/E_P>10微震事件分布与断层位置关系图

图 5.12　断层影响下的微震活动性

诱发的围岩纯剪切破坏微破裂主要受断层控制，通过 E_S / E_P >10 的微震事件可以很好地识别工程区围岩岩体内断层的发育走向。随着主厂房待开挖区域逐步开挖，图 5.12 中的微震演化规律可以为后续的主厂房存在断层的围岩的加固支护提供参考。

微震事件的时空演化规律表明开挖卸荷诱发大量的微震事件呈条带状聚集在主厂房高程 152～210m 范围内。图 5.13 为 E_S / E_P <3 和 3≤ E_S / E_P ≤10 微震事件的分布关系，可以发现爆破开挖诱发的微震事件以张拉破坏为主，E_S / E_P <3 的微震事件达到 60%，在主厂房桩号厂左 0+20m 的拱顶及拱肩聚集成核顺着边墙走向

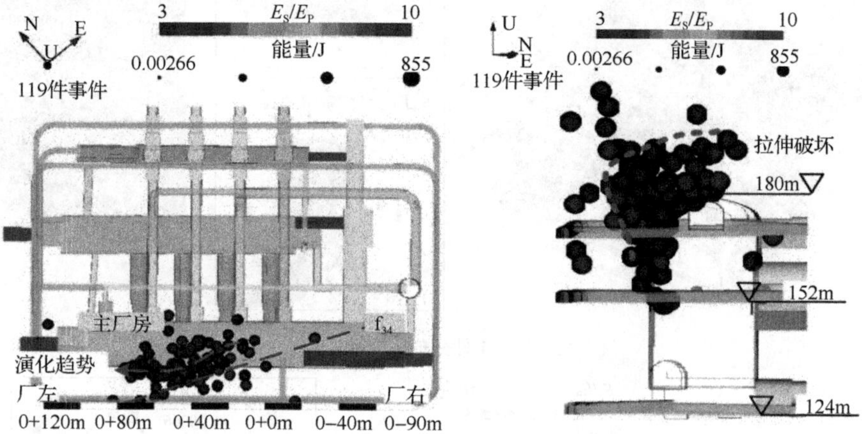

（a）E_S/E_P<3

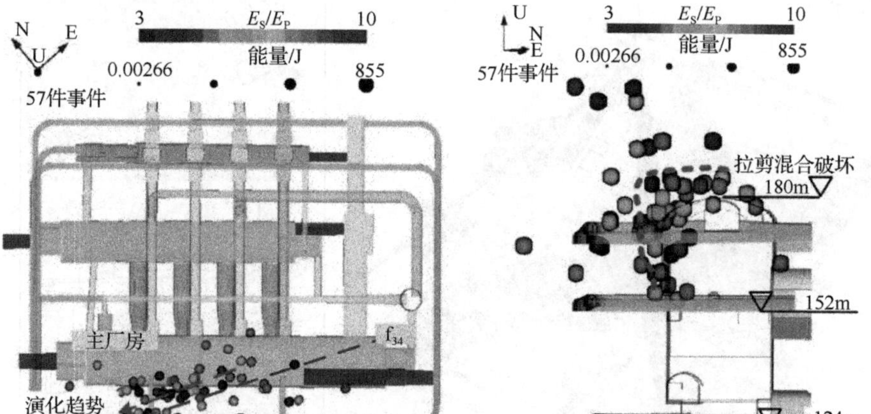

（b）3≤E_S/E_P≤10

图 5.13　高程 152～210m 上不同 E_S/E_P 的微震事件分布关系

朝着厂左呈水平条带状发育扩展，根据地质勘探资料描绘高程 172m 平面上的断层走向，小部分张拉破坏类型微震事件发生在断层 f_{34} 上：张拉破坏类型的微震事件在主厂房上游侧拱肩附近的临空面高度积聚且呈明显的 V 形聚集状态。相比张拉破坏主导的微震事件，拉剪混合破坏类型（$3 \leqslant E_S / E_P \leqslant 10$）的微震事件比例较小，仅为 29%，可以看出拉剪混合破坏的微破裂的聚集分布规律与张拉破坏的微破裂有所不同：拉剪混合破坏的微破裂整体的分布发育趋势与断层 f_{34} 走向相近，并且与主厂房上游侧拱肩附近临空面距离较远，其同样在拱肩呈 V 形聚集状态［图 5.13（b）］。拉剪混合破坏微震事件分布在张拉破坏事件聚类群的边缘区域。断层构造力学物理特性的非均匀性会影响地应力调整重分布，使得断层与洞室之间局部应力场与区域应力场有很大的差别。Hudson 等[73]认为受断层结构面影响，最大主应力偏向平行结构面的方向引起局部区域应力集中。频繁开挖卸荷诱发的应力扰动破坏了地下厂房围岩的应力平衡状态，围岩应力不断调整重分布，受断层 f_{34} 的影响，应力在主厂房上游侧拱肩与断层之间集中，导致大量小震级低能量的张拉裂隙集中发生在临空面结构薄弱部位（拱肩及顶拱）；张拉破坏主导的微裂隙在上游侧拱肩呈 V 形向深部岩体扩展，伴随少量拉剪混合破坏；而剪切破坏主要分布在断层带上。断层附近的围岩微破裂呈现以张拉破坏为主，拉剪混合破坏、剪切破坏同时存在的复杂破裂机制。

3. 地下厂房局部围岩稳定性分析

基于能量耗散原理[28]，一次伴随能量释放的岩石微破裂代表着一次岩体轻微的损伤，随着岩石微破裂事件的演化聚集，围岩岩体损伤加剧。微震能量释放是微震监测的基本参数，其大小可以作为识别围岩岩体损伤区域的重要依据。通过分析地下厂房开挖过程的微震能量密度（图 5.14），可以看出，主厂房上游边墙桩号厂左 0+20m 至桩号厂左 0+80m 段（即微震聚集区 I）微震事件聚集且发生高能量释放，开挖卸荷作用下该处围岩岩体损伤程度最严重，是主厂房围岩存在局部失稳风险的区域。而在 12 月下旬排水廊道内的实地踏勘发现，微震能量高释放区域内的中层排水廊道内侧边墙多处出现了开裂、片帮及掉块的现象［图 5.14（a）在桩号厂左 0+75m，图 5.14（b）在桩号厂左 0+60m，图 5.14（c）在桩号厂左 0+45m］。中层排水廊道内发生的围岩失稳现象都位于微震活动剧烈区域内，片帮掉块处的围岩节理发育，围岩沿着节理发生明显层状剥落，而且在桩号厂左 0+45m 处有断层 f_{34} 穿过。

结合前面的分析结果，主厂房爆破开挖施工使地下厂房上游边墙的围岩岩体产生应力积累从而诱发了微破裂事件，微破裂的迁移演化规律与爆破施工工作面推进方向一致。断层构造影响下，爆破施工造成地下厂房围岩应力向主厂房上游侧边墙结构薄弱部位（上游侧拱肩）的岩体集中并诱发微破裂，一部分能量通过微破裂在上游侧边墙靠近拱肩处释放（微破裂在上游侧边墙及拱肩随着工作面推进），一部分能量沿着断层 f_{34} 向围岩内部“迁移”，在岩体薄弱区域［图 5.14（a）、图 5.14（b）和图 5.14（c）］产生微破裂释放能量。可见，微震活动的剧烈性不仅受施工扰动影响，还与围岩内断层破碎带以及节理发育相关。据此，圈定主厂房上游侧边墙及拱肩的厂左 0+20m 至厂左 0+80m 段围岩为潜在损伤区域，这与杨庆等[74]基于块体理论计算得到的荒沟地下厂房可能失稳块体区域基本一致。

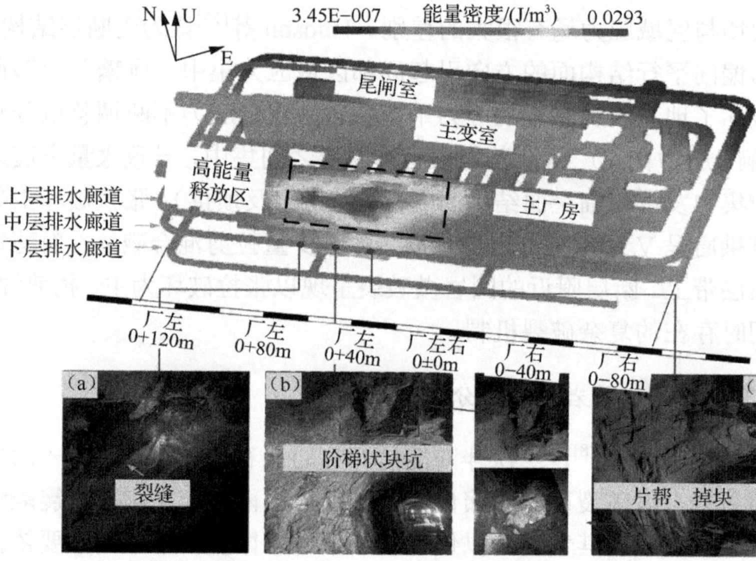

图 5.14　基于微震能量密度云图的损伤区域识别

5.5.6　小结

本节首次尝试将微震监测系统应用到抽水蓄能电站地下厂房开挖过程的围岩稳定性监测，对强开挖卸荷作用下地下厂房洞室群围岩内部岩体微破裂进行实时监测。结合荒沟电站地下厂房开挖期间实地勘探分析和微震监测结果，得到如下结论。

（1）通过人工定点敲击试验确定监测区域岩体整体等效波速 5150m/s，定位误差在 6m 以内，完全能满足地下工程需要。可回收式的传感器安装方案在荒沟抽水蓄能电站得到成功实践，实现传感器全部回收。

（2）从地下厂房微震活动性时空演化规律看，在有效监测区域范围内，围岩微破裂主要集中在断层发育区域（微震聚集区 I）和地下厂房洞室结构薄弱部位（微震聚集区 II)：微震事件聚集区 I 位于高程 150～180m 的主厂房上游边墙桩号厂左 0+20m 至厂左 0+80m 段，微震事件聚集区 II 位于厂房安装间底端靠近主厂房边墙。

（3）地下厂房微震活动性受施工扰动影响明显，持续爆破强度大，微震活动频繁。微震聚集区域 I 呈条带状分布，与断层 f_{34} 走向基本吻合。开挖卸荷作用下，主厂房围岩应力调整，向厂房上游边墙附近断层 f_{34} 区域转移和集中，高能量释放造成围岩损伤加剧，据此圈定主厂房上游边墙桩号厂左 0+20m 至桩号厂左 0+80m 段围岩为失稳风险区域。微震监测结果可以为地下洞室后续开挖和支护防渗提供参考依据。

5.6　基于 RFPA^{2D}-SRM 的地下厂房数值模拟

荒沟抽水蓄能电站地下厂房位于黑龙江省牡丹江市，其地下厂房洞室群建于三道河子右岸山体内，埋深约 310m。主厂房拱顶高程 180m，洞室围岩以新鲜白岗花岗岩为主，岩性较好，属 II 类围岩，厂区主要有 4 条断层穿过三大主洞室，洞室群错综复杂（图 5.15）。建立微震监测系统对地下厂房开挖过程的围岩稳定性进行微破裂的实时连续监测，监测期间大量微震事件聚集在主厂房上游侧边墙岩体内，实地踏勘发现微震事件集聚区域附近的中层排水廊道发生了不同程度的围岩失稳现象。

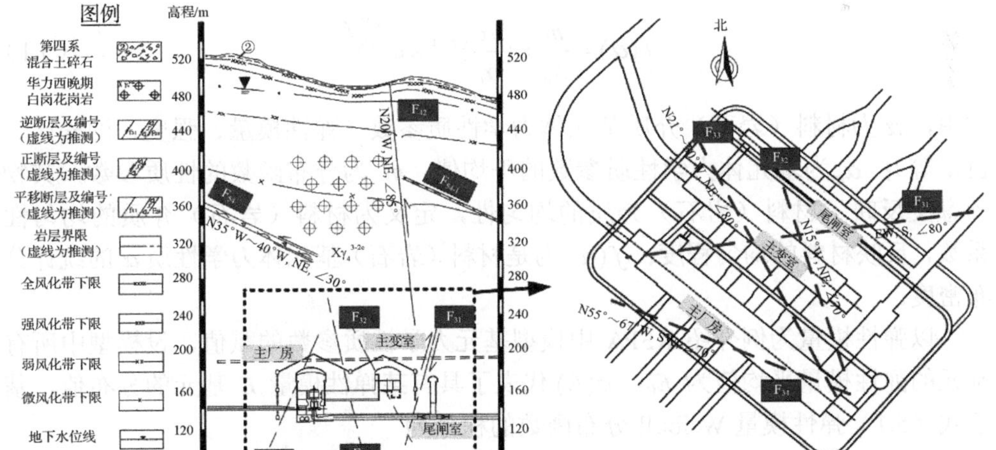

图 5.15　厂区断层地质情况

地下厂房围岩为新鲜白岗花岗岩，根据厂房区地质勘察和试验，厂区围岩岩体和断层的物理力学参数见表 5.5。根据荒沟抽水蓄能电站现场岩石试验成果资料，多组新鲜白岗花岗岩的单轴抗压强度均值为 147MPa（干燥）和 124MPa（饱和）。

表 5.5　厂区岩体和断层的物理力学参数表

岩石	弹性模量 E/GPa	质量密度 /（kg/m³）	泊松比 μ	抗剪断强度		抗剪强度	
				f′	c′/MPa	f	c/MPa
Ⅱ类围岩	40	2610	0.17	1.2～1.3	1.5	0.75	0
断层	0.5～0.8	1700	0.30	0.30～0.35	0.02～0.05	0.30	0

5.6.1　RFPA^{2D}-SRM 的基本原理

RFPA^{2D}-SRM（RFPA 强度折减法）将有限元强度折减法的基本原理引入基于有限元法和损伤力学的 RFPA 软件中，对有限元计算过程中强度参数（抗剪、抗拉强度）逐渐降低直到其达到破坏状态。RFPA-SRM 以细观基元的破坏次数统计作为失稳判据，充分考虑了岩石的细观非均匀特性，运用剪切和拉伸两种破坏准则实现对岩体结构的稳定性分析。

1. 基于统计学的细观基元赋值

RFPA 基于离散化后的细观基元的力学性质服从某种统计分布规律的假定，引入 Weibull 统计分布函数来描述岩石细观基元的力学强度参数，以反映岩石细观力学性质非均匀性分布的情况。

$$f(\alpha)=\frac{m}{\alpha_0}\times(\frac{\alpha}{\alpha_0})^{m-1}\times \mathrm{e}^{-(\frac{\alpha}{\alpha_0})^m} \tag{5.1}$$

式中，α 为材料（岩石）介质基元体力学性质参数（弹性模量、强度、泊松比、自重等）；α_0 为基元体力学性质参数的平均值；m 为分布函数的性质参数，其物理意义反映了材料（岩石）介质的均匀性，定义为材料（岩石）介质的均匀性系数，反映材料的均匀程度；$f(\alpha)$ 为是材料（岩石）基元体力学性质 α 的统计分布密度。

以弹性模量为例介绍 RFPA 中模型基元力学性质参数的赋值。设模型中所有基元的弹性模量平均值为 E_0，$\varphi(E)$ 代表了具有某弹性模量 E 基元的分布值，基于式（5.1）弹性模量 Weibull 分布函数的积分为

$$\varphi(E)=\int_0^e \phi(x)\mathrm{d}x=\int_0^e\left(\frac{m}{\alpha_0}\cdot(\frac{\alpha}{\alpha_0})^{m-1}\cdot \mathrm{e}^{-(\frac{\alpha}{\alpha_0})^m}\right)\mathrm{d}x=1-\mathrm{e}^{-(\frac{E}{E_0})^m} \tag{5.2}$$

随着均匀性系数 m 的增加，基元力学性质集中于一个狭窄的范围之内，表明岩石介质的性质较均匀；而当均匀性系数 m 值减小时，基元的力学性质分布范围变宽，表明岩石的性质趋于非均匀（图 5.16）。

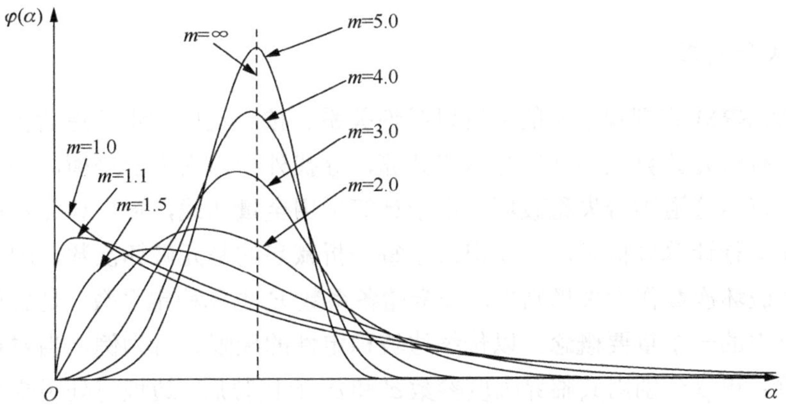

图 5.16　具有不同均匀性系数岩石的弹性模量分布值

2. RFPA-SRM 的强度准则

RFPA-SRM 主要引入具有拉伸截断的莫尔-库仑强度准则作为细观基元破坏的准则。在细观基元受力的初始状态，认为细观基元是弹性的，其力学性质可以完全由其弹性模量和泊松比来表达。随着基元应力的增加，莫尔-库仑强度准则和最大拉应力准则分别作为基元破坏的阈值。首先，考察张拉破坏，如果细观基元的最大拉伸应力达到其给定的拉伸应力阈值时，该基元开始发生张拉破坏。其次，在没有发生张拉破坏的情况下，再考察剪切破坏。如果细观基元的应力状态满足莫尔-库仑强度准则，该基元发生剪切破坏。破坏后的基元根据设定的残余强度系数可继续承受一定的载荷。基元在理想单轴受力状态下满足的剪切破坏与张拉破坏本构关系如图 5.17 所示。

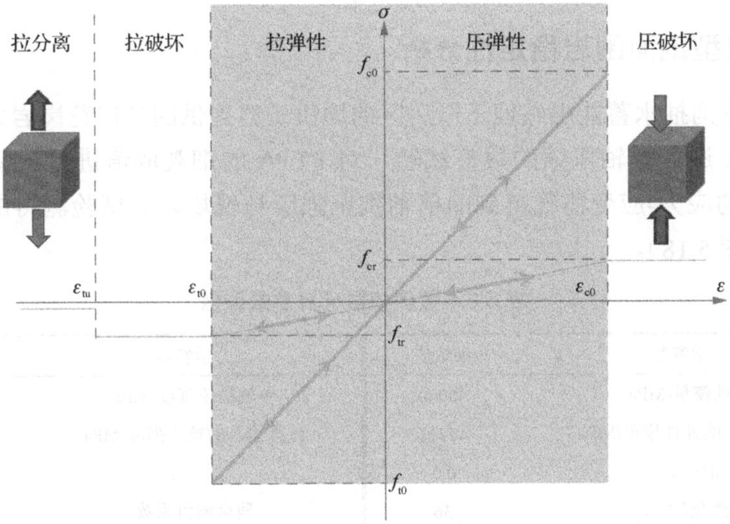

图 5.17　基元在理想单轴受力状态下满足的剪切破坏与张拉破坏本构关系图

3. 失稳判据

RFPA-SRM 将细观基元的强度以线性关系、按一定比例步长逐渐折减，每折减一次，有限元计算程序将进行迭代计算，寻找外力与内力的平衡，同时进行破坏分析，直至隧道围岩失稳破坏。由于计算采用全量加载，每一计算步都有收敛结果。在进行计算分析时，自动记录了每一折减步的基元破坏次数，因而可以用基元最大破坏次数作为失稳判据。安全储备系数 F_s 也称稳定系数，是岩体结构稳定性分析中的一个重要概念。以传统边坡稳定性的极限分析为例，当材料的抗剪强度参数 c 和 φ 分别用其临界强度参数 c' 和 φ' 所代替后，边坡将处于临界平衡状态，其中在用有限元计算寻找 F_s 时，就是不断对强度参数按一定步长或比例进行折减。当计算达到了平衡状态，即边坡失稳破坏时，求得的 F_s 即为边坡的强度储备安全系数。

$$\left.\begin{aligned} c' &= c / F_s \\ \tan\varphi' &= \tan\varphi / F_s \end{aligned}\right\} \tag{5.3}$$

基于上述强度储备概念，提出 RFPA-SRM 对初始强度 f_0 折减的折减准则：

$$f_0^{\text{trial}} = \frac{f_0}{F_s^{\text{trial}}} \tag{5.4}$$

式中，f_0^{trial} 为试验强度；F_s^{trial} 为试验安全系数。当基元的破坏数目达到最大值，即岩体结构失稳的时候，试验安全系数 F_s^{trial} 即为最终的安全系数 F_s。

5.6.2 典型剖面围岩稳定性分析

根据荒沟抽水蓄能电站地下厂房区的地质资料提供的白岗花岗岩力学参数，利用 RFPA 进行单轴压缩的数值试验，对 RFPA 的细观取值进行了验证，数值试验结果的应力-应变曲线得到的单轴抗压强度与现场岩石试验测得的强度一致（表 5.6，图 5.18）。

表 5.6　数值模拟计算参数取值

力学参数	参数值	力学参数	参数值
弹性模量/MPa	40000	单轴抗压强度/MPa	124
计算输入的弹性模量/MPa	45721	计算输入的抗压强度/MPa	300
泊松比	0.3	压拉比	10
摩擦角/（°）	36	残余阈值系数	0.1

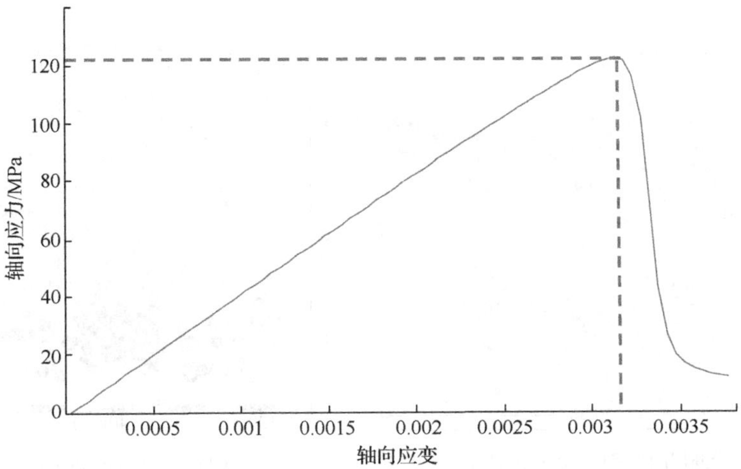

图 5.18　RFPA 单轴压缩的数值模拟试验应力-应变曲线

本节基于地应力和断层这两个因素的影响，对荒沟抽水蓄能电站地下厂房开挖过程的典型剖面围岩的损伤演化规律及破坏模式进行数值模拟分析，结合微震监测结果进行对比互馈，揭示开挖卸荷作用下荒沟电站地下厂房围岩损伤的机理。现场实地踏勘情况和微震监测结果分析表明，荒沟地下厂房高程 152m 开挖爆破扰动过程中，主厂房上游侧拱肩围岩内的微破裂沿着边墙以及断层的走向呈条带状分布，在垂直厂房轴线的平面内呈 V 形聚集。微破裂在桩号厂左 0+20m 处萌生发育扩展至厂左 0+80m。结合 5.4 节的研究内容，选取微震聚集程度最高的桩号厂左 0+60m 这一典型剖面，建立 RFPA 数值模型进行数值计算研究。根据现场地应力测量结果确定应力边界条件，*X* 方向水平构造应力荷载为 12MPa，*Y* 方向

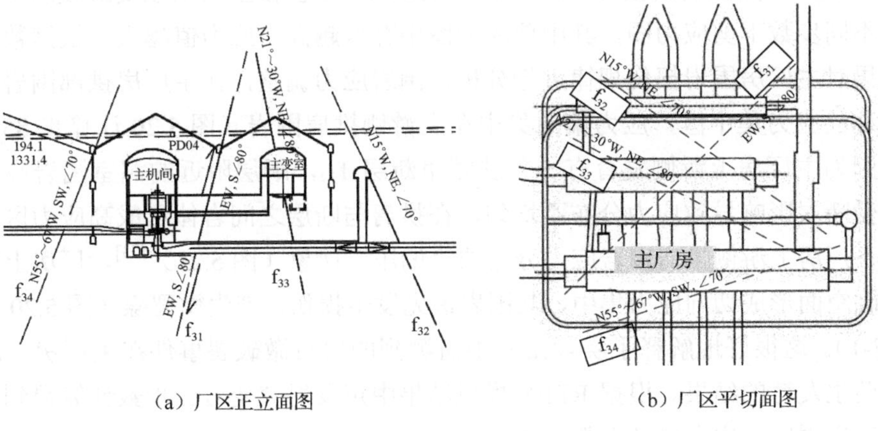

（a）厂区正立面图　　　　（b）厂区平切面图

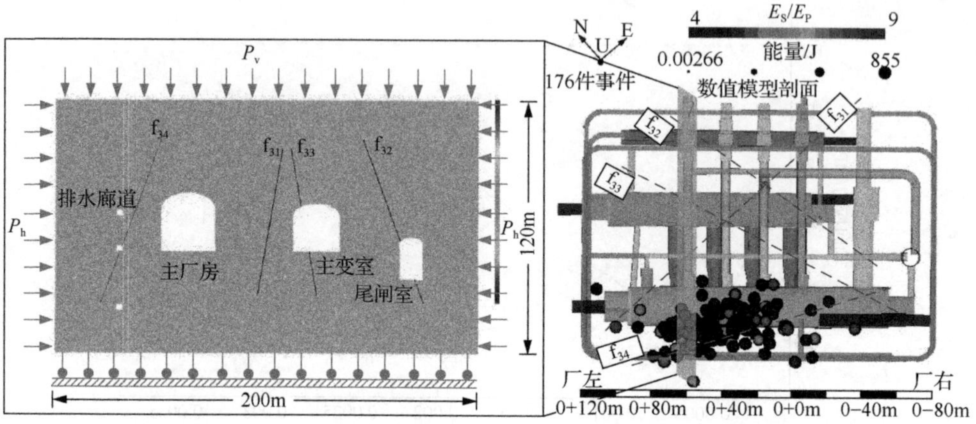

（c）含断层的桩号厂左0+60m剖面数值模型　　（d）含断层的微震事件分布图

图 5.19　厂区断层分布图

自重应力荷载为 8MPa，模型底部约束。模型尺寸 200m×120m，网格划分 1000×600=600000 个单元，采用平面应变模型进行求解，强度折减系数取 0.01。典型剖面桩号厂左 0+60m 的剖面数值模型如图 5.19（c）所示。建立的数值模型与现场微震监测期间的地下厂房施工工况一致，即主厂房开挖至高程 152m，主变室和尾闸室分别开挖至高程 152m 和高程 139m。在 RFPA 中施加边界应力条件，一步开挖完成，通过折减强度的方法模拟工程实际中主厂房高程 152m 开挖爆破诱发围岩渐进损伤这一过程，并得到围岩潜在破坏模式以及稳定性安全系数。

1. 数值计算结果分析

图 5.20 为典型剖面桩号厂左 0+60m 的 RFPA 数值模型通过强度折减法计算得到的不同步数下剪应力图，其中剪应力图中亮度越高，应力值越大。根据数值模拟结果对主厂房围岩损伤规律进行分析，围岩应力调整，在主厂房拱部围岩形成非对称的应力集中区，应力偏向集中在上游侧拱肩围岩（图 5.20 计算步 85-1）。这是因为主厂房上游侧发育有一条陡倾角断层 f_{34}，断层附近的洞室围岩应力场调整受断层影响导致应力分布不均匀，在拱肩与断层之间岩体形成高应力区，造成地下厂房上游侧拱肩围岩应力分布的“偏压”现象（图 5.21）[73]。厂房上游侧拱肩临空面形成切向应力集中，其围岩最先发生损伤，产生微裂隙（图 5.20 计算步 87-1）。这很好地解释了实际工程中监测到的岩石微破裂事件在主厂房上游侧拱肩萌生发育的结果。根据 RFPA 模拟结果中声发射突变对应步数计算得到此时地下厂房围岩的安全储备系数为 2.446。

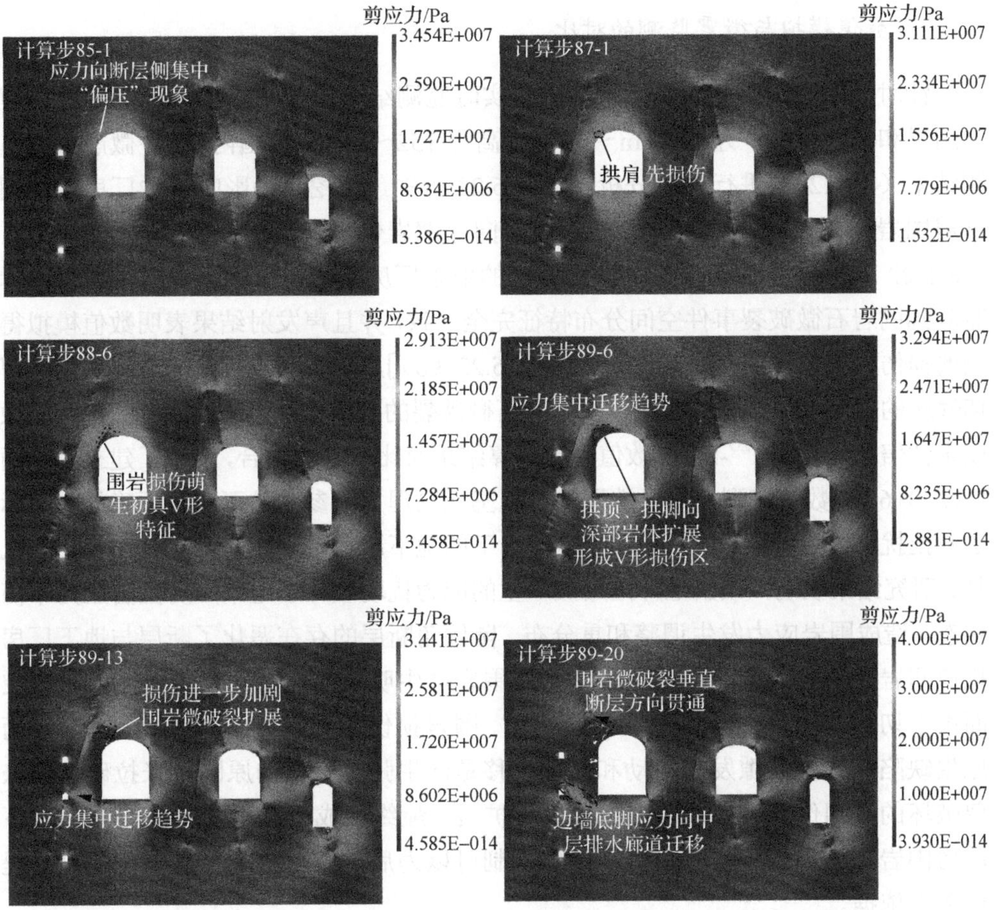

图 5.20　桩号厂左 0+60m 剖面的剪应力图

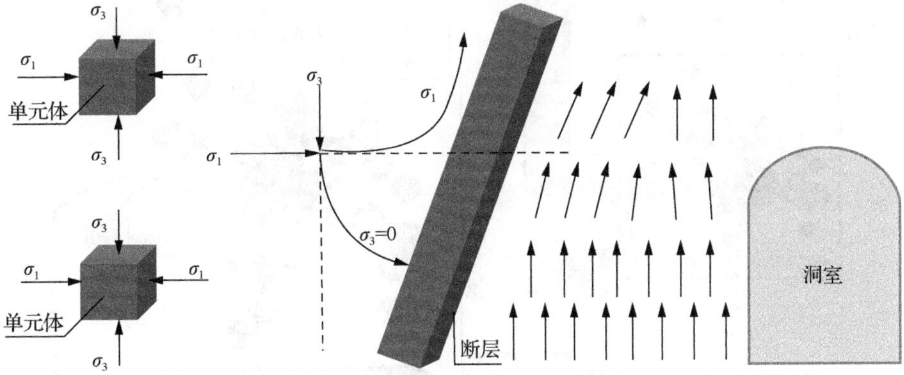

图 5.21　断层（$E_D \ll E$）对围岩应力场的影响

2. 数值模拟与微震监测的对比

针对开挖过程地下厂房围岩微破裂实时监测结果，将厂左 0+60m 剖面数值模拟结果和相对应的厂左 0+48m～0+72m 高程 152～210m 范围内 69 件微震事件监测结果（图 5.22）进行对比分析。由图 5.22 可知，开挖扰动影响下主厂房上游侧拱肩围岩以张拉破坏为主的岩石微破裂向深部岩体发育，形成 V 形开挖损伤区［图 5.22（a)］；数值模拟计算结果得到的地下厂房围岩损伤演化规律与现场实际监测到的岩石微破裂事件空间分布特征完全一致，并且声发射结果表明数值模拟得到的损伤机制也是以张拉破坏为主［图 5.22（b)］，随着张拉裂隙的产生而发生剪切性质的破坏，这与震源参数反映的岩石微破裂的破坏机制相吻合。实际监测的微震事件信息与 RFPA^{2D}-SRM 数值模拟计算结果对比验证的吻合，证明了建立的剖面厂左 0+60m 数值模型，以及选取的细观基元物理力学参数是可靠且正确的，揭示了开挖扰动过程断层、地应力等因素作用下的地下厂房围岩损伤演化规律及损伤机制。研究结果表明，频繁地开挖爆破产生的应力扰动破坏了地下厂房围岩应力平衡状态，造成围岩应力发生调整和重分布。陡倾角断层的存在恶化了断层与地下厂房拱肩间岩体的应力场，使得上游侧拱肩围岩产生明显的应力集中现象，拱肩临空面由于切向应力集中容易诱发张拉破坏。围岩损伤主要破坏形式为张拉破坏，而原生缺陷与张拉裂隙发生错动和剪切滑移是产生张剪破坏的原因，张拉破坏与张剪破坏的共同作用导致裂隙向深部岩体扩展，最终形成了 V 形开挖损伤区。地下厂房围岩开挖损伤演化规律以及损伤机制可以为后期开挖施工和加固支护设计提供参考依据。

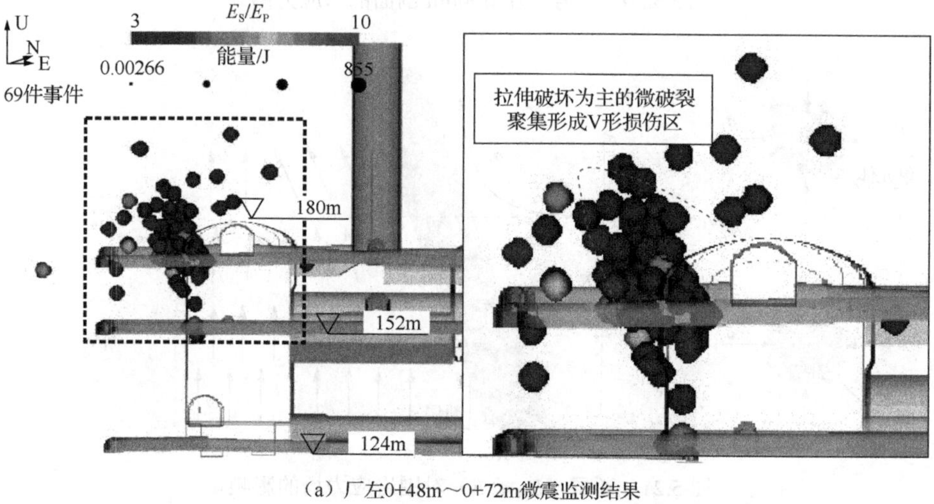

（a）厂左0+48m～0+72m微震监测结果

（b）厂左0+60m剖面的RFPA2D-SRM模拟结果

图 5.22　数值模拟与微震监测结果对比

5.6.3　断层位置对围岩稳定性的影响

上一节数值模拟结果表明，断层影响地下洞室围岩应力分布导致“偏压”现象，断层附近洞室局部围岩应力场恶化容易形成损伤区。从开挖过程地下厂房围岩微破裂的时空演化规律也可以看出，主厂房上游侧拱肩桩号厂左 0+20m～0+80m 段微破裂呈条带状分布，在 0+20m 处（高程 172m 断层 f_{34} 与主厂房边墙相交）萌生聚集成核，向桩号 0+80m（高程 172m 断层 f_{34} 距离主厂房边墙 18m）扩展，在 0+60m 附近聚集程度最大。为了深入认识陡倾角断层 f_{34} 在不同位置时对地下厂房围岩损伤演化规律与稳定性的影响，建立断层 f_{34} 与主厂房边墙不同距离的 RFPA 数值模型进行分析。对应实际工程中地下厂房桩号厂左 0+20m、0+40m、0+60m、0+80m 建立剖面编号 1、2、3、4 的数值模型，对应断层 f_{34} 与边墙距离 d=0m、6m、12m、18m（高程 172m）的情形，如图 5.23 所示。模型参数、边界条件与前面一致，同样采用强度折减法进行计算。

与图 5.20 结果相似，断层距离主厂房上游侧拱脚不同位置时，靠近断层侧的拱肩围岩是应力集中区，随着围岩强度劣化，围岩损伤演化并最终出现宏观失稳破坏现象。主厂房上游侧拱肩附近的围岩临空面最先发生损伤，并逐步演化形成类 V 形的损伤区域，最终产生宏观裂缝且向着垂直断层的趋势发展。上游侧拱肩附近的应力集中区域随着围岩损伤演化也沿着垂直断层的方向发生转移。图 5.24 将不同桩号剖面围岩弹性模量的数值模拟结果与实际工程微震监测结果进行对比，可以看出：断层与主厂房边墙距离不同时，数值模拟结果得到的厂房拱肩围岩损伤区域的形态和位置与实际工程中监测到的微破裂聚集特征具有很好的一致性，这说明 RFPA 通过强度折减模拟施工扰动下地下厂房围岩损伤累积演化规

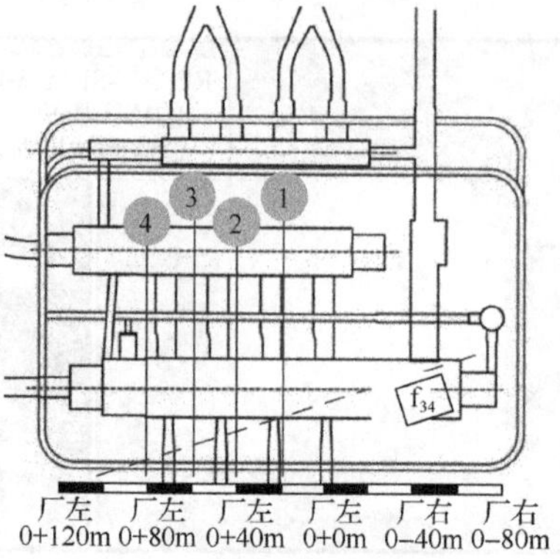

（b）断层与边墙距离（高程172m）

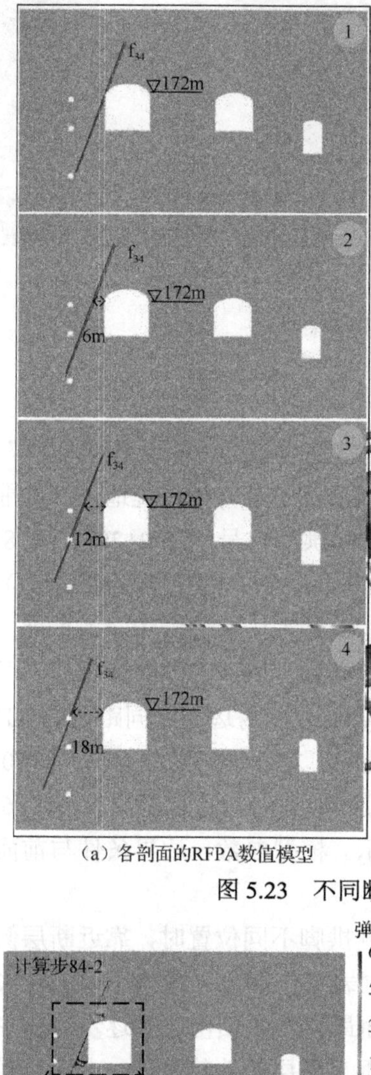

（a）各剖面的RFPA数值模型

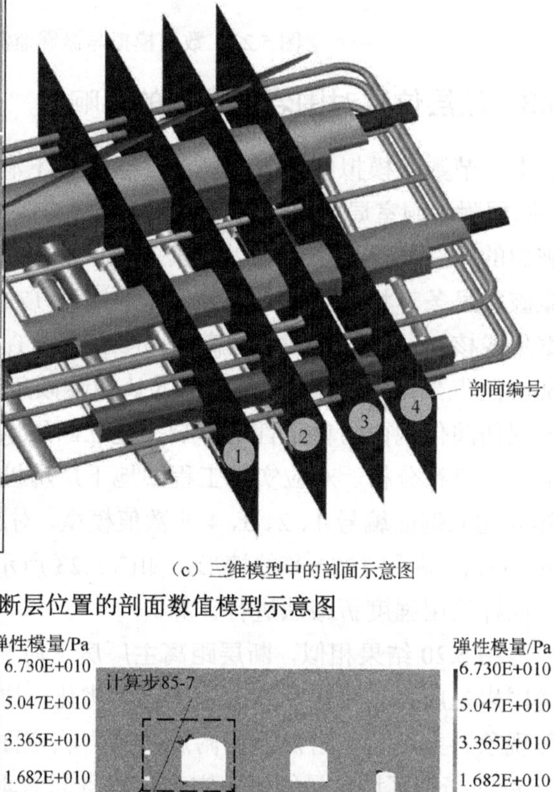

（c）三维模型中的剖面示意图

图 5.23　不同断层位置的剖面数值模型示意图

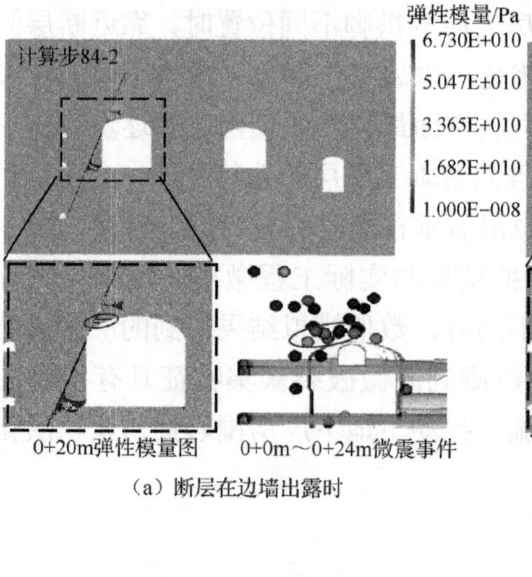

（a）断层在边墙出露时

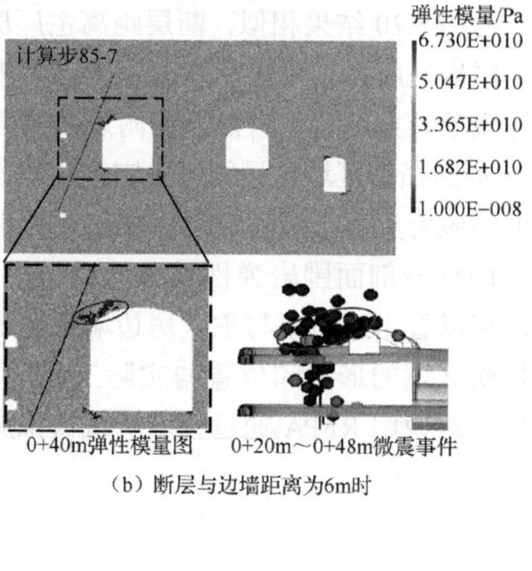

（b）断层与边墙距离为6m时

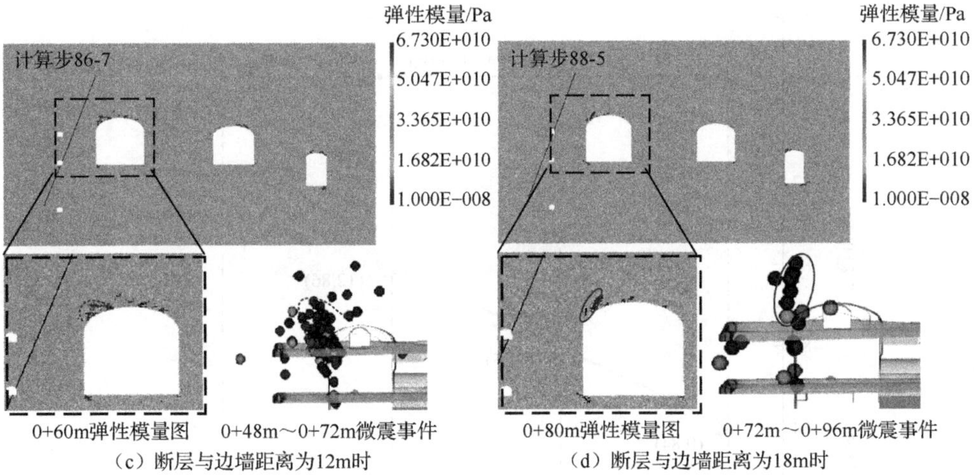

图 5.24　数值模拟与微震监测结果对比

律以及围岩潜在失稳破坏模式能够反映实际工程围岩稳定问题。模拟结果可以为实际工程后续施工和支护加固措施提供一些借鉴和参考，建议开挖过程持续关注断层距离边墙较近区域（0+20m～0+60m）的围岩状态。

由此，提取不同剖面声发射突变点对应的步数计算得到断层与厂房不同距离时的围岩稳定性的安全储备系数如表 5.7 所示。断层在主厂房边墙出露时，围岩稳定性最差；断层与边墙距离越远，对围岩稳定性影响越小，当断层距离边墙 18m（桩号厂左 0+80m）时，安全储备系数 2.424 高于无断层存在时计算得到的安全储备系数 2.397，可以认为该断层位置对围岩稳定性没有影响（图 5.25）。由此圈定断层对地下厂房围岩稳定性的影响距离为 18m（断层与拱脚的水平距离），这与微震监测结果识别的桩号厂左 0+20m～0+80m 区域主厂房上游侧拱肩附近围岩损伤区相吻合。

表 5.7　不同剖面围岩的安全储备系数

剖面编号	与边墙距离/m	失稳步数	安全储备系数
1（0+20m）	0	84	2.326
2（0+40m）	6	85	2.350
3（0+60m）	12	86	2.373
4（0+80m）	18	88	2.424

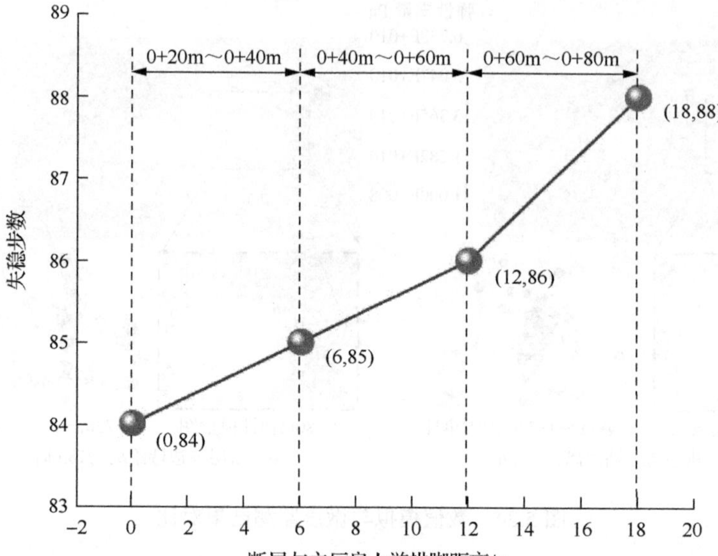

（a）失稳步数与距离的关系

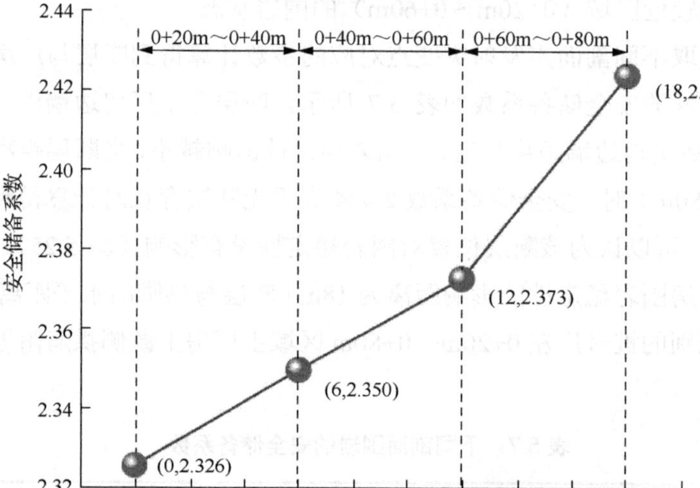

（b）围岩安全储备系数与距离的关系

图 5.25　围岩稳定性与断层位置关系曲线

5.6.4　不同侧压力系数对围岩稳定性的影响

应力水平是影响地下洞室围岩稳定性的重要基本因素之一，地下洞室开挖过程围岩失稳的力学机制主要在于初始地应力的调整和重分布，而应力重分布是否超过围岩强度极限取决于地应力大小、方向和岩体状态等[75]。本节以荒沟抽水蓄能电站地下厂房开挖为背景，从侧压力系数角度对马蹄形地下厂房洞室群的损伤演化规律和破坏模式进行数值模拟研究。

本节 RFPA 数值模型尺寸、参数、边界条件与 5.6.2 节一致，保持自重应力 8MPa 不变，改变 X 方向的水平应力荷载值来模拟不同侧压力系数的情况（表 5.8），得到不同偏应力作用下地下厂房洞室群围岩损伤演化规律及破坏模式。不考虑断层等结构面的影响，数值模拟模型参考微震监测期间的实际施工工况。

表 5.8　Y=8MPa（自重应力）时不同侧压力系数对应的水平偏应力值

侧压力系数 K	水平应力值 X/MPa
0.5	4
1.0	8
1.25	10
1.5	12
2.0	16

图 5.26 给出了不同侧压力系数条件下模拟结果的剪应力图和声发射图，反映了地下厂房围岩损伤演化过程及潜在失稳破坏模式。从图 5.26 中可以看出，不考虑断层的情况下围岩应力场沿洞室轴线呈对称分布，这也从侧面印证了断层的存在导致围岩应力场分布的不均匀。当 K=0.5 时，水平应力小于自重应力，自重应力主导下主厂房围岩两侧拱肩和边墙底脚先发生损伤，随之从底脚向上发育扩展，在两侧边墙形成明显的“< >”形损伤区并最终产生宏观裂缝，洞室之间的隔墙岩体稳定性受自重应力影响较大。对比 K=1.0 与 K=1.25 的模拟结果可以发现，洞室结构薄弱部位如拱肩、边墙底脚都最先发生损伤，主厂房上游侧拱脚形成微裂隙贯通呈拱形向拱顶上方深部岩体扩展。不同之处在于随着水平应力超过自重应力，应力不集中于两洞室间的隔墙岩体，隔墙岩体不会发生潜在失稳破坏（K=1.25）；而 K=1.0 时，洞室隔墙岩体依然产生应力集中诱发损伤演化，最终失稳。K=1.5 和 K=2.0 时，应力主要集中在主厂房拱顶和底板围岩，围岩损伤演化形成 V 形损伤区域，拱顶微裂隙萌生扩展最终贯通形成拱顶塌落的潜在失稳破坏模式，洞室之间隔墙岩体稳定。声发射结果揭示了洞室围岩临空面以张拉破坏为主，伴随剪切破坏发生的损伤机制。数值模拟结果说明水平应力大小会影响大跨度地下洞室围岩损伤演化规律及潜在失稳破坏模式。

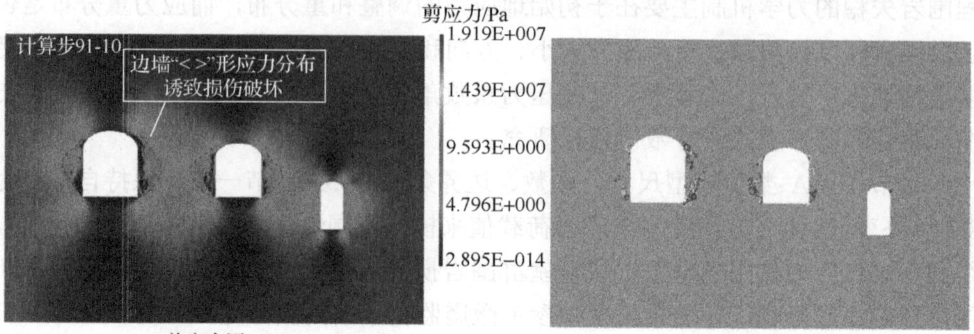

剪应力图　　声发射图

（a）K=0.5时数值模拟结果

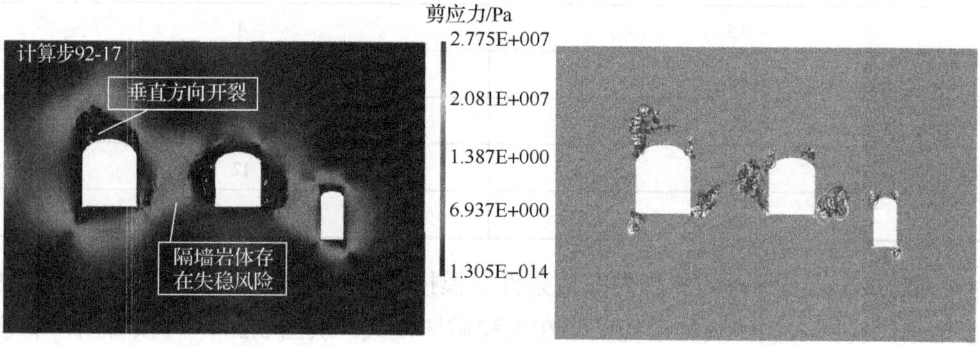

剪应力图　　声发射图

（b）K=1.0时数值模拟结果

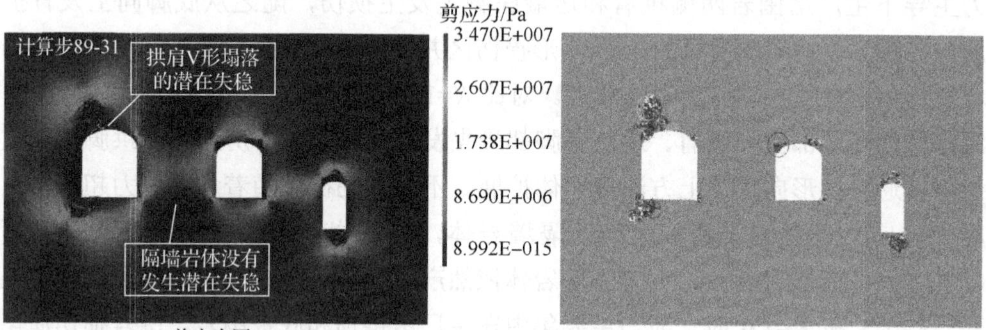

剪应力图　　声发射图

（c）K=1.25时数值模拟结果

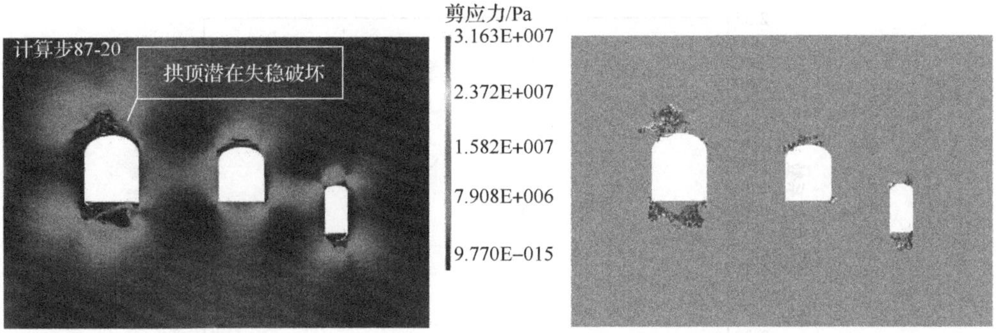

剪应力图　　　　声发射图

（d）K=1.5时数值模拟结果

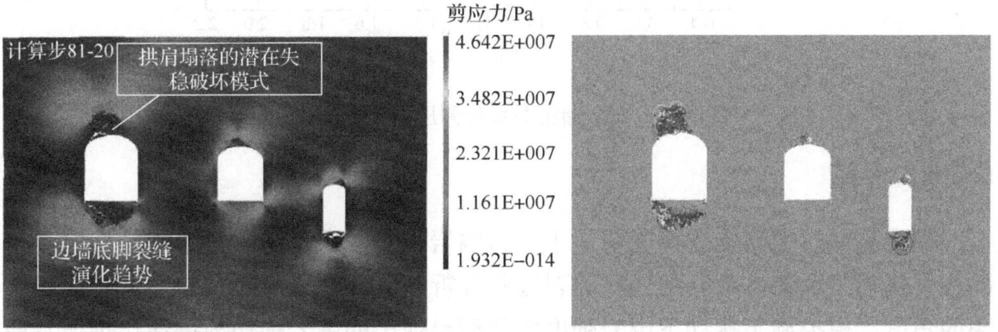

剪应力图　　　　声发射图

（e）K=2.0时数值模拟结果

图 5.26　不同侧压力系数的数值模拟结果

提取 RFPA 强度折减计算过程中最大单元破坏次数（对应于声发射突变点）对应的计算步数，统计不同侧压力系数下的地下厂房安全储备系数，如表 5.9 所示。当 K=1.0 时安全储备系数最大为 2.521，即水平应力与自重应力相近时对地下洞室稳定性有利；侧压力系数越大，地下厂房的稳定性越差（图 5.27）。

表 5.9　不同侧压力系数下的地下厂房安全储备系数

变量	侧压力系数 K				
	0.5	1.0	1.25	1.5	2.0
失稳步数	91	92	89	87	81
安全储备系数	2.496	2.521	2.466	2.397	2.257

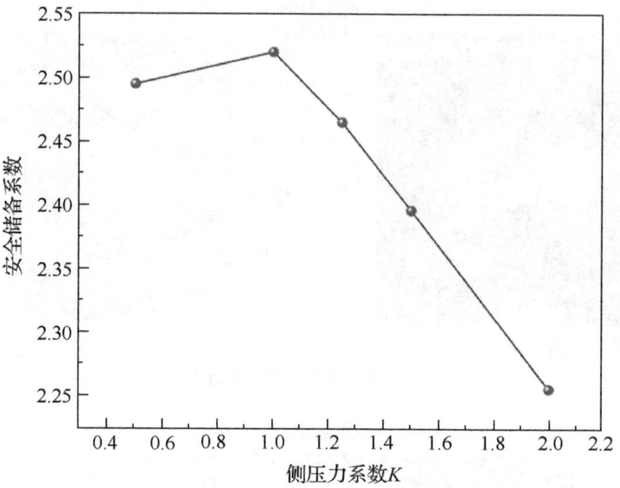

图 5.27　安全储备系数与侧压力系数的关系

5.6.5　小结

微震事件时空演化规律表明地下厂房围岩损伤主要是由于频繁爆破开挖产生的应力扰动，因此本节利用岩石破裂过程分析的 RFPA 强度折减法，从岩石微破裂的角度，模拟施工扰动下围岩强度劣化而呈现出的围岩损伤渐进演化规律及潜在失稳破坏模式，同时探讨了不同断层位置与不同侧压力系数条件下围岩损伤诱致失稳的不同演化过程，结合微震监测结果对比分析，得出如下主要结论。

（1）通过单轴压缩数值模拟试验对围岩物理力学参数的细观参数取值进行验证，建立厂区剖面 0+60m 的 RFPA 数值模型，模拟结果表明主厂房上游侧围岩损伤从拱脚和拱顶萌生向拱肩深部岩体发育最终形成指向断层的 V 形损伤区，数值模拟结果与现场监测到的微震聚集特征一致，揭示了围岩以张拉破坏为主的损伤机制。

（2）断层 f_{34} 影响下围岩应力分布不均匀在拱肩形成“偏压”现象，从而诱发微破裂的萌生发育并导致围岩发生渐进损伤，数值模拟结果从应力场变化的角度解释了实际工程中监测到的微震事件在主厂房上游侧拱肩萌生发育的渐进演化现象。断层不同位置剖面的围岩渐进损伤过程的数值模拟结果与微震监测结果相吻合，断层距离边墙越近，围岩稳定性越差，根据模拟得到的围岩稳定性安全储备系数划定断层影响距离为 18m。

（3）自重应力一定时，水平构造应力的大小决定地下厂房围岩损伤演化规律及潜在破坏模式。当 $K<1$ 时，自重应力主导下洞室两侧边墙形成“< >”形损伤区并最终发生宏观失稳破坏，两洞室间隔墙岩体容易发生贯通破坏；当 $K>1$ 时，水平应力主导下损伤以拱肩和边墙底脚的拉伸损伤位置为主向洞室围岩深部岩体扩展形成 V 形损伤区，拱肩损伤渐进演化，最终发生拱顶塌落的潜在失稳破坏；当 K=1 时，主厂房上游侧拱肩围岩垂直向上发生渐进损伤演化，此时安全储备系数最大，洞室围岩稳定性最好。

5.7　结　　论

本章构建了开挖过程中荒沟抽水蓄能电站地下厂房的微震监测系统，通过对地下厂房围岩微破裂的监测来研究开挖卸荷作用下地下厂房围岩微破裂的时空演化规律，研究了施工动态、断层构造与微震活动特征的关系，识别了地下厂房围岩的损伤风险区域，并结合数值模拟的对比分析方法，揭示了围岩的损伤机制，探讨了断层位置与侧压力系数对围岩损伤演化规律的影响，为抽水蓄能电站地下厂房建设期的施工和支护提供参考，主要得到如下结论。

（1）构建抽水蓄能电站地下厂房微震监测系统，实现对三维空间内围岩开挖“损伤岩体”的实时监测。通过人工定点敲击试验测定厂区 P 波等效波速为 5150m/s，定位误差控制在 6m 以内，满足工程的微震监测要求。利用阈值设定、频谱分析、人工识别、现场施工对照等方式筛选剔除岩石微破裂以外的噪声信号，保证了微震监测结果处理的及时性和可靠性。

（2）基于微震的时空演化规律和震源参数 E_S/E_P，探讨了微震活动特征与施工动态、断层构造之间的关系，研究结果表明，频繁爆破产生的应力扰动导致大量小矩震级的张拉微裂隙在地下厂房围岩临空面萌生发育，开挖爆破的施工动态与微震活动在时空分布上具有一致的响应关系。开挖扰动作用下地下厂房围岩应力场发生调整，断层影响了围岩应力的集中和转移，导致主厂房拱肩形成了 V 形积聚和条带状分布的微破裂演化规律。通过震源参数 E_S/E_P 揭示了地下厂房开挖过程中围岩主要以张拉破坏为主的损伤机制，$E_S/E_P>10$ 的微震事件分布可以很好地识别断层位置。

（3）基于能量耗散原理，结合微震能量损失密度云图和现场勘探情况，识别和圈定了桩号厂左 0+20m～0+80m、高程 152～200m 范围内的主厂房上游侧拱肩围岩这一潜在危险区域。

（4）地下厂房桩号 0+60m 剖面的数值模拟结果表明，围岩强度劣化使围岩应力场发生改变，应力向断层周围岩体发生转移和集中，导致主厂房上游侧拱肩形成 V 形损伤区，最终形成垂直断层的贯通裂缝的潜在失稳模式。数值模拟结果和微震监测结果一致，证明了模型参数的可取性和数值模拟结果的可靠性。

（5）陡倾角断层与边墙距离不同时，地下厂房围岩存在不同的损伤演化规律，数值模拟结果与实际微震监测结果一致；根据安全储备系数得到断层对围岩稳定性的影响距离为 18m。自重应力不变时，水平应力的大小直接影响了围岩损伤演化规律和潜在失稳破坏模式。自重应力主导下（$K<1$），V 形损伤区域发生在洞室两侧边墙；而水平应力主导下（$K>1$），在洞室拱顶和底部容易产生 V 形损伤区。洞室之间隔墙岩体稳定性受自重应力影响明显，$K=1$ 时围岩的安全储备系数最大为 2.521。

参 考 文 献

[1] 杨阳. 水电站地下厂房围岩与结构地震响应分析[D]. 武汉: 武汉大学, 2015.

[2] Koutsoyiannis D. Scale of water resources development and sustainability: small is beautiful, large is great[J]. Hydrological Sciences Journal, 2011, 56(4): 553-575.

[3] Zarfl C, Lumsdon A E, Berlekamp J, et al. A global boom in hydropower dam construction[J]. Aquatic Sciences, 2015, 77(1): 161-170.

[4] Huang H, Yan Z. Present situation and future prospect of hydropower in China[J]. Renewable and Sustainable Energy Reviews, 2009, 13(6-7): 1652-1656.

[5] Barnes M J. Hydropower in Europe: current status, future opportunities[J]. Hydro Review Worldwide, 2009, 17(3): 24.

[6] Sternberg R. Hydropower's future, the environment, and global electricity systems[J]. Renewable & Sustainable Energy Reviews, 2010, 14(2): 713-723.

[7] 全国人大财政经济委员会, 国家发展和改革委员会. 2016—2020《中华人民共和国国民经济和社会发展第十三个五年规划纲要》解释材料[M]. 北京: 中国计划出版社, 2016.

[8] 徐光黎, 李志鹏, 宋胜武, 等. 中国地下水电站洞室群工程特点分析[J]. 地质科技情报, 2016, 35(2): 203-208.

[9] 孟国涛, 樊义林, 江亚丽, 等. 白鹤滩水电站巨型地下洞室群关键岩石力学问题与工程对策研究[J]. 岩石力学与工程学报, 2016, 35(12): 2549-2560.

[10] 王爱玲, 邓正刚. 我国水电站地下厂房的发展[J]. 水力发电, 2015, 41(6): 65-68.

[11] 钱七虎. 地下工程建设安全面临的挑战与对策[J]. 岩石力学与工程学报, 2012, 31(10): 1945-1956.

[12] Ishida T, Kanagawa T, Uchita Y. Acoustic emission induced by progressive excavation of an underground powerhouse[J]. International Journal of Rock Mechanics and Mining Sciences, 2014, 71(S29): 362-368.

[13] 董家兴, 徐光黎, 李志鹏, 等. 高地应力条件下大型地下洞室群围岩失稳模式分类及调控对策[J]. 岩石力学与工程学报, 2014, 33(11): 2161-2170.

[14] 蔡斌, 邓忠文, 吴灌洲. 大岗山水电站地下厂房塌方区围岩稳定分析[J]. 人民长江, 2012, 43(22): 33-35.

[15] 魏志云, 徐光黎, 申艳军, 等. 大岗山水电站地下厂房区辉绿岩脉群发育特征及稳定性状况评价[J]. 工程地质学报, 2013, 21(2): 206-215.

[16] 李仲奎, 周钟, 汤雪峰, 等. 锦屏一级水电站地下厂房洞室群稳定性分析与思考[J]. 岩石力学与工程学报, 2009, 28(11): 2167-2175.

[17] 卢波, 王继敏, 丁秀丽, 等. 锦屏一级水电站地下厂房围岩开裂变形机制研究[J]. 岩石力学与工程学报, 2010, 29(12): 2429-2441.

[18] 罗绍基. 抽水蓄能电站地下工程地质灾害风险控制[C]//抽水蓄能电站工程建设文集 2013. 中国水力发电工程学会电网调峰与抽水蓄能专业委员会, 2013: 5.

[19] 刘延刚. 西龙池抽水蓄能电站地下洞室防渗排水问题[J]. 水力发电, 2010, 36(1): 42-44, 99.

[20] 荆凯, 王千, 冯雁敏, 等. 蒲石河抽水蓄能电站地下厂房渗水原因分析[J]. 水电能源科学, 2017, 35(1): 108-110.

[21] Oliveira D A F, Indraratna B. Comparison between models of rock discontinuity strength and deformation[J]. Journal of Geotechnical and Geoenvironmental Engineering, 2010, 136(6): 864-874.
[22] 李连崇, 唐春安, 梁正召, 等. 软弱夹层对深部地下洞室围岩损伤模式的影响[J]. 地下空间与工程学报, 2009, 5(5): 856, 859, 866.
[23] Zhu W S, Li X J, Zhang Q B, et al. A study on sidewall displacement prediction and stability evaluations for large underground power station caverns[J]. International Journal of Rock Mechanics and Mining Sciences, 2010, 47(7): 1055-1062.
[24] 倪绍虎, 何世海, 汪小刚, 等. 裂隙岩体水力学特性研究[J]. 岩石力学与工程学报, 2012, 31(3): 488-498.
[25] 王明, 肖明, 李凌子. 裂隙岩体渗流作用下地下洞室围岩稳定性分析[J]. 水电能源科学, 2015, 33(4): 130-134.
[26] Read R S. 20 years of excavation response studies at AECL's underground research laboratory[J]. International Journal of Rock Mechanics and Mining Sciences, 2004, 41(8): 1251-1275.
[27] Tang C A, Wang J M, Zhang J J. Preliminary engineering application of microseismic monitoring technique to rockburst prediction in tunneling of Jinping Ⅱ project[J]. Journal of Rock Mechanics and Geotechnical Engineering, 2010, 2(3): 193-208.
[28] 谢和平, 鞠杨, 黎立云. 基于能量耗散与释放原理的岩石强度与整体破坏准则[J]. 岩石力学与工程学报, 2005, 24(17): 3003-3010.
[29] 窦林名, 姜耀东, 曹安业, 等. 煤矿冲击矿压动静载的"应力场-震动波场"监测预警技术[J]. 岩石力学与工程学报, 2017, 36(4): 803-811.
[30] 马克, 唐春安, 梁正召, 等. 基于微震监测的地下水封石油洞库施工期围岩稳定性分析[J]. 岩石力学与工程学报, 2016, 35(7): 1353-1365.
[31] Xiao Y X, Feng X T, Li S J, et al. Rock mass failure mechanisms during the evolution process of rockbursts in tunnels[J]. International Journal of Rock Mechanics and Mining Sciences, 2016, 83: 174-181.
[32] Xu N W, Dai F, Liang Z Z, et al. The dynamic evaluation of rock slope stability considering the effects of microseismic damage[J]. Rock Mechanics and Rock Engineering, 2014, 47(2): 621-642.
[33] Dai F, Li B, Xu N W, et al. Deformation forecasting and stability analysis of large-scale underground powerhouse caverns from microseismic monitoring[J]. International Journal of Rock Mechanics and Mining Sciences, 2016, 86: 269-281.
[34] 李昂, 戴峰, 徐奴文, 等. 乌东德水电站右岸地下厂房开挖围岩破坏模式及形成机制研究[J]. 岩石力学与工程学报, 2017, 36(4): 781-793.
[35] 凌影. 水电站地下厂房初始地应力反演及围岩稳定性分析[D]. 大连: 大连理工大学, 2010.
[36] Gehrels T. Numerical analysis of groups of underground cavity powerhouse during excavation process[J]. World of Building Materials, 2010, 64(2): 229-252.
[37] 祁德庆, 徐连民, 李瑞. 某大型地下厂房洞室开挖围岩稳定性研究[J]. 力学季刊, 2009, 30(2): 337-346.
[38] 张练, 丁秀丽, 付敬. 清江水布垭地下厂房围岩稳定三维数值分析[J]. 岩土力学, 2003(增刊 1): 120-123.
[39] 张勇慧, 魏倩, 盛谦, 等. 大岗山水电站地下厂房区三维地应力场反演分析[J]. 岩土力学, 2011, 32(5): 1523-1530.
[40] Hao Y H, Azzam R. The plastic zones and displacements around underground openings in rock masses containing a fault[J]. Tunnelling and Underground Space Technology, 2005, 20(1): 49-61.
[41] 邬爱清, 丁秀丽, 陈胜宏, 等. DDA 方法在复杂地质条件下地下厂房围岩变形与破坏特征分析中的应用研究[J]. 岩石力学与工程学报, 2006(1): 1-8.
[42] 撒文奇, 张社荣, 张连明. 基于物联网的大型地下洞室群施工期动态安全评价与预警方法研究[J]. 岩石力学与工程学报, 2014, 33(11): 2301-2313.
[43] 樊启祥, 刘益勇, 王毅. 向家坝水电站大型地下厂房洞室群施工和监测[J]. 岩石力学与工程学报, 2011, 30(4): 666-676.

[44] 李金河, 伍文锋, 李建川. 溪洛渡水电站超大型地下厂房洞室群岩体工程控制与监测[J]. 岩石力学与工程学报, 2013, 32(1): 8-14.
[45] 蔡德文, 王俤剀, 陈晓鹏. 西南地区超大型地下洞室群施工期快速监测分析评价体系研究[J]. 岩石力学与工程学报, 2014, 33(11): 2341-2350.
[46] 李帅军, 冯夏庭, 徐鼎平, 等. 白鹤滩水电站主厂房第 I 层开挖期围岩变形规律与机制研究[J]. 岩石力学与工程学报, 2016, 35(增刊 2): 3947-3959.
[47] 赵瑜, 张建伟, 院淑芳. 基于突变理论的地下厂房围岩稳定性安全评价[J]. 岩石力学与工程学报, 2014, 33(增刊 2): 3973-3978.
[48] 魏进兵, 邓建辉, 王俤剀, 等. 锦屏一级水电站地下厂房围岩变形与破坏特征分析[J]. 岩石力学与工程学报, 2010, 29(6): 1198-1205.
[49] Maejima T, Morioka H, Mori T, et al. Evaluation of loosened zones on excavation of a large underground rock cavern and application of observational construction techniques[J]. Tunnelling and Underground Space Technology, 2003, 18(2): 223-232.
[50] 覃卫民, 孙役, 陈润发, 等. 全站仪和滑动测微计在水布垭地下厂房监测中的应用[J]. 岩土力学, 2008(2): 557-561.
[51] 王克忠, 蔡美峰. 西龙池地下洞室围岩的现场监测及其稳定性分析[J]. 岩石力学与工程学报, 2005(增刊 2): 5956-5960.
[52] 甘孝清, 谭勇, 李端有. 白莲河抽水蓄能电站地下厂房围岩稳定性研究[J]. 长江科学院院报, 2012(9): 107-110.
[53] 沈伟. 狮子坪水电站地下厂房施工监控量测与数值分析[D]. 武汉: 武汉理工大学, 2010.
[54] Xiao Y X. Frequency fractal feature of microseismic events in the process of immediate rockburst in deep tunnel[C]//The ISRM Commission on Design Methodology. Rock Characterisation, Modelling and Engineering Design Methods——Proceedings of the 3RD Isrm Sinorock Symposium. The ISRM Commission on Design Methodology, 2013: 4.
[55] 马克, 金峰, 唐春安, 等. 基于微震监测的大岗山高拱坝坝踵蓄水初期变形机制研究[J]. 岩石力学与工程学报, 2017, 36(5): 1111-1121.
[56] 张伯虎, 邓建辉, 高明忠, 等. 基于微震监测的水电站地下厂房安全性评价研究[J]. 岩石力学与工程学报, 2012, 31(5): 937-944.
[57] Xu N W, Li T B, Dai F, et al. Microseismic monitoring and stability evaluation for the large scale underground caverns at the Houziyan hydropower station in Southwest China[J]. Engineering Geology, 2015, 188: 48-67.
[58] 戴峰, 李彪, 徐奴文, 等. 白鹤滩水电站地下厂房开挖过程微震特征分析[J]. 岩石力学与工程学报, 2016, 35(4): 692-703.
[59] 吴满路, 廖椿庭. 黑龙江荒沟蓄能电站枢纽区地应力测量与研究[J]. 地质力学学报, 2001(1): 61-68.
[60] 刘录君, 田作印, 郑以宝, 等. 荒沟抽水蓄能电站深埋地下厂房位置研究[J]. 资源环境与工程, 2016, 30(1): 96-99.
[61] 蔡光哲, 于长征, 熊玲, 等. 水电站地下厂房开挖及工期安排[J]. 东北水利水电, 2016, 34(11): 1, 2, 7, 71.
[62] 庄端阳, 马克, 唐春安, 等. 大型地下水封石油洞库及微震监测技术应用现状[J]. 油气储运, 2015, 34(8): 799, 806, 862.
[63] 李楠. 微震震源定位的关键因素作用机制及可靠性研究[D]. 武汉: 中国矿业大学, 2014.
[64] Wyllic R, Gregory A, Gardner G. An experimental investigation of factors affecting elastic wave veloicties in porous media[J]. Geophysics, 1985, 23(3): 459-493.
[65] Nur A, Simmond G. Strsee-induced velocity anisotropy in rock: an experimental study[J]. Journal of Geophysical Research, 1969, 74(27): 6667-6674.

[66] 李彪, 戴峰, 徐奴文, 等. 深埋地下厂房微震监测系统及其工程应用[J]. 岩石力学与工程学报, 2014, 33(增刊 1): 3375-3383.

[67] 贾宝新, 贾志波, 赵培, 等. 基于高密度台阵的小尺度区域微震定位研究[J]. 岩土工程学报, 2017, 39(4): 705-712.

[68] 黄润秋. 岩石高边坡发育的动力过程及其稳定性控制[J]. 岩石力学与工程学报, 2008, 27(8): 1525-1544.

[69] 赵周能, 冯夏庭, 肖亚勋, 等. 不同开挖方式下深埋隧洞微震特性与岩爆风险分析[J]. 岩土工程学报, 2016, 38(5): 867-876.

[70] 李占海. 深埋隧洞开挖损伤区的演化与形成机制研究[D]. 沈阳: 东北大学, 2013.

[71] 张文东, 马天辉, 唐春安, 等. 锦屏二级水电站引水隧洞岩爆特征及微震监测规律研究[J]. 岩石力学与工程学报, 2014, 33(2): 339-348.

[72] 陈炳瑞, 冯夏庭, 曾雄辉, 等. 深埋隧洞 TBM 掘进微震实时监测与特征分析[J]. 岩石力学与工程学报, 2011, 30(2): 275-283.

[73] Hudson J A, Cooling C M. In situ rock stresses and their measurement in the UK-Part I, The current state of knowledge[J]. International Journal of Rock Mechanics and Mining Sciences & Geomechanics Abstracts, 1988, 25: 363-370.

[74] 杨庆, 杨钢, 王忠昶, 等. 块体理论在荒沟抽水蓄能电站地下厂房系统硐室群围岩稳定性分析中的应用[J]. 岩石力学与工程学报, 2007(8): 1618-1624.

[75] 朱以文, 黄克戬, 李伟. 地应力对地下洞室开挖的塑性区影响研究[J]. 岩石力学与工程学报, 2004(8): 1344-1348.

后　记

时光荏苒，思绪万千，本书从边坡工程，到地下水封石油洞库，再到高拱坝、煤矿突水、抽水蓄能地下厂房，将微震监测技术用于不同工程，实则是按照我接触工程的前后顺序记录撰写的。想想人生接近不惑之年，而当初读书的场景还历历在目，同时也庆幸自己的坚持不懈。在攻读博士期间，曾为未卜的前途而迷茫，为囊中羞涩而烦恼，为文章被拒稿而痛苦。在北京做博士后初期，因经济拮据、求职屡遭碰壁而心情压抑。仿佛前半生都在被否定、被质疑、被挑选中度过。生如蝼蚁当立鸿鹄之志，命如薄纸却有不屈之心。人生根本不必迷茫、也不必盲从，时间终究会将正确的人和事带到我们的身边！此书献给每一个矢志前行的逐梦人。

2019 年底突如其来的新冠疫情，使得各行各业都受到不小的冲击。一时间，辞职考研、深造读博蔚然成风。然而，若没有破釜沉舟的勇气、坚持不懈的努力，则很难获得理想的科研成果。心浮气躁、患得患失的跟风深造最终可能也只会事与愿违。“不尽狂澜走沧海，一拳天与压潮头”，这个时代风险与机遇并存，有很多人失业、下岗，也有很多像马云、俞敏洪、任正非等这样的行业翘楚。这些人在创业和奋斗时期无一不经历常人无法想象的磨难。在这经济高速发展的时代，只要我们心无旁骛、笃定信念，全身心投入到工作中，无论从事什么行业都一定会过上幸福的生活。希望所有读者朋友在奋斗的人生中有所收获。

在本书完成之际，要特别感谢多年指导我的导师唐春安教授和长期合作的师兄弟，各种新想法的产生、确认、修改、完善都得益于在工程中的摸索。师弟庄端阳博士在我博士后期间，数次来北京探望，我们一起在中国农业大学（东校区）吃饭的场景至今还历历在目，后来我们一起完成了石油洞库项目；师弟刘兴宗博士在我博士后期间还与我一起去了云南大华桥水电站调研。感谢唐春安老师课题组 CRISR 的师兄。此外，书中参考了大量文献，均已列出于每章末，在此向原作者表示感谢。

感谢国家能源集团煤炭开采水资源保护与利用国家重点实验室的曹志国、邢朕国、张凯、方杰、刘新杰、杨英明等。

感谢中国科学院力学研究所陈祖煜院士与李世海教授以及共同努力的青年学者包括洪春华、王薇、冯春、李建乡、周东、孙晖、乔继延、刘晓宇、陈伟民、吴梦喜、李青、姚波、孟达、范永波、姚波等。

感谢我的好友多年如一日对我的理解和支持，他们是（按照结识时间先后顺序）：姜松、胡旭军、李润记、王博、袁辉、吕刚、关爽、马贤达、迟延飞、李俊浩、王传涛、王东平、郭克飞、王进明、涂丹、唐德泓、王理想等。特别感谢在我读书和工作期间曾经给予我帮助的师长和朋友，在此就不一一列举，一定铭诸肺腑，牢记在心！

本书得到了国电大渡河流域水电开发有限公司、国能大渡河大岗山发电有限公司、陕西煤业化工集团有限责任公司、中国石油管道局工程有限公司等相关合作单位的帮助，在此致以诚挚的谢意。

本书作者在国家自然科学基金优秀青年科学基金项目“岩石力学与岩体工程”（项目编号：42122052）、国家自然科学基金面上项目“强震区高拱坝工程灾害前兆特征与数字孪生智能预警研究”（项目编号：52379098）、“基于微震监测的煤矿突水前兆特征及其数值计算研究”（项目编号：51774064）、“云计算环境下深部煤矿底板突水多元信息融合与征兆判识研究”（项目编号：51974055）、国家自然科学基金青年科学基金项目“大型地下水封石油洞库微震损伤效应及力学参数反馈研究”（项目编号：51504233）、中央高校基本科研项目“基于岩体微破裂的地下水封石油洞库数值分析”（项目编号：DUT20GJ216）、中国石油科技创新基金研究项目“基于人工智能的地下水封石油洞库微震解释方法研究”（项目编号：2020D-5007-0302）、陕西省自然科学基础研究计划-陕煤联合基金项目“基于微震参数的岩石破裂过程及破裂程度动态表征研究”（项目编号：2021JLM-11）、海岸和近海工程国家重点实验室青年学者创新基金“大型海底储油洞库灾害源前兆数值模拟方法研究”（项目编号：LY-1805）、云南省基础研究计划项目“云南楚雄地下石油水封洞库稳定性分析”（项目编号：202001AT070150）、国家能源集团煤炭开采水资源保护与利用国家重点实验室开放基金“浅埋深强开采扰动导水裂隙带发育的固液耦合机理研究”（项目编号：SHJT-17-42.15）的资助下，较为系统地开展了相关的研究工作。

本书的出版得到了大连市人民政府的资助，在此表示衷心感谢。

此书的编著从某种意义上来说是对不同岩体工程微震监测技术研究工作的总结和回顾。由于大型岩体工程地质条件复杂多变，微震监测技术仅仅是从一个方面甚至单个具体工程实例开展研究工作，因此书中难免存在不足，还有待业内学者深入研究和探讨，在此敬请专家读者批评指正。

马 克

2023.9.1 于北京博思园